新世纪高等学校教材 · 数学公共课系列教材

大学数学

（第3版）

主　编◎周绍艳　王彭德

副主编◎张朝元　魏　超　李佳梅　陈映明

DAXUE SHUXUE

北京师范大学出版集团
BEIJING NORMAL UNIVERSITY PUBLISHING GROUP
北京师范大学出版社

图书在版编目(CIP)数据

大学数学 / 周绍艳，王彭德主编. -- 3 版. 北京 ：北京师范大学出版社，2024. 12(2026. 1 重印) -- ISBN 978-7-303-30082-2

Ⅰ. O13

中国国家版本馆 CIP 数据核字第 2024AF2985 号

出版发行：北京师范大学出版社 https://www.bnupg.com
北京市西城区新街口外大街 12-3 号
邮政编码：100088

印　　刷：河北虎彩印刷有限公司
经　　销：全国新华书店
开　　本：787 mm×1092 mm　1/16
印　　张：15
字　　数：340 千字
版　　次：2024 年 12 月第 3 版
印　　次：2026 年 1 月第 2 次印刷
定　　价：39.80 元

策划编辑：刘风娟　　责任编辑：刘风娟
美术编辑：焦　丽　　装帧设计：焦　丽
责任校对：陈　民　　责任印制：马　洁

内容简介

本书根据大学数学课程教学基本要求，结合作者多年的教学实践编写而成。本书力求逻辑清晰、内容精练，通俗易懂。在内容的选择上，既考虑到高等院校文科类、医学类、农林类相关专业高等数学课程学时的限制，又注意到数学学科的系统性和应用性，并适当淡化了一些繁难的理论推导，加强了数学文化方面的熏陶。本书内容包括：函数与极限、导数与微分、导数的应用、不定积分、定积分及其应用、多元函数微分法及其应用、重积分、概率统计、数学思想方法简介等。

本书可作为高等院校通识教育平台的文科类、医学类、农林类等相关专业高等数学课程的教材。在教学中讲授微积分全部内容，预计需要64学时，如果课时较少的专业，教师可根据教学需要对教学内容灵活取舍。本书每章末有小结和同步练习，便于读者对各章知识的理解和巩固。

第 3 版前言

本书第 1 版、第 2 版是高等院校通识教育阶段大学数学教学改革的成果，第 3 版是云南省一流专业数学与应用数学专业建设点、云南省学科教学(数学)硕士生导师团队、大理大学应用数学教学团队建设项目的研究成果之一，也是编者长期从事高等数学教学与研究所取得的成果。在教材编排上，本书以习近平新时代中国特色社会主义思想为指导，落实立德树人根本任务，注重课程思政案例的有机融入。

本次修订保留了原教材的体系和风格，吸取了部分专家、同人和读者对本书的意见和建议，在内容上做了局部的调整和补充，以使教材的完整性、条理性、通俗性更加突出，从而成为既具有通识教育特色，又能适应当前教学需要的大学数学教材。教材中标“*”的内容为选学内容，可根据专业需要灵活选用。本次修订的内容主要有：

(1)对个别概念的叙述和结论的解释进行完善和修改，对习题做了适当的调整。

(2)为使读者更好地掌握课程教学要求，理解教学内容，每章增加了本章主要概念和知识点、同步练习。

(3)为使教材结构更加完整，补充了反函数求导、参数方程所确定函数的求导、空间直线方程和平面方程、多元函数微分学的应用等内容，并把原第 6 章多元函数微积分调整为多元函数微分法及其应用、重积分两章。

本次修订工作具体分工如下：大理大学周绍艳负责第 1 章、第 6 章，李嘉元负责第 2 章，张朝元负责第 3 章，王彭德负责第 4 章，李佳梅负责第 7 章，丽江师范学院陈映明负责第 5 章，普洱学院吴波负责第 8 章，鹰潭职业技术学院魏超负责第 9 章，另外大理大学毛崇斌、黑韶敏、杨培亮等教师以及学科教学(数学)专业的研究生张竞文、杨晓同学参加了各章习题的修订工作，全书由王彭德教授统稿和审定。

本书在修订过程中，得到了大理大学、普洱学院、丽江师范学院、鹰潭职业技术学院等院校有关领导的支持，得到了北京师范大学出版社的大力支持，谨此表示衷心的感谢！

由于编者水平所限，本次修订不可避免地会存在不当之处，恳请使用本书的广大教师和学生提出批评意见。

编者

2024 年 8 月

第 2 版前言

本书第 1 版是高等院校通识教育阶段大学数学教学改革的成果，无论是教学内容的选取，教学方法的选择，还是教材体系的组合，都处在一个探索性阶段。本次修订，保留了原教材的体系和风格，听取了许多有大学数学教学经验的专家学者的宝贵意见，在内容上做了局部的调整和改进，使得新版教材成为既具有通识教育特色，又能适应当前教学需要的大学数学教材。本教材全面融入党的二十大精神，落实立德树人根本任务，旨在培养德智体美劳全面发展的社会主义建设者和接班人。同时我们注重课程思政元素的融入，充分挖掘教材中蕴含的课程思政元素，将我国数学家的探索精神以及学习意志传输给学生，如我国古代魏晋时期伟大的数学家刘徽等，力求在一定程度上降低知识的难度，起到培养学生的世界观、人生观和价值观的作用。

本次教材修订主要完善了一些概念的叙述和结论的解释，适当补充了一些极限的性质、定积分和三重积分的计算方法，删去部分繁难的例题和习题，以使教材的完整性、条理性、通俗性更加突出。在各章习题中增加了选择题，以供教师教学和学生练习时选用，相信对学生理解各章内容会有一定的帮助。

本次教材修订工作的具体分工如下：大理大学周绍艳负责第 1 章、第 6 章，张朝元负责第 2 章，李嘉元负责第 3 章，王彭德负责第 4 章、第 5 章，亢红道负责第 8 章，普洱学院吴波负责第 7 章，另外大理大学的毛崇斌、李梦巧、朱兴文、杨培亮等教师以及学科教学(数学)专业的研究生王雨佳、王兰青同学参加了各章习题的修订工作，全书由王彭德教授统稿和审定。

本书在修订过程中，得到了大理大学、普洱学院等院校有关领导的支持，得到了北京师范大学出版社的大力支持，谨此表示衷心的感谢！

由于编者水平所限，本次修订不可避免地会存在不当之处，恳请使用本书的广大教师和学生提出批评意见。

编者

2022 年 12 月

第 1 版前言

书中虽然没有“黄金屋”，然而由于数学有着应用上的广泛性，正如华罗庚所说的那样，“宇宙之大，粒子之微，火箭之速，化工之巧，地球之变，生物之谜，日月之繁，无处不有数学的贡献”。因此，数学是现代公民必备的基础知识。对于大学生来说，掌握一定的高等数学知识，无论对今后的学习，还是将来的社会工作都是十分有益的。

书中虽然没有“颜如玉”，然而数学是人类理性发展的一个缩影，它一方面是科学乃至艺术的工具，另一方面蕴含着许多人文精神。“数学是科学的皇后”“数学是科学的语言”“数学是思维的体操”“数学是艺术”“数学是真善美的体现”……这些来自不同角度的评说，充分地说明了学习数学对于提高人们的文化素养、思想品位、人格魅力都有着十分重要的意义。一句话，数学是素质教育的必修内容，大学数学更是高等院校通识教育阶段必不可少的课程之一。

书中虽然没有“琼浆液”，然而它却倾注了我们所有编者多年来教授高等数学课程的心血。在编写过程中，我们力图从数学的实际背景出发，采用形式化与通俗化的组合方式，简明扼要地介绍大学数学的基本知识及思想方法，围绕主要的数学概念、理论和方法，深入浅出地展开，努力做到学有所乐，乐有所获，获有所用，用有所成，为通识教育献上我们的一片心。

高等院校在通识教育阶段开设大学数学课程时间不长，无论是教学内容的选取，教学方法的选择，还是教材体系的组合，都处在一个探索性阶段。在编写过程中，为了使教材体系更具有科学性、趣味性和可读性，我们听取了许多有大学数学教学经验的专家学者的宝贵意见，参阅了大量的资料，经过精心筛选、认真组织和反复修改，撰写了这本具有通识教育特色的大学数学教材。本书在内容的编排上，根据面向 21 世纪通识教育阶段的研究成果选定内容，按 54 学时编写，使用中教师可根据不同专业、不同学时的需要灵活选用。

本书编写具体分工如下：大理学院周绍艳负责第 1 章，李嘉元负责第 2 章，王彭德负责第 4、第 5 章，亢红道负责第 8 章，曲靖师范学院刘俊负责第 6 章，思茅师范高等专科学校吴波负责第 7 章，安康学院王昭海负责第 3 章；另外大理学院的张朝元、毛崇斌、黑韶敏，文山学院的方艳溪，四川幼儿师专的唐越桥、周洪，昆明冶金高等专科学校的王荣参加了各章习题的编写工作，全书由王彭德统稿审定。

本书在编写过程中，得到了大理学院、曲靖师范学院、思茅师范高等专科学校、安康学院等院校有关领导的支持，得到了北京师范大学出版社的大力支持，谨此表示衷心的感谢！

编写通识教育阶段的大学数学教材，目前还是一种尝试。尽管我们在编写中做了大量的工作，但由于作者水平有限，错误在所难免，希望专家学者及广大师生力斧匡正。

编者

2010 年 4 月

目 录

第1章　函数与极限

本章教学要求

(1)理解函数、函数极限、无穷小、无穷大、函数连续性的概念.

(2)熟悉基本初等函数的定义域、图形及性质,以及复合函数的分解.

(3)掌握函数极限的运算法则及两个重要极限、无穷大与无穷小的基本性质、初等函数的连续性,会根据函数的特点运用适当的方法求函数的极限.

(4) 知道函数间断点及其分类.

函数是反映变量之间相互依赖关系的一种数学模型,是微积分学研究的对象,而极限则是研究函数的一种基本工具和思想方法.本章将在初等数学的基础上介绍函数、函数极限及函数连续性等基本概念,为后面知识的学习做准备.

1.1　函数

1.1.1　函数的概念

1. 函数的定义

定义1　设 D 是实数集 $\mathbf{R}$ 的非空子集,若存在对应法则 f,使得对于 D 内的每一个数 x,都有唯一确定的实数 y 与之对应,则称 f 是定义在数集 D 上的函数,记为

$$f: D\to\mathbf{R}$$

$$x\mapsto y$$

或记为　　$y=f(x), x\in D$,也简记为 $y=f(x)$.

其中 x 叫作自变量,y 叫作因变量,x 的取值范围 D 叫作函数的定义域,也记作 D_f,$f(x)$叫作自变量 x 对应的函数值,将所有函数值构成的集合叫作该函数的值域,记作 R_f 或 $f(D)$,即

$$R_f=f(D)=\{y\,|\,y=f(x), x\in D\}.$$

如 $D=[0,+\infty)$是实数集 $\mathbf{R}$ 的非空子集,按照法则 $f:\pi x^2$,对 D 中的每一个数 x,均有唯一确定的实数 $y=\pi x^2$ 与之对应. 即 f 定义了 D 上的一个函数 $y=\pi x^2$,该函数可理解为圆面积的数学模型,反映了圆面积 y 与圆的半径 x 之间相互依赖的关系,其定义域 $D_f=[0,+\infty)$,值域 $R_f=[0,+\infty)$.

表示函数的记号除常用的 f 外,还可以是其他的英文字母或希腊字母,如“g”“h”“F”“φ”等,有时还可直接用因变量的字母来表示函数,如把因变量为 y,自变量为 x 的函数记为 $y=y(x)$. 同样,自变量和因变量也可选用其他的英文字母,但是在同一问题中,当讨论不同

的函数时，需用不同的记号来表示不同的函数．如对于半径为 r 的球，它的表面积为 $S=f(r)=4\pi r^2$，体积为 $V=g(r)=\frac{4}{3}\pi r^3$.

自变量只有一个的函数称为一元函数，本教材后面几章还涉及自变量不止一个的多元函数.

2. 函数的定义域

从函数的定义可知函数的定义域、值域都是实数集的非空子集，且值域由定义域和对应法则唯一确定，因此在研究函数时需要先明确函数的定义域．函数的定义域通常按两种情形来确定：一种是有实际背景的函数，其定义域应根据实际背景中变量的实际意义及函数表达式来确定；另一种是撇开了实际背景的函数，其定义域是使函数表达式有意义的自变量取值的全体构成的集合，一般考虑以下几点.

(i)分式的分母不能为零.

如 $y=\frac{3x-1}{\sin(2x+1)}$ 的定义域为 $\{x\mid\sin(2x+1)\neq 0\}$，即 $\{x\mid x\neq\frac{k\pi-1}{2},k\in\mathbf{Z}\}$.

(ii)偶次根式的被开方数必须大于或等于零.

如 $y=\sqrt{1-e^x}$ 的定义域为 $\{x\mid 1-e^x\geqslant 0\}$，即 $\{x\mid x\leqslant 0\}$.

(iii)对数的真数必须大于零，底数大于零且不等于 1.

如 $y=\sqrt{\ln(x+1)}$ 的定义域为 $\{x\mid x+1>0$ 且 $\ln(x+1)\geqslant 0\}$，即 $\{x\mid x\geqslant 0\}$.

由于函数的值域是由函数的定义域与对应法则共同确定的，因此对于两个函数，若定义域和对应法则都相同，则它们的值域也相同，此时这两个函数就是相等的函数，这是函数恒等变形的依据．如对于函数 $f(x)=x+2$ 与 $h(x)=\frac{x^2-4}{x-2}$，因为它们的定义域不同，所以是两个不相等的函数，但当 $x\neq 2$ 时，$\frac{x^2-4}{x-2}=x+2$，即它们是相等的函数．中学数学中的化简函数就是在定义域相同的条件下进行的恒等变形，如 $\sqrt{x^2}=|x|$，因此研究函数时往往先明确函数的定义域.

例 1-1　求函数 $y=\sqrt{x}+\sqrt[3]{\frac{1}{x-2}}-\ln(2x+1)$ 的定义域.

解　使函数有意义的自变量 x 的取值须同时满足 $x\geqslant 0$，$x-2\neq 0$ 及 $2x+1>0$，即取它们的交集，为 $\{x\mid x\geqslant 0\}\cap\{x\mid x-2\neq 0\}\cap\{x\mid 2x+1>0\}$.

解得定义域为：$\{x\mid x\geqslant 0$ 且 $x\neq 2\}$.

例 1-2　函数 $y=C$(C 为某固定常数)，称为常数函数.

定义域为 $D=(-\infty,+\infty)$，值域为 $\{C\}$(图 1-1).

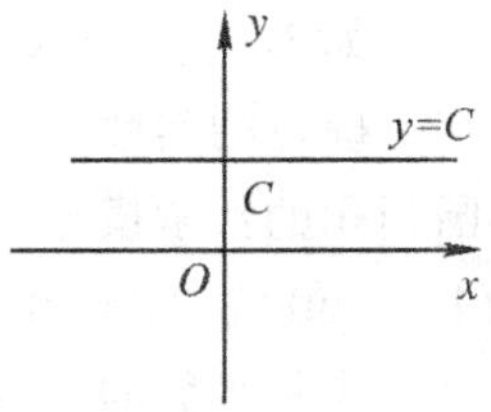

图 1-1

例 1-3　函数 $y=[x]$ 称为取整函数，表示不超过 x 的最大整数.

如 $[\pi]=3$，$[-4.7]=-5$，$[-4]=-4$，$\left[\frac{1}{3}\right]=0$.

该函数的定义域为 $D=(-\infty,+\infty)$，值域为整数集 $\mathbf{Z}$(图 1-2).

例 1-4 函数 $y=|x|=\begin{cases}x, & x\geqslant 0,\\ -x, & x<0\end{cases}$ 称为绝对值函数.

定义域为 $D=(-\infty,+\infty)$，值域为 $[0,+\infty)$（图 1-3）.

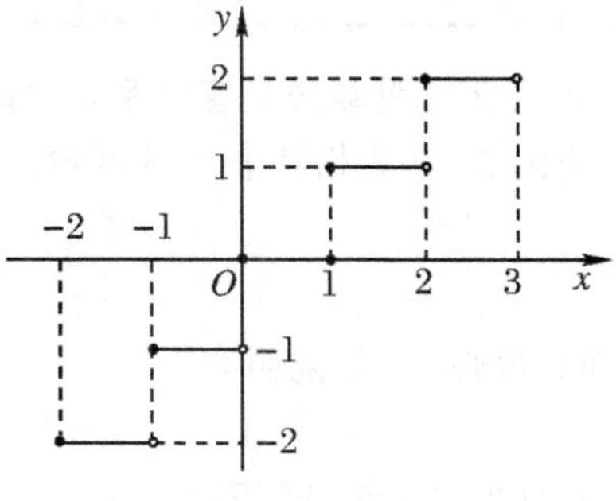

图 1-2

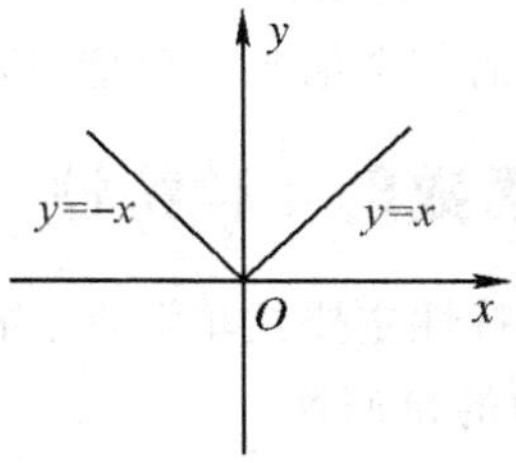

图 1-3

例 1-5 函数 $y=f(x)=\begin{cases}2\sqrt{x}, & 0\leqslant x\leqslant 4,\\ 1+x, & x>4.\end{cases}$

定义域为 $D=[0,+\infty)$，值域为 $[0,4]\cup(5,+\infty)$.

如例 1-4、例 1-5 用两个及两个以上不同式子表达的函数称为分段函数.

3. 函数的表示

函数的表示方法通常有：解析法（也称公式法）、图形法和表格法.

用数学表达式表示自变量与因变量之间的对应关系的方法就是解析法，是表示函数最常用的方法，它使数学问题更加准确和精练地呈现．用解析法表示的函数中如果有多个字母，要注意明确自变量与因变量.

在平面直角坐标系中，由函数 $y=f(x)$，$x\in D$ 所确定的平面点集

$$\{(x,y)\mid y=f(x),x\in D\}$$

称为函数 $y=f(x)$ 的图形，它通常是平面上的一条曲线，这就是图形法表示函数的依据.

使用图形表示自变量与因变量之间的对应关系的方法就是图形法，图形法可清晰看到因变量随自变量的变化趋势，比解析法更加直观.

例 1-6 某气象站用自动温度记录仪记下了一昼夜气温变化，如图 1-4 所示.

由图可知，对于每一时刻 t，都有唯一确定的温度 T 与之对应，因而该曲线在区间 $[0,24]$ 上确定了一个函数，该函数用图形法表示.

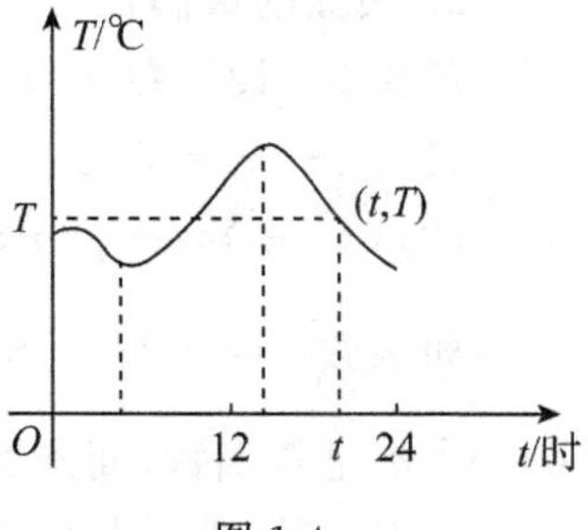

图 1-4

通过列出自变量取值与对应函数值的表格来表示函数的方法称为表格法．表格法可清晰看出函数值，但表格法中表格容量有限，且取值是离散的.

例 1-7 某城市某线路公共汽车的票价情况如表 1-1.

表 1-1

x(站)	1	2	3	4	5	6	7	8	9	10	11	12	13	14	15	16	17	18	19	20
y(元)	1	1	1	1	1	2	2	2	2	2	3	3	3	3	3	4	4	4	4	4

由表 1-1 可以看出，票价 y 与所乘坐的站数 x 建立了明确的对应关系，x 每取一个值，y 有唯一确定的一个值与之对应，因而也确定了一个函数，即表格法表示的函数.

1.1.2 函数的 4 种特性

函数的特性主要指单调性、奇偶性、周期性和有界性，简要说明如下.

1. 函数的单调性

定义 2 设函数 $f(x)$ 的定义域为 D，I 是 D 的非空子集，对任意 $x_1,x_2\in I$，当 $x_1<x_2$ 时，若恒有 $f(x_1)<f(x_2)$，则称函数 $f(x)$ 在区间 I 上(严格)单调增加，区间 I 称为 $f(x)$ 的(严格)单调递增区间；若恒有 $f(x_1)>f(x_2)$，则称函数 $f(x)$ 在区间 I 上(严格)单调减少，区间 I 称为 $f(x)$ 的(严格)单调递减区间.

单调增加函数和单调减少函数统称为单调函数，也称函数具有单调性．单调递增区间和单调递减区间统称为单调区间.

如函数 $y=x^2$ 在区间 $(-\infty,0)$ 内是单调减少的，在区间 $(0,+\infty)$ 内是单调增加的，但在区间 $(-\infty,+\infty)$ 内不是单调函数．而函数 $y=x^3$ 在区间 $(-\infty,+\infty)$ 内是单调增加的.

例 1-8 证明函数 $f(x)=x^2-8x-9$ 在区间 $(-\infty,4)$ 内是单调减少函数.

证明 设 $\forall x_1,x_2\in(-\infty,4)$，且 $x_1<x_2$，即 $x_1<x_2<4$.

因为 $f(x_2)-f(x_1)=(x_2-x_1)(x_2+x_1-8)$，
由 $x_1<x_2<4$ 得：$x_2-x_1>0$，$x_2+x_1<8$，
所以 $f(x_2)-f(x_1)=(x_2-x_1)(x_2+x_1-8)<0$，即 $f(x_2)<f(x_1)$.

因此函数 $f(x)=x^2-8x-9$ 在 $(-\infty,4)$ 内是单调减少函数.

函数单调性的其他判断方法及应用将在第 3 章中详细介绍.

2. 函数的奇偶性

定义 3 设函数 $f(x)$ 的定义域 D 是关于原点对称的区间，若对任意 $x\in D$，恒有：

(1) $f(-x)=f(x)$，则称函数 $f(x)$ 为偶函数；

(2) $f(-x)=-f(x)$，则称函数 $f(x)$ 为奇函数.

如函数 $y=-2x^2+5$，$y=\cos x$，$y=\dfrac{1}{2}x^2$ 都是偶函数，函数 $y=x^3-7x$，$y=\sin x$，$y=x^3$ 都是奇函数，而函数 $y=\sin x+\cos x$，$y=\mathrm{e}^x$ 都是非奇非偶函数.

从奇函数、偶函数的定义可知，若 $f(x)$ 为奇函数，则点 $(x,f(x))$ 及 $(-x,-f(x))$ 均在 $y=f(x)$ 的图形上；若 $f(x)$ 为偶函数，则点 $(x,f(x))$ 及 $(-x,f(x))$ 均在 $y=f(x)$ 的图形上，即奇函数的图形关于原点对称，偶函数的图形关于 y 轴对称，如图 1-5，图 1-6 所示.

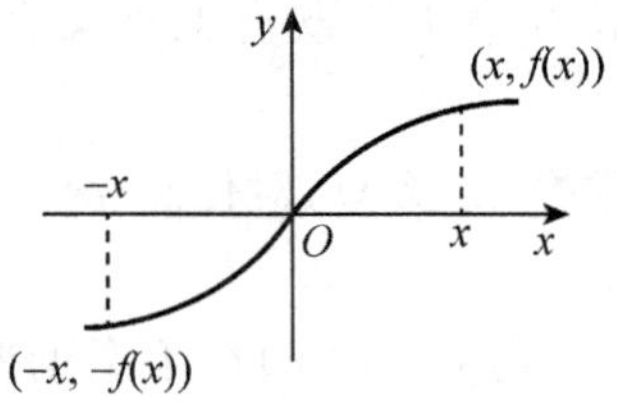

图 1-5

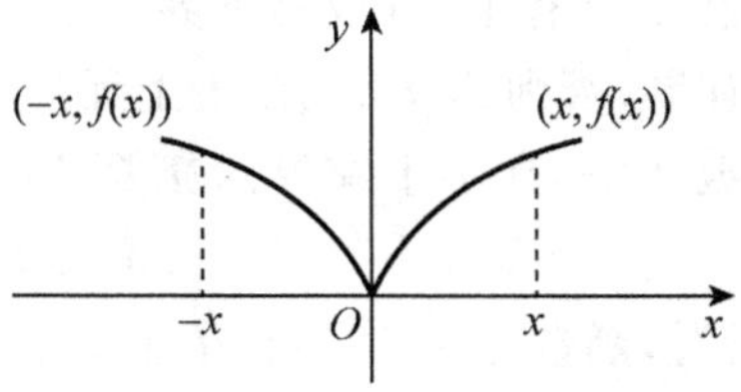

图 1-6

例 1-9　证明函数 $f(x)=\log_2(x+\sqrt{1+x^2})$是奇函数.

证明　函数 $f(x)=\log_2(x+\sqrt{1+x^2})$的定义域为$(-\infty,+\infty)$,关于原点对称.

而 $f(-x)=\log_2(-x+\sqrt{1+(-x)^2})$

$$=\log_2(\frac{-x+\sqrt{1+x^2}}{1})=\log_2\frac{(\sqrt{1+x^2})^2-x^2}{x+\sqrt{1+x^2}}$$

$$=\log_2\frac{1}{x+\sqrt{1+x^2}}=-\log_2(x+\sqrt{1+x^2}).$$

即对 $\forall x\in(-\infty,+\infty)$,有 $f(-x)=-f(x)$.

所以函数 $f(x)=\log_2(x+\sqrt{1+x^2})$是奇函数.

3. 函数的周期性

定义 4　设函数 $f(x)$的定义域为 D,如果存在常数 $T\neq 0$,使得对任意 $x\in D$,有

$$x+T\in D,\text{且 } f(x+T)=f(x),$$

那么称函数 $f(x)$为周期函数,T 为函数的周期,通常所说的周期是指函数的最小正周期.

如 $y=\sin x$,$y=\cos x$ 是以 2π 为周期的周期函数,$y=\tan x$,$y=\cot x$ 是以 π 为周期的周期函数．一般地,$y=\sin(\omega x+\varphi)$,$y=\cos(\omega x+\varphi)$都是周期函数,且周期为$\frac{2\pi}{|\omega|}$,$y=\tan(\omega x+\varphi)$,$y=\cot(\omega x+\varphi)$也是周期函数,且周期为$\frac{\pi}{|\omega|}$,而 $f(x)=\sin\frac{1}{x}$不是周期函数.

例 1-10　狄利克雷(Dirichlet)函数 $f(x)=\begin{cases}1, & x\text{ 为有理数},\\ 0, & x\text{ 为无理数}\end{cases}$是周期函数,任何正有理数都是它的周期,但不存在最小正周期.

因为对 $\forall T\in\mathbf{Q}^+$,当 x 为有理数时,$x+T$ 为有理数;当 x 为无理数时,$x+T$ 为无理数. 所以

$$f(x+T)=\begin{cases}1, & x\text{ 为有理数},\\ 0, & x\text{ 为无理数}.\end{cases}$$

即狄利克雷函数是周期函数,且任意正有理数 T 都是它的周期,但不存在最小的正有理数,从而不存在最小正周期.

4. 函数的有界性

定义 5　设函数 $f(x)$的定义域为 D,I 是 D 的非空子集,如果存在常数 K,对任意 $x\in I$ 有

$$f(x)\leqslant K\,(\text{或 } f(x)\geqslant K),$$

那么称 $f(x)$ 在 I 上有上界(或有下界). 如果 $f(x)$ 在数集 I 上既有上界又有下界,那么称 $f(x)$ 在 I 上有界,否则称 $f(x)$ 在 I 上无界.

显然,函数 $f(x)$ 在 I 上有界的充要条件是存在常数 K 及 M,对任意 $x\in I$,有

$$M\leqslant f(x)\leqslant K.$$

从图形上看,函数 $y=f(x)$ 在 I 上有界的充要条件是 $y=f(x)$ 在 I 上的图形介于平行于 x 轴的两条直线 $y=M$ 与 $y=K$ 之间.

函数 $f(x)$ 在 I 上有界也可陈述为存在正数 M,对任意 $x\in I$,有

$$|f(x)|\leqslant M.$$

如函数 $y=\sin x$ 在 $(-\infty,+\infty)$ 内有界,因为 $|\sin x|\leqslant 1$;函数 $y=x^3$ 在 $(-\infty,+\infty)$ 内无界,但在任意有限区间如 $(a,b]$ 上有界,因为取 $M=\max\{|a^3|,|b^3|\}$,就有 $|x^3|\leqslant M$.

1.1.3 反函数

函数 $y=f(x)$ 将其定义域 D 中的每一个 x,按照对应法则 f 唯一确定了 $f(D)$ 中的 y 与之对应. 那么,对于 $f(D)$ 中的每一个 y,是否也存在对应法则,在 D 中有唯一确定的 x 与之对应,满足 $y=f(x)$,答案是否定的,这是中学数学中已学过的反函数问题.

如函数 $f(x)=x^2$ 将 $D=(-\infty,+\infty)$ 内的任意实数 x,按照完全平方法则 f 唯一确定了非负实数 $y\in f(D)=[0,+\infty)$ 与之对应. 但对于 $f(D)=[0,+\infty)$ 上的任意非零数 y,在 $D=(-\infty,+\infty)$ 内满足 $y=x^2$ 的实数 x 并不唯一,而是有 $(\pm\sqrt{y})$ 与之对应,因此在 $f(D)$ 上不能确定一个函数. 若将函数 $f(x)=x^2$ 的定义域限定为 $D=(-\infty,0)$,则对其值域 $(0,+\infty)$ 内的每一个 y,按照算术平方根的相反数这一法则 g,在 $D=(-\infty,0)$ 内有唯一确定的 $x=-\sqrt{y}$ 与之对应,满足 $y=x^2$,从而在 $(0,+\infty)$ 内确定了一个函数 $g(y)=-\sqrt{y}$,称其为 $f(x)=x^2$ 的反函数.

定义 6 设函数 $y=f(x)$ 的定义域为 D,如果存在对应法则,使得对于 $f(D)$ 中的每一个 y 均在 D 中有唯一确定的 x 与之对应,满足 $y=f(x)$,那么在 $f(D)$ 上确定了一个函数,称其为函数 $y=f(x)$ 的反函数,记为 $x=f^{-1}(y)$,$y\in f(D)$.

按照习惯,自变量通常用 x 表示,因变量通常用 y 表示,于是也把函数 $y=f(x)$ 的反函数 $x=f^{-1}(y)$ 记为 $y=f^{-1}(x)$. 相对于反函数 $y=f^{-1}(x)$ 而言,将原来的函数 $y=f(x)$ 称为直接函数. 显然,函数 $y=f(x)$ 也是函数 $y=f^{-1}(x)$ 的反函数.

如上的 $y=-\sqrt{x}$ 就是 $y=x^2$ 在 $(-\infty,0)$ 内的反函数.

由反函数的定义可知,函数 $y=f(x)$ 的定义域 D 与值域 $f(D)$ 分别为其反函数 $y=f^{-1}(x)$ 的值域和定义域,且函数 $y=f(x)$ 与它的反函数 $y=f^{-1}(x)$ 的图形关于直线 $y=x$ 对称.

并非所有函数都存在反函数,那满足什么条件的函数存在反函数呢? 由定义 6 知,函数具有反函数的充要条件是定义域中的点与值域中的点是一一对应的关系,而严格单调函数具有这一性质,所以有如下结论.

定理 单调函数存在反函数,且反函数的单调性与直接函数的单调性相同.

证明从略.

对于严格单调函数,求其反函数的步骤是先从原函数 $y=f(x)$ 中求出 x 的表达式,然

后将 x 与 y 互换，便是反函数的解析式 $y=f^{-1}(x)$.

例 1-11 求函数 $y=\dfrac{2x+1}{x-1}$ 的反函数.

解 由 $y=\dfrac{2x+1}{x-1}$ 得 $y(x-1)=2x+1$，整理得 $x=\dfrac{1+y}{y-2}$.

所以函数 $y=\dfrac{2x+1}{x-1}$ 的反函数为 $y=\dfrac{1+x}{x-2}$.

1.1.4 初等函数

1. 基本初等函数

以下六类函数统称为基本初等函数.

(1) 常数函数：$y=C$ （C 为常数）.

其定义域为 $D=(-\infty,+\infty)$，值域为 $R=\{C\}$，即对定义域中的任意值，其对应的函数值都相等，均为 C，其图形如图 1-1 所示.

(2) 幂函数：$y=x^{\mu}$ （μ 为常实数）.

如 $y=x$，$y=x^2$，$y=x^3$，$y=\sqrt{x}$，$y=\dfrac{1}{x}$ 等均是幂函数，其 μ 依次为 $1,2,3,\dfrac{1}{2},-1$. 其函数图形如表 1-2 所示. 幂函数的定义域因 μ 的不同而不同，但无论 μ 为何值，幂函数在 $(0,+\infty)$ 内总有定义.

表 1-2

μ 的值	$\mu=1,3$	$\mu=2$	$\mu=\frac{1}{2}$	$\mu=-1$
图形	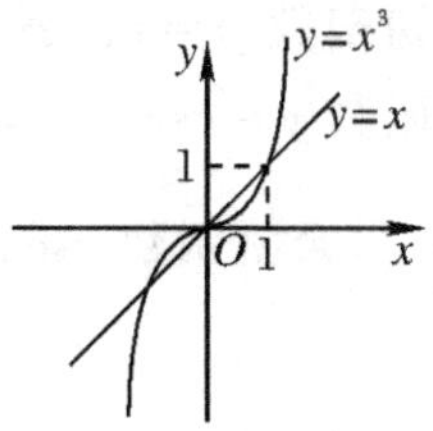	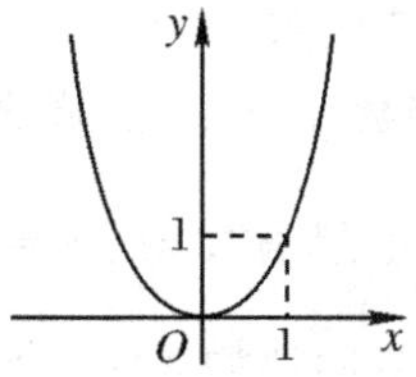	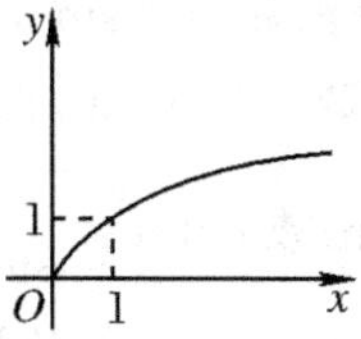	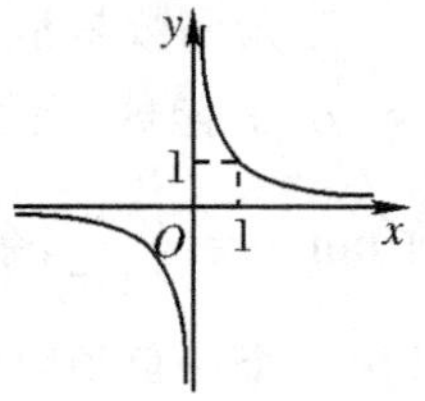
定义域	$(-\infty,+\infty)$	$(-\infty,+\infty)$	$[0,+\infty)$	$(-\infty,0)\cup(0,+\infty)$

(3) 指数函数：$y=a^x$ （$a>0$ 且 $a\neq1$）.

其定义域为 $(-\infty,+\infty)$，值域为 $(0,+\infty)$，图形过点 $(0,1)$. 当 $a>1$ 时，是增函数(图 1-7)；当 $0<a<1$ 时，是减函数(图 1-8).

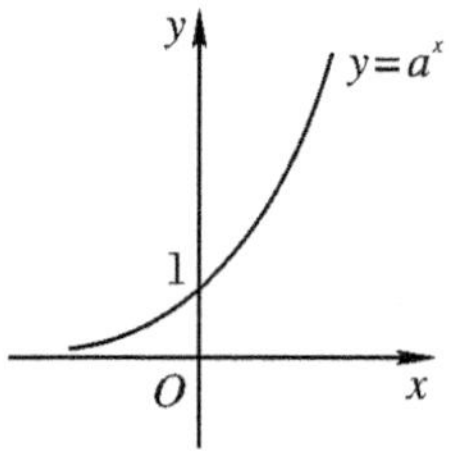

$a>1$

图 1-7

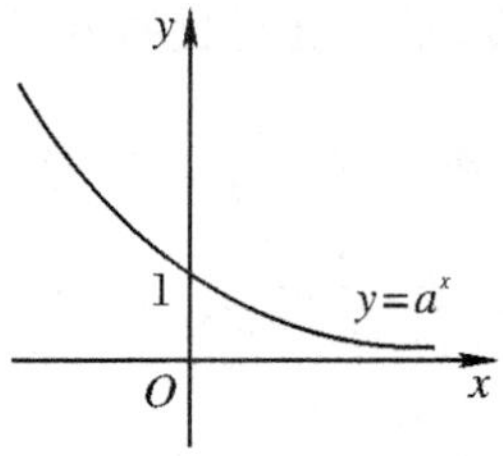

$0<a<1$

图 1-8

(4)对数函数：$y=\log_a x$　($a>0$ 且 $a\neq 1$).

对数函数 $y=\log_a x$ 是指数函数 $y=a^x$ 的反函数，其定义域为$(0,+\infty)$，值域为$(-\infty,+\infty)$，图形过点$(1,0)$．当 $a>1$ 时，是增函数(图 1-9)；当 $0<a<1$ 时，是减函数(图 1-10)．

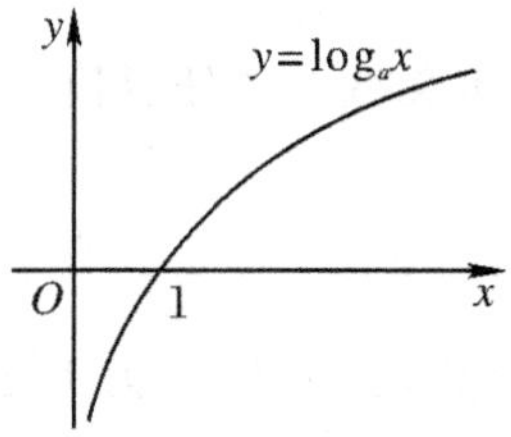

$a>1$

图 1-9

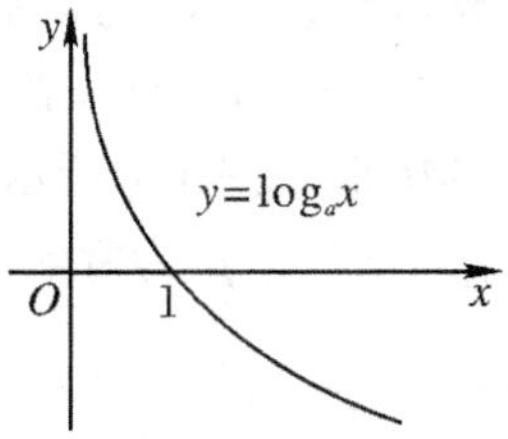

$0<a<1$

图 1-10

特别地，$y=\lg x$ 是指 $y=\log_{10} x$；$y=\ln x$ 是指 $y=\log_e x$，其中 $e\approx 2.71828$，是一个无理数.

(5) 三角函数.

三角函数是指正弦函数 $y=\sin x$，余弦函数 $y=\cos x$，正切函数 $y=\tan x$，余切函数 $y=\cot x$ 函数，余切函数 $y=\cot x$，正割函数 $y=\sec x$ 和余割函数 $y=\csc x$．其中正切函数 $\tan x=\dfrac{\sin x}{\cos x}$，余切函数 $\cot x=\dfrac{\cos x}{\sin x}$，正割函数 $\sec x=\dfrac{1}{\cos x}$，余割函数 $\csc x=\dfrac{1}{\sin x}$.
常用 4 个三角函数的图形、定义域、值域及单调性如表 1-3 所示．

表 1-3

函数	$y=\sin x$	$y=\cos x$	$y=\tan x$	$y=\cot x$
图形	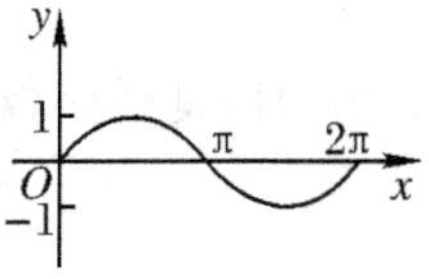	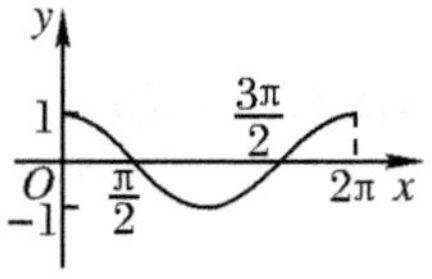	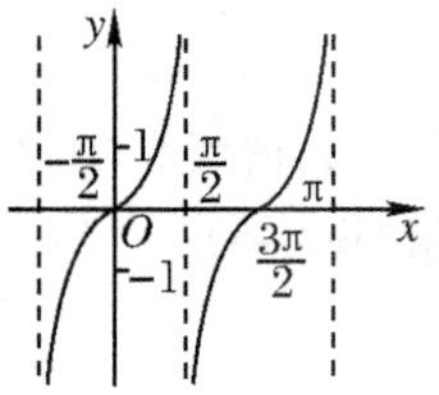	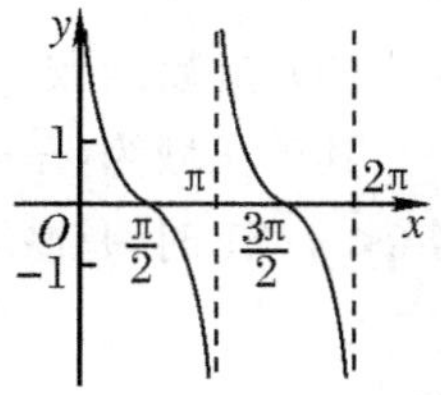
定义域	$(-\infty,+\infty)$	$(-\infty,+\infty)$	$\{x\in\mathbf{R}$ 且 $x\neq k\pi+\dfrac{\pi}{2},k\in\mathbf{Z}\}$	$\{x\in\mathbf{R}$ 且 $x\neq k\pi,k\in\mathbf{Z}\}$
值域	$[-1,1]$	$[-1,1]$	$(-\infty,+\infty)$	$(-\infty,+\infty)$

（续）

函数	$y=\sin x$	$y=\cos x$	$y=\tan x$	$y=\cot x$
单调区间	$\left(2k\pi-\frac{\pi}{2},2k\pi+\frac{\pi}{2}\right)$ 是单调递增区间 $\left(2k\pi+\frac{\pi}{2},2k\pi+\frac{3\pi}{2}\right)$ 是单调递减区间	$(2k\pi-\pi,2k\pi)$ 是单调递增区间 $(2k\pi,2k\pi+\pi)$ 是单调递减区间	$\left(k\pi-\frac{\pi}{2},k\pi+\frac{\pi}{2}\right)$ 是单调递增区间	$(k\pi,k\pi+\pi)$ 是单调递减区间

(6) 反三角函数.

由于 $y=\sin x$ 在其定义域 $(-\infty,+\infty)$ 内不是单调函数，不存在反函数，但在 $\left[-\frac{\pi}{2},\frac{\pi}{2}\right]$ 上是单调递增函数，故存在反函数，记为 $y=\arcsin x$，称为反正弦函数. 即当 $a\in\left[-\frac{\pi}{2},\frac{\pi}{2}\right]$ 时，$\sin a=b$ 当且仅当 $a=\arcsin b$，如 $\arcsin\frac{\sqrt{3}}{2}=\frac{\pi}{3}$，因为 $\sin\frac{\pi}{3}=\frac{\sqrt{3}}{2}$.

显然，$\sin(\arcsin a)=a$，对任意的 $a\in[-1,1]$.

同理，余弦函数 $y=\cos x$，正切函数 $y=\tan x$，余切函数 $y=\cot x$ 的反函数分别为反余弦函数 $y=\arccos x$，反正切函数 $y=\arctan x$ 和反余切函数 $y=\operatorname{arccot} x$.

反三角函数在定义域内都是单调函数，都是有界函数，其图形、定义域、值域如表 1-4.

表 1-4

函数	$y=\arcsin x$	$y=\arccos x$	$y=\arctan x$	$y=\operatorname{arccot} x$
图形	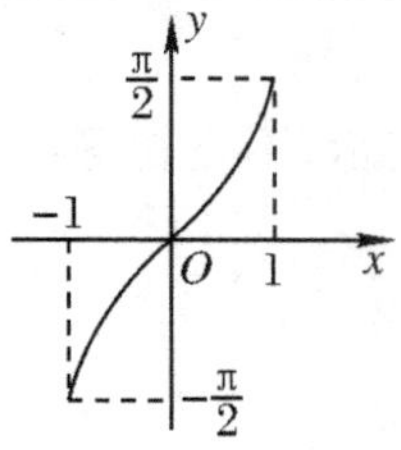	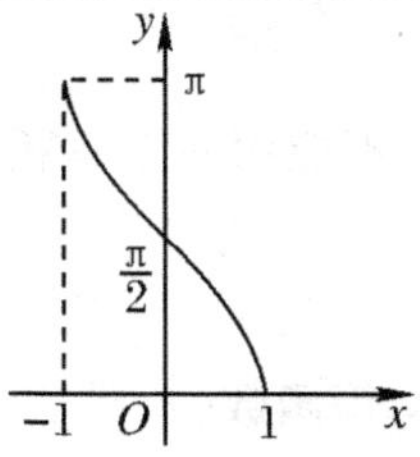	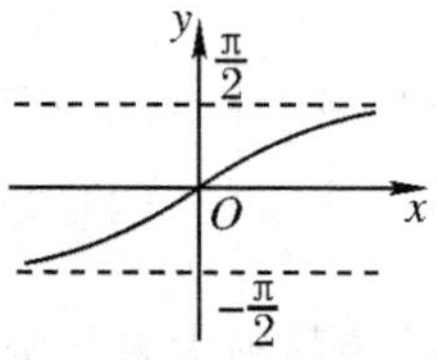	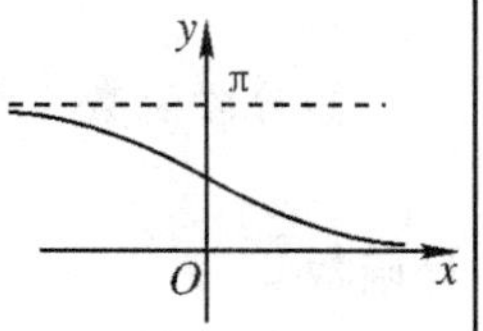
定义域	$[-1,1]$	$[-1,1]$	$(-\infty,+\infty)$	$(-\infty,+\infty)$
值域	$\left[-\frac{\pi}{2},\frac{\pi}{2}\right]$	$[0,\pi]$	$\left(-\frac{\pi}{2},\frac{\pi}{2}\right)$	$(0,\pi)$

以上基本初等函数绝大多数在中学已学过，它在本课程学习中占有非常重要的地位.

2. 复合函数

定义 7 设函数 $y=f(u)$ 的定义域为 D_f，函数 $u=\varphi(x)$ 的值域为 R_φ，若 $R_\varphi\cap D_f$ 非空，则称函数 $y=f[\varphi(x)]$ 是由 $y=f(u)$ 与 $u=\varphi(x)$ 构成的复合函数，称 u 为中间变量，$u=\varphi(x)$ 为复合函数的内函数，$y=f(u)$ 为复合函数的外函数.

如函数 $y=\sqrt{u}$ 与 $u=x^2-1$，因为 $y=\sqrt{u}$ 的定义域 $D=[0,+\infty)$ 与 $u=x^2-1$ 的值域 $R=[-1,+\infty)$ 的交集 $[0,+\infty)$ 非空，所以能构成复合函数 $y=\sqrt{x^2-1}$；而函数 $y=\ln u$ 与

$u=-x^2$ 就不能构成复合函数，因为函数 $y=\ln u$ 的定义域$(0,+\infty)$与 $u=-x^2$ 的值域 $R=(-\infty,0)$的交集是空集.

复合函数的中间变量可以有两个或两个以上，如 $y=\ln u, u=\sqrt{v}, v=x^2+x+1$ 能构成复合函数 $y=\ln\sqrt{x^2+x+1}$，中间变量有两个，为 u 及 v，得到复合函数的这一过程称为函数的复合．复合函数 $y=\sqrt{x^2-1}$是由 $y=\sqrt{u}$与 $u=x^2-1$ 复合而成的，这一过程称为函数的分解．分解复合函数时一般按运算的反序从外往里的步骤进行，分解为基本初等函数或基本初等函数的和、差、积、商的形式.

例 1-12 将下列复合函数进行分解.

(1) $y=\sin e^{2x+1}$； (2) $y=\sqrt{\ln\dfrac{1-x}{1+x}}$.

解 (1) $y=\sin e^{2x+1}$ 分解为 $y=\sin u, u=e^v, v=2x+1$.

(2) $y=\sqrt{\ln\dfrac{1-x}{1+x}}$ 分解为 $y=\sqrt{u}=u^{\frac{1}{2}}, u=\ln v, v=\dfrac{1-x}{1+x}$.

3. 初等函数

由基本初等函数经过有限次四则运算或有限次复合运算得到，并可用一个解析式表示的函数称为初等函数，否则就称为非初等函数.

如多项式函数 $P_n(x)=a_nx^n+a_{n-1}x^{n-1}+\cdots+a_1x+a_0$，分式函数 $y=\dfrac{P_n(x)}{Q_m(x)}$（其中 $Q_m(x)$是 m 次多项式，且 $Q_m(x)\neq 0$），以及函数 $y=e^{2x-7}$，$y=-\sqrt{3x^2-6x+7}$，$y=8\arccos x$ 等都是初等函数.

如分段函数 $y=\operatorname{sgn} x=\begin{cases}1, & x>0,\\ 0, & x=0,\\ -1, & x<0,\end{cases}$ 不能用一个解析式表示，不是初等函数，称为符号函数.

在本课程中讨论的函数绝大多数都是初等函数.

1.2 函数的极限

函数极限描述的是在自变量取值的某一变化过程中，对应函数值的变化趋势，如果对应的函数值无限接近某确定常数，那么则称这个确定的常数为这一变化过程中函数的极限，它是研究函数的一种基本工具和思想方法．极限思想方法是在求解某些实际问题的精确结果过程中产生的，可以追溯到更久远的历史. 如我国古代魏晋时杰出的数学家刘徽用圆内接正多边形来推算圆面积和圆周率的方法——割圆术，从圆内接正六边形开始，将圆分割成正六边形，正十二边形，正二十四边形，正四十八边形……刘徽说，“割之又割，以至于不可割，则与圆合体而无所失矣．”就是说，当圆内接正多边形的边数无限倍增时，其面积越接近圆的面积，体现的就是极限思想.

本节将从一类特殊的函数——数列(定义域为非负整数集的子集)来讨论极限.

1.2.1　数列的极限

按序号大小排列而成的一列数叫作一个数列，如

$$\frac{1}{2},\frac{2}{3},\frac{3}{4},\cdots,\frac{n}{n+1},\cdots.$$

数列中的每一个数叫作数列的项，第 n 项叫作数列的一般项，记作 x_n，并将数列记为 $\{x_n\}$.

从函数的概念上看，数列 $\{x_n\}$ 就是定义在正整数集上的函数 $x_n=f(n)$，当自变量 n 按从小到大依次增大的顺序取值（取正整数）时，得到函数值按相应顺序排成的一列数 x_1，x_2，$\cdots$，x_n，$\cdots$.

按数列的项数来分，数列可分为有限数列和无限数列．对于无限数列，考察的一个内容就是当 n 无限增大时，对应项 x_n 取值的变化趋势，即数列的极限.

现考察下列数列，当 n 无限增大（记为：$n\to\infty$，读作：n 趋于无穷大）时，数列 $\{x_n\}$ 的变化趋势：

(1) $x_n=\dfrac{(-1)^n}{n}$　（图 1-11）；

(2) $x_n=\dfrac{1+n}{n}$　（图 1-12）；

(3) $x_n=(-1)^n$　（图 1-13）.

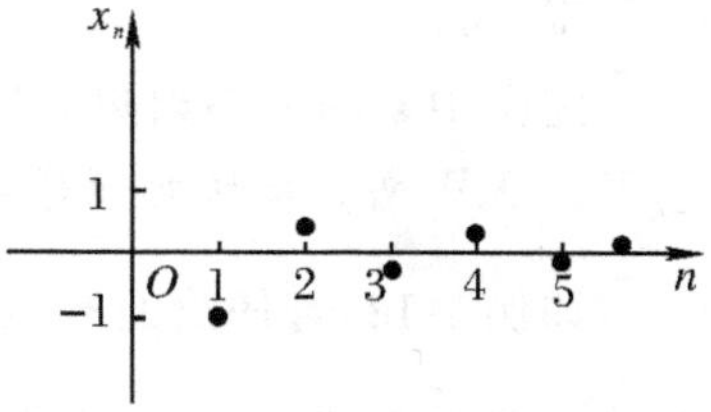

图 1-11

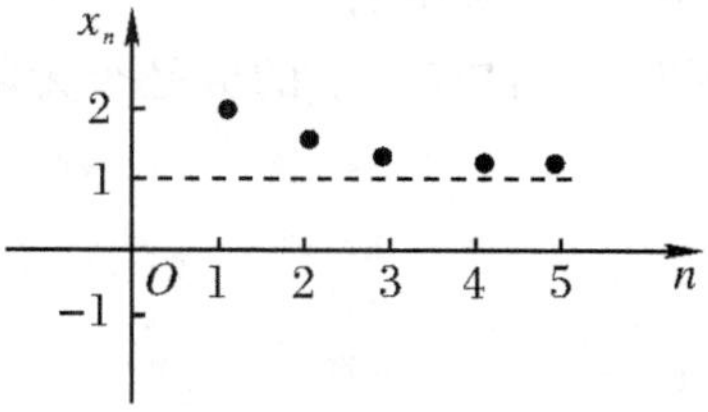

图 1-12

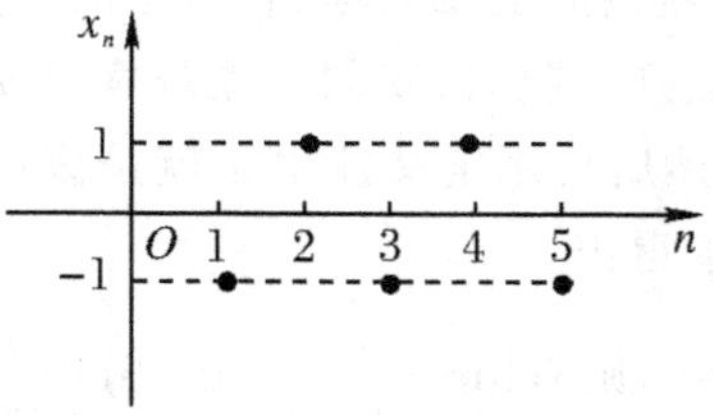

图 1-13

从图中可看出，当 $n\to\infty$ 时，数列 $\left\{\dfrac{(-1)^n}{n}\right\}$ 对应项的取值无限接近于 0，$\left\{\dfrac{1+n}{n}\right\}$ 对应项的取值无限接近于 1，而数列 $\{(-1)^n\}$ 对应项的取值却为 1 或 -1，不能接近某确定常数．此时，称 0 为数列 $\left\{\dfrac{(-1)^n}{n}\right\}$ 的极限，1 为数列 $\left\{\dfrac{1+n}{n}\right\}$ 的极限，而数列 $\{(-1)^n\}$ 没有极限.

当 n 无限增大（$n\to\infty$）时，若数列 $\{x_n\}$ 对应项 x_n 与某确定常数 a 无限接近，则称 a 为数列 $\{x_n\}$ 当 $n\to\infty$ 时的极限，记为：

$$\lim_{n\to\infty}x_n=a\qquad\text{或 } x_n\to a\quad(\text{当 } n\to\infty).$$

极限的这种定性的描述是不能满足数学中严谨论证的需要的，用定量陈述为如下的定义.

定义 1　设有数列 $\{x_n\}$ 和确定常数 a，若对任意给定的 $\varepsilon>0$，总存在自然数 N，当 $n>N$ 时，均有 $|x_n-a|<\varepsilon$ 成立，则称 a 为数列 $\{x_n\}$ 的极限，记为：

$$\lim_{n\to\infty}x_n=a\quad\text{或 } x_n\to a\quad(n\to\infty).$$

此时也称数列$\{x_n\}$存在极限，或数列$\{x_n\}$收敛(或收敛于a).

若数列$\{x_n\}$不存在极限，则称数列$\{x_n\}$发散.

例 1-13 证明数列$x_n=\dfrac{1+n}{n}$的极限是1.

证明 对于任意给定的$\varepsilon>0$，要证$\left|\dfrac{1+n}{n}-1\right|<\varepsilon$成立，只需证

$$\left|\frac{1+n}{n}-1\right|=\frac{1}{n}<\varepsilon,$$

即$n>\dfrac{1}{\varepsilon}$，取$N=\left[\dfrac{1}{\varepsilon}\right]$即可.

于是，对于任意给定的$\varepsilon>0$，存在自然数$N=\left[\dfrac{1}{\varepsilon}\right]$，当$n>N$时，有$\left|\dfrac{1+n}{n}-1\right|<\varepsilon$，所以，$\lim\limits_{n\to\infty}\dfrac{1+n}{n}=1$.

定义中ε的大小刻画了当$n\to\infty$时，对应项x_n的值与极限值a的接近程度；N的大小表达了n无限增大是从哪项开始增大，它的取值与ε有关，随ε的给定而选定.

如例1-13，若任给的$\varepsilon=0.1$，则由$\left|\dfrac{1+n}{n}-1\right|=\dfrac{1}{n}<\varepsilon$解得$n>10$，取$N=10$，即从第10项以后的每一项，它与1的差的绝对值均小于$\varepsilon=0.1$；若任给的$\varepsilon=0.001$，则$N=1000$，即从第1000项以后的每一项，它与1的差的绝对值均小于$\varepsilon=0.001$.

在求数列极限时，我们可先观察当$n\to\infty$时，数列$\{x_n\}$对应项x_n的值是否无限接近某确定常数a，然后再用定义证明a就是该数列的极限.

中学曾得出：

若$a\neq0$，则有$\lim\limits_{n\to\infty}\dfrac{c}{an+b}=0$，$\lim\limits_{n\to\infty}\dfrac{cn+d}{an+b}=\dfrac{c}{a}$，$\lim\limits_{n\to\infty}\dfrac{cn+d}{a}$不存在，

$$\lim_{n\to\infty}aq^n=\begin{cases}0, & |q|<1,\\ \text{不存在}, & |q|>1,\\ a, & q=1,\\ \text{不存在}, & q=-1,\end{cases}$$ 等等.

1.2.2 函数的极限

数列是一种特殊的函数，若将它的特殊性撇开，便可得出函数极限的一般概念．即在自变量的某一变化过程中，若对应的函数值能无限接近某确定常数，则称这个确定的常数为这一变化过程中该函数的极限．当然这个极限是与自变量的变化过程(在函数定义域内)密切相关的．由于自变量的变化过程会出现各种各样的情形，因而函数的极限就不像数列极限只有$n\to\infty$，而是有多种情形，下面我们将一一进行讨论.

1. 当$x\to\infty$时，函数$f(x)$的极限

首先，$x\to\infty$表示$|x|$无限增大，对应x取正数与负数两种情形.

(1) $x>0$，为使$|x|$无限增大，x取值应向x轴正向不断增大，用$x\to+\infty$表示.

(2) $x<0$，为使 $|x|$ 无限增大，x 取值应向 x 轴负方向不断减小，用 $x\to-\infty$ 表示.

其次，当 $x\to\infty$ 时，函数 $f(x)$ 的极限为 A 指的是：当 $|x|$ 无限增大时，都有对应的函数值 $f(x)$ 无限接近确定常数 A，其严格定义如下.

定义 2 设函数 $y=f(x)$ 在 $(-\infty,-a)\cup(a,+\infty)$ 上有定义，A 为某确定常数，若对任意给定的 $\varepsilon>0$，总存在 $M>0$，使得对满足 $|x|>M$ 的一切 x，均有 $|f(x)-A|<\varepsilon$ 成立，则称 A 为 $f(x)$ 当 $x\to\infty$ 时的极限，记作：

$$\lim_{x\to\infty}f(x)=A \qquad 或\ f(x)\to A \quad (当\ x\to\infty)；$$

否则，称极限不存在.

如考察 $x\to\infty$ 时，函数 $f(x)=\dfrac{1}{x}$ 的极限(图 1-14).

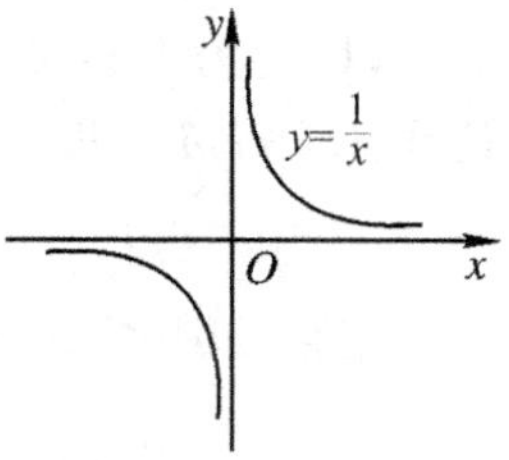

图 1-14

因为 $f(x)=\dfrac{1}{x}$ 在 $(-\infty,0)\cup(0,+\infty)$ 上有定义.

当 $x>0$ 且无限增大时，即 $x\to+\infty$ 时，$f(x)=\dfrac{1}{x}$ 的值无限接近 0.

当 $x<0$ 且无限减小时，即 $x\to-\infty$ 时，$f(x)=\dfrac{1}{x}$ 的值也无限接近 0.

所以，0 是函数 $f(x)=\dfrac{1}{x}$ 当 $x\to\infty$ 时的极限，即 $\lim\limits_{x\to\infty}\dfrac{1}{x}=0$.

从几何图形上看，$\lim\limits_{x\to\infty}f(x)=A$ 表示随着 $|x|$ 无限增大时，曲线 $y=f(x)$ 与直线 $y=A$ 越来越接近，即曲线 $y=f(x)$ 上点与直线 $y=A$ 上对应点的距离 $|f(x)-A|$ 无限接近零.

例 1-14 考察 $x\to\infty$ 时，函数 $f(x)=\arctan x$ 的极限(图 1-15).

从函数 $f(x)=\arctan x$ 的图形知，当 $x\to+\infty$ 时，$f(x)=\arctan x$ 的值无限接近 $\dfrac{\pi}{2}$；

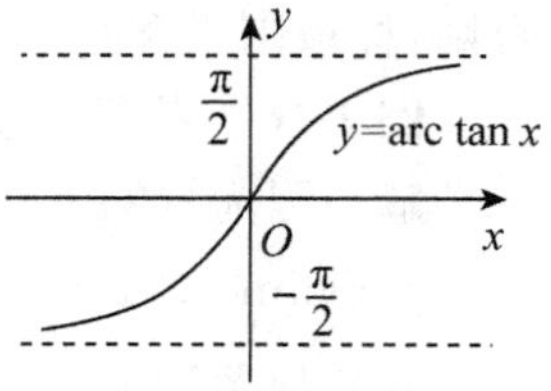

图 1-15

而当 $x\to-\infty$ 时，$f(x)=\arctan x$ 的值却无限接近 $-\dfrac{\pi}{2}$.

即当 $x\to\infty$ 时，$f(x)=\arctan x$ 的值不能无限接近同一固定常数.

所以 $\lim\limits_{x\to\infty}\arctan x$ 不存在.

将 $\dfrac{\pi}{2}$ 称为函数 $f(x)=\arctan x$ 当 $x\to+\infty$ 时的极限，记作：

$$\lim_{x\to+\infty}\arctan x=\frac{\pi}{2}.$$

将 $-\dfrac{\pi}{2}$ 称为函数 $f(x)=\arctan x$ 当 $x\to-\infty$ 时的极限，记作：

$$\lim_{x\to-\infty}\arctan x=-\frac{\pi}{2}.$$

容易证明：$\lim\limits_{x\to\infty}f(x)$ 存在，当且仅当 $\lim\limits_{x\to+\infty}f(x)$ 与 $\lim\limits_{x\to-\infty}f(x)$ 均存在，且相等.

例 1-15 从几何图形可知下列表达正确.

(1) $\lim\limits_{x\to+\infty}\operatorname{arccot}x=0$； (2) $\lim\limits_{x\to-\infty}\operatorname{arccot}x=\pi$； (3) $\lim\limits_{x\to\infty}\operatorname{arccot}x$ 不存在；

(4) $\lim\limits_{x\to+\infty}2^{-x}=0$； (5) $\lim\limits_{x\to+\infty}2^{x}$ 不存在.

注：求 $x\to\infty$ 时函数的极限，要考虑 $x\to+\infty$ 与 $x\to-\infty$ 两种情形中函数值的变化趋势，且当函数值均趋于同一确定常数时极限才存在. 在很多情况下 $x\to+\infty$ 与 $x\to-\infty$ 的极限是分开考虑的.

2. 当 $x\to x_0$ 时，函数 $f(x)$ 的极限

我们先介绍两个概念——邻域、去心邻域.

以 x_0 为中心，$\delta>0$ 为半径的开区间 $(x_0-\delta,x_0+\delta)$ 称为以 x_0 为心，δ 为半径的邻域，记作：$U(x_0,\delta)$. 即

$$U(x_0,\delta)=(x_0-\delta,x_0+\delta)=\{x\mid |x-x_0|<\delta\}.$$

集合 $\{x\mid 0<|x-x_0|<\delta\}$ 称为以 x_0 为心，δ 为半径的去心邻域，记作：$\overset{0}{U}(x_0,\delta)$. 即

$$\overset{0}{U}(x_0,\delta)=(x_0-\delta,x_0)\cup(x_0,x_0+\delta)=\{x\mid 0<|x-x_0|<\delta\}.$$

设函数 $y=f(x)$ 在某 $\overset{0}{U}(x_0)$ 有定义（在 x_0 点可以有定义，也可以无定义），若当 x 无论以怎样的方式趋于 $x_0(x\neq x_0)$ 时，均有对应的函数值 $f(x)$ 无限接近某一确定常数 A，则称 A 为函数 $f(x)$ 当 $x\to x_0$ 时的极限.

定义 3 设函数 $y=f(x)$ 在某 $\overset{0}{U}(x_0)$ 有定义，A 为某确定常数，若对任意给定的 $\varepsilon>0$，总存在 $\delta>0$，使得对满足 $0<|x-x_0|<\delta$ 的一切 x，均有 $|f(x)-A|<\varepsilon$ 成立，则称 A 为 $f(x)$ 当 $x\to x_0$ 时的极限，记作：

$$\lim_{x\to x_0}f(x)=A \quad 或 \quad f(x)\to A \quad (当\ x\to x_0)；$$

否则，称极限不存在.

例 1-16 考察函数 $f(x)=2x+3$ 当 $x\to1$ 时的极限.

解 因为 $|(2x+3)-5|=2|x-1|\to0$（当 $x\to1$），

所以 $\lim\limits_{x\to1}(2x+3)=5$.

从几何图形上看，$\lim\limits_{x\to x_0}f(x)=A$ 表示：当 x 无限接近 x_0（但 $x\neq x_0$）时，曲线 $y=f(x)$ 与直线 $y=A$ 越来越接近，即曲线 $y=f(x)$ 上点与直线 $y=A$ 上对应点的距离 $|f(x)-A|$ 无限趋于零.

注：(1) 求 $\lim\limits_{x\to x_0}f(x)$ 时，$x\to x_0$ 的方式是任意的，即 x 可以从 x_0 的左侧趋于 x_0，也可以从 x_0 的右侧趋于 x_0.

(2) $\lim\limits_{x\to x_0}f(x)=A$，表示 x 无论以何种方式趋于 x_0 时，$f(x)$ 都无限接近数 A.

(3) 极限 $\lim\limits_{x\to x_0}f(x)$ 存在与否，与 $f(x)$ 在 x_0 处是否有定义无关，如下例 1-17；也与 $f(x)$ 在 x_0 处的函数值无关，如下例 1-18.

例 1-17 考察函数 $f(x)=\dfrac{x^2-9}{x-3}$ 当 $x\to3$ 时的极限.

解 显然函数在 $x=3$ 处无定义，但当 $x\to3$ 时 $x\neq3$.

故可约去不为零的因子 $x-3$，

因此
$$\lim_{x\to 3}\frac{x^2-9}{x-3}=\lim_{x\to 3}(x+3)=6,$$

即　当 $x\to 3$ 时，$f(x)=\dfrac{x^2-9}{x-3}$ 的极限存在，为 6.

例 1-18　考察函数 $f(x)=\begin{cases}\dfrac{x^2-9}{x-3}, & x\neq 3,\\ 1\quad, & x=3\end{cases}$ 当 $x\to 3$ 时的极限.

解　因为 $x\to 3$ 表示 $x\neq 3$，故 $f(x)=\dfrac{x^2-9}{x-3}$，

从而
$$\lim_{x\to 3}f(x)=\lim_{x\to 3}\frac{x^2-9}{x-3}=\lim_{x\to 3}(x+3)=6,$$

而
$$f(3)=1,$$

即　当 $x\to 3$ 时 $f(x)$ 的极限存在为 6，但 $6\neq f(3)$.

3. 当 $x\to x_0$ 时，函数 $f(x)$ 的左、右极限

$x\to x_0$ 表示 x 取值可以从 x_0 的左侧趋于 x_0，也可以从 x_0 的右侧趋于 x_0. 有时需要分开来考虑求极限，即只考虑 x 从 x_0 的左侧趋于 x_0 时函数的极限，或只考虑 x 从 x_0 的右侧趋于 x_0 时函数的极限，这就是所谓的左、右极限，也称为单侧极限.

若当 x 从 x_0 的左侧($x<x_0$)趋于 x_0(记为：$x\to x_0^-$)时，都有对应的函数值 $f(x)$ 无限接近确定常数 B，则称 B 为函数 $f(x)$ 当 $x\to x_0$ 时的左极限，记为 $\lim\limits_{x\to x_0^-}f(x)=B$ 或 $f(x_0-0)=B$.

若当 $x>x_0$ 且 $x\to x_0$ 时，都有对应的函数值 $f(x)$ 无限接近确定常数 C，则称 C 为函数 $f(x)$ 当 $x\to x_0$ 时的右极限，记为 $\lim\limits_{x\to x_0^+}f(x)=C$ 或 $f(x_0+0)=C$.

容易证明：$\lim\limits_{x\to x_0}f(x)$ 存在的充要条件是 $\lim\limits_{x\to x_0^+}f(x)$ 与 $\lim\limits_{x\to x_0^-}f(x)$ 存在且相等.

例 1-19　讨论函数 $f(x)=\begin{cases}1\ , & x>0,\\ 0\ , & x=0,\\ -1\ , & x<0\end{cases}$ 当 $x\to 0$ 时的极限.

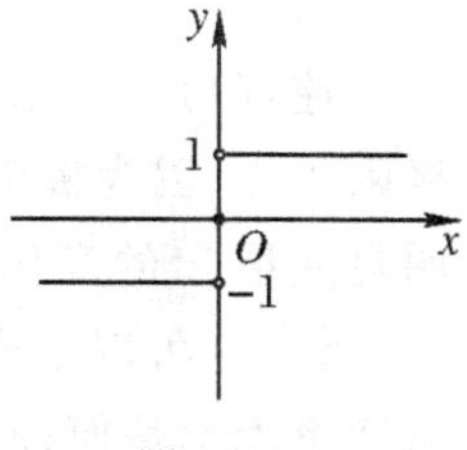

图 1-16

解　如图 1-16 所示，

$\lim\limits_{x\to 0^-}f(x)=\lim\limits_{x\to 0^-}(-1)=-1$，$\lim\limits_{x\to 0^+}f(x)=\lim\limits_{x\to 0^+}1=1$，

即左、右极限存在，但不相等. 因此 $\lim\limits_{x\to 0}f(x)$ 不存在.

从上述讨论可知，函数的极限形式依自变量的变化趋势不同有以下六种情形：

$\lim\limits_{x\to\infty}f(x)$，$\lim\limits_{x\to+\infty}f(x)$，$\lim\limits_{x\to-\infty}f(x)$，$\lim\limits_{x\to x_0}f(x)$，$\lim\limits_{x\to x_0^+}f(x)$，$\lim\limits_{x\to x_0^-}f(x)$.

1.2.3　函数极限的性质

对于函数的六种极限形式，在极限存在的条件下，它们具有完全类似的性质. 以下仅介绍 $\lim\limits_{x\to x_0}f(x)$ 这种类型的极限性质.

定理 1 (唯一性) 若极限 $\lim\limits_{x \to x_0} f(x)$ 存在,则此极限是唯一的.

定理 2 (局部有界性) 若极限 $\lim\limits_{x \to x_0} f(x)$ 存在,则函数 $f(x)$ 在 x_0 的某去心邻域内 $\mathring{U}(x_0)$ 有界.

证明 设 $\lim\limits_{x \to x_0} f(x) = A$,取 $\varepsilon = 1$,则存在 $\delta > 0$,使得对 $\forall x \in \mathring{U}(x_0)$ 有

$$|f(x) - A| < 1.$$

从而有

$$|f(x)| \leqslant |f(x) - A| + |A| < |A| + 1.$$

令

$$M = |A| + 1, \text{有} |f(x)| < M.$$

即函数 $f(x)$ 在某去心邻域 $\mathring{U}(x_0)$ 有界.

定理 3 (局部保号性) 若极限 $\lim\limits_{x \to x_0} f(x) = A$,且 $A > 0$(或 $A < 0$),则存在 $\mathring{U}(x_0)$,使得对 $\forall x \in \mathring{U}(x_0)$ 有 $f(x) > 0$(或 $f(x) < 0$).

推论 如果 $\lim\limits_{x \to x_0} f(x) = A$,且在 x_0 的某去心邻域 $\mathring{U}(x_0)$ 内 $f(x) \geqslant 0$[或 $f(x) \leqslant 0$],那么 $A \geqslant 0$(或 $A \leqslant 0$).

1.2.4 无穷小与无穷大

1. 无穷小

定义 4 若 $\lim\limits_{x \to x_0} f(x) = 0$,则称 $f(x)$ 为当 $x \to x_0$ 时的无穷小(或无穷小量).

如当 $x \to 0$ 时,$-3x^2$ 是无穷小;当 $x \to \frac{\pi}{2}$ 时,$\cos x$ 是无穷小.

同样可定义自变量为其他变化趋势下的无穷小.

如 $\frac{1}{x}$ 是 $x \to \infty$ 时的无穷小,因为 $\lim\limits_{x \to \infty} \frac{1}{x} = 0$.

注:(1) 一个函数 $f(x)$ 被称为无穷小,指的是这个函数在自变量 x 某个变化过程中的极限为 0. 因为极限值与自变量 x 的变化过程紧密相联,因此称一个函数为无穷小时必须指明自变量 x 的变化趋势.

(2) 0 可以看成是无穷小的唯一常数,除 0 外任何绝对值很小的数都不是无穷小,因为自变量无论是何种变化,其极限都不是 0.

无穷小与函数极限具有如下关系.

定理 4 在自变量的同一变化过程 $x \to x_0$(或 $x \to \infty$ 等其他情形)中,函数 $f(x)$ 具有极限 A 的充要条件是 $f(x) = A + \alpha(x)$,其中 $\alpha(x)$ 是 $x \to x_0$ 时的无穷小.

证明 **"必要性"** 设 $\lim\limits_{x \to x_0} f(x) = A$,则 $\lim\limits_{x \to x_0} f(x) - A = 0$,即 $\lim\limits_{x \to x_0} [f(x) - A] = 0$.

令 $f(x) - A = \alpha(x)$,则 $\lim\limits_{x \to x_0} \alpha(x) = 0$.

即 $\alpha(x)$ 是 $x \to x_0$ 时的无穷小,且 $f(x) = A + \alpha(x)$.

"充分性" 设 $f(x) = A + \alpha(x)$,其中 A 为常数,$\alpha(x)$ 是 $x \to x_0$ 时的无穷小,

即
$$\lim_{x \to x_0} \alpha(x)=0.$$

所以，$\lim_{x \to x_0} f(x)=\lim_{x \to x_0}[\alpha(x)+A]=A$.

2. 无穷大

定义 5　如果当 $x \to x_0$ 时，函数 $f(x)$ 的绝对值无限增大，那么称函数 $f(x)$ 为当 $x \to x_0$ 时的无穷大.

如果函数 $f(x)$ 为当 $x \to x_0$ 时的无穷大，那么它的极限是不存在的，但为了便于描述函数的这种变化趋势，我们也说"函数的极限是无穷大"，并记作：
$$\lim_{x \to x_0} f(x)=\infty.$$

注：式中的记号"∞"是一个记号而不是确定的数，记号的含义仅表示"$f(x)$ 的绝对值无限增大".

当 $x \to x_0$ 时，$f(x)$ 无限增大或减小，也分别记作：

$\lim_{x \to x_0} f(x)=+\infty$　或　$\lim_{x \to x_0} f(x)=-\infty$.

如当 $x \to 1$ 时，$\left|\frac{1}{x-1}\right|$ 无限增大，所以 $\frac{1}{x-1}$ 是当 $x \to 1$ 时的无穷大，即 $\lim_{x \to 1} \frac{1}{x-1}=\infty$.

同样可定义自变量为其他变化趋势下的无穷大.

如 $\frac{x+1}{3}$ 是 $x \to \infty$ 时的无穷大，因为 $\lim_{x \to \infty} \frac{x+1}{3}=\infty$.

下述定理揭示了无穷大与无穷小的关系.

定理 5　在自变量的同一变化过程中，若 $f(x)$ 为无穷大，则 $\frac{1}{f(x)}$ 为无穷小；若 $f(x)$ 为无穷小，且 $f(x) \neq 0$，则 $\frac{1}{f(x)}$ 为无穷大.

例 1-20　求 $\lim_{x \to -3} \frac{1}{x^2+3x}$.

解　因为 $\lim_{x \to -3}(x^2+3x)=0$，即当 $x \to -3$ 时，x^2+3x 为无穷小；

由定理 5 可得 $\frac{1}{x^2+3x}$ 为 $x \to -3$ 时的无穷大，即 $\lim_{x \to -3} \frac{1}{x^2+3x}=\infty$.

1.3　计算函数极限的方法

到目前为止求函数极限的方法是：观察自变量在给定变化的过程中，函数值的变化趋势，先确定出常数 A，然后用极限定义去证明函数极限就为此常数 A. 这一方法实行起来有些烦琐，本节及后续章节将陆续介绍求函数极限的一些方法.

1.3.1　函数极限的四则运算法则

定理 1　设函数 $f(x)$ 及 $g(x)$ 在自变量 x 的同一变化过程中的极限分别为 a 和 b，即 $\lim f(x)=a$，$\lim g(x)=b$，则在自变量的这一变化过程中有

(1) $\lim[f(x)\pm g(x)]=\lim f(x)\pm\lim g(x)=a\pm b$；

(2) $\lim[f(x)\cdot g(x)]=\lim f(x)\cdot\lim g(x)=a\cdot b$；

特别地，$\lim[kf(x)]=k\cdot\lim f(x)=k\cdot a$　（k 为常数），

$$\lim[f(x)]^n=[\lim f(x)]^n=a^n；$$

(3) $\lim\dfrac{f(x)}{g(x)}=\dfrac{\lim f(x)}{\lim g(x)}=\dfrac{a}{b}$ $(b\neq0)$.

注：(1) 此定理中“同一变化过程”是指 $x\to x_0$、$x\to x_0^+$、$x\to x_0^-$、$x\to\infty$、$x\to+\infty$、$x\to-\infty$中的一种变化.

(2) 此定理可推广到有限个函数情形.

例 1-21　求下列极限.

(1) $\lim\limits_{x\to2}(x^2+3x-9)$；　　(2) $\lim\limits_{x\to2}\dfrac{x^3+2x^2-x+1}{x^2-x+10}$.

解　(1) $\lim\limits_{x\to2}(x^2+3x-9)$

$=\lim\limits_{x\to2}x^2+3\lim\limits_{x\to2}x-\lim\limits_{x\to2}9$

$=4+6-9=1$.

(2) 因为 $\lim\limits_{x\to2}(x^3+2x^2-x+1)=8+8-2+1=15$，

$\lim\limits_{x\to2}(x^2-x+10)=4-2+10=12$，

所以
$$\lim_{x\to2}\frac{x^3+2x-x+1}{x^2-x+10}=\frac{15}{12}=\frac{5}{4}.$$

显然，由此例可推广到更为一般的情形：设有多项式

$P(x)=a_0x^n+a_1x^{n-1}+\cdots+a_{n-1}x+a_n$与$Q(x)=b_0x^m+b_1x^{m-1}+\cdots+b_{m-1}x+b_m$

则$\lim\limits_{x\to x_0}P(x)=P(x_0)$，$\lim\limits_{x\to x_0}Q(x)=Q(x_0)$，

且若$\lim\limits_{x\to x_0}Q(x)=Q(x_0)\neq0$，则$\lim\limits_{x\to x_0}\dfrac{P(x)}{Q(x)}=\dfrac{P(x_0)}{Q(x_0)}$.

例 1-22　求下列极限.

(1) $\lim\limits_{x\to\infty}\dfrac{2x^3+x^2-1}{3x^3+2x^2+9}$；　(2) $\lim\limits_{x\to\infty}\dfrac{4x^2+3x-5}{x^3-9x+6}$；　(3) $\lim\limits_{x\to\infty}\dfrac{3x^3+4x-7}{x^2+2x+8}$.

解　(1) $\lim\limits_{x\to\infty}\dfrac{2x^3+x^2-1}{3x^3+2x^2+9}=\lim\limits_{x\to\infty}\dfrac{2+\dfrac{1}{x}-\dfrac{1}{x^3}}{3+\dfrac{2}{x}+\dfrac{9}{x^3}}=\dfrac{2}{3}$.

(2) $\lim\limits_{x\to\infty}\dfrac{4x^2+3x-5}{x^3-9x+6}=\lim\limits_{x\to\infty}\dfrac{\dfrac{4}{x}+\dfrac{3}{x^2}-\dfrac{5}{x^3}}{1-\dfrac{9}{x^2}+\dfrac{6}{x^3}}=\dfrac{0}{1}=0$.

(3) 从(2)知，$\lim\limits_{x\to\infty}\dfrac{x^2+2x+8}{3x^3+4x-7}=0$，

由无穷大与无穷小的关系得：$\lim\limits_{x\to\infty}\dfrac{3x^3+4x-7}{x^2+2x+8}=\infty$.

由例 1-22 可得如下有理函数极限的一般结果：

$$\lim_{x\to\infty}\frac{a_0x^n+a_1x^{n-1}+\cdots+a_n}{b_0x^m+b_1x^{m-1}+\cdots+b_m}=\begin{cases}\dfrac{a_0}{b_0}, & n=m,\\ 0, & n<m,\\ \infty, & n>m\end{cases}\quad（其中\ a_0\neq 0,b_0\neq 0）.$$

例 1-23　求下列极限.

(1) $\lim\limits_{x\to 1}\dfrac{x^2-1}{x-1}$；　　(2) $\lim\limits_{x\to -1}\dfrac{x+1}{\sqrt{2x+3}-1}$.

解　(1) $\lim\limits_{x\to 1}\dfrac{x^2-1}{x-1}=\lim\limits_{x\to 1}\dfrac{(x-1)(x+1)}{x-1}=\lim\limits_{x\to 1}(x+1)=2$.

(2) $$\lim_{x\to -1}\frac{x+1}{\sqrt{2x+3}-1}=\lim_{x\to -1}\frac{(x+1)(\sqrt{2x+3}+1)}{(\sqrt{2x+3}-1)(\sqrt{2x+3}+1)}$$
$$=\lim_{x\to -1}\frac{(x+1)(\sqrt{2x+3}+1)}{2(x+1)}$$
$$=\lim_{x\to -1}\frac{\sqrt{2x+3}+1}{2}=\frac{2}{2}=1.$$

由例 1-23 解法可知，当分母的极限为零时，关于商的极限的运算法则不能应用，需要约去分子、分母中趋于零的公因式，有时需要将分子或分母有理化.

1.3.2　无穷小的相关性质

根据极限的四则运算法则，易得出如下的结论.

定理 2　在自变量的同一变化过程中，有限个无穷小的和、差、积仍为无穷小.

定理 3　有界函数与无穷小之积仍是无穷小.

证明　设 $y=f(x)$ 在 x_0 的某去心领域 $\overset{0}{U}(x_0,\delta_1)$ 内有界，即存在数 $M>0$，使得对 $\forall x\in\overset{0}{U}(x_0,\delta_1)$ 有 $|f(x)|\leqslant M$.

设函数 $\alpha(x)$ 为 $x\to x_0$ 时的无穷小，即 $\lim\limits_{x\to x_0}\alpha(x)=0$，也即对任意给定的数 $\varepsilon>0$，存在 $\delta_2>0$，使得对 $\forall x\in\overset{0}{U}(x_0,\delta_2)$，有 $|\alpha(x)-0|<\dfrac{\varepsilon}{M}$，即 $|\alpha(x)|<\dfrac{\varepsilon}{M}$.

取 $\delta=\min\{\delta_1,\delta_2\}$，则当 $\forall x\in\overset{0}{U}(x_0,\delta)$ 时有 $|f(x)|\leqslant M$ 与 $|\alpha(x)|<\dfrac{\varepsilon}{M}$ 同时成立.

此时有 $|f(x)\cdot\alpha(x)|=|f(x)|\cdot|\alpha(x)|<M\cdot\dfrac{\varepsilon}{M}=\varepsilon$，

即 $\lim\limits_{x\to x_0}(f(x)\cdot\alpha(x))=0$.

所以 $f(x)\cdot\alpha(x)$ 为 $x\to x_0$ 时的无穷小.

例 1-24　求下列极限.

(1) $\lim\limits_{x\to\infty}\dfrac{\sin x}{x}$；　　(2) $\lim\limits_{x\to 2}\dfrac{(x-2)\cos x}{x+1}$.

解 (1) 因为$\frac{\sin x}{x}=\frac{1}{x}\cdot\sin x$，而$\lim\limits_{x\to\infty}\frac{1}{x}=0$（即$\frac{1}{x}$是$x\to\infty$时的无穷小），$\sin x$ 是有界函数.

由有界函数与无穷小的积为无穷小得$\lim\limits_{x\to\infty}\frac{\sin x}{x}=0$.

(2) 因为$\lim\limits_{x\to 2}\frac{x-2}{x+1}=0$，即$\frac{x-2}{x+1}$是$x\to 2$ 时的无穷小，而 $\cos x$ 是有界函数.

故$\lim\limits_{x\to 2}\frac{(x-2)\cos x}{x+1}=\lim\limits_{x\to 2}\left(\frac{x-2}{x+1}\cdot\cos x\right)=0$

1.3.3 复合函数的极限运算法则

定理 4 设函数 $y=f[\varphi(x)]$是由函数 $y=f(u)$与函数 $u=\varphi(x)$复合而成的，$y=f[\varphi(x)]$在点 x_0 的某去心领域内有定义，若$\lim\limits_{x\to x_0}\varphi(x)=u_0$，$\lim\limits_{u\to u_0}f(u)=A$，且在点 x_0 的某去心领域内有 $\varphi(x)\neq u_0$，则$\lim\limits_{x\to x_0}f[\varphi(x)]=\lim\limits_{u\to u_0}f(u)=A$.

证明 略.

该定理表明，如果函数 $f(u)$与函数 $\varphi(x)$满足定理 4 的条件，那么作代换 $u=\varphi(x)$后，可把求$\lim\limits_{x\to x_0}f[\varphi(x)]$转化为求$\lim\limits_{u\to u_0}f(u)$，其中 $u_0=\lim\limits_{x\to x_0}\varphi(x)$.

例 1-25 求$\lim\limits_{x\to 3}\sqrt{\frac{x^2-9}{x-3}}$.

解 $y=\sqrt{\frac{x^2-9}{x-3}}$是由函数 $y=\sqrt{u}$及函数 $u=\frac{x^2-9}{x-3}$复合而成的.

因为$\lim\limits_{x\to 3}\frac{x^2-9}{x-3}=6$，所以$\lim\limits_{x\to 3}\sqrt{\frac{x^2-9}{x-3}}=\lim\limits_{u\to 6}\sqrt{u}=\sqrt{6}$.

注：在定理 4 中把$\lim\limits_{x\to x_0}\varphi(x)=u_0$ 换为$\lim\limits_{x\to x_0}\varphi(x)=\infty$或$\lim\limits_{x\to\infty}\varphi(x)=\infty$，并把$\lim\limits_{u\to u_0}f(u)=A$ 换为$\lim\limits_{u\to\infty}f(u)=A$，结论仍然成立.

1.3.4 两个重要极限

在求函数极限的过程中，有些函数用上述方法仍不能求出极限值，需借助两个重要极限，它们是求函数极限的又一重要方法．而这两个重要极限是极限存在准则的应用结论，下面依次给予介绍.

准则Ⅰ 若数列$\{x_n\}$，$\{y_n\}$及$\{z_n\}$满足下列两个条件：

(1) $\exists n_0\in\mathbf{N}^+$，当 $n>n_0$ 时，有 $y_n\leqslant x_n\leqslant z_n$；

(2) $\lim\limits_{n\to\infty}y_n=a$，$\lim\limits_{n\to\infty}z_n=a$，

则有$\lim\limits_{n\to\infty}x_n=a$.

证明从略.

该数列极限存在准则可推广到一般函数的极限，即

准则Ⅰ′ 若有下列两个条件满足：

(1) 当 $x\in\mathring{U}(x_0,\delta)$ (或 $|x|>K$)时,有 $\varphi(x)\leqslant f(x)\leqslant h(x)$;

(2) $\lim\limits_{x\to x_0}\varphi(x)=b,\lim\limits_{x\to x_0}h(x)=b$(或 $\lim\limits_{x\to\infty}\varphi(x)=c,\lim\limits_{x\to\infty}h(x)=c$),

则有 $\lim\limits_{x\to x_0}f(x)=b$(或 $\lim\limits_{x\to\infty}f(x)=c$).

证明从略.

以上准则Ⅰ和准则Ⅰ′称为夹逼准则,应用准则Ⅰ′可得第一个重要极限.

1. 第一个重要极限

$$\lim_{x\to 0}\frac{\sin x}{x}=1.$$

例 1-26 求下列各函数的极限.

(1) $\lim\limits_{x\to 0}\dfrac{\tan 3x}{x}$; (2) $\lim\limits_{x\to\infty}x\sin\dfrac{1}{x}$; (3) $\lim\limits_{x\to 0}\dfrac{1-\cos x}{x^2}$.

解 (1) $\lim\limits_{x\to 0}\dfrac{\tan 3x}{x}=\lim\limits_{x\to 0}\dfrac{\frac{\sin 3x}{\cos 3x}}{x}=\lim\limits_{x\to 0}\dfrac{\sin(3x)}{(3x)}\cdot\dfrac{3}{\cos 3x}$

$$=\lim_{x\to 0}\frac{\sin 3x}{3x}\cdot\lim_{x\to 0}\frac{3}{\cos 3x}=3.$$

(2) $\lim\limits_{x\to\infty}x\sin\dfrac{1}{x}=\lim\limits_{x\to\infty}\dfrac{\sin\frac{1}{x}}{\frac{1}{x}}=1.$

(3) $\lim\limits_{x\to 0}\dfrac{1-\cos x}{x^2}=\lim\limits_{x\to 0}\dfrac{2\sin^2\frac{x}{2}}{x^2}=\lim\limits_{x\to 0}\dfrac{\sin^2\frac{x}{2}}{2\left(\frac{x}{2}\right)^2}=\lim\limits_{x\to 0}\dfrac{1}{2}\cdot\dfrac{\sin^2\frac{x}{2}}{\left(\frac{x}{2}\right)^2}=\dfrac{1}{2}.$

借助复合函数的极限运算法则,第一个重要极限可归结为 $\lim\limits_{\varphi(x)\to 0}\dfrac{\sin[\varphi(x)]}{\varphi(x)}=1.$

注:(1) 极限 $\lim\limits_{x\to 0}\dfrac{\sin x}{x}=1$ 与极限 $\lim\limits_{x\to\infty}\dfrac{\sin x}{x}=0$ 是不同的.

(2) $\lim\limits_{x\to 0}\dfrac{x}{\sin x}=1.$

准则Ⅱ 单调有界数列必有极限.

有界数列不一定存在极限,例如,$\{(-1)^n\}$ 是有界数列,然而 $\lim\limits_{n\to\infty}(-1)^n$ 不存在.该准则表明,若一个数列有界且单调的话,则该数列一定存在极限.应用该准则可得第二个重要极限.

2. 第二个重要极限

$\lim\limits_{x\to\infty}\left(1+\dfrac{1}{x}\right)^x=\mathrm{e}$ 或 $\lim\limits_{x\to 0}(1+x)^{\frac{1}{x}}=\mathrm{e}$,其中 $\mathrm{e}\approx 2.71828$,是一个无理数.

例 1-27 求下列极限.

(1) $\lim\limits_{x\to\infty}\left(1-\dfrac{1}{x}\right)^x$; (2) $\lim\limits_{x\to 0}\dfrac{\ln(1+x)}{x}$; (3) $\lim\limits_{x\to 0}\sqrt[x]{1-2x}$.

解 (1) $\lim\limits_{x\to\infty}\left(1-\dfrac{1}{x}\right)^{x}=\lim\limits_{x\to\infty}\left[\left(1+\dfrac{1}{-x}\right)^{(-x)}\right]^{-1}=\mathrm{e}^{-1}$.

(2) $\lim\limits_{x\to 0}\dfrac{\ln(1+x)}{x}=\lim\limits_{x\to 0}\dfrac{1}{x}\ln(1+x)=\lim\limits_{x\to 0}\ln(1+x)^{\frac{1}{x}}=\ln \mathrm{e}=1$.

(3) $\lim\limits_{x\to 0}\sqrt[x]{1-2x}=\lim\limits_{x\to 0}(1-2x)^{\frac{1}{x}}=\lim\limits_{x\to 0}[1+(-2x)]^{\frac{1}{-2x}\cdot(-2)}=\mathrm{e}^{-2}$.

借助复合函数的极限法则,第二个重要极限可归结为

$$\lim_{f(x)\to\infty}\left[1+\frac{1}{f(x)}\right]^{f(x)}=\mathrm{e}$$

或

$$\lim_{g(x)\to 0}[1+g(x)]^{\frac{1}{g(x)}}=\mathrm{e}.$$

1.3.5 等价无穷小

从定理 2 可知,在自变量的同一变化过程中,两个无穷小的和、差、积仍为无穷小．但两个无穷小的商不一定是无穷小,会有不同的情况出现,如当 $x\to 0$ 时,x^2,$2x$,x,$\sin x$ 等均是无穷小,而$\lim\limits_{x\to 0}\dfrac{x^2}{2x}=0$, $\lim\limits_{x\to 0}\dfrac{2x}{x^2}=\infty$,$\lim\limits_{x\to 0}\dfrac{2x}{x}=2$,$\lim\limits_{x\to 0}\dfrac{\sin x}{x}=1$,将这些不同的情形给予如下不同的名称.

定义 1 设 $\alpha(x)$,$\beta(x)$均是当 $x\to x_0$ 时的无穷小,且 $\alpha(x)\neq 0$,

(1) 若$\lim\limits_{x\to x_0}\dfrac{\beta(x)}{\alpha(x)}=0$,则称 $\beta(x)$是 $\alpha(x)$的高阶无穷小,记为 $\beta=o(\alpha)$;

(2) 若$\lim\limits_{x\to x_0}\dfrac{\beta(x)}{\alpha(x)}=\infty$,则称 $\beta(x)$是 $\alpha(x)$的低阶无穷小;

(3) 若$\lim\limits_{x\to x_0}\dfrac{\beta(x)}{\alpha(x)}=C$($C$ 是不为零的常数),则称 $\beta(x)$与 $\alpha(x)$是同阶无穷小;

(4) 若$\lim\limits_{x\to x_0}\dfrac{\beta(x)}{\alpha(x)}=1$,则称 $\beta(x)$与 $\alpha(x)$是等价无穷小,记为 $\alpha(x)\sim\beta(x)$.

从以上举例可知,当 $x\to 0$ 时,x^2 是 $2x$ 的高阶无穷小,$2x$ 是 x^2 的低阶无穷小,$2x$ 是 x 的同阶无穷小,$\sin x$ 是 x 的等价无穷小.

显然,等价无穷小是同阶无穷小的特殊情形.

利用等价无穷小可简化某两个无穷小的商的极限计算,其理论如下.

定理 5 当 $x\to x_0$ 时,$\alpha(x)\sim\alpha'(x)$,$\beta(x)\sim\beta'(x)$,且$\lim\limits_{x\to x_0}\dfrac{\beta'(x)}{\alpha'(x)}$存在,则$\lim\limits_{x\to x_0}\dfrac{\beta(x)}{\alpha(x)}=\lim\limits_{x\to x_0}\dfrac{\beta'(x)}{\alpha'(x)}$.

证明 因为当 $x\to x_0$ 时,$\alpha(x)\sim\alpha'(x)$,$\beta(x)\sim\beta'(x)$,

即 $\lim\limits_{x\to x_0}\dfrac{\alpha'(x)}{\alpha(x)}=1$,$\lim\limits_{x\to x_0}\dfrac{\beta(x)}{\beta'(x)}=1$,

而 $\lim\limits_{x\to x_0}\dfrac{\beta(x)}{\alpha(x)}=\lim\limits_{x\to x_0}\left(\dfrac{\beta(x)}{\beta'(x)}\cdot\dfrac{\beta'(x)}{\alpha'(x)}\cdot\dfrac{\alpha'(x)}{\alpha(x)}\right)$

$$=\lim_{x\to x_0}\frac{\beta(x)}{\beta'(x)}\cdot\lim_{x\to x_0}\frac{\beta'(x)}{\alpha'(x)}\cdot\lim_{x\to x_0}\frac{\alpha'(x)}{\alpha(x)}$$

$$=\lim_{x\to x_0}\frac{\beta'(x)}{\alpha'(x)}.$$

所以 $$\lim_{x\to x_0}\frac{\beta(x)}{\alpha(x)}=\lim_{x\to x_0}\frac{\beta'(x)}{\alpha'(x)}.$$

定理 5 对自变量的其他变化趋势情形，结论也成立.

定理 5 表明，求两个无穷小之比的极限时，分子或分母可用其等价无穷小来代替. 但需要先知道分子或分母的等价无穷小是怎样的函数，在极限计算中常用的等价无穷小有：

当 $x\to 0$ 时，$\sin x\sim x$，$\tan x\sim x$，$\arcsin x\sim x$，$1-\cos x\sim\frac{1}{2}x^2$ 等 .

例 1-28 求 $\lim\limits_{x\to 0}\frac{\sin x}{x^3-5x}$.

解 因为当 $x\to 0$ 时，$\sin x\sim x$，

所以 $$\lim_{x\to 0}\frac{\sin x}{x^3-5x}=\lim_{x\to 0}\frac{x}{x^3-5x}=\lim_{x\to 0}\frac{1}{x^2-5}=-\frac{1}{5}.$$

计算函数极限的方法在后面的学习中还将陆续接触，希望读者领会不同方法的优劣及使用的条件，并能灵活应用这些方法去解决不同函数的求极限问题.

1.4 函数的连续性

本节我们仍以极限理论为工具，对函数进行讨论，从函数在一点处的连续性开始，讨论函数在区间上的连续性.

1.4.1 函数的连续性

在自然界中，许多量的变化是连续的 . 如人体体温、生物体的生长、血液的流动等，其特点是自变量变化微小时，函数值的变化也很微小 . 这个特点用数学来描述就是函数的连续性.

1. 函数在点 x_0 处连续

定义 1 设函数 $f(x)$ 在点 x_0 的某邻域 $U(x_0)$ 内有定义，自变量在 x_0 处的改变量为 $\Delta x=x-x_0$，对应函数值的改变量为 $\Delta y=f(x_0+\Delta x)-f(x_0)$，若 $\lim\limits_{\Delta x\to 0}\Delta y=0$，则称函数 $f(x)$ 在点 x_0 处连续.

函数 $f(x)$ 在点 x_0 处连续当且仅当自变量的改变量趋于零时，对应函数值的改变量也趋于零，表明，当自变量变化微小时，对应函数值的变化也很微小.

由于 $\Delta x=x-x_0$，当 $\Delta x\to 0$ 时，有 $x\to x_0$，可得函数在点 x_0 处连续的另一个定义.

定义 2 设函数 $f(x)$ 在点 x_0 的某邻域 $U(x_0)$ 内有定义，若 $\lim\limits_{x\to x_0}f(x)=f(x_0)$，则称 $f(x)$ 在点 x_0 处连续，并称 x_0 为 $f(x)$ 的连续点；否则，称 $f(x)$ 在点 x_0 处不连续.

从定义可知，函数 $f(x)$ 在点 x_0 处连续必须满足三个条件：

(1) $f(x)$在点 x_0 处有定义；

(2) $\lim\limits_{x \to x_0} f(x)$存在，设为 A；

(3) $A=f(x_0)$.

例 1-29 讨论函数 $f(x)=x^2-3x+1$ 在 $x=0$ 处的连续性.

解 $f(x)=x^2-3x+1$ 是多项式函数，

$$\lim_{x \to 0} f(x)=f(0)=1.$$

所以 $f(x)=x^2-3x+1$ 在 $x=0$ 处连续.

由极限$\lim\limits_{x \to x_0} f(x)$存在的充要条件是 $\lim\limits_{x \to x_0^-} f(x)$与 $\lim\limits_{x \to x_0^+} f(x)$存在且相等，可进一步给出函数在某点左连续与右连续的概念，以便更全面地刻画函数的连续性.

2. 函数在某点处的左连续与右连续

若 $\lim\limits_{x \to x_0^-} f(x)=f(x_0)$，则称 $f(x)$在 x_0 处左连续.

若 $\lim\limits_{x \to x_0^+} f(x)=f(x_0)$，则称 $f(x)$在 x_0 处右连续.

如函数 $f(x)=\begin{cases} x, & x \geqslant 0, \\ -x, & x<0, \end{cases}$

有 $\lim\limits_{x \to 0^-} f(x)=0=f(0)$， $\lim\limits_{x \to 0^+} f(x)=0=f(0)$，

即函数 $f(x)$在 $x=0$ 处既左连续也右连续.

一般地，由左、右极限及函数连续的定义可得：

$f(x)$在 x_0 处连续当且仅当 $f(x)$在 x_0 处既左连续又右连续.

例 1-30 讨论函数 $f(x)=\begin{cases} x+2, & x \geqslant 0, \\ x-2, & x<0 \end{cases}$在 $x=0$ 处的连续性.

解 如图 1-17 所示，因为

$$\lim_{x \to 0^-} f(x)=\lim_{x \to 0^-} (x-2)=-2 \neq f(0)=2,$$

$$\lim_{x \to 0^+} f(x)=\lim_{x \to 0^+} (x+2)=2=f(0),$$

即 $f(x)$在 $x=0$ 处右连续但不左连续，故 $f(x)$在 $x=0$ 处不连续.

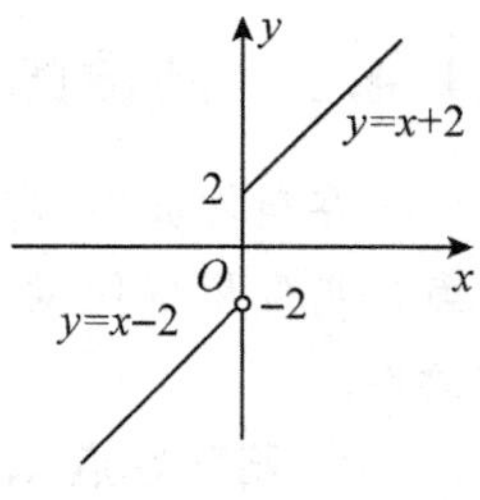

图 1-17

3. 函数在区间上的连续性

一般地，若函数 $f(x)$在区间 I 上的每一点都连续(端点处的连续为：其左端点处右连续，右端点处左连续)，则称函数 $f(x)$为区间 I 上的连续函数，或者称函数 $f(x)$在区间 I 上连续.

由上一节学习得出：若函数 $P(x)$是多项式函数，则对 $\forall x_0 \in \mathbf{R}$ 都有 $\lim\limits_{x \to x_0} P(x)=P(x_0)$，因此多项式函数在$(-\infty,+\infty)$上是连续的. 对有理函数 $f(x)=\dfrac{P(x)}{Q(x)}$，若 $Q(x_0) \neq 0$，则 $\lim\limits_{x \to x_0} f(x)=f(x_0)$，因此有理函数 $f(x)=\dfrac{P(x)}{Q(x)}$在其定义域内的每一点处都连续.

连续函数的图形是一条连续而不间断的曲线.

从基本初等函数的图形可得，基本初等函数在其定义域内是连续函数.

1.4.2 函数的间断点

设函数 $f(x)$在点 x_0 的某去心邻域内有定义,若函数 $f(x)$在点 x_0 处不连续,则称 x_0 是函数 $f(x)$的一个间断点(或不连续点). 即:若出现以下三种情形之一,则 x_0 为函数 $f(x)$的间断点:

(1) $f(x)$在点 x_0 处无定义;

(2) $f(x)$在点 x_0 处有定义,但极限$\lim\limits_{x\to x_0}f(x)$不存在;

(3) $f(x)$在点 x_0 处有定义,且极限$\lim\limits_{x\to x_0}f(x)$存在,但$\lim\limits_{x\to x_0}f(x)\neq f(x_0)$.

例 1-31 考察下列函数在指定点 x_0 处的连续性.

(1) $f(x)=\dfrac{x^2-1}{x-1}, x_0=1$; (2) $f(x)=\begin{cases}\dfrac{x^2-1}{x-1}, & x\neq1,\\ 3, & x=1,\end{cases}\ x_0=1$;

(3) $f(x)=\begin{cases}e^x, & x>0,\\ 0, & x=0,\\ x+2, & x<0,\end{cases}\ x_0=0$;

(4) $f(x)=\begin{cases}\dfrac{1}{x+5}, & x\neq-5,\\ 0, & x=-5,\end{cases}\ x_0=-5$.

解 (1) 如图 1-18 所示,

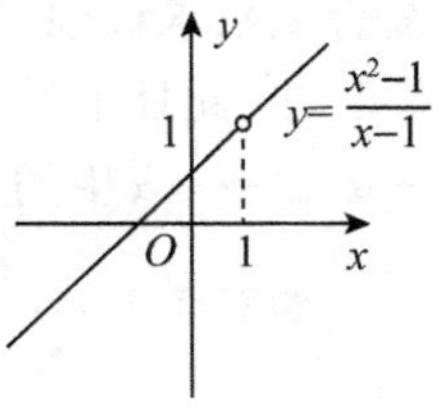

图 1-18

因为 $f(x)$在点 $x_0=1$ 处无定义,

故 $f(x)$在点 $x_0=1$ 处不连续,即间断.

但$\lim\limits_{x\to1}f(x)=2$ 存在.

若补充定义:$f(1)=2$,则可使 $f(x)$在点 $x_0=1$ 处连续.

(2) 如图 1-19 所示,$f(x)$在 $x_0=1$ 处有定义.

因为$\lim\limits_{x\to1}f(x)=\lim\limits_{x\to1}\dfrac{x^2-1}{x-1}=2\neq f(1)=3$,

故 $f(x)$在点 $x_0=1$ 处间断.

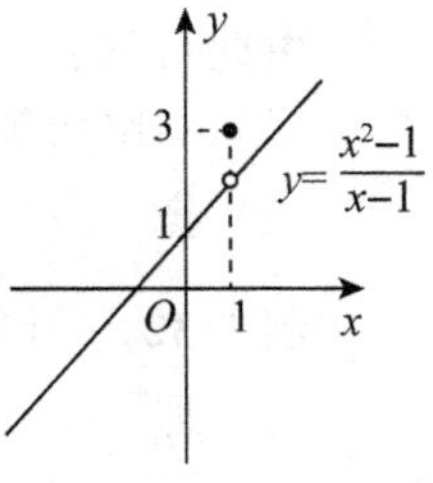

图 1-19

若改变定义:$f(1)$的值是 2,而不是 3,则可使 $f(x)$在点 $x_0=1$ 处连续.

以上间断点称为可去间断点,即极限存在的间断点,只是函数在该点处无定义,或函数在该点处的函数值不等于趋于该点处的极限值.

(3) 如图 1-20 所示,

因为右极限 $\lim\limits_{x\to0^+}f(x)=\lim\limits_{x\to0^+}e^x=1$,

左极限 $\lim\limits_{x\to0^-}f(x)=\lim\limits_{x\to0^-}(x+2)=2$,

即左、右极限存在但不相等,

所以极限$\lim\limits_{x\to 0}f(x)$不存在.

故 $f(x)$在点 $x_0=0$ 处不连续,即间断.

此类间断点称为跳跃间断点,即左、右极限存在但不相等的间断点.

(4) 因为 $\lim\limits_{x\to -5}f(x)=\infty$,极限$\lim\limits_{x\to x_0}f(x)$不存在,所以 $f(x)$在点 $x_0=-5$ 处间断.

此类间断点称为无穷间断点,即极限不存在且为无穷的间断点.

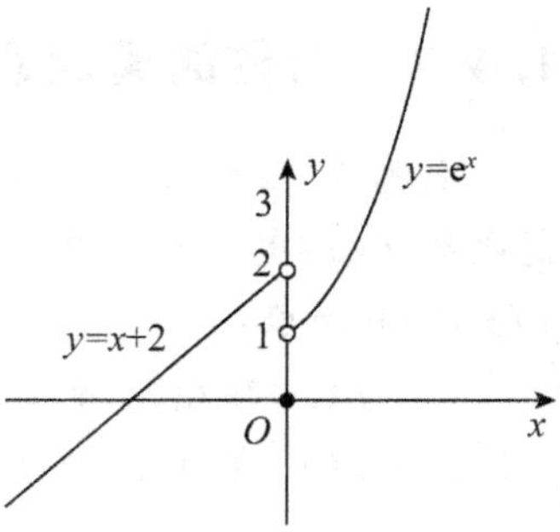

图 1-20

通常将函数的间断点分为第一类和第二类,称左、右极限都存在的间断点为第一类间断点,如例 1-31(1)(2)(3)的间断点;不是第一类间断点的均称为第二类间断点,如例 1-31(4)的间断点.

1.4.3 初等函数的连续性

由函数在某点连续的定义及极限的四则运算法则,可得:若 $f(x)$,$g(x)$在点 x_0 处连续,则 $f(x)+g(x)$,$f(x)-g(x)$,$f(x)\cdot g(x)$及$\dfrac{f(x)}{g(x)}(g(x_0)\neq 0)$在点 x_0 处也连续.

对复合函数 $y=f[\varphi(x)]$的连续性有:若函数 $u=\varphi(x)$在点 $x=x_0$ 处连续,且 $\varphi(x_0)=u_0$,而函数 $y=f(u)$在 $u=u_0$ 处连续,则复合函数 $y=f[\varphi(x)]$在点 $x=x_0$ 处连续.

于是当函数 $u=\varphi(x)$的极限 $\lim\varphi(x)=A$ 存在,且函数 $y=f(u)$在 $u=A$ 处连续时,由复合函数求极限法则得,$\lim f[\varphi(x)]=f(A)$,即 $\lim f[\varphi(x)]=f[\lim\varphi(x)]$.

注:此处记号 lim 下自变量的变化趋势可以是 $x\to x_0$、$x\to x_0^+$、$x\to x_0^-$、$x\to\infty$、$x\to+\infty$、$x\to-\infty$中的一种.

如对于 $\lim\limits_{x\to+\infty}e^{\frac{\sin x}{x}}$,由于 $\lim\limits_{x\to+\infty}\dfrac{\sin x}{x}=0$,函数 $y=e^u$ 在点 $u=0$ 处连续,所以

$$\lim_{x\to+\infty}e^{\frac{\sin x}{x}}=e^{\lim\limits_{x\to+\infty}\frac{\sin x}{x}}=e^0=1.$$

由初等函数的定义、基本初等函数的连续性以及初等函数和、差、积、商、复合函数的连续性,综合起来可得:一切初等函数在其定义域内都是连续函数.

由此可知:

(1) 一切初等函数在定义域上的点都是连续点.

(2) 若 $f(x)$是初等函数,且 x_0 在它的定义域内,则$\lim\limits_{x\to x_0}f(x)=f(x_0)$.

例 1-32 计算下列极限.

(1) $\lim\limits_{x\to 1}\sqrt{x^2+3x+2}$;　　(2) $\lim\limits_{x\to 0}\ln(2+\cos x)$.

解 (1) 因为 $y=\sqrt{x^2+3x+2}$是初等函数,1 在它的定义域$(-\infty,-2]\cup[-1,+\infty)$内,所以

$$\lim_{x\to 1}\sqrt{x^2+3x+2}=\sqrt{1^2+3\times 1+2}=\sqrt{6}.$$

(2) 因为 $y=\ln(2+\cos x)$是初等函数,0 在它的定义域$(-\infty,+\infty)$内,所以

$$\lim_{x\to 0}\ln(\cos x+2)=\ln(\cos 0+2)=\ln 3.$$

1.4.4 闭区间上连续函数的性质

关于闭区间上连续函数的性质,我们不加证明地介绍如下定理:

1. 有界性与最大值、最小值定理

定理1 如果函数 $f(x)$在闭区间 $[a,b]$上连续,那么函数 $f(x)$在闭区间 $[a,b]$上有界,且在闭区间 $[a,b]$上有最大值M与最小值m.

2. 零点定理

定理2 如果函数 $f(x)$在闭区间 $[a,b]$上连续,且 $f(a)\cdot f(b)<0$,那么在开区间(a,b)内至少存在一点 ξ,使得 $f(\xi)=0$.

该定理表明,若函数在闭区间上连续,在区间两端点处的函数值异号,则函数图形一定与 x 轴相交,且交点的横坐标就是 ξ.

3. 介值定理

定理3 如果函数 $f(x)$在闭区间 $[a,b]$上连续,设 $f(a)=A$,$f(b)=B$,且 $A\neq B$,那么对介于 A 与 B 之间的任何一个数C,在开区间(a,b)内至少存在一点 ξ,使得 $f(\xi)=C$.

该定理表明,若函数 $f(x)$在闭区间 $[a,b]$上连续,且 $f(a)\neq f(b)$,则对介于 $f(a)$与$f(b)$之间的任何一个数 C,直线 $y=C$ 与函数图形一定相交,且交点的横坐标就是 ξ.

显然,零点定理是介值定理的特殊情形,即 $C=0$.

例1-33 证明方程 $x=\cos x$ 在闭区间$[0,\frac{\pi}{2}]$上至少存在一个实根.

证明 令 $f(x)=x-\cos x$,

显然,函数 $f(x)$在闭区间 $\left[0,\frac{\pi}{2}\right]$上连续,且 $f(0)\cdot f(\frac{\pi}{2})<0$.

由定理2得:至少存在一点 $\xi\in\left(0,\frac{\pi}{2}\right)$,使得 $f(\xi)=\xi-\cos\xi=0$,即 $\xi=\cos\xi$.

表明,$\xi\in(0,\frac{\pi}{2})$是方程 $x=\cos x$ 的一个实根.

例1-34 证明方程 $x=a\sin x+b$(其中 $a>0,b>0$)至少有一个正根,且不超过 $a+b$.

证明 令 $f(x)=x-(a\sin x+b)$,

显然,函数 $f(x)$在$[0,a+b]$上连续,且 $f(0)=-b<0$,$f(a+b)=a(1-\sin(a+b))\geqslant 0$.

若 $f(a+b)=0$,则 $a+b$ 为所求正根;

若 $f(a+b)>0$,由定理2得,至少存在 $\xi\in(0,a+b)$,有 $f(\xi)=\xi-(a\sin\xi+b)=0$. 即$\xi$是方程 $x=a\sin x+b$ 不超过 $a+b$ 的一个正根.

综上所述命题得证.

本章主要概念和知识点

本章主要介绍了基本初等函数、反函数、复合函数、初等函数、分段函数、非初等函数,以及研究函数的一种重要工具和思想方法——极限.用极限定义了无穷小与无穷大、函数的连续与间断,并归纳了求函数极限的各种方法及适用条件.

我们把常数函数、幂函数、指数函数、对数函数、三角函数、反三角函数统称为基本初等函数，其他函数均由基本初等函数通过运算得来，其定义域根据基本初等函数的定义域来确定，因此对基本初等函数的学习，不仅要知道对应函数的解析式，还要熟记各基本初等函数的定义域、图形和一些特性.

函数极限研究在自变量的某一变化过程中，函数值的变化趋势情况．由于不同函数的定义域不相同，即自变量的变化过程会出现各种各样的情形，因而函数极限的形式不是单一的，而是有六种情形：$\lim\limits_{x\to\infty}f(x)$，$\lim\limits_{x\to+\infty}f(x)$，$\lim\limits_{x\to-\infty}f(x)$，$\lim\limits_{x\to x_0}f(x)$，$\lim\limits_{x\to x_0^+}f(x)$，$\lim\limits_{x\to x_0^-}f(x)$.

由极限定义知，$\lim\limits_{x\to\infty}f(x)$存在且等于 a 当且仅当 $\lim\limits_{x\to+\infty}f(x)$与 $\lim\limits_{x\to-\infty}f(x)$均存在且均等于 a；$\lim\limits_{x\to x_0}f(x)$存在且等于 A 当且仅当 $\lim\limits_{x\to x_0^+}f(x)$与 $\lim\limits_{x\to x_0^-}f(x)$均存在且均等于 A．由原命题与逆否命题的真假性可得出极限不存在的一种判断方法：若 $\lim\limits_{x\to+\infty}f(x)$与 $\lim\limits_{x\to-\infty}f(x)$均存在但不相等，则$\lim\limits_{x\to\infty}f(x)$不存在；若 $\lim\limits_{x\to x_0^+}f(x)$与 $\lim\limits_{x\to x_0^-}f(x)$均存在但不相等，则 $\lim\limits_{x\to x_0}f(x)$不存在.

函数极限的计算是本章的重点，主要有如下几种方法.

(1)利用极限的四则运算法则，并由此推导出一些实用的结果.

若 $P(x)=a_0x^n+a_1x^{n-1}+\cdots+a_{n-1}x+a_n$ 与 $Q(x)=b_0x^m+b_1x^{m-1}+\cdots+b_{m-1}x+b_m$ 为多项式函数，则 $\lim\limits_{x\to x_0}P(x)=P(x_0)$，$\lim\limits_{x\to x_0}Q(x)=Q(x_0)$，当 $Q(x_0)\neq 0$ 时，$\lim\limits_{x\to x_0}\dfrac{P(x)}{Q(x)}=\dfrac{P(x_0)}{Q(x_0)}$.

以及
$$\lim_{x\to\infty}\frac{a_0x^n+a_1x^{n-1}+\cdots+a_n}{b_0x^m+b_1x^{m-1}+\cdots+b_m}=\begin{cases}\dfrac{a_0}{b_0}, n=m,\\ 0,\ n<m,\\ \infty,\ n>m\end{cases}\quad(\text{其中 } a_0\neq 0, b_0\neq 0).$$

(2) 利用复合函数的极限运算法则.

(3) 利用极限定义约去分子、分母趋于零的公因式.

(4) 利用无穷小的性质、无穷小与无穷大的关系.

(5) 利用两个重要极限.

(6) 利用初等函数的连续性等.

本章知识中的无穷小与无穷大是利用极限来定义的两类函数，在陈述这两类函数时要指明自变量的变化趋势，因为自变量的变化趋势不同带来的极限值也不同．这两类函数及其性质反过来还成为计算函数极限的一种方法.

本章中还有一类用极限定义的函数——连续函数(区间上每一点处都连续的函数称为连续函数)．若 $\lim\limits_{x\to x_0}f(x)=f(x_0)$，则称 $f(x)$在点 x_0 处连续，并称 x_0 为 $f(x)$的连续点；否则称 $f(x)$在点 x_0 处间断．函数在一点连续的定义非常简单，但含义深刻，即函数 $f(x)$在点 x_0 处连续当且仅当：(1) $f(x)$在点 x_0 处有定义；(2) 极限 $\lim\limits_{x\to x_0}f(x)$存在，值为 A；(3) $f(x_0)=A$ 同时成立．于是函数 $f(x)$的间断点 x_0 就是以下情形之一的点：(1) 使 $f(x)$无定义的点 x_0；(2) 有定义但极限 $\lim\limits_{x\to x_0}f(x)$不存在的点 x_0；(3) 有定义，极限 $\lim\limits_{x\to x_0}f(x)$存在，但极限值 $\lim\limits_{x\to x_0}f(x)\neq f(x_0)$的点 x_0．根据极限的情形，间断点细分为无穷间断点、可去间断点和跳跃间断点三类．一切初等函数在其定义域内均为连续函数，该结论给出了求自变量趋于定义域内某点时的初等函数的极限；闭区间上的连续函数在该区间上一定存在最大值与最小值等.

习题 1

1. 设函数 $f\left(\frac{1}{x}\right)=x+\sqrt{1+x^2}\ (x>0)$，求 $f(x)$，$f(1)$ 及 $f(x^2+1)$.

2. 设函数 $f(x)=\begin{cases}-1, & x<0,\\ 0, & x=0,\\ 2x, & x>0,\end{cases}$ 求 $f(-2)$，$f(0)$ 及 $f(2)$，并作出函数的图形.

3. 下列各题中的 $f(x)$ 与 $g(x)$ 是否相同？为什么？

(1) $f(x)=\ln x^3$，$g(x)=3\ln x$；

(2) $f(x)=x$，$g(x)=\sqrt{x^2}$；

(3) $f(x)=1$，$g(x)=\sin^2 x+\cos^2 x$；

(4) $f(x)=1$，$g(x)=\tan x\cdot\cot x$；

(5) $f(x)=\sqrt[3]{x^4-x^3}$，$g(x)=x\cdot\sqrt[3]{x-1}$.

4. 求下列函数的定义域.

(1) $y=\sqrt{x^2-4x+3}$；　(2) $y=\sqrt{\frac{x-1}{x+1}}$；

(3) $y=\tan(x-1)$；　(4) $y=e^{\frac{1}{x}}$；

(5) $y=\arccos\frac{1-2x}{4}$；　(6) $y=\frac{1}{x+2}+\sqrt{x^2-1}$；

(7) $y=\frac{3}{x-2-|2-x|}$；　(8) $y=\ln(x+\sqrt{x^2+1})$；

(9) $y=\lg(\lg x)$.

5. 设 $f(x)$ 的定义域为 $D=[0,1]$，求下列各函数的定义域.

(1) $f(x+1)$；　(2) $f(\sqrt{x})$；

(3) $f\left(\frac{1}{x}\right)$；　(4) $f(x+a)$，$a>0$.

6. 指出下列哪些是奇函数，哪些是偶函数，哪些是非奇非偶函数.

(1) $y=x^2(1-x^2)$；　(2) $y=x(x-1)(x+1)$；

(3) $y=3x^2+x^3$；　(4) $y=\frac{e^x-e^{-x}}{2}$；

(5) $y=\sin x+\cos x$；　(6) $y=\ln(x+\sqrt{x^2+1})$.

7. 下列各函数中哪些是周期函数？若是周期函数，指出其周期.

(1) $y=\sin(x-2)$；　(2) $y=\cos(-3x+7)$；

(3) $y=x\tan x$；　(4) $y=\sin^2 x+1$.

8. 分解下列复合函数.

(1) $y=\sqrt{3+x^2}$；　(2) $y=\cos 3x$；

(3) $y=(x-3)^{20}$；　　(4) $y=\dfrac{1}{\sin(x+1)}$；

(5) $y=\ln\ln(x-3)$；　　(6) $y=\tan^2\dfrac{x-1}{x+1}$；

(7) $y=e^{\sqrt{2x-1}}$；　　(8) $y=2^{\arctan\sqrt{x}}$；

(9) $y=(3\arcsin x^2)^2$.

9.借助函数的图形，考虑函数值的变化趋势，判断极限是否存在，若存在，写出其极限.

(1) $\lim\limits_{x\to1}(1-x)$；　　(2) $\lim\limits_{x\to2}\dfrac{4-x^2}{2-x}$；

(3) $\lim\limits_{x\to0}\sin x$；　　(4) $\lim\limits_{x\to+\infty}\ln x$.

10.借助函数的图形，求下列各函数在点 x_0 处的左、右极限，并判断在 x_0 处极限是否存在，若存在，写出其极限.

(1) $f(x)=\begin{cases}-1, & x\leqslant1,\\ x^2-2, & x>1,\end{cases}$ $x_0=1$；　　(2) $g(x)=\begin{cases}e^x, & x>0,\\ 3x-1, & x\leqslant0,\end{cases}$ $x_0=0$.

11.求下列函数极限.

(1) $\lim\limits_{x\to1}(4x^4+6x^2-7x+8)$；　　(2) $\lim\limits_{x\to2}\dfrac{x-2}{x^3+2x^2}$；

(3) $\lim\limits_{x\to0}\dfrac{3x^2+1}{x}$；　　(4) $\lim\limits_{x\to0}\dfrac{\sqrt{x+1}-1}{x}$；

(5) $\lim\limits_{x\to4}\dfrac{\sqrt{1+2x}-3}{\sqrt{x}-2}$；　　(6) $\lim\limits_{x\to\infty}\dfrac{2x^2+1}{3x^2-2}$；

(7) $\lim\limits_{x\to\infty}\dfrac{2x}{x^3+1}$；　　(8) $\lim\limits_{n\to\infty}\dfrac{(n+1)(n-1)(3-n)}{5n^3}$；

(9) $\lim\limits_{n\to\infty}\left(1+\dfrac{1}{3}+\dfrac{1}{9}+\cdots+\dfrac{1}{3^n}\right)$；　　(10) $\lim\limits_{x\to\infty}\left(1+\dfrac{1}{x}\right)\left(1-\dfrac{1}{x^2}\right)$；

(11) $\lim\limits_{x\to+\infty}(\sqrt{x^2+x}-\sqrt{x^2-x})$；　　(12) $\lim\limits_{x\to1}\left(\dfrac{1}{1-x}-\dfrac{3}{1-x^3}\right)$；

(13) $\lim\limits_{x\to\infty}\dfrac{1}{x}\sin\dfrac{1}{x}$；　　(14) $\lim\limits_{n\to\infty}\dfrac{1+2+\cdots+n}{n^2}$；

(15) $\lim\limits_{x\to+\infty}(\sqrt{x^2+x}-x)$；　　(16) $\lim\limits_{x\to0}x\sin\dfrac{1}{x}$；

(17) $\lim\limits_{x\to\infty}\dfrac{1}{x}\sin x$；　　(18) $\lim\limits_{x\to\infty}e^{\frac{1}{x}}$.

12.求下列函数极限.

(1) $\lim\limits_{x\to0}\dfrac{5x}{\sin 3x}$；　　(2) $\lim\limits_{x\to0}\dfrac{\tan x}{3x}$；

(3) $\lim\limits_{x\to0}x\cot x$；　　(4) $\lim\limits_{x\to0}\dfrac{1-\cos 2x}{x\sin x}$；

(5) $\lim\limits_{x\to\frac{\pi}{2}}\dfrac{x-\dfrac{\pi}{2}}{\cos x}$；(6) $\lim\limits_{x\to 0}\dfrac{\tan x-\sin x}{x}$；

(7) $\lim\limits_{x\to 2}\dfrac{\sin(x-2)}{x^2-4}$；(8) $\lim\limits_{t\to 0}\dfrac{\arcsin t}{t}$；

(9) $\lim\limits_{x\to 0}\dfrac{\tan x-\sin x}{\sin^3 x}$；(10) $\lim\limits_{x\to\infty}x\sin\dfrac{1}{x}$；

(11) $\lim\limits_{x\to 0}\dfrac{\sin^m x}{x^n}$ (m,n 为正整数).

13. 求下列函数极限.

(1) $\lim\limits_{x\to 0}(1+2x)^{\frac{2}{x}}$；(2) $\lim\limits_{x\to\infty}\left(\dfrac{x}{x+1}\right)^x$；

(3) $\lim\limits_{n\to\infty}\left(1+\dfrac{2}{n}\right)^n$；(4) $\lim\limits_{x\to 0}(1-x)^{\frac{2}{x}+9}$；

(5) $\lim\limits_{x\to\infty}\left(1-\dfrac{1}{x}\right)^{kx}$($k$ 为正整数)；(6) $\lim\limits_{x\to\infty}\left(\dfrac{x}{x-1}\right)^x$；

(7) $\lim\limits_{x\to 0}(1-2x)^{\frac{1}{\sin x}}$；(8) $\lim\limits_{x\to\frac{\pi}{2}}(\sin x)^{\tan x}$.

14. 指出函数 $f(x)=\dfrac{x^2-1}{x^2-3x+2}$ 的间断点，并求 $\lim\limits_{x\to 1}f(x)$，$\lim\limits_{x\to -1}f(x)$ 及 $\lim\limits_{x\to 2}f(x)$.

15. 当 a 取何值时，下列函数在 $(-\infty,+\infty)$ 上连续.

(1) $f(x)=\begin{cases}x^2, & x\leqslant 1,\\ a-x, & x>1;\end{cases}$ (2) $g(x)=\begin{cases}x\sin\dfrac{1}{x}, & x>0,\\ x^2+a, & x\leqslant 0.\end{cases}$

16. 证明方程 $x^5-3x=1$ 至少有一个根在区间 $(1,2)$ 内.

扫码做同步练习

第 2 章　导数与微分

本章教学要求

(1) 理解导数和微分的概念,理解可导与连续之间的关系.

(2) 掌握基本初等函数的求导公式和函数的求导法则.

(3) 掌握复合函数、隐函数、参数方程的导数及高阶导数的计算方法,能熟练地进行计算.

(4) 掌握微分的计算方法,了解微分的近似计算.

(5) 了解反函数的求导方法.

15 世纪之后的欧洲,资本主义逐渐发展,采矿冶炼、商业交往、枪炮制造、远洋航海及天象观测等大量实际问题,给数学提出了前所未有的亟待解决的新课题,其中有三类问题导致了微分学的产生.

(1) 求变速直线运动的瞬时速度;

(2) 求曲线上一点处的切线;

(3) 求函数极大值和极小值.

这三类问题都归结到变量变化的快慢程度,即变化率的问题. 牛顿从第一个问题出发,莱布尼茨从第二个问题出发,分别得到了导数的概念.

微积分作为数学领域的重要分支学科产生于 17 世纪,它包含微分学和积分学两部分内容,是由英国数学家牛顿和德国数学家莱布尼茨共同创立的. 导数与微分是微分学中两个最基本的概念,导数反映了函数相对于自变量的变化快慢程度,即函数的变化率;微分则表达了当自变量有微小变化时,函数变化的近似值. 本章利用极限给出导数与微分的定义及其计算方法与运算法则,关于它们的应用研究将在第 3 章进行讨论.

2.1　导数的概念

2.1.1　变化率问题

通常把研究某个变量相对于另一个变量变化快慢程度的问题叫作变化率问题. 导数是函数在一点处瞬时变化率的一种度量. 下面我们将以极限为工具,先考察两个具有历史意义的变化率问题:瞬时速度问题和切线斜率问题,然后再给出导数的数学定义.

问题Ⅰ　变速直线运动瞬时速度.

设一质点 P 沿直线做变速运动,如何确定该质点在某一时刻 t_0 的瞬时速度呢?

设质点 P 的运动规律由位置函数 $s=s(t)$ 确定,在 t_0 时刻 P 的位置为 $s(t_0)$,首先考虑

物体在 t_0 时刻附近很短一段时间内运动，设物体从 t_0 到 $t_0+\Delta t$ 这段时间间隔内位置从 $s(t_0)$变到 $s(t_0+\Delta t)$，其改变量为 $\Delta s=s(t_0+\Delta t)-s(t_0)$，在这段时间内的平均速度是

$$\bar{v}=\frac{\Delta s}{\Delta t}=\frac{s(t_0+\Delta t)-s(t_0)}{\Delta t},$$

可以用这段时间的平均速度 $\bar{v}$ 去近似代替 t_0 时刻的瞬时速度. 然后把时间间隔不断地减少，显然时间间隔越小，这种近似代替的精确度就越高. 当 $\Delta t\to 0$ 时，如果 $\bar{v}$ 的极限 $v(t_0)=\lim\limits_{\Delta t\to 0}\frac{\Delta s}{\Delta t}=\lim\limits_{\Delta t\to 0}\frac{s(t_0+\Delta t)-s(t_0)}{\Delta t}$存在，那么此极限值就是质点 P 在时刻 t_0 的瞬时速度. 瞬时速度反映了质点 P 在时刻 t_0 运动的快慢程度. 换句话说，瞬时速度 $v(t_0)$反映了函数 $s(t)$相对于时间 t 在时刻 t_0 的变化率.

问题Ⅱ　曲线上切线的斜率.

已知平面上一条光滑曲线的方程为 $y=f(x)$，求曲线在点 $M_0(x_0,y_0)$处切线的斜率.

首先在点 M_0 的邻近取一动点 $M(x,y)$，作割线 M_0M(图 2-1)，则割线 M_0M 的斜率为

$$\bar{k}=\frac{\Delta y}{\Delta x}=\frac{f(x)-f(x_0)}{x-x_0},$$

其中 $x=x_0+\Delta x, y=y_0+\Delta y$.

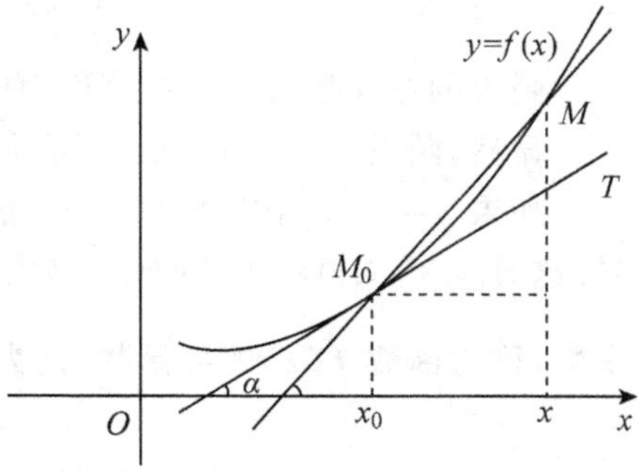

图 2-1

当动点 M 沿曲线趋近于点 M_0 时，割线 M_0M 的极限位置就是曲线在点 $M_0(x_0,y_0)$处的切线. 当 $M\to M_0$ 时，$\Delta x\to 0$. 所以，$\bar{k}$ 的极限(当 $\Delta x\to 0$ 时)就是切线的斜率 k，即

$$k=\lim_{\Delta x\to 0}\frac{\Delta y}{\Delta x}=\lim_{x\to x_0}\frac{f(x)-f(x_0)}{x-x_0}.$$

上述两个问题均是利用极限刻画函数在某一点处随自变量变化的瞬时变化率，另外，经济学中的产量和成本的增长速度、医学中细菌繁殖等问题均属于变化率的问题.

2.1.2　导数的定义及几何意义

抛开变化率问题的实际背景，抓住它们在数量关系上的共性就可以抽象出导数的概念.

定义 1　设函数 $y=f(x)$在点 x_0 的某一邻域内有定义，当自变量 x 在 x_0 处有增量 Δx(点 $x_0+\Delta x$ 仍在该邻域内)时，相应的函数有增量 $\Delta y=f(x_0+\Delta x)-f(x_0)$，若极限

$$\lim_{\Delta x\to 0}\frac{\Delta y}{\Delta x}=\lim_{\Delta x\to 0}\frac{f(x_0+\Delta x)-f(x_0)}{\Delta x}$$

存在，则称函数 $y=f(x)$在点 x_0 处可导，并把此极限值称为函数 $y=f(x)$在 x_0 处的导数，记为

$$f'(x_0),\ y'\big|_{x=x_0},\ \left.\frac{\mathrm{d}y}{\mathrm{d}x}\right|_{x=x_0},\ \left.\frac{\mathrm{d}f(x)}{\mathrm{d}x}\right|_{x=x_0}.$$

若上述极限不存在，则称函数 $y=f(x)$在点 x_0 处不可导. 如果不可导的原因是 $\Delta x\to 0$ 时，比值$\frac{\Delta y}{\Delta x}\to\infty$，为方便起见，此时也称函数 $y=f(x)$在 x_0 处导数为无穷大.

如果函数 $y=f(x)$ 在点 x_0 处可导，令 $x=x_0+\Delta x$，当 $\Delta x\to 0$ 时，有 $x\to x_0$，那么 $f'(x_0)=\lim\limits_{x\to x_0}\dfrac{f(x)-f(x_0)}{x-x_0}$.

根据导数定义，质点在某一时刻 t_0 处的瞬时速度 $v(t_0)$ 就是其位置函数 $s=s(t)$ 在 t_0 处的导数 $s'(t_0)$；曲线在点 $M_0(x_0,y_0)$ 处的切线斜率 k 就是其曲线所对应的函数 $y=f(x)$ 在 x_0 处的导数 $f'(x_0)$.

由于 Δx 可正可负，我们把 $\Delta x\to 0^-$ 和 $\Delta x\to 0^+$ 相应的导数称为左导数和右导数，即左导数

$$f'_-(x_0)=\lim_{\Delta x\to 0^-}\frac{f(x_0+\Delta x)-f(x_0)}{\Delta x},$$

右导数

$$f'_+(x_0)=\lim_{\Delta x\to 0^+}\frac{f(x_0+\Delta x)-f(x_0)}{\Delta x}.$$

函数的左导数与右导数统称为单侧导数.

显然，函数 $y=f(x)$ 在 x_0 可导 $\Leftrightarrow f'_-(x_0)=f'_+(x_0)$.

如果 $y=f(x)$ 在区间 (a,b) 内的每一点处都可导，那么称函数 $f(x)$ 在区间 (a,b) 内可导. 这时 $y=f(x)$ 对于区间 (a,b) 内的每一 x 值都对应着一个确定的导数，则 $f'(x)$ 是 x 的函数，称为函数 $f(x)$ 的导函数，记为 y'，$f'(x)$，$\dfrac{\mathrm{d}y}{\mathrm{d}x}$ 或 $\dfrac{\mathrm{d}f(x)}{\mathrm{d}x}$，则有

$$f'(x)=\lim_{\Delta x\to 0}\frac{f(x+\Delta x)-f(x)}{\Delta x},\ x\in(a,b).$$

显然，函数 $y=f(x)$ 在点 x_0 处的导数 $f'(x_0)$ 就是导函数 $f'(x)$ 在 $x=x_0$ 处的函数值，即 $f'(x_0)=f'(x)\big|_{x=x_0}$.

在不致引起混淆的情况下，导函数也简称导数. 若函数 $y=f(x)$ 在 (a,b) 内可导，且在左端点 $x=a$ 处右导数存在，在右端点 $x=b$ 处左导数存在，则称函数 $y=f(x)$ 在闭区间 $[a,b]$ 上可导.

显然，函数 $y=f(x)$ 在点 x_0 处的导数 $f'(x_0)$ 就是导函数 $f'(x)$ 在 $x=x_0$ 处的函数值，即 $f'(x_0)=f'(x)\big|_{x=x_0}$.

例 2-1 求函数 $y=\dfrac{1}{x}$ 在点 $x=1$ 处的导数.

解 $y'=\lim\limits_{\Delta x\to 0}\dfrac{\Delta y}{\Delta x}=\lim\limits_{\Delta x\to 0}\dfrac{\dfrac{1}{x+\Delta x}-\dfrac{1}{x}}{\Delta x}=\lim\limits_{\Delta x\to 0}-\dfrac{1}{x(x+\Delta x)}=-\dfrac{1}{x^2}$,

$y'\big|_{x=1}=\left(-\dfrac{1}{x^2}\right)\Big|_{x=1}=-1.$

例 2-2 求函数 $y=\sqrt{x}$ 的导数.

解 $y'=\lim\limits_{\Delta x\to 0}\dfrac{\Delta y}{\Delta x}=\lim\limits_{\Delta x\to 0}\dfrac{\sqrt{x+\Delta x}-\sqrt{x}}{\Delta x}=\lim\limits_{\Delta x\to 0}\dfrac{1}{\sqrt{x+\Delta x}+\sqrt{x}}=\dfrac{1}{2\sqrt{x}}$.

导数的几何意义：由“曲线上切线的斜率”问题可知，函数 $y=f(x)$ 在点 x_0 处的导数

$f'(x_0)$表示曲线 $y=f(x)$上点$(x_0,f(x_0))$处的切线斜率.

如果 $f'(x_0)$存在,那么由导数的几何意义可得,曲线 $y=f(x)$在点$(x_0,f(x_0))$处的切线方程为

$$y-y_0=f'(x_0)(x-x_0),$$

法线方程为

$$y-y_0=-\frac{1}{f'(x_0)}(x-x_0)\quad (\text{其中 } f'(x_0)\neq 0).$$

例 2-3　求曲线 $y=x^2$ 在点(3,9)处的切线方程和法线方程.

解　由 $y'=\lim\limits_{\Delta x\to 0}\frac{\Delta y}{\Delta x}=\lim\limits_{\Delta x\to 0}\frac{(x+\Delta x)^2-x^2}{\Delta x}=2x$,

切线的斜率为 $$y'|_{x=3}=2x|_{x=3}=6,$$

则所求的切线方程为 $$y-9=6(x-3),\text{即 } 6x-y-9=0,$$

法线方程为 $$y-9=-\frac{1}{6}(x-3),\text{即 } x+6y-57=0.$$

2.1.3　函数连续性与可导性的关系

定理 1　如果函数 $y=f(x)$在点 x_0 处可导,那么此函数在点 x_0 处连续.

证明　因为函数 $y=f(x)$在点 x_0 处可导,即$\lim\limits_{\Delta x\to 0}\frac{\Delta y}{\Delta x}=f'(x_0)$存在. 由具有极限的函数与无穷小的关系可知,

$\frac{\Delta y}{\Delta x}=f'(x_0)+\alpha$,其中 α 为当 $\Delta x\to 0$ 时的无穷小.

上式两边同乘 Δx,得

$$\Delta y=f'(x_0)\Delta x+\alpha\Delta x.$$

由此可见,当 $\Delta x\to 0$ 时,$\Delta y\to 0$. 这就是说,函数 $y=f(x)$在点 x_0 处是连续的. 所以,如果函数 $y=f(x)$在点 x_0 处可导,那么函数在该点必连续.

定理 1 表明,函数在一点可导必连续. 但是该定理的逆命题不成立,如函数

$$f(x)=|x|=\begin{cases}x, & x\geqslant 0,\\ -x, & x<0.\end{cases}$$

函数 $f(x)=|x|$在 $x=0$ 处,右极限 $\lim\limits_{x\to 0^+}f(x)=\lim\limits_{x\to 0^+}x=0$,

左极限 $\lim\limits_{x\to 0^-}f(x)=\lim\limits_{x\to 0^-}(-x)=0$,

即$\lim\limits_{x\to 0}f(x)=f(0)=0$,所以 $f(x)$在 $x=0$ 处连续.

但右导数 $$f'_+(0)=\lim_{\Delta x\to 0^+}\frac{f(0+\Delta x)-f(0)}{\Delta x}=\lim_{\Delta x\to 0^+}\frac{|\Delta x|-0}{\Delta x}=\lim_{\Delta x\to 0^+}\frac{\Delta x}{\Delta x}=1,$$

左导数 $$f'_-(0)=\lim_{\Delta x\to 0^-}\frac{f(0+\Delta x)-f(0)}{\Delta x}=\lim_{\Delta x\to 0^-}\frac{|\Delta x|-0}{\Delta x}=\lim_{\Delta x\to 0^-}\frac{-\Delta x}{\Delta x}=-1,$$

则 $f'_+(0)\neq f'_-(0)$,所以 $f(x)$在点 $x=0$ 处不可导.

因此,函数 $y=f(x)$在点 x_0 处连续,但在点 x_0 处不一定可导.

2.2 求导法则

导数的定义不仅阐明了导数概念的实质，也给出了求函数导数的方法，但是这种方法计算比较复杂，甚至是困难的. 因此，有必要找到一些基本公式与运算法则，借助它们简化求导的计算.

为了方便，请读者先记住下面的基本求导公式，以下公式均可根据导数的定义推导.

2.2.1 基本求导公式

(1) $(C)'=0$ （C 为常数）；

(2) $(x^{\alpha})'=\alpha x^{\alpha-1}$ （α 为实数）；

(3) $(\sin x)'=\cos x$；

(4) $(\cos x)'=-\sin x$；

(5) $(\tan x)'=\sec^2 x$；

(6) $(\cot x)'=-\csc^2 x$；

(7) $(\sec x)'=\sec x\tan x$；

(8) $(\csc x)'=-\csc x\cot x$；

(9) $(a^x)'=a^x\ln a$ （$a\neq 1,a>0$）；

(10) $(e^x)'=e^x$；

(11) $(\log_a x)'=\dfrac{1}{x\ln a}$ （$a\neq 1,a>0$）；

(12) $(\ln x)'=\dfrac{1}{x}$；

(13) $(\arcsin x)'=\dfrac{1}{\sqrt{1-x^2}}$；

(14) $(\arccos x)'=-\dfrac{1}{\sqrt{1-x^2}}$；

(15) $(\arctan x)'=\dfrac{1}{1+x^2}$；

(16) $(\operatorname{arccot} x)'=-\dfrac{1}{1+x^2}$.

2.2.2 函数的和、差、积、商的求导法则

定理 1 设 $u=u(x)$ 和 $v=v(x)$ 是 x 的可导函数，则 $u\pm v,uv,\dfrac{u}{v}(v\neq 0)$ 也是 x 的可导函数，且有

(1) $(u\pm v)'=u'\pm v'$；

(2) $(uv)'=u'v+uv'$；

(3) $\left(\dfrac{u}{v}\right)'=\dfrac{u'v-uv'}{v^2}$ （$v\neq 0$）.

证明 (1) 设 $y=u(x)+v(x)$，先计算 Δy，

$$\begin{aligned}\Delta y &= [u(x+\Delta x)+v(x+\Delta x)]-[u(x)+v(x)]\\ &= [u(x+\Delta x)-u(x)]+[v(x+\Delta x)-v(x)]\\ &=\Delta u+\Delta v,\end{aligned}$$

因而

$$\frac{\Delta y}{\Delta x}=\frac{\Delta u}{\Delta x}+\frac{\Delta v}{\Delta x}.$$

因 $u(x),v(x)$ 可导，所以 $\lim\limits_{\Delta x\to 0}\dfrac{\Delta u}{\Delta x}=u'(x),\lim\limits_{\Delta x\to 0}\dfrac{\Delta v}{\Delta x}=v'(x)$，

则

$$\lim_{\Delta x\to 0}\frac{\Delta y}{\Delta x}=\lim_{\Delta x\to 0}\frac{\Delta v}{\Delta x}+\lim_{\Delta x\to 0}\frac{\Delta v}{\Delta x}=u'(x)+v'(x),$$

即
$$(u+v)'=u'+v'.$$

关于$(u-v)'=u'-v'$的证明完全类似.

(2) 设 $y=u(x)v(x)$,先计算 Δy,

$$\begin{aligned}\Delta y &=u(x+\Delta x)\cdot v(x+\Delta x)-u(x)\cdot v(x)\\ &=u(x+\Delta x)\cdot v(x+\Delta x)-u(x)\cdot v(x+\Delta x)+u(x)\cdot v(x+\Delta x)-u(x)\cdot v(x)\\ &=[u(x+\Delta x)-u(x)]\cdot v(x+\Delta x)+u(x)\cdot [v(x+\Delta x)-v(x)]\\ &=\Delta u\cdot v(x+\Delta x)+u(x)\cdot \Delta v,\end{aligned}$$

则
$$\frac{\Delta y}{\Delta x}=\frac{\Delta u}{\Delta x}\cdot v(x+\Delta x)+u(x)\cdot \frac{\Delta v}{\Delta x}.$$

由于 $v(x)$可导,因而 $v(x)$在 x 处连续,则有$\lim\limits_{\Delta x\to 0}v(x+\Delta x)=v(x)$.

因而
$$\begin{aligned}\lim_{\Delta x\to 0}\frac{\Delta y}{\Delta x}&=\lim_{\Delta x\to 0}\frac{\Delta u}{\Delta x}\cdot\lim_{\Delta x\to 0}v(x+\Delta x)+\lim_{\Delta x\to 0}u(x)\cdot\lim_{\Delta x\to 0}\frac{\Delta v}{\Delta x}\\ &=u'(x)\cdot v(x)+u(x)\cdot v'(x).\end{aligned}$$

故 uv 也是 x 的可导函数,且$(uv)'=u'v+uv'$.

(3) 式的证明留给读者完成.

例 2-4 求函数 $f(x)=\lg x-2^x+\cos x+\mathrm{e}^2$ 的导数.

解
$$\begin{aligned}f'(x)&=(\lg x-2^x+\cos x+\mathrm{e}^2)'\\ &=(\lg x)'-(2^x)'+(\cos x)'+(\mathrm{e}^2)'\\ &=\frac{1}{x\ln 10}-2^x\ln 2-\sin x.\end{aligned}$$

例 2-5 求函数 $y=x^n\cos x$ 的导数.

解
$$\begin{aligned}y'&=(x^n)'\cos x+x^n(\cos x)'\\ &=nx^{n-1}\cos x+x^n(-\sin x)\\ &=nx^{n-1}\cos x-x^n\sin x.\end{aligned}$$

例 2-6 已知函数 $y=\mathrm{e}^x(\sin x+\cos x)$,求 y'及$y'\big|_{x=\frac{\pi}{2}}$.

解
$$\begin{aligned}y'&=(\mathrm{e}^x)'(\sin x+\cos x)+\mathrm{e}^x(\sin x+\cos x)'\\ &=\mathrm{e}^x(\sin x+\cos x)+\mathrm{e}^x(\cos x-\sin x)\\ &=2\mathrm{e}^x\cos x,\end{aligned}$$

$$y'\big|_{x=\frac{\pi}{2}}=2\mathrm{e}^{\frac{\pi}{2}}\cos\frac{\pi}{2}=0.$$

例 2-7 设函数 $f(x)=\dfrac{1}{\cos x}$,求 $f'(x)$.

解 $f'(x)=\left(\dfrac{1}{\cos x}\right)'=\dfrac{-(\cos x)'}{\cos^2 x}=\dfrac{\sin x}{\cos^2 x}=\sec x\tan x.$

事实上,$f(x)=\dfrac{1}{\cos x}=\sec x$,即$(\sec x)'=\sec x\tan x$.

同理可得 $(\csc x)'=-\csc x\cot x$.

例 2-8 求 $\tan x$ 与 $\cot x$ 的导数.

解 $(\tan x)'=\left(\dfrac{\sin x}{\cos x}\right)'=\dfrac{(\sin x)'\cos x-\sin x(\cos x)'}{\cos^2 x}$

$$=\frac{\cos^2 x+\sin^2 x}{\cos^2 x}=\frac{1}{\cos^2 x}=\sec^2 x,$$

即
$$(\tan x)'=\sec^2 x.$$

同理可得 $(\cot x)'=-\csc^2 x$.

2.2.3 反函数的求导法则

定理 2 如果函数 $x=f(y)$ 在区间 I_y 内单调可导且 $f'(y)\neq 0$，那么它的反函数 $y=f^{-1}(x)$ 在区间 $I_x=\{x\,|\,x=f(y),y\in I_y\}$ 内也可导，且

$$[f^{-1}(x)]'=\frac{1}{f'(y)} \quad 或 \quad \frac{dy}{dx}=\frac{1}{\frac{dx}{dy}}.$$

即反函数的导数等于直接函数导数的倒数.

证明 任取一点 $x\in I_x$，在 x 处的增量为 Δx，由函数 $x=f(y)$ 在区间 I_y 内单调可导可得，反函数 $y=f^{-1}(x)$ 也单调、连续，

即 $\Delta y=f^{-1}(x+\Delta x)-f^{-1}(x)\neq 0$，于是有

$$\frac{\Delta y}{\Delta x}=\frac{1}{\frac{\Delta x}{\Delta y}}.$$

因 $y=f^{-1}(x)$ 连续，故当 $\Delta x\to 0$ 时，有 $\Delta y\to 0$，

从而

$$[f^{-1}(x)]'=\lim_{\Delta x\to 0}\frac{\Delta y}{\Delta x}=\lim_{\Delta y\to 0}\frac{1}{\frac{\Delta x}{\Delta y}}=\frac{1}{f'(y)}.$$

例 2-9 求反正弦函数 $y=\arcsin x$ 的导数.

解 设 $x=\sin y$，$y\in\left[-\dfrac{\pi}{2},\dfrac{\pi}{2}\right]$ 为直接函数，则 $y=\arcsin x$ 是它的反函数.

由于函数 $x=\sin y$ 在开区间 $I_y=\left(-\dfrac{\pi}{2},\dfrac{\pi}{2}\right)$ 内单调可导，且 $(\sin y)'=\cos y>0$.

因此，由定理 2 可知，在对应区间 $I_x=(-1,1)$ 内有

$$(\arcsin x)'=\frac{1}{(\sin y)'}=\frac{1}{\cos y}.$$

由于 $-\dfrac{\pi}{2}<y<\dfrac{\pi}{2}$，所以 $\cos y>0$，得 $\cos y=\sqrt{1-\sin^2 y}=\sqrt{1-x^2}$，

从而可得反正弦函数的导数

$$(\arcsin x)'=\frac{1}{\sqrt{1-x^2}}.$$

同理可得 $(\arccos x)'=-\dfrac{1}{\sqrt{1-x^2}}$，$(\arctan x)'=\dfrac{1}{1+x^2}$，

$$(\operatorname{arccot} x)' = -\frac{1}{1+x^2},\ (\log_a^x)' = \frac{1}{x\ln a}.$$

2.2.4 复合函数的求导法则

定理 3(复合函数的求导法则)　设 $y=f[\varphi(x)]$ 是由函数 $y=f(u)$ 及 $u=\varphi(x)$ 复合而成的函数，$u=\varphi(x)$ 在点 x 处可导，$y=f(u)$ 在对应点 $u=\varphi(x)$ 处也可导，则 $y=f[\varphi(x)]$ 在 x 处可导，且有

$$\frac{dy}{dx}=\frac{dy}{du}\cdot\frac{du}{dx},$$

此式亦可表示为 $y'_x=y'_u u'_x$ 或 $y'_x=f'(u)\varphi'(x)$.

其中 y'_x 表示 y 对 x 的导数，y'_u，$f'(u)$ 表示 y 对中间变量 u 的导数，而 u'_x、$\varphi'(x)$ 表示中间变量 u 对 x 的导数.

证明从略.

复合函数的求导法则可叙述为：复合函数的导数，等于函数对中间变量的导数乘中间变量对自变量的导数.

求复合函数导数的关键是对复合函数进行正确分解，即分解出的每个函数应为基本初等函数或多项式.

例 2-10　求函数 $y=\sin 8x$ 的导数.

解　设 $y=\sin u$，$u=8x$，则

$$\frac{dy}{dx}=\frac{dy}{du}\cdot\frac{du}{dx}=\cos u\cdot 8=8\cos 8x.$$

以上过程熟悉后，不必写出中间变量，可按照法则直接写出求导过程.

另外，复合函数的求导法则可推广到中间变量为有限多个的情形，以两个中间变量为例，若由 $y=f(u)$，$u=\varphi(v)$ 及 $v=\psi(x)$，可以得到可导的复合函数 $y=f[u(\psi(x))]$，则

$$\frac{dy}{dx}=\frac{dy}{du}\cdot\frac{du}{dv}\cdot\frac{dv}{dx}.$$

例 2-11　已知函数 $y=\sqrt[3]{1-3x^2}$，求 $\frac{dy}{dx}$.

解
$$\frac{dy}{dx}=[(1-3x^2)^{\frac{1}{3}}]'=\frac{1}{3}(1-3x^2)^{\frac{1}{3}-1}\cdot(1-3x^2)'$$
$$=\frac{1}{3}(1-3x^2)^{-\frac{2}{3}}\cdot(-6x)=\frac{-2x}{\sqrt[3]{(1-3x^2)^2}}.$$

例 2-12　已知函数 $y=\sin\ln x^2$，求 $\frac{dy}{dx}$.

解
$$\frac{dy}{dx}=(\cos\ln x^2)\cdot(\ln x^2)'=(\cos\ln x^2)\cdot\frac{1}{x^2}\cdot(x^2)'$$
$$=\frac{\cos\ln x^2}{x^2}\cdot(2x)=\frac{2\cos\ln x^2}{x}.$$

例 2-13　求函数 $y=x\arcsin\frac{x}{2}+\sqrt{4-x^2}$ 的导数.

解 $\frac{dy}{dx}=\left(x\arcsin\frac{x}{2}\right)'+(\sqrt{4-x^2})'$

$$=\arcsin\frac{x}{2}+\frac{x}{\sqrt{1-\frac{x^2}{4}}}\left(\frac{x}{2}\right)'+\frac{1}{2\sqrt{4-x^2}}(4-x^2)'$$

$$=\arcsin\frac{x}{2}+\frac{x}{\sqrt{4-x^2}}-\frac{x}{\sqrt{4-x^2}}=\arcsin\frac{x}{2}.$$

2.2.5 高阶导数

我们知道函数 $y=f(x)$ 的导数 $f'(x)$ 仍是 x 的函数，如果 $f'(x)$ 的导数存在，可将 $f'(x)$ 再对 x 求导数，所得的结果称为函数 $y=f(x)$ 的二阶导数，记为

$$f''(x),\ y'',\ \frac{d^2y}{dx^2},$$

即 $f''(x)=(f'(x))'$.

类似地，我们把 $f''(x)$ 对 x 的导数称为 $y=f(x)$ 的三阶导数，记为 $f'''(x),y''',\frac{d^3y}{dx^3}$.

一般地，如果函数 $y=f(x)$ 的 $n-1$ 阶导数 $f^{(n-1)}(x)$ 存在，那么称 $f^{(n-1)}(x)$ 对 x 的导数为函数 $y=f(x)$ 的 n 阶导数，记为

$$f^{(n)}(x),\ y^{(n)},\ \frac{d^ny}{dx^n}.$$

二阶及二阶以上的导数统称为高阶导数.

显然，求函数的高阶导数只是对函数进行逐次求导，在方法上并无变化，所以仍可用前面的求导方法来求得高阶导数.

例 2-14 已知函数 $y=x^3+2x^2+4x-5$，求 $y^{(4)}$.

解 因为 $y'=3x^2+4x+4,y''=6x+4,y'''=6$，
所以 $y^{(4)}=0$.

例 2-15 求函数 $y=\ln(x+\sqrt{1+x^2})$ 的二阶导数.

解 $y'=\frac{1}{x+\sqrt{1+x^2}}(x+\sqrt{1+x^2})'=\frac{1}{x+\sqrt{1+x^2}}\left(1+\frac{x}{\sqrt{1+x^2}}\right)=\frac{1}{\sqrt{1+x^2}}$,

$$y''=(y')'=\left(\frac{1}{\sqrt{1+x^2}}\right)'=\frac{-\frac{x}{\sqrt{1+x^2}}}{1+x^2}=-\frac{x}{(1+x^2)^{\frac{3}{2}}}.$$

例 2-16 求函数 $y=\ln x$ 的 n 阶导数.

解 因为 $y'=\frac{1}{x}=x^{-1},y''=(-1)x^{-2},y'''=(-1)(-2)x^{-3}$,

$$y^{(4)}=(-1)(-2)(-3)x^{-4},\cdots$$

所以
$$y^{(n)}=\frac{(-1)^{n-1}(n-1)!}{x^n}.$$

例 2-17　求函数 $y=e^x$ 的 n 阶导数.

解　$y'=e^x, y''=e^x, y'''=e^x, y^{(4)}=e^x$,

一般地,可得

$$y^{(n)}=e^x,$$

即

$$(e^x)^{(n)}=e^x.$$

例 2-18　求函数 $y=\sin x$ 的 n 阶导数.

解　$y'=\cos x=\sin\left(x+\frac{\pi}{2}\right)$,

$$y''=\cos\left(x+\frac{\pi}{2}\right)=\sin\left(x+\frac{\pi}{2}+\frac{\pi}{2}\right)=\sin\left(x+2\cdot\frac{\pi}{2}\right),$$

$$y'''=\cos\left(x+2\cdot\frac{\pi}{2}\right)=\sin\left(x+2\cdot\frac{\pi}{2}+\frac{\pi}{2}\right)=\sin\left(x+3\cdot\frac{\pi}{2}\right),$$

…

一般地,

$$y^{(n)}=\sin\left(x+n\cdot\frac{\pi}{2}\right),$$

即

$$(\sin x)^{(n)}=\sin\left(x+n\cdot\frac{\pi}{2}\right).$$

类似地,可得

$$(\cos x)^{(n)}=\cos\left(x+n\cdot\frac{\pi}{2}\right).$$

2.2.6　隐函数的求导法

函数 $y=f(x)$ 表示两个变量 y 与 x 之间的对应关系,这种对应关系可以用不同的方式进行表达.前面我们遇到的函数,如 $y=\cos x, y=\ln x+\sqrt{1+x^2}$ 等,这种函数表达方式的特点是:等号左端是因变量的符号,而右端是含有自变量的式子,当自变量取定义域内任一值时,由这式子能确定对应的函数值.用这种方式表达的函数叫作显函数.有些函数的表达方式却不是这样的,如方程 $x+y^3-1=0$ 表示一个函数,因为当变量 x 在 $(-\infty,+\infty)$ 内取值时,变量 y 有确定的值与之对应.如当 $x=0$ 时,$y=1$;当 $x=-1$ 时,$y=\sqrt[3]{2}$;等等.这样的函数叫作隐函数.

一般地,如果变量 x 和 y 满足一个方程 $F(x,y)=0$,在一定条件下,当 x 取某区间内的任一值时,相应地总有满足这个方程的唯一的 y 值存在,那么就说方程 $F(x,y)=0$ 在该区间内确定了一个隐函数.

把一个隐函数化成显函数,叫作隐函数的显化.例如从方程 $x+y^3-1=0$ 解出 $y=\sqrt[3]{1-x}$,就把隐函数化成了显函数.隐函数的显化有时是困难的,甚至是不可能的.但在实际问题中,有时需要计算隐函数的导数,因此我们希望有一种方法,不管隐函数能否显化,都能直接由方程算出它所确定的隐函数的导数.下面通过具体例子来说明这种方法.

例 2-19　已知方程 $x^2-y+\ln y=0$ 确定隐函数 $y=f(x)$,求 y'.

解 因为 y 是 x 的函数,所以 $\ln y$ 是 x 的复合函数,
在方程两边同时对 x 求导,得

$$2x-y'+\frac{y'}{y}=0,$$

从而

$$y'=\frac{2xy}{y-1}\quad(y\neq 1).$$

例 2-20 已知方程 $e^y=x^2y+e^x$ 确定隐函数 $y=f(x)$,求 $\frac{dy}{dx}$ 和 $\left.\frac{dy}{dx}\right|_{x=0}$.

解 在方程两边同时对 x 求导,得

$$e^y\cdot y'=2xy+x^2y'+e^x,$$

解得

$$y'=\frac{e^x+2xy}{e^y-x^2},\text{即}\frac{dy}{dx}=\frac{e^x+2xy}{e^y-x^2}.$$

当 $x=0$ 时,由方程 $e^y=x^2y+e^x$ 可得 $y=0$,代入上式得 $\left.\frac{dy}{dx}\right|_{x=0}=1$.

例 2-21 求由方程 $x-y+\frac{1}{2}\sin y=0$ 所确定的隐函数的二阶导数 $\frac{d^2y}{dx^2}$.

解 由方程 $x-y+\frac{1}{2}\sin y=0$ 所确定的隐函数为 $y=y(x)$.

在方程两边同时对 x 求导,得

$$1-\frac{dy}{dx}+\frac{1}{2}\cos y\cdot\frac{dy}{dx}=0.$$

于是

$$\frac{dy}{dx}=\frac{2}{2-\cos y}.$$

上式两边再对 x 求导,得

$$\frac{d^2y}{dx^2}=\frac{-2\sin y\frac{dy}{dx}}{(2-\cos y)^2}=\frac{-4\sin y}{(2-\cos y)^3}.$$

2.2.7 由参数方程所确定的函数的导数

我们在初等数学中学过,平面曲线不仅可以用二元方程 $F(x,y)=0$ 来表示,还可以用参数方程来表示,如圆心在原点(0,0),半径为 r 的圆的方程为 $x^2+y^2=r^2$,若用参数方程表示此圆,即

$$\begin{cases}x=r\cos t,\\y=r\sin t,\end{cases}\text{其中 } t \text{ 为参数且 } 0\leqslant t\leqslant 2\pi.$$

一般地,若参数方程

$$\begin{cases}x=\varphi(t),\\y=\psi(t),\end{cases}\alpha\leqslant t\leqslant\beta,$$

确定 y 与 x 之间的函数关系,则称此函数关系所表达的函数是由参数方程所确定的函数.

在实际问题中,需要计算由参数方程所确定的函数的导数,若想要从中消去参数 t 进而求得 y 关于 x 的导数,有时会有困难.因此,我们希望有一种方法能直接由参数方程算出它

所确定的函数的导数.下面讨论由参数方程所确定的函数的求导方法.

从 $x=\varphi(t)$ 中求得 $t=\varphi^{-1}(x)$，将其代入 $y=\psi(t)$，得 $y=\psi(\varphi^{-1}(x))$，此函数即为所求函数 $y=f(x)$.不难发现，$f(x)$ 是一个复合函数，t 是其中间变量，所以应用复合函数的求导法则可得.

$$\frac{dy}{dx}=\frac{dy}{dt}\cdot\frac{dt}{dx}.$$

若函数 $x=\varphi(t)$ 可导，且 $\varphi'(t)\neq 0(\alpha\leqslant t\leqslant\beta)$，再应用反函数的求导法则，则参数方程所确定的函数 $y=f(x)$ 的导数为

$$\frac{dy}{dx}=\frac{dy}{dt}\cdot\frac{dt}{dx}=\frac{\frac{dy}{dt}}{\frac{dx}{dt}}=\frac{\psi'(t)}{\varphi'(t)},$$

这就是参数方程的求导公式.

如果 $x=\varphi(t)$，$y=\psi(t)$ 还是二阶可导的，那么又可得到由参数方程确定的函数的二阶导数公式

$$\begin{aligned}\frac{d^2y}{dx^2}&=\frac{d}{dx}\left(\frac{dy}{dx}\right)=\frac{d}{dt}\left(\frac{\psi'(t)}{\varphi'(t)}\right)\cdot\frac{dt}{dx}\\&=\frac{\psi''(t)\varphi'(t)-\psi'(t)\varphi''(t)}{\varphi'^2(t)}\cdot\frac{1}{\varphi'(t)},\end{aligned}$$

即

$$\frac{d^2y}{dx^2}=\frac{\psi''(t)\varphi'(t)-\psi'(t)\varphi''(t)}{\varphi'^3(t)},$$

如何求由参数方程确定的函数的三阶及以上导数的问题留给读者思考.

例 2-22　已知 $\begin{cases}x=e^t\sin t,\\y=e^t\cos t,\end{cases}$ 求 $\frac{dy}{dx}\Big|_{t=\frac{\pi}{3}}$.

解　因为 $\frac{dx}{dt}=e^t\sin t+e^t\cos t$，$\frac{dy}{dt}=e^t\cos t-e^t\sin t$，所以

$$\frac{dy}{dx}=\frac{e^t\cos t-e^t\sin t}{e^t\sin t+e^t\cos t}=\frac{\cos t-\sin t}{\sin t+\cos t},$$

$$\frac{dy}{dx}\Big|_{t=\frac{\pi}{3}}=\sqrt{3}-2.$$

例 2-23　椭圆的参数方程为 $\begin{cases}x=a\cos t,\\y=b\sin t,\end{cases}$ 求 $\frac{d^2y}{dx^2}$.

解　$$\frac{dy}{dx}=\frac{(b\sin t)'}{(a\cos t)'}=-\frac{b\cos t}{a\sin t},$$

二阶导数 $$\begin{aligned}\frac{d^2y}{dx^2}&=\frac{d}{dx}\left(\frac{dy}{dx}\right)=\frac{d}{dt}\left(\frac{dy}{dx}\right)\frac{dt}{dx},\\&=\left(-\frac{b\cos t}{a\sin t}\right)'\cdot\frac{1}{(-a\sin t)}\\&=\frac{ab}{a^2\sin^2 t}\cdot\frac{1}{(-a\sin t)}\end{aligned}$$

$$=-\frac{b}{a^2\sin^3 t}$$

$$=-\frac{b}{a^2}\csc^3 t.$$

2.3 微分及其应用

函数的导数表示函数在一点处的变化率，它刻画了函数相对于自变量变化的快慢程度．在实际问题中，利用微分来研究函数可以在微观上了解自变量有微小变化时函数局部变化的主要趋势．

2.3.1 微分的概念

在许多实际问题中，经常研究当自变量有微小改变时所引起的相应函数值的改变．如一块正方形薄片，测得边长为 x，面积为 $A=x^2$，如果测量边长 x 时产生了微小的误差 Δx（即边长有了改变量 Δx），那么，由此引起的面积 A 的误差 ΔA 是多少？

我们知道面积 A 是边长 x 的函数，记为 $A(x)=x^2$，当 x 产生误差 Δx 时，边长由 x 变为 $x+\Delta x$，面积也由 $A(x)$ 变到 $A(x+\Delta x)$，因此

$$\Delta A=A(x+\Delta x)-A(x)=(x+\Delta x)^2-x^2=2x\Delta x+(\Delta x)^2.$$

从上式可以看出，ΔA 由两部分组成：

第一部分 $2x\Delta x$ 是 Δx 的线性表达式；

第二部分 $(\Delta x)^2$ 在 $\Delta x\to 0$ 时是比 Δx 高阶的无穷小量，即 $(\Delta x)^2=o(\Delta x)$．

因此，当边长改变很微小时，面积的改变量 ΔA 可以近似地用第一部分 $2x\Delta x$ 来代替，即 $\Delta A\approx 2x\Delta x$．

我们注意到，第一部分 Δx 的系数恰好是面积 $A(x)=x^2$ 的导数 $A'(x)=2x$．数学上，把 ΔA 的第一部分，即 Δx 的线性函数（又称 ΔA 的线性主要部分）$2x\Delta x$ 称为面积 $A(x)$ 的微分，记为 $\mathrm{d}A=2x\Delta x$，如图 2-2 中的阴影部分，即

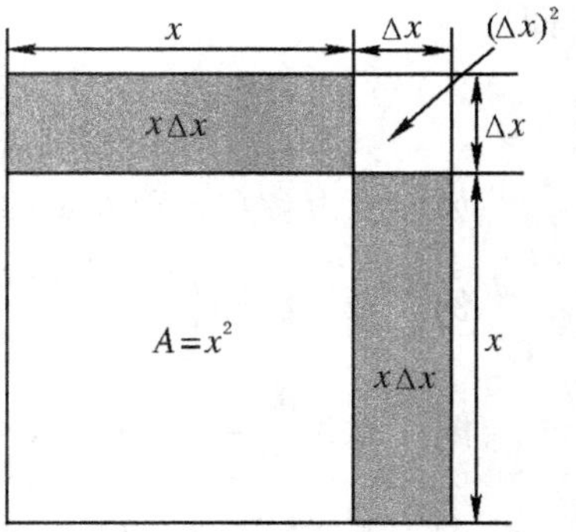

图 2-2

$$\mathrm{d}A=(x^2)'\Delta x \quad 或\ \mathrm{d}A=A'(x)\Delta x.$$

下面给出一般情形下函数 $y=f(x)$ 在点 x_0 处微分的定义．

定义 1 设函数 $y=f(x)$ 在点 x_0 处有定义，当自变量 x 在 x_0 处有增量 Δx 时，函数的增量为 $\Delta y=f(x_0+\Delta x)-f(x_0)$，如果增量 Δy 可表示为 $\Delta y=A\Delta x+o(\Delta x)$，其中 A 是不依赖于 Δx 的常数，那么称函数 $y=f(x)$ 在点 x_0 可微，记作 $\mathrm{d}y$，即

$$\mathrm{d}y=A\Delta x.$$

以上给出了微分的定义，那么函数可微的条件是什么呢？

设函数 $y=f(x)$ 在点 x_0 可微，由可微的定义得，$\Delta y=A\Delta x+o(\Delta x)$，

两边同除以 Δx 并取极限得，$\lim\limits_{\Delta x\to 0}\dfrac{\Delta y}{\Delta x}=A+\lim\limits_{\Delta x\to 0}\dfrac{o(\Delta x)}{\Delta x}=A$，

事实上，由导数定义可知，$A=\lim\limits_{\Delta x\to 0}\dfrac{\Delta y}{\Delta x}=f'(x_0)$．

即如果函数 $y=f(x)$ 在点 x_0 可微，那么函数 $y=f(x)$ 在点 x_0 可导，且 $dy=f'(x_0)\Delta x$.

反之，如果函数 $y=f(x)$ 在点 x_0 可导，那么 $\lim\limits_{\Delta x\to 0}\dfrac{\Delta y}{\Delta x}=f'(x_0)$.

由极限与无穷小的关系得，$\dfrac{\Delta y}{\Delta x}=f'(x_0)+\alpha$，其中 α 是 $\Delta x\to 0$ 时的无穷小，

两边同乘 Δx 得，$\Delta y=f'(x_0)\Delta x+\alpha\Delta x$，

显然，$\alpha\Delta x$ 是关于 Δx 的高阶无穷小，即 $\alpha\Delta x=o(\Delta x)$.

而 $f'(x_0)$ 的值不依赖于 Δx，由微分的定义可得，函数 $y=f(x)$ 在点 x_0 可微.

因此，函数 $y=f(x)$ 在点 x_0 可微的充要条件是函数 $y=f(x)$ 在点 x_0 可导.

例 2-24　求函数 $y=x^3$ 当 $x=2,\Delta x=0.01$ 时的微分 dy 及相应的 Δy.

解　由微分定义得，函数 $y=x^3$ 的微分为 $dy=3x^2\Delta x$，

当 $x=2,\Delta x=0.01$ 时，其微分为

$$dy=3\times 2^2\times 0.01=0.12,$$

$$\Delta y=f(x+\Delta x)-f(x)$$

$$=(2+0.01)^3-2^3=0.120\ 601.$$

此例表明，当 $|\Delta x|$ 很小时，完全可以用 dy 近似代替 Δy.

函数 $y=f(x)$ 在任意点 x 的微分称为函数的微分，记为

$$dy=f'(x)\cdot\Delta x \text{ 或 } df(x)=f'(x)\cdot\Delta x.$$

显然，函数 $f(x)$ 的微分 $dy=f'(x)\cdot\Delta x$ 不仅依赖于 Δx，而且依赖于 x.

如函数 $y=\sin x$ 的微分为 $dy=(\sin x)'\Delta x=\cos x\Delta x$.

若 $y=f(x)$ 在区间 I 内每一个点都可微，则称函数 $y=f(x)$ 在区间 I 内可微.

特别地，$y=f(x)=x$，则 $dy=dx=((x)'\Delta x)=1\cdot\Delta x=\Delta x$，即自变量 x 的微分 dx 等于自变量 x 的改变量，即 $dx=\Delta x$，于是，函数 $f(x)$ 在点 x 的微分 dy 可写为

$$dy=f'(x)dx.$$

由此式可得 $\dfrac{dy}{dx}=f'(x)$，即函数的导数就是函数的微分 dy 除以自变量的微分 dx，故导数又称为微商.

2.3.2　微分的几何意义

设函数 $y=f(x)$ 的图形是一条曲线(图 2-3)，在曲线上点 $M(x_0,y_0)$ 处，当自变量 x 有微小增量 Δx 时，就得到曲线上另一点 $N(x_0+\Delta x,y_0+\Delta y)$，可从图中看出：$MQ=\Delta x$，$QN=\Delta y$，过点 M 作曲线的切线 MT，其倾角为 α，由导数的几何意义可知

$$QP=MQ\cdot\tan\alpha=\Delta x\cdot f'(x_0),$$

即

$$dy=QP=f'(x_0)\cdot\Delta x.$$

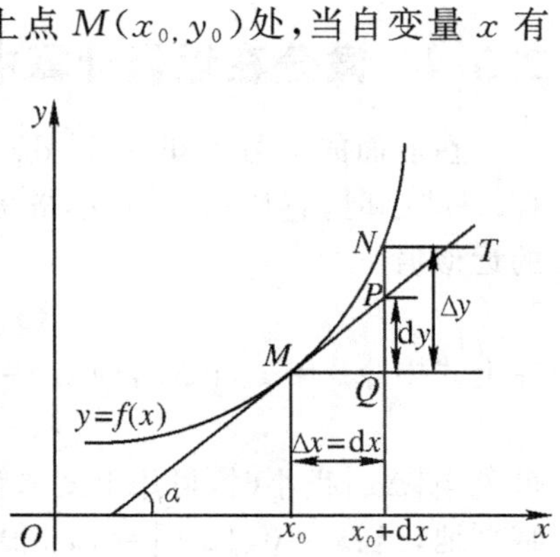

图 2-3

由此可得微分的几何意义：当 Δy 是曲线上某点的纵坐标的增量时，微分 dy 就是曲线的切线上点的纵坐标的增量.

当自变量 x 有微小变化，即 Δx 很小时，此时在曲线上的局部变化可近似地用切线段上的变化来代替，换言

之，在一定条件下可用直线段来近似地代替曲线段.

2.3.3 微分的基本公式及运算法则

由 $dy=f'(x)dx$ 可知，只要知道函数的导数就能立即写出它的微分.因此，由基本导数公式容易得出相应的基本微分公式：

(1) $d(C)=0$； (2) $d(x^{\alpha})=\alpha x^{\alpha-1}dx$；

(3) $d(\sin x)=\cos x dx$； (4) $d(\cos x)=-\sin x dx$；

(5) $d(\tan x)=\sec^2 x dx$； (6) $d(\cot x)=-\csc^2 x dx$；

(7) $d(\sec x)=\sec x\tan x dx$； (8) $d(\csc x)=-\csc x\cot x dx$；

(9) $d(a^x)=a^x\ln a dx \quad (a\neq 1, a>0)$； (10) $d(e^x)=e^x dx$；

(11) $d(\log_a x)=\dfrac{1}{x\ln a}dx \quad (a\neq 1, a>0)$； (12) $d(\ln x)=\dfrac{1}{x}dx$；

(13) $d(\arcsin x)=\dfrac{1}{\sqrt{1-x^2}}dx$； (14) $d(\arccos x)=-\dfrac{1}{\sqrt{1-x^2}}dx$；

(15) $d(\arctan x)=\dfrac{1}{1+x^2}dx$； (16) $d(\text{arccot}\, x)=-\dfrac{1}{1+x^2}dx$.

微分的四则运算法则：

设 $u=u(x)$，$v=v(x)$都可微，则

(1) $d(u\pm v)=du\pm dv$； (2) $d(uv)=udv+vdu$；

(3) $d\left(\dfrac{u}{v}\right)=\dfrac{vdu-udv}{v^2} \quad (v\neq 0)$.

例 2-25 求函数 $y=x^2+\ln x+3^x$ 的微分.

解
$$\begin{aligned} dy &= d(x^2+\ln x+3^x)=2xdx+\frac{1}{x}dx+3^x\ln 3dx \\ &= \left(2x+\frac{1}{x}+3^x\ln 3\right)dx. \end{aligned}$$

例 2-26 求函数 $y=e^{\sin^2 x}$ 的微分.

解
$$\begin{aligned} dy &= d(e^{\sin^2 x})=e^{\sin^2 x}d(\sin^2 x)=e^{\sin^2 x}\cdot 2\sin x d(\sin x) \\ &= e^{\sin^2 x}\cdot 2\sin x\cos x dx=e^{\sin^2 x}\sin 2x dx. \end{aligned}$$

2.3.4 微分在近似计算中的应用

在前面的学习中知道，以 dy 代替函数的增量 Δy 时所产生的绝对误差为 $|\Delta y-dy|$，当 $|\Delta x|$ 减小时，它比 $|\Delta x|$ 减小得更快，因而当 $|\Delta x|$ 很小时，可以用下式来计算函数增量 Δy 的近似值

$$f(x_0+\Delta x)-f(x_0)\approx f'(x_0)\Delta x,$$

在上式中令 $x=x_0+\Delta x$，即 $\Delta x=x-x_0$，则

$$f(x)\approx f(x_0)+f'(x_0)(x-x_0),$$

可见当 $|\Delta x|$ 很小时，可用上式来计算点 x 处的函数值 $f(x)$.

特别地，当 $x_0=0$，$|\Delta x|=|x|$ 很小时，上式改为

$$f(x)\approx f'(0)x+f(0).$$

例 2-27　计算$\sqrt[3]{1.03}$的近似值.

解　设 $f(x)=\sqrt[3]{x}$，取 $x=1.03$，$x_0=1$，则

$$f(x)\approx f(x_0)+f'(x_0)(x-x_0),$$

由 $f(x_0)=1$，$f'(x_0)=\frac{1}{3}x_0^{-\frac{2}{3}}=\frac{1}{3}$，可得

$$\sqrt[3]{1.03}\approx 1+\frac{1}{3}(1.03-1)\approx 1.01.$$

例 2-28　**证明**　当$|x|$很小时，$\sin x\approx x$.

证明　令 $f(x)=\sin x$，因为 $f'(x)=\cos x$，

所以　$\sin x\approx x\cos 0+\sin 0=x$，

即　$\sin x\approx x$.

当$|x|$很小时，利用 $f(x)\approx f(0)+f'(0)x$ 可推得以下几个常用的近似公式：

$$\tan x\approx x,\ \ln(x+1)\approx x,\ e^x\approx 1+x,\ \sqrt[n]{1+x}\approx 1+\frac{x}{n}.$$

本章主要概念和知识点

本章主要介绍了导数、导数的几何意义、函数连续性与可导性的关系、基本求导公式及求导法则、反函数的求导法则、复合函数的求导法则、高阶导数、隐函数的求导法、参数方程的求导、微分、微分的计算.

导数：$f'(x_0)=\lim\limits_{\Delta x\to 0}\frac{\Delta y}{\Delta x}=\lim\limits_{\Delta x\to 0}\frac{f(x_0+\Delta x)-f(x_0)}{\Delta x}$.

导数的几何意义：$f'(x_0)$表示曲线 $y=f(x)$在点$(x_0,f(x_0))$处的切线斜率.

函数连续性与可导性的关系：若函数 $y=f(x)$在点 x_0 处可导，则此函数在点 x_0 处连续，反之不成立. 读者一定要熟记基本初等函数的求导公式表.

函数的和、差、积、商求导法则：设 $u=u(x)$和 $v=v(x)$是 x 的可导函数，则有

(1) $(u\pm v)'=u'\pm v'$；(2) $(uv)'=u'v+uv'$；(3) $\left(\frac{u}{v}\right)'=\frac{u'v-uv'}{v^2}$ $(v\neq 0)$.

如果函数 $x=f(y)$在区间 I_y 内单调可导且 $f'(y)\neq 0$，那么它的反函数 $y=f^{-1}(x)$在区间 $I_x=\{x\,|\,x=f(y),y\in I_y\}$内也可导，且

$$[f^{-1}(x)]'=\frac{1}{f'(y)}\quad 或\quad \frac{dy}{dx}=\frac{1}{\frac{dx}{dy}}.$$

复合函数的求导法则：设 $y=f[\varphi(x)]$是由函数 $y=f(u)$及 $u=\varphi(x)$复合而成的函数，$u=\varphi(x)$在点 x 处可导，$y=f(u)$在对应点 $u=\varphi(x)$处也可导，则 $y=f[\varphi(x)]$在 x 处可导，且有$\frac{dy}{dx}=\frac{dy}{du}\cdot\frac{du}{dx}$.

高阶导数：函数 $y=f(x)$的导数 $f'(x)$仍是 x 的函数，如果 $f'(x)$的导数存在，可将 $f'(x)$再对 x 求导数，所得的结果称为函数 $y=f(x)$的二阶导数，记为 $f''(x)$，y''，$\frac{d^2y}{dx^2}$，一般地，如果函数 $y=f(x)$的 $n-1$ 阶导数 $f^{(n-1)}(x)$存在，那么称 $f^{(n-1)}(x)$对 x 的导数为函数 $y=f(x)$的 n 阶导数，记为 $f^{(n)}(x)$，$y^{(n)}$，$\frac{d^ny}{dx^n}$. 二阶及二阶以上的导数统称为高阶导数.

隐函数的导数：方程 $F(x,y)=0$ 确定隐函数 $y=y(x)$，在方程两边同时对 x 求导，即可从求导后的恒等式中解出 y'.

由参数方程所确定的函数的导数：若参数方程 $\begin{cases}x=\varphi(t),\\ y=\psi(t),\end{cases}\alpha\leqslant t\leqslant\beta$ 确定函数 $y=f(x)$，则参数方程所确定的函数 $y=f(x)$ 的导数为 $\dfrac{\mathrm{d}y}{\mathrm{d}x}=\dfrac{\mathrm{d}y}{\mathrm{d}t}\cdot\dfrac{\mathrm{d}t}{\mathrm{d}x}=\dfrac{\dfrac{\mathrm{d}y}{\mathrm{d}t}}{\dfrac{\mathrm{d}x}{\mathrm{d}t}}=\dfrac{\psi'(t)}{\varphi'(t)}$.

如果 $x=\varphi(t)$，$y=\psi(t)$ 还是二阶可导的，

那么 $$\frac{\mathrm{d}^2y}{\mathrm{d}x^2}=\frac{\mathrm{d}}{\mathrm{d}x}\left(\frac{\mathrm{d}y}{\mathrm{d}x}\right)=\frac{\mathrm{d}}{\mathrm{d}t}\left(\frac{\psi'(t)}{\varphi'(t)}\right)\cdot\frac{\mathrm{d}t}{\mathrm{d}x}=\frac{\psi''(t)\varphi'(t)-\psi'(t)\varphi''(t)}{\varphi'^2(t)}\cdot\frac{1}{\varphi'(t)}$$

即 $$\frac{\mathrm{d}^2y}{\mathrm{d}x^2}=\frac{\psi''(t)\varphi'(t)-\psi'(t)\varphi''(t)}{\varphi'^3(t)}.$$

微分：微分 $\mathrm{d}y=f'(x)\cdot\Delta x$ 或 $\mathrm{d}f(x)=f'(x)\cdot\Delta x$.

函数 $y=f(x)$ 在点 x_0 可微的充要条件是函数 $y=f(x)$ 在点 x_0 可导.

习题 2

1. 求下列函数的导数.

(1) $y=\sin x+\ln x+2$； (2) $y=a_0x^n+a_1x^{n-1}+\cdots+a_{n-1}x+a_n$；

(3) $y=x^2\ln x$； (4) $y=\cot x$；

(5) $y=\dfrac{2\cos x}{1+\sin x}$； (6) $y=(x+\ln 2)\log_2 x$；

(7) $y=\csc x\cot x$； (8) $y=x^2\ln x\cos x$；

(9) $y=\dfrac{1+\sin x}{1+\cos x}+\sin\dfrac{\pi}{2}$； (10) $y=\dfrac{-2\csc x}{1+x^2}$；

(11) $y=\dfrac{2\ln x+x^3}{3\ln x+x^2}+\ln 8$； (12) $y=\dfrac{x-1}{x+1}$.

2. 已知抛物线 $y=x^2+2x+3$，

(1) 求抛物线在点 $M_0(2,11)$ 处的切线方程与法线方程；

(2) 抛物线上哪一点处的切线平行于直线 $y=-2x$.

3. 求下列函数的导数.

(1) $y=(3x+5)^4$； (2) $y=\cos(4-8x)$；

(3) $y=-\mathrm{e}^{-3x^2}$； (4) $y=\mathrm{e}^{-x}(x^2-2x+3)$；

(5) $y=\ln(\mathrm{e}+x^2)$； (6) $y=\sin^2 x$；

(7) $y=(\arcsin x)^2$； (8) $y=\left(\arctan\dfrac{x}{8}\right)^2$；

(9) $y=\log_a(x^2+x+1)$； (10) $y=2\sqrt{1+\ln^2 x}$；

(11) $y=\arccos\sqrt{x}$； (12) $y=\dfrac{\mathrm{e}^x-\mathrm{e}^{-x}}{\mathrm{e}^x+\mathrm{e}^{-x}}$.

4. 求下列函数的 n 阶导数.

(1) $y=e^{3x}$；　　(2) $y=a^x\quad(a>0$ 且 $a\neq 1)$；

(3) $y=\cos x$；　　(4) $y=\ln(1+x)$.

5. 求下列方程所确定的隐函数的导数 y'.

(1) $y^2-2xy+9=0$；　　(2) $x^3+y^3-3axy=0$；

(3) $xy=e^{x+y}$；　　(4) $y=1-xe^y$；

(5) $\ln\sqrt{x^2+y^2}=8\arctan\dfrac{x}{y}$；　　(6) $e^{xy}+y\ln x=\cos 2x$.

6. 设函数 $y=f(x)$ 由方程 $y^5+2y-x-3x^7=0$ 确定，求 $\left.\dfrac{dy}{dx}\right|_{x=0}$.

7. 求下列由参数方程所确定的函数的一阶导数 $\dfrac{dy}{dx}$ 及二阶导数 $\dfrac{d^2y}{dx^2}$.

(1) $\begin{cases}x=3e^{-t},\\ y=2e^t;\end{cases}$　　(2) $\begin{cases}x=\dfrac{t^2}{2},\\ y=1-t;\end{cases}$　　(3) $\begin{cases}x=a\cos^3\theta,\\ y=a\sin^3\theta.\end{cases}$

8. 求下列函数的微分.

(1) $y=-\dfrac{1}{x}+2\sqrt{x}$；　　(2) $y=8x\sin 2x$；

(3) $y=\dfrac{8x}{\sqrt{x^2+1}}$；　　(4) $y=\dfrac{1}{2}[\ln(1-x)]^2$；

(5) $y=e^{-x}\cos(8-x)$；　　(6) $y=\dfrac{1}{8}\tan^2(1+2x^2)$.

9. 在括号内填入适当的函数.

(1) d(　　)$=2dx$；　　(2) d(　　)$=4x\,dx$；

(3) d(　　)$=\cos x\,dx$；　　(4) d(　　)$=\sin x\,dx$；

(5) d(　　)$=\dfrac{1}{1+x^2}dx$；　　(6) d(　　)$=-\dfrac{1}{\sqrt{1-x^2}}dx$；

(7) d(　　)$=-\dfrac{1}{1+x^2}dx$；　　(8) d(　　)$=\dfrac{1}{\sqrt{x}}dx$.

10. 已知一平面圆环的半径为 10 cm，外径为 10.1 cm，求

(1) 圆环面积的精确值；　　(2) 圆环面积的近似值.

11. 求下列各式的近似值.

(1) $\sqrt{4.01}$；　　(2) $\sin 30°30'$.

扫码做同步练习

第3章　导数的应用

本章教学要求

(1) 理解罗尔定理和拉格朗日中值定理,了解柯西中值定理.

(2) 掌握洛必达法则,会用洛必达法则求函数极限.

(3) 掌握导数判断函数的单调性与曲线的凹凸性,会求函数的驻点、拐点、单调区间和凹凸区间.

(4)熟悉函数的极值与最值的求法.

在第2章中,我们学习了导数的概念和导数的计算方法,本章将以微分中值定理为理论基础,介绍导数的应用:求极限未定式的值,函数单调性和凹凸性的判别,函数极值的求法等.

3.1　微分中值定理简介

微分中值定理揭示了函数在某区间的整体性质与该区间内部某一点的导数之间的关系,既是用微分学知识解决应用问题的理论基础,又是解决微分学自身发展的一种理论性数学模型,因而也称为微分基本定理.本节先介绍罗尔定理,然后再利用罗尔定理推出拉格朗日中值定理和柯西中值定理.

3.1.1　罗尔定理

为了应用方便,先介绍费马引理.

费马引理　设函数 $f(x)$在点 x_0 的某邻域 $U(x_0)$内有定义,并且在 x_0 处可导,若对于任意的 $x\in U(x_0)$,有

$$f(x)\leqslant f(x_0)\quad (\text{或 } f(x)\geqslant f(x_0)),$$

则 $f'(x_0)=0$.

证明　不妨设 $x\in U(x_0)$时,$f(x)\leqslant f(x_0)$. 于是,对于 $x_0+\Delta x\in U(x_0)$,有

$$f(x_0+\Delta x)\leqslant f(x_0).$$

从而当 $\Delta x>0$ 时,

$$\frac{f(x_0+\Delta x)-f(x_0)}{\Delta x}\leqslant 0,$$

故由极限的保号性得 $f'_+(x_0)=\lim\limits_{\Delta x\to 0^+}\dfrac{f(x_0+\Delta x)-f(x_0)}{\Delta x}\leqslant 0$.

当 $\Delta x<0$ 时,

$$\frac{f(x_0+\Delta x)-f(x_0)}{\Delta x}\geqslant 0,$$

故由极限的保号性得 $\quad f'_-(x_0)=\lim\limits_{\Delta x\to 0^-}\dfrac{f(x_0+\Delta x)-f(x_0)}{\Delta x}\geqslant 0.$

由于 $f(x)$ 在 x_0 处可导，故

$$f'(x_0)=f'_+(x_0)=f'_-(x_0)=0.$$

(如果 $f(x)\geqslant f(x_0)$，可以类似地证明).

通常称导数等于零的点为函数的驻点(或稳定点，临界点).

定理 1(罗尔定理)　若函数 $y=f(x)$ 满足

(1) 在闭区间 $[a,b]$ 上连续，

(2) 在开区间 (a,b) 内可导，

(3) $f(a)=f(b)$，

则在开区间 (a,b) 内至少存在一点 $\xi(a<\xi<b)$ 满足 $f'(\xi)=0$.

证明　由于函数 $y=f(x)$ 在闭区间 $[a,b]$ 上连续，则 $y=f(x)$ 在 $[a,b]$ 上必取得最大值 M 和最小值 m.

若 $M=m$，则函数 $f(x)$ 在闭区间 $[a,b]$ 上恒为常数，此时结论显然成立.

若 $M>m$，因 $f(a)=f(b)$，M 与 m 至少有一个在开区间 (a,b) 内，不妨设 M 不等于 $y=f(x)$ 在 $[a,b]$ 端点的函数值，即在 (a,b) 内存在一个点 ξ，使 $f(\xi)=M$.

因为 $f(\xi)$ 为函数 $y=f(x)$ 在 $[a,b]$ 上的最大值，所以存在 Δx 使 $\xi+\Delta x\in(a,b)$，且无论 $\Delta x>0$ 或 $\Delta x<0$，均有 $f(\xi+\Delta x)-f(\xi)\leqslant 0$.

从而，当 $\Delta x>0$ 时，

$$\frac{f(\xi+\Delta x)-f(\xi)}{\Delta x}\leqslant 0.$$

由 $f(x)$ 在开区间 (a,b) 内可导知 $f'(\xi)$ 存在，应有

$$f'(\xi)=f'_+(\xi)=\lim_{\Delta x\to 0^+}\frac{f(\xi+\Delta x)-f(\xi)}{\Delta x}\leqslant 0,$$

同时有

$$f'(\xi)=f'_-(\xi)=\lim_{\Delta x\to 0^-}\frac{f(\xi+\Delta x)-f(\xi)}{\Delta x}\geqslant 0,$$

故得

$$f'(\xi)=0.$$

对最小值 m 不等于函数 $y=f(x)$ 在闭区间 $[a,b]$ 端点的函数值时的证法完全相似，留给读者完成.

罗尔定理的几何意义：若在连续函数 $y=f(x)$ 的曲线弧 $\overset{\frown}{AB}$ 上，除端点外处处具有不垂直于 x 轴的切线，且在两个端点处纵坐标相等，即 $f(a)=f(b)$，则在 $\overset{\frown}{AB}$ 上至少存在一点 C，其切线平行于 x 轴(图 3-1).

例 3-1　验证：函数 $f(x)=x^3+4x^2-7x-10$ 在区间 $[-1,2]$ 上满足罗尔定理的三个条件，并求出满足 $f'(\xi)=0$ 的点 ξ.

解　因为 $f(x)$ 是多项式函数，所以在 $(-\infty,+\infty)$ 上可导，故它在 $[-1,2]$ 上连续，在 $(-1,2)$ 上可导，且有 $f(-1)=f(2)=0$.

因此，函数 $f(x)$ 满足罗尔定理的三个条件.

而 $f'(x)=3x^2+8x-7$.

令 $f'(x)=0$，即 $3x^2+8x-7=0$，解得，

$x_1=\frac{-4+\sqrt{37}}{3}$，$x_2=\frac{-4-\sqrt{37}}{3}$.

显然 x_2 不在 $[-1,2]$ 上，应舍去. 而 $x_1\in[-1,2]$，因而可把 x_1 取作 ξ，就有 $f'(\xi)=0$.

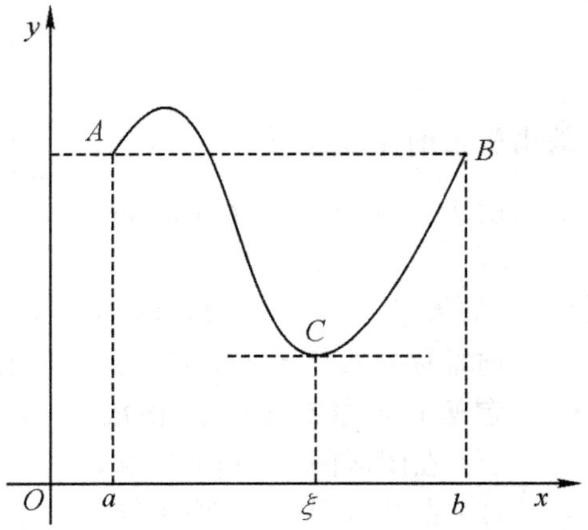

图 3-1

例 3-2 证明：方程 $x^3-3x^2+C=0$（C 为任意实数）在 $[0,1]$ 上不可能有两个不同的实根.

证明 用反证法.

设 $x_1,x_2(0\leqslant x_1<x_2\leqslant 1)$ 是方程 $f(x)=x^3-3x^2+C=0$ 在闭区间 $[0,1]$ 上的两个不同实根，则有 $f(x_1)=f(x_2)=0$.

因 $f(x)=x^3-3x^2+C$ 在 $[x_1,x_2]$ 上连续，在 (x_1,x_2) 内可导且 $f(x_1)=f(x_2)$，则由罗尔定理知在 (x_1,x_2) 内至少存在一点 ξ，使 $f'(\xi)=0$.

而 $f'(x)=3x^2-6x$，使得 $f'(x)=0$ 的点为 $x=0$ 和 $x=2$，但这两点均不在 (x_1,x_2) 内，这与罗尔定理的结论矛盾，故方程 $x^3-3x^2+C=0$ 在闭区间 $[0,1]$ 上不可能有两个不同的实根.

例 3-3 证明：方程 $x^5-5x+1=0$ 有且仅有一个小于 1 的正实根.

证明 (1) 存在性.

设函数 $f(x)=x^5-5x+1$，则 $f(x)$ 在 $[0,1]$ 连续，且 $f(0)=1$，$f(1)=-3$. 由零点定理知存在 $x_0\in(0,1)$，使 $f(x_0)=0$，即方程有小于 1 的正根.

(2) 唯一性.

假设另有 $x_1\in(0,1)$，$x_1\neq x_0$，使 $f(x_1)=0$. 因为 $f(x)$ 在以 x_0,x_1 为端点的区间满足罗尔定理条件，所以在 x_0,x_1 之间至少存在一点 ξ，使 $f'(\xi)=0$.

这与 $f'(x)=5(x^4-1)<0$，$x\in(0,1)$ 矛盾，故假设不真.

3.1.2 拉格朗日中值定理

定理 2(拉格朗日中值定理) 若函数 $y=f(x)$ 满足

(1) 在闭区间 $[a,b]$ 上连续，

(2) 在开区间 (a,b) 内可导，

则在开区间 (a,b) 内至少存在一个点 ξ，使得下面的等式成立

$$f'(\xi)=\frac{f(b)-f(a)}{b-a}.$$

证明 引进辅助函数

$$\varphi(x)=f(x)-f(a)-\frac{f(b)-f(a)}{b-a}(x-a),x\in[a,b].$$

容易验证 $\varphi(x)$ 在闭区间 $[a,b]$ 上连续，在开区间 (a,b) 内可导，并且有 $\varphi(a)=\varphi(b)=0$，因而 $\varphi(x)$ 满足罗尔定理的条件，则在 (a,b) 内至少存在一个点 ξ，使 $\varphi'(\xi)=0$，且

$$\varphi'(x)=f'(x)-\frac{f(b)-f(a)}{b-a},$$

即
$$f'(\xi)=\frac{f(b)-f(a)}{b-a}.$$

拉格朗日中值定理的几何意义：设函数 $y=f(x)$ 在 $[a,b]$ 上连续，在 (a,b) 内可导，曲线的两个端点分别是 A 和 B，那么在这条曲线弧 $\overset{\frown}{AB}$ 上至少能找到一点 ξ，使得曲线在该点处的切线平行于弦 AB（图 3-2）.

拉格朗日中值定理是微分学中最重要的定理之一，也称为微分中值定理，它是沟通函数增量与其自变量增量的桥梁，是应用导数研究函数性质的重要的数学工具.

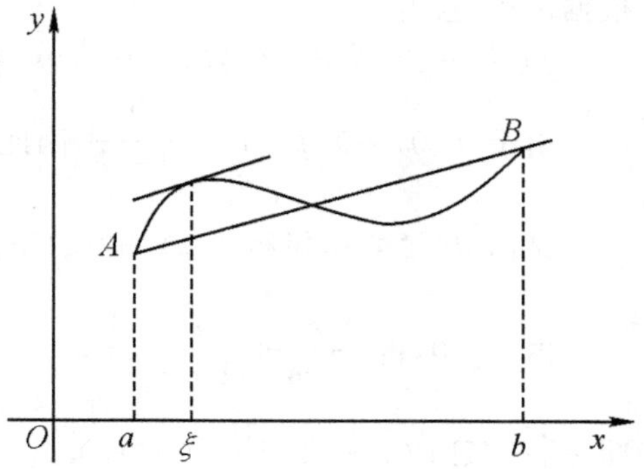

图 3-2

定理 2 的结论称为拉格朗日公式，其还有以下几种等价表示形式，可供不同场合选用.

(1) $f(b)-f(a)=f'(\xi)(b-a)$，$a<\xi<b$，

(2) $f(b)-f(a)=f'(a+\theta(b-a))(b-a)$，$0<\theta<1$，

(3) $f(a+h)-f(a)=f'(a+\theta h)h$，$0<\theta<1$，$h=b-a$.

直接应用拉格朗日中值定理，可以得到下面两个推论.

推论 1　如果函数 $f(x)$ 在区间 (a,b) 内每一点处的导数都是零，即 $f'(x)=0\,(a<x<b)$，那么函数 $f(x)$ 在区间 (a,b) 内为一常数.

证明　在 (a,b) 内任取两点 $x_1,x_2\,(x_1<x_2)$，由拉格朗日中值定理有
$$f'(\xi)=\frac{f(x_2)-f(x_1)}{x_2-x_1}\quad(x_1<\xi<x_2),$$
由假定，$f'(\xi)=0$，所以 $f(x_2)-f(x_1)=0$，即 $f(x_2)=f(x_1)$.

因为 x_1,x_2 是 (a,b) 内任意两点，因而 $f(x)$ 在 (a,b) 内的函数值总是相等的，这就是说，$f(x)$ 在 (a,b) 内是一个常数.

推论 2　如果函数 $f(x)$ 与 $g(x)$ 在区间 (a,b) 内每一点处的导数都相等，即 $f'(x)=g'(x)$，那么这两个函数在区间 (a,b) 内最多相差一个常数.

证明　设函数
$$h(x)=f(x)-g(x),$$
由于区间 (a,b) 内的每一点处都有
$$f'(x)=g'(x),$$
因此，
$$h'(x)=(f(x)-g(x))'=f'(x)-g'(x)=0.$$
由推论 1 可知，
$$h(x)=C\quad(a<x<b),$$
即
$$f(x)-g(x)=C.$$

例 3-4　证明：在 $(-\infty,+\infty)$ 上有 $\arctan x+\operatorname{arccot} x=\frac{\pi}{2}$.

证明　设 $f(x)=\arctan x+\operatorname{arccot} x$，则对任意的 $x\in(-\infty,+\infty)$ 有
$$f'(x)=\frac{1}{1+x^2}-\frac{1}{1+x^2}\equiv 0.$$

于是在 $(-\infty,+\infty)$ 内，恒有 $\arctan x+\operatorname{arccot} x=C$（$C$ 为常数）.

当 $x=0$ 时，有 $\arctan 0+\operatorname{arccot} 0=0+\frac{\pi}{2}=\frac{\pi}{2}$.

因此，在$(-\infty,+\infty)$内有 $\arctan x+\operatorname{arccot} x=\dfrac{\pi}{2}$.

例 3-5 证明：当 $x>0$ 时，$\dfrac{x}{1+x}<\ln(1+x)<x$.

证明 设 $f(u)=\ln(1+u)$，显然 $f(u)$在区间$[0,x]$上满足拉格朗日中值定理的条件，根据定理，应有

$f(x)-f(0)=f'(\xi)(x-0)\ (0<\xi<x)$.

由于 $f(0)=0, f'(x)=\dfrac{1}{1+x}$，因此上式为 $\ln(1+x)=\dfrac{x}{1+\xi}$.

又由 $0<\xi<x$，可得 $1<1+\xi<1+x$，有$\dfrac{1}{1+x}<\dfrac{1}{1+\xi}<1$.

由 $x>0$，得 $\dfrac{x}{1+x}<\dfrac{x}{1+\xi}<x$，

即 $\dfrac{x}{1+x}<\ln(1+x)<x\quad(x>0)$.

3.1.3 柯西中值定理

定理 3(柯西中值定理) 如果函数 $f(x)$及 $g(x)$满足

(1) 在闭区间$[a,b]$上连续，

(2) 在开区间(a,b)内可导，

(3) 对任一 $x\in(a,b)$，$g'(x)\neq 0$，

那么在(a,b)内至少有一点 ξ，使等式

$$\frac{f(b)-f(a)}{g(b)-g(a)}=\frac{f'(\xi)}{g'(\xi)}\quad 成立.$$

证明 首先有 $g(b)-g(a)\neq 0$. 这是由于 $g(b)-g(a)=g'(\eta)(b-a)$，其中 $a<\eta<b$，根据条件 $g'(\eta)\neq 0$，且 $b-a\neq 0$，所以 $g(b)-g(a)\neq 0$.

作辅助函数

$$\varphi(x)=f(x)-\frac{f(b)-f(a)}{g(b)-g(a)}g(x),$$

显然，$\varphi(x)$在闭区间$[a,b]$上连续，在开区间(a,b)内可导，且

$$\varphi(a)=\varphi(b)=\frac{g(b)f(a)-g(a)f(b)}{g(b)-g(a)},$$

故 $\varphi(x)$满足罗尔定理的条件，因此在(a,b)内至少存在一点 ξ，使

$$\varphi'(\xi)=f'(\xi)-\frac{f(b)-f(a)}{g(b)-g(a)}g'(\xi)=0,$$

由此得

$$\frac{f(b)-f(a)}{g(b)-g(a)}=\frac{f'(\xi)}{g'(\xi)}.$$

注：(1) 在拉格朗日中值定理中，令 $f(a)=f(b)$，则有 $f'(\xi)=\dfrac{f(b)-f(a)}{b-a}=0$，此时拉格朗日中值定理就变成了罗尔定理.

(2) 在柯西中值定理中，令 $g(x)=x$，则有 $g(b)-g(a)=b-a$，$g'(x)=1$，因而就有：$f'(\xi)=\dfrac{f(b)-f(a)}{b-a}$，这样柯西中值定理就变成了拉格朗日中值定理.

由上可知三个定理有如下关系：罗尔定理是拉格朗日中值定理的特殊情形，而拉格朗日中值定理又是柯西中值定理的特殊情形.

例 3-6　如果函数 $f(x)$ 在区间 $[0,\ 1]$ 上连续，在 $(0,\ 1)$ 内可导，那么存在 $\xi\in(0,\ 1)$ 使得：$f'(\xi)=2\xi[f(1)-f(0)]$.

证明　设 $g(x)=x^2$，显然，$g(x)$ 在 $[0,\ 1]$ 上连续，$(0,\ 1)$ 内可导；且在 $(0,\ 1)$ 内，$g'(x)=2x\neq0$；函数 $f(x)$ 在 $[0,\ 1]$ 上连续，在 $(0,\ 1)$ 内可导.

由柯西中值定理知，存在 $\xi\in(0,\ 1)$，使得 $\dfrac{f(1)-f(0)}{g(1)-g(0)}=\dfrac{f'(\xi)}{g'(\xi)}$.

因为 $g(1)=1$，$g(0)=0$，$g'(\xi)=2\xi$，

所以
$$f'(\xi)=2\xi[f(1)-f(0)].$$

3.2　导数在求函数极限中的应用

中值定理的一个重要应用是计算一些特殊类型的函数的极限，而这些极限往往都是不确定的.

如果当 $x\to a$（或 $x\to\infty$）时，函数 $f(x)$ 与 $g(x)$ 都趋于零或都趋于无穷大，那么极限 $\lim\limits_{\substack{x\to a\\(x\to\infty)}}\dfrac{f(x)}{g(x)}$ 可能存在，也可能不存在，通常把这种极限称为未定式，并分别简记为 $\dfrac{0}{0}$ 或 $\dfrac{\infty}{\infty}$.

下面我们主要讨论 $x\to a$ 时的未定式 $\dfrac{0}{0}$ 的情形，关于这种情形有以下的定理.

定理 1　如果函数 $f(x)$ 与 $g(x)$ 满足下列条件

(1) 当 $x\to a$ 时，函数 $f(x)$ 及 $g(x)$ 都趋于零，

(2) 在点 a 的某去心邻域内，$f'(x)$ 与 $g'(x)$ 都存在且 $g'(x)\neq0$，

(3) $\lim\limits_{x\to a}\dfrac{f'(x)}{g'(x)}$ 存在（或为无穷大），

那么 $\lim\limits_{x\to a}\dfrac{f(x)}{g(x)}=\lim\limits_{x\to a}\dfrac{f'(x)}{g'(x)}$.

定理说明：当 $\lim\limits_{x\to a}\dfrac{f'(x)}{g'(x)}$ 存在时，$\lim\limits_{x\to a}\dfrac{f(x)}{g(x)}$ 也存在且等于 $\lim\limits_{x\to a}\dfrac{f'(x)}{g'(x)}$；当 $\lim\limits_{x\to a}\dfrac{f'(x)}{g'(x)}$ 为无穷大时，$\lim\limits_{x\to a}\dfrac{f(x)}{g(x)}$ 也是无穷大. 这种在一定条件下通过分子、分母分别求导，再求极限来确定未定式的值的方法称为洛必达（L'Hospital）法则.

若 $\dfrac{f'(x)}{g'(x)}$ 当 $x\to a$ 时仍为 $\dfrac{0}{0}$ 型，且这时 $f'(x)$，$g'(x)$ 能满足定理中 $f(x)$，$g(x)$ 所要满足的条件，则可以继续使用洛必达法则，即
$$\lim_{x\to a}\frac{f(x)}{g(x)}=\lim_{x\to a}\frac{f'(x)}{g'(x)}=\lim_{x\to a}\frac{f''(x)}{g''(x)}.$$

且可依此类推.

例 3-7 求$\lim\limits_{x\to 0}\dfrac{\tan x}{x}$.

解 由于$\lim\limits_{x\to 0}\tan x=0$，$\lim\limits_{x\to 0}x=0$，因此这是一个“$\dfrac{0}{0}$”型的未定式，应用洛必达法则，得到

$$\lim_{x\to 0}\frac{\tan x}{x}=\lim_{x\to 0}\frac{(\tan x)'}{x}=\lim_{x\to 0}\frac{\sec^2 x}{1}=\lim_{x\to 0}\frac{1}{\cos^2 x}=1.$$

例 3-8 求$\lim\limits_{x\to 0}\dfrac{e^x-1}{x}$.

解 由于$\lim\limits_{x\to 0}(e^x-1)=0$，$\lim\limits_{x\to 0}x=0$，因此这是一个“$\dfrac{0}{0}$”型的未定式，应用洛必达法则，得到

$$\lim_{x\to 0}\frac{e^x-1}{x}=\lim_{x\to 0}\frac{(e^x-1)'}{x'}=\lim_{x\to 0}\frac{e^x}{1}=1.$$

例 3-9 求$\lim\limits_{x\to 1}\dfrac{\ln x}{(x-1)^2}$.

解 这是一个“$\dfrac{0}{0}$”型的未定式，应用洛必达法则，有

$$\lim_{x\to 1}\frac{\ln x}{(x-1)^2}=\lim_{x\to 1}\frac{(\ln x)'}{[(x-1)^2]'}=\lim_{x\to 1}\frac{\frac{1}{x}}{2(x-1)}=\lim_{x\to 1}\frac{1}{2x(x-1)}=\infty.$$

例 3-10 求$\lim\limits_{x\to 0}\dfrac{x-\sin x}{x^3}$.

解 $$\lim_{x\to 0}\frac{x-\sin x}{x^3}=\lim_{x\to 0}\frac{(x-\sin x)'}{(x^3)'}=\lim_{x\to 0}\frac{1-\cos x}{3x^2}$$
$$=\lim_{x\to 0}\frac{\sin x}{6x}=\lim_{x\to 0}\frac{\cos x}{6}=\frac{1}{6}.$$

例 3-11 求$\lim\limits_{x\to 1}\dfrac{x^3-3x+2}{x^3-x^2-x+1}$.

解 $$\lim_{x\to 1}\frac{x^3-3x+2}{x^3-x^2-x+1}=\lim_{x\to 1}\frac{3x^2-3}{3x^2-2x-1}=\lim_{x\to 1}\frac{6x}{6x-2}=\frac{3}{2}.$$

同样，对于$x\to\infty$时的未定式$\dfrac{0}{0}$有以下的定理.

定理 2 如果函数$f(x)$与$g(x)$满足下列条件

(1) 当$x\to\infty$时，函数$f(x)$及$g(x)$都趋于零，

(2) 当$|x|>N$时，$f'(x)$与$g'(x)$都存在，且$g'(x)\neq 0$，

(3) $\lim\limits_{x\to\infty}\dfrac{f'(x)}{g'(x)}$存在(或为无穷大)，

那么$\lim\limits_{x\to\infty}\dfrac{f(x)}{g(x)}=\lim\limits_{x\to\infty}\dfrac{f'(x)}{g'(x)}$.

例 3-12 求$\lim\limits_{x\to +\infty}\dfrac{\frac{\pi}{2}-\arctan x}{\frac{1}{x}}$.

解 $\lim\limits_{x\to+\infty}\dfrac{\dfrac{\pi}{2}-\arctan x}{\dfrac{1}{x}}=\lim\limits_{x\to+\infty}\dfrac{-\dfrac{1}{1+x^2}}{-\dfrac{1}{x^2}}=\lim\limits_{x\to+\infty}\dfrac{x^2}{1+x^2}=1.$

需要指出的是,对于 $x\to a$ 或 $x\to\infty$ 时的未定式 $\dfrac{\infty}{\infty}$,也有相应的洛必达法则.在此不再陈述.

例 3-13 求 $\lim\limits_{x\to+\infty}\dfrac{\ln x}{x^n}\quad(x>0,n>0)$.

解 当 $x\to+\infty$ 时,$\ln x\to\infty$,$x^n\to\infty$,因此这是一个“$\dfrac{\infty}{\infty}$”型的未定式,应用洛必达法则,有

$$\lim_{x\to+\infty}\frac{\ln x}{x^n}=\lim_{x\to+\infty}\frac{\dfrac{1}{x}}{nx^{n-1}}=\lim_{x\to+\infty}\frac{1}{nx^n}=0.$$

例 3-14 求 $\lim\limits_{x\to\frac{\pi}{2}^-}\dfrac{\ln\left(\dfrac{\pi}{2}-x\right)}{\tan x}$.

解 $\lim\limits_{x\to\frac{\pi}{2}^-}\dfrac{\ln\left(\dfrac{\pi}{2}-x\right)}{\tan x}=\lim\limits_{x\to\frac{\pi}{2}^-}\dfrac{\dfrac{-1}{\dfrac{\pi}{2}-x}}{\sec^2 x}=\lim\limits_{x\to\frac{\pi}{2}^-}\dfrac{\cos^2 x}{x-\dfrac{\pi}{2}}=\lim\limits_{x\to\frac{\pi}{2}^-}\dfrac{2\cos x(-\sin x)}{1}=0.$

其他还有一些 $0\cdot\infty,\infty-\infty,0^0,1^\infty,\infty^0$ 型的未定式,通过转换或变形也可以使用 $\dfrac{0}{0}$ 或 $\dfrac{\infty}{\infty}$ 型的未定式来计算,下面举例说明.

例 3-15 求 $\lim\limits_{x\to0^+}x\cdot\ln x$.

解 $\lim\limits_{x\to0^+}x\cdot\ln x=\lim\limits_{x\to0^+}\dfrac{\ln x}{\dfrac{1}{x}}=\lim\limits_{x\to0^+}\dfrac{\dfrac{1}{x}}{-\dfrac{1}{x^2}}=\lim\limits_{x\to0^+}(-x)=0.$

例 3-16 求 $\lim\limits_{x\to0}\left(\dfrac{1}{x}-\dfrac{1}{e^x-1}\right)$.

解
$$\begin{aligned}\lim_{x\to0}\left(\frac{1}{x}-\frac{1}{e^x-1}\right)&=\lim_{x\to0}\frac{e^x-1-x}{x(e^x-1)}=\lim_{x\to0}\frac{e^x-1}{xe^x+e^x-1}\\&=\lim_{x\to0}\frac{e^x}{xe^x+2e^x}=\lim_{x\to0}\frac{1}{x+2}=\frac{1}{2}.\end{aligned}$$

例 3-17 求 $\lim\limits_{x\to\frac{\pi}{2}}(\sec x-\tan x)$.

解 $\lim\limits_{x\to\frac{\pi}{2}}(\sec x-\tan x)=\lim\limits_{x\to\frac{\pi}{2}}\left(\dfrac{1}{\cos x}-\dfrac{\sin x}{\cos x}\right)$

$$=\lim_{x\to\frac{\pi}{2}}\frac{1-\sin x}{\cos x}=\lim_{x\to\frac{\pi}{2}}\frac{-\cos x}{-\sin x}=0.$$

洛必达法则是求未定式的一种方法，当定理条件满足时，所求的极限当然存在（或为∞），但当定理条件不满足时，所求的极限却不一定不存在，即当$\lim\limits_{x\to a}\frac{f'(x)}{g'(x)}$不存在时，$\lim\limits_{x\to a}\frac{f(x)}{g(x)}$仍可能存在.

如求$\lim\limits_{x\to+\infty}\frac{x+\cos x}{x}$，不能用洛必达法则，但该极限却是存在的，

$$\lim_{x\to+\infty}\frac{x+\cos x}{x}=\lim_{x\to+\infty}\left(1+\frac{\cos x}{x}\right)=1+\lim_{x\to+\infty}\frac{\cos x}{x}=1.$$

最后，需要指出，洛必达法则是求未定式的一种有效方法，但是最好能与其他求极限的方法（等价无穷小代替、重要极限）结合使用，可以使运算更简捷.

例 3-18 求$\lim\limits_{x\to 0}\frac{\tan x-x}{x\sin x^2}$.

解 如果直接用洛必达法则，那么分母的导数（尤其是高阶导数）较烦琐. 如果使用等价无穷小代替，$\sin x^2\sim x^2$，$\tan^2 x\sim x^2$，那么运算就方便很多. 具体计算过程如下：

$$\lim_{x\to 0}\frac{\tan x-x}{x\sin x^2}=\lim_{x\to 0}\frac{\tan x-x}{x\cdot x^2}=\lim_{x\to 0}\frac{\sec^2 x-1}{3x^2}$$

$$=\lim_{x\to 0}\frac{\tan^2 x}{3x^2}=\lim_{x\to 0}\frac{x^2}{3x^2}=\frac{1}{3}.$$

3.3 函数的单调性与曲线的凹凸性

3.3.1 函数的单调性

定理 1 设函数 $y=f(x)$在闭区间$[a,b]$上连续，在开区间(a,b)内可导，

(1) 若在(a,b)内 $f'(x)>0$，则函数 $f(x)$在$[a,b]$上单调增加；

(2) 若在(a,b)内 $f'(x)<0$，则函数 $f(x)$在$[a,b]$上单调减少.

证明 设在(a,b)内 $f'(x)>0$，则对任意的 $x_1,x_2\in(a,b)$，当 $x_1<x_2$ 时，由拉格朗日中值定理，有 $\xi\in(a,b)$，满足

$$f(x_2)-f(x_1)=f'(\xi)(x_2-x_1),$$

因为

$$x_2-x_1>0,$$

所以

$$f'(\xi)>0, f(x_2)-f(x_1)>0,$$

即

$$f(x_1)<f(x_2).$$

因此，函数 $y=f(x)$在(a,b)内单调增加.

同理可证 $f'(x)<0$ 时，函数 $y=f(x)$在(a,b)上单调减少.

需要指出的是，这个定理只是判定函数单调性的充分条件，而不是必要条件，当函数

$f(x)$的导数 $f'(x)$在(a,b)内，除了在个别点处为零外均为正值(或负值)时，函数 $f(x)$在这个区间内仍是单调增加(或减少)的. 如在区间$(-\infty,+\infty)$内，函数 $f(x)=x^3$ 的导数 $f'(x)=3x^2$ 在点 $x=0$ 处为零，除此之外 $f'(x)$均为正值，因而函数 $f(x)=x^3$ 在$(-\infty,+\infty)$内是单调增加的.

把这个定理中的闭区间换成其他各种区间(包括无穷区间)，结论也成立.

例 3-19　判定函数 $y=x-\sin x$ 在$[0,2\pi]$上的单调性.

解　在$(0,2\pi)$内，$y'=1-\cos x>0$，
所以函数 $y=x-\sin x$ 在$[0,2\pi]$上单调增加.

例 3-20　讨论函数 $y=e^x-x-1$ 的单调性.

解　函数 $y=e^x-x-1$ 的定义域为$(-\infty,+\infty)$，而 $y'=e^x-1$.

在$(-\infty,0)$内，$y'<0$，因此 $y=e^x-x-1$ 在$(-\infty,0]$上单调减小；

在$(0,+\infty)$内，$y'>0$，因此 $y=e^x-x-1$ 在$[0,+\infty)$上单调增加.

例 3-21　求函数 $f(x)=2x^3-9x^2+12x-3$ 的单调区间.

解　函数 $f(x)$的定义域为$(-\infty,+\infty)$.

$f'(x)=6x^2-18x+12=6(x-1)(x-2)$，令 $f'(x)=0$，可得驻点 $x=1,x=2$.

当 $x\in(-\infty,1)\cup(2,+\infty)$时，$f'(x)>0$，因此，函数 $f(x)$的单调递增区间为$(-\infty,1]$和$[2,+\infty)$；

当 $x\in(1,2)$时，$f'(x)<0$，因此，函数 $f(x)$的单调递减区间为$[1,2]$.

例 3-22　证明：当 $x>0$ 时，$x-\dfrac{x^2}{2}<\ln(1+x)<x$.

证明　设 $f(x)=x-\ln(1+x)$，

当 $x>0$ 时，
$$f'(x)=1-\frac{1}{1+x}=\frac{x}{1+x}>0,$$
所以，$f(x)$在$(0,+\infty)$内是单调增加的，有 $f(x)>f(0)=0$，

因此，
$$x-\ln(1+x)>0,\text{即 } \ln(1+x)<x.$$

类似地，设 $g(x)=x-\dfrac{x^2}{2}-\ln(1+x)$，则当 $x>0$ 时，
$$g'(x)=1-x-\frac{1}{1+x}=\frac{-x^2}{1+x}<0.$$

$g(x)$在$(0,+\infty)$内是单调减小的，$g(x)<g(0)=0$，

所以
$$x-\frac{x^2}{2}-\ln(1+x)<0,\text{即 } \ln(1+x)>x-\frac{x^2}{2},$$

故当 $x>0$ 时，
$$x-\frac{x^2}{2}<\ln(1+x)<x.$$

利用函数的单调性证明不等式是最常用的方法之一.

3.3.2　曲线的凹凸性

前面研究了函数的单调性，为了较准确地描绘函数的图形，仅知道函数的单调性是不够的，如图 3-3 中有两条曲线，虽然它们都是上升的(单调增加的)，但图形却是不同的. 直观地

看，曲线 ACB 总在切线的下方，曲线是向上凸的，简称凸弧；曲线 ADB 总在切线的上方，曲线是向上凹的，简称凹弧. 曲线具有向上凹或向上凸的性质，通常称为曲线的凹凸性. 下面给出曲线凹凸性的定义.

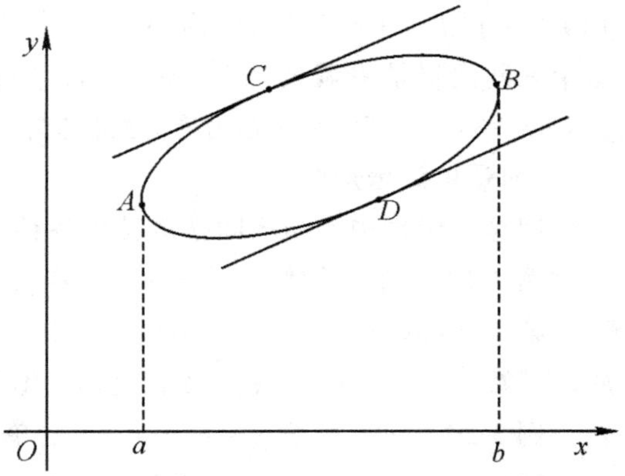

图 3-3

定义 1 设 $f(x)$ 是区间 (a,b) 内的可微函数，如果曲线 $y=f(x)$ 位于此曲线每一点切线的上（下）方，那么称曲线 $y=f(x)$ 在区间 (a,b) 内是凹（凸）的. 函数曲线凹凸部分的分界点称为曲线的拐点.

我们从几何上也可以看到，在凹曲线弧上，如果任取两点，那么连接这两点的弦总位于这两点间的弧段的上方；而在凸曲线弧上，则正好相反. 因此，曲线的凹凸性也可以用连接曲线弧上任意两点的弦的中点与曲线弧上相应点（即具有相同横坐标的点）的位置关系来描述. 下面从这个关系给出曲线凹凸性的定义.

定义 2 设 $f(x)$ 在区间 (a,b) 上连续，如果对 (a,b) 上任意两点 x_1,x_2，恒有

$$f\left(\frac{x_1+x_2}{2}\right)<\frac{f(x_1)+f(x_2)}{2},$$

那么称 $f(x)$ 在 (a,b) 上的图形是（向上）凹的（或凹弧）；如果恒有

$$f\left(\frac{x_1+x_2}{2}\right)>\frac{f(x_1)+f(x_2)}{2},$$

那么称 $f(x)$ 在 (a,b) 上的图形是（向上）凸的（或凸弧）.

直接用定义来判断曲线的凹凸性往往比较困难，我们有以下的定理.

定理 2 设函数 $y=f(x)$ 在闭区间 $[a,b]$ 上连续，在 (a,b) 内具有一阶和二阶导数，那么

(1) 在 (a,b) 内，若 $f''(x)>0$，则曲线 $y=f(x)$ 在 $[a,b]$ 上是凹的；

(2) 在 (a,b) 内，若 $f''(x)<0$，则曲线 $y=f(x)$ 在 $[a,b]$ 上是凸的；

(3) 当 x 经过点 x_0 时，$f''(x)$ 改变符号，则点 $(x_0,f(x_0))$ 是曲线 $y=f(x)$ 的拐点.

***证明** (1) 设 $x_0\neq x_1$ 为 (a,b) 内任两点（图 3-4），过点 $M(x_0,f(x_0))$ 的切线为 MT，Y 为 x_1 处的切线 MT 的纵坐标，只要证明 $y-Y>0$ 就行了.

切线 MT 的方程为 $Y-f(x_0)=f'(x_0)(X-x_0)$，MT 在 x_1 处的纵坐标为 $Y=f(x_0)+f'(x_0)(x_1-x_0)$，而 $y=f(x_1)$ 是曲线在 x_1 处的纵坐标，二者之差

$$\begin{aligned}y-Y&=f(x_1)-[f(x_0)+f'(x_0)(x_1-x_0)]\\&=f(x_1)-f(x_0)-f'(x_0)(x_1-x_0)\\&=f'(\xi_1)(x_1-x_0)-f'(x_0)(x_1-x_0)\\&=[f'(\xi_1)-f'(x_0)](x_1-x_0)\\&=f''(\xi)(\xi_1-x_0)(x_1-x_0).\end{aligned}$$

这里连续两次用了拉格朗日中值定理，其中 ξ_1 在 x_0 与 x_1 之间，ξ 在 ξ_1 与 x_0 之间，不难看出，不论 x_1 在 x_0 的左侧还是右侧，因子 $(\xi_1-x_0)(x_1-x_0)$ 总是大于零的，而 $f''(x)>0$，所以 $f''(\xi)>0$，故 $y-Y>0$，表明曲线在切线的上方，即曲线 $y=f(x)$ 在这个区间内是凹的.

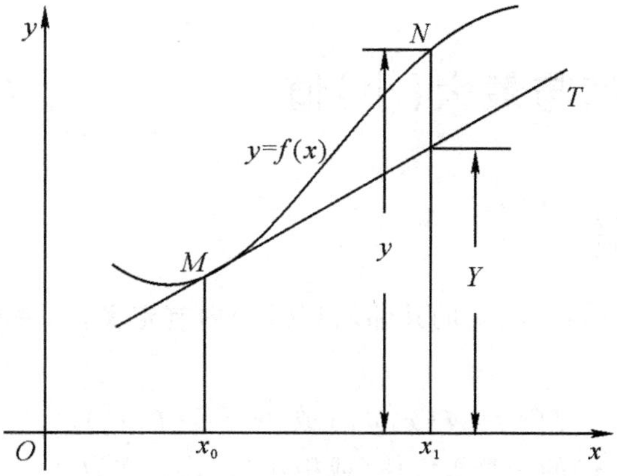

图 3-4

(2) 类似证明.

(3) 是显然的.

一般地,确定函数 $y=f(x)$的凹凸性及拐点的步骤如下:

(1) 确定函数 $y=f(x)$的定义域;

(2) 求出 $y=f(x)$的二阶导数 y'';

(3) 求出定义域内二阶导数为零及不存在的点;

(4) 利用上面求出的所有点把定义域分成几个子区间,在各子区间及分界点处根据定理 2 判断曲线 $y=f(x)$的凹凸性及拐点.

例 3-23　判断曲线 $y=x^4$ 的凹凸性.

解　由题可得,函数 $f(x)$的定义域为$(-\infty,+\infty)$,

$$y'=4x^3,y''=12x^2.$$

当 $x\neq0$ 时,$y''>0$;当 $x=0$ 时,$y''=0$.

故曲线 $y=x^4$ 在$(-\infty,+\infty)$内是向上凹的.

例 3-24　求函数 $f(x)=\frac{1}{3}x^3-x^2+\frac{1}{3}$的凹凸区间及拐点.

解　函数 $f(x)$的定义域为$(-\infty,+\infty)$,且 $f'(x)=x^2-2x$,$f''(x)=2x-2=2(x-1)$,所以 $f''(x)=0$ 的点为 $x=1$.

列表讨论如表 3-1 所示.

表 3-1

x	$(-\infty,1)$	1	$(1,+\infty)$
$f''(x)$	$-$	0	$+$
$f(x)$	凸	$\left(1,-\frac{1}{3}\right)$为拐点	凹

从而得知,$f(x)$在$(-\infty,1]$上是凸的,在$[1,+\infty)$上是凹的,即点$\left(1,-\frac{1}{3}\right)$是 $f(x)$的拐点.

3.4 函数的极值与最大(小)值

3.4.1 函数的极值

定义 1 设函数 $f(x)$在点 x_0 的某邻域$U(x_0)$内有定义，如果对于去心邻域$\mathring{U}(x_0)$内任一 x，有：

$$f(x)<f(x_0) \quad (\text{或 } f(x)>f(x_0)),$$

那么称 $f(x_0)$是函数 $f(x)$的一个极大值(或极小值)，x_0 称为 $f(x)$的一个极大值点(或极小值点).

函数的极大值与极小值统称为函数的极值，极大值点与极小值点统称为极值点. 显然，极值点是一个局部的概念，它只是与极值点邻近的所有点的函数值相比较而言，并不意味着它在函数的整个定义区间内最大或最小.

定理 1(必要条件) 设函数 $f(x)$在 x_0 处可导，且在 x_0 处取得极值，那么 $f'(x_0)=0$.

证明 略.

这个定理又称为费马定理. 它的几何意义是，当一条连续光滑(可导)的曲线 $y=f(x)$在点$(x_0,f(x_0))$处取得极值时，它在该点处的切线一定平行于 x 轴.

我们把满足 $f'(x)=0$ 的点称为函数 $f(x)$的驻点(或稳定点). 费马定理告诉我们，可导函数的极值点必定是它的驻点. 因此，要找可导函数的极值点，首先要从方程 $f'(x)=0$ 中求解 x 值，然后再去判别此 x 值是否为极值点.

注：(1) 定理 1 的逆命题是不成立的，即驻点不一定是极值点.

如函数 $y=x^3$ 在点 $x=0$ 处的导数为 0，因此 $x=0$ 是函数 $y=x^3$ 的驻点，但 $x=0$ 却不是它的极值点.

(2) 函数导数不存在的点也可能是函数的极值点.

如函数 $y=|x|$在 $x=0$ 点不可导，但是 $x=0$ 点却是函数$y=|x|$的极小值点. 也就是说，函数的极值点只有两类点：驻点和不可导点. 为了确定驻点和不可导点中的哪些是极值点，下面给出函数取得极值的充分条件.

定理 2(第一充分条件) 设函数 $f(x)$在点 x_0 处连续，在 x_0 的某去心邻域$\mathring{U}(x_0,\delta)$内可导.

(1) 若 $x\in(x_0-\delta,x_0)$时，$f'(x)>0$，而 $x\in(x_0,x_0+\delta)$时，$f'(x)<0$，则 $f(x)$在 x_0 处取得极大值；

(2) 若 $x\in(x_0-\delta,x_0)$时，$f'(x)<0$，而 $x\in(x_0,x_0+\delta)$时，$f'(x)>0$，则 $f(x)$在 x_0 处取得极小值；

(3) 若 $x\in\mathring{U}(x_0,\delta)$时，$f'(x)$的符号保持不变，则 $f(x)$在 x_0 处没有极值.

证明 (1) 根据函数单调性的判定法，函数 $f(x)$在$(x_0-\delta,x_0)$内单调增加，而在$(x_0,x_0+\delta)$内单调减少，又由于函数 $f(x)$在 x_0 处是连续的，故当 $x\in\mathring{U}(x_0,\delta)$时，总有 $f(x)<$

$f(x_0)$，所以 $f(x_0)$是 $f(x)$的一个极大值(图 3-5)．

类似地可论证情形(2)（图 3-6)及情形(3)（图 3-7、图 3-8)．

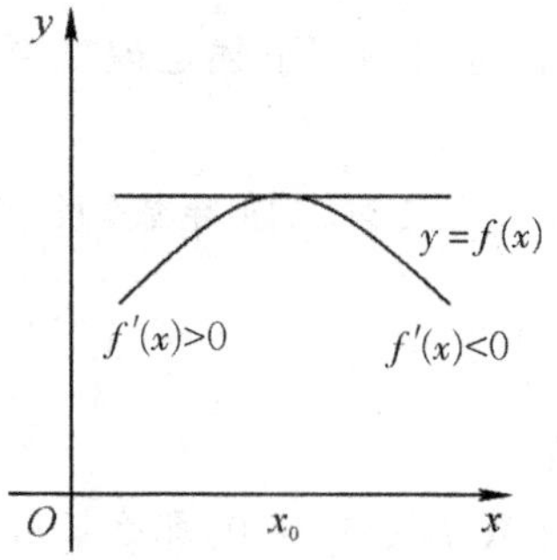

图 3-5

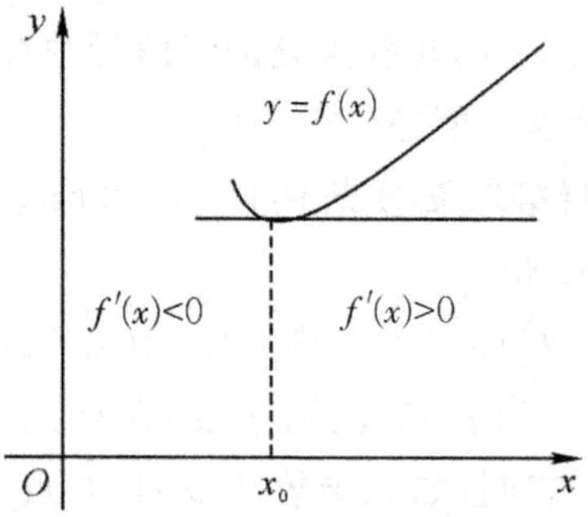

图 3-6

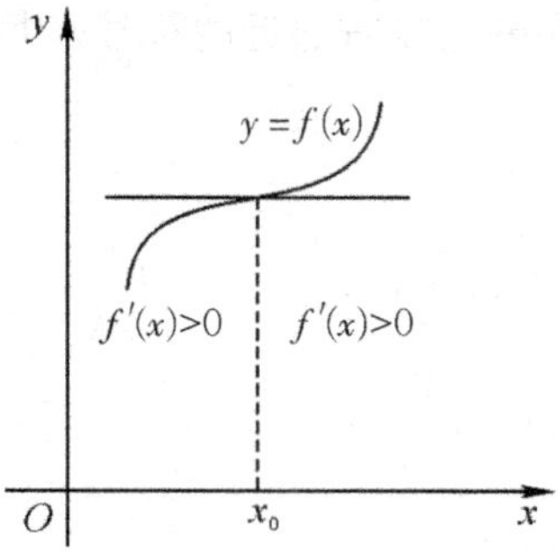

图 3-7

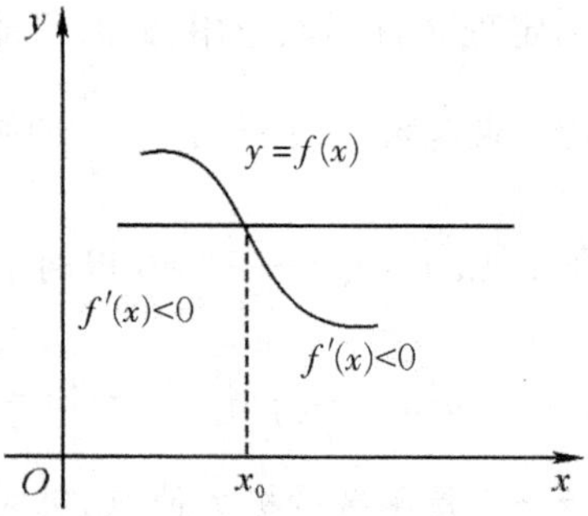

图 3-8

根据定理 1 和定理 2，如果函数 $f(x)$在所讨论的区间内连续，除个别点外处处可导，那么求 $f(x)$在该区间的极值点和相应极值的步骤是：

(1) 求出导数 $f'(x)$；

(2) 求出 $f(x)$的全部驻点与不可导点；

(3) 考察 $f'(x)$的符号在每个驻点或不可导点的左、右邻近的情形，以确定该点是否为极值点，如果是极值点，进一步确定是极大值点还是极小值点；

(4) 求出各极值点的函数值，得到函数 $f(x)$的全部极值点．

例 3-25　求函数 $f(x)=x^3\mathrm{e}^{-x}$ 的极值．

解　$f(x)$的定义域为$(-\infty,+\infty)$，$f'(x)=3x^2\mathrm{e}^{-x}-x^3\mathrm{e}^{-x}=x^2\mathrm{e}^{-x}(3-x)$，令 $f'(x)=0$，得驻点 $x_1=0$，$x_2=3$．

在$(-\infty,0)$内 $f'(x)>0$；在$(0,3)$内 $f'(x)>0$，故 $x_1=0$ 不是极值点；

在$(3,+\infty)$内 $f'(x)<0$，故 $x_2=3$ 是一个极大值点，极大值为 $f(3)=27\mathrm{e}^{-3}$．

例 3-26　求函数 $f(x)=(x-4)\sqrt[3]{(x+1)^2}$ 的极值．

解　$f(x)$在$(-\infty,+\infty)$内连续，除 $x=-1$ 外处处可导，且 $f'(x)=\dfrac{5(x-1)}{3\sqrt[3]{x+1}}$．

可知　$x=-1$ 为 $f(x)$的不可导点．

令 $f'(x)=0$，得驻点 $x=1$．

在$(-\infty,-1)$内，$f'(x)>0$；在$(-1,1)$内，$f'(x)<0$；在$(1,+\infty)$内，$f'(x)>0$．

故不可导点 $x=-1$ 是一个极大值点；$x=1$ 是一个极小值点.

极大值为 $f(-1)=0$；极小值为 $f(1)=-3\sqrt[3]{4}$.

当函数 $f(x)$ 在驻点处的二阶导数存在且不为零时，也可利用下述定理来判定 $f(x)$ 在驻点处取得极大值还是极小值.

定理 3(第二充分条件) 如果函数 $f(x)$ 在点 x_0 处具有二阶导数，且 $f'(x_0)=0$，$f''(x_0)\neq 0$，那么

(1) 若 $f''(x_0)<0$，则 $f(x)$ 在点 x_0 处取得极大值；

(2) 若 $f''(x_0)>0$，则 $f(x)$ 在点 x_0 处取得极小值.

定理 3 表明，如果函数 $f(x)$ 在驻点 x_0 处的二阶导数 $f''(x_0)\neq 0$，那么该驻点 x_0 一定是极值点，并且可以按二阶导数 $f''(x_0)$ 的符号来判定 $f(x_0)$ 是极大值还是极小值. 但如果 $f''(x_0)=0$，定理 3 就不能应用，此时只能用一阶导数在驻点左右邻近的符号来判定.

例 3-27 求函数 $f(x)=x^3+\dfrac{3}{x}$ 的极值点和极值.

解 令 $f'(x)=3x^2-\dfrac{3}{x^2}=0$ 得两个驻点：$x_1=-1$，$x_2=1$.

由 $f''(x)=6\left(x+\dfrac{1}{x^3}\right)$ 得 $f''(-1)=-12<0$，$f''(1)=12>0$.

则 $x_1=-1$ 是函数的极大值点，极大值为 $f(-1)=-4$；

$x_2=1$ 是函数的极小值点，极小值为 $f(1)=4$.

例 3-28 求函数 $f(x)=e^{-x^2}$ 的极大值.

解 $f'(x)=-2xe^{-x^2}$，令 $f'(x)=0$ 得驻点 $x=0$，

$$f''(x)=2e^{-x^2}(2x^2-1),\ f''(0)=-2<0,$$

故 $f(0)=1$ 为极大值.

3.4.2 函数的最大值和最小值

在生产、工程技术及科学实验中，常常会遇到这样一类问题，在一定条件下，怎样使“产品最多”“成本最少”“效率最高”“用料最省”和“面积最大”的问题，这类问题在数学上可归结为某一函数的最大值或最小值问题.

由闭区间上连续函数的性质可知，连续函数在闭区间上一定存在最大值与最小值. 如果函数 $f(x)$ 的最大值(或最小值)在它所讨论的区间内部取得，那么此最大值(或最小值)一定是函数极值；然而函数的最大值(或最小值)也可能在区间的端点处取得. 因此，可按下列步骤来求函数 $f(x)$ 在闭区间 $[a,b]$ 上的最大值和最小值.

(1) 求出函数 $f(x)$ 在 (a,b) 内 $f'(x)=0$ 的点和 $f'(x)$ 不存在的点的函数值；

(2) 求函数 $f(x)$ 在区间 $[a,b]$ 端点处的函数值 $f(a)$ 和 $f(b)$；

(3) 找出以上函数值中的最大值和最小值.

例 3-29 求函数 $f(x)=(x-1)(x-2)^2$ 在 $[0,3]$ 上的最大值和最小值.

解　令 $f'(x)=0$ 得 $f(x)$在$(0,3)$内的驻点：$x_1=\frac{4}{3}$，$x_2=2$.

计算函数值 $f\left(\frac{4}{3}\right)=\frac{4}{27}$，$f(2)=0$，$f(0)=-4$，$f(3)=2$.

因此，$f(x)$在 $[0,3]$ 上的最大值 $f(3)=2$，最小值 $f(0)=-4$.

例 3-30　求函数 $f(x)=(x-1)\sqrt[3]{x^2}$ 在$[-1,1]$上的最大值和最小值.

解　由于函数 $f(x)=(x-1)\sqrt[3]{x^2}$ 在闭区间$[-1,1]$上连续，所以 $f(x)$ 在闭区间$[-1,1]$上有最大值和最小值.

又 $f'(x)=\frac{5x-2}{3\sqrt[3]{x}}$在$(-1,1)$的驻点为$\frac{2}{5}$，不可导点为 0，

$f(-1)=-2$，$f(1)=0$，$f(0)=0$，$f\left(\frac{2}{5}\right)=-\frac{3}{5}\sqrt[3]{\frac{4}{25}}$.

故函数 $f(x)$的最大值为 $f(1)=f(0)=0$，最小值为 $f(-1)=-2$.

3.4.3　实际应用问题举例

为了探讨导数的具体应用，下面从几何学、医学和经济学等方面举例进行说明.

1. 几何应用问题

在解决实际问题时，有时根据问题的具体情况，知道可导函数 $f(x)$在 $[a,b]$或$[a,+\infty)$内确有最大值(或最小值)，而驻点只有一个，那么该驻点的值一定是函数 $f(x)$的最大值(或最小值).

例 3-31　用铁皮做一个容积为 V 的带盖圆柱形牛奶筒，问底半径为何值时用料最省？

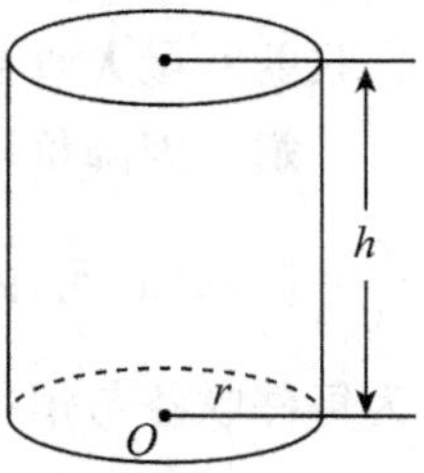

图 3-9

解　设所做圆柱形牛奶筒的表面积为 S，底圆半径为 r，高为 h(图 3-9).

建立面积 S 与底圆半径 r 之间的函数关系.

因为顶圆与底面积之和为 $2\pi r^2$，侧面积为 $2\pi rh$，所以

$$S=S(r)=2\pi r^2+2\pi rh.$$

由 $V=\pi r^2h$ 得 $h=\frac{V}{\pi r^2}$，代入上式得

$$S(r)=2\pi r^2+\frac{2V}{r},r\in(0,+\infty),$$

令 $S'(r)=4\pi r-\frac{2V}{r^2}=0$，解得 $r^3=\frac{V}{2\pi}$，

于是求得唯一驻点 $r=\sqrt[3]{\frac{V}{2\pi}}$，故底圆半径 $r=\sqrt[3]{\frac{V}{2\pi}}$时用料最省.

这样的半径与圆柱体的高有何关系？考察底面圆的直径与圆柱体高的比，考虑到 $r^3=\frac{V}{2\pi}$，有

$$\frac{2r}{h}=\frac{2r}{\frac{V}{\pi r^2}}=\frac{2\pi r^3}{V}=\frac{2\pi}{V}\cdot\frac{V}{2\pi}=1,$$

可见底圆直径与圆柱体高相等时用料最省.

2. 医学应用问题

例 3-32 按 1mg/kg 的比率给小鼠注射磺胺药物后，小鼠血液中磺胺药物的浓度可用下面的方程表示

$$y=f(t)=-0.77t^2+2.59t-1.06,$$

其中 y 表示小鼠血液中磺胺药物的浓度(g/100 L)，t 表示注射后经历的时间(min). 问 t 为何值时，小鼠血液中磺胺药物的浓度 y 达到最大值？

解 $f'(t)=-1.54t+2.59$，

令 $f'(t)=0$，得

$$t=1.682(\text{min}),f(1.682)=1.118(\text{g}/100\ \text{L}),$$

即给小鼠注射磺胺药物后，当 $t=1.682$(min)时，小鼠血液中磺胺药物的浓度达到最大值 $f(1.682)=1.118$(g/100 L).

3. 经济应用问题

下面将讨论一些常用的经济模型，虽然对问题进行了很多简化，但这些解法都提供了处理较复杂的实际问题的有效方法.

例 3-33 商店按批发价每件 6 元买进一批商品进行零售，若零售价每件定为 7 元，可卖出 100 件，若每件的零售价降低 0.1 元可多卖出 50 件. 问商店应买进多少件时，才可获得最大收益？最大收益是多少？

解 因降价可多卖出 x 件，收益为 R. 依题意，卖出的件数为 $100+x$，每件降价为 $0.1\times\frac{x}{50}=0.002x$ 元，因而每件售价为 $7-0.002x$ 元，每件收益为 $1-0.002x$ 元，于是，收益函数为每件收益与销售件数的乘积，即

$$R=R(x)=(1-0.002x)(100+x)=-0.002x^2+0.8x+100.$$

由 $R'(x)=-0.004x+0.8=0$ 得 $x=200$.

又 $R''(x)=-0.004<0$，所以当多卖出 200 件时，收益最大.

最大收益为 $R(200)=-0.002\times(200)^2+0.8\times200+100=180$(元).

由此可知，商店应进货件数为 $100+200=300$(件).

例 3-34 公司规定：对于不大于 150 件的订购合同，每件售价为 200 元；对于多于 150 件的订购合同，每超过一件，则每件售价比原来减少 1 元. 试问订购多少件的合同将会使公司的收益最大？

解 x 表示销售的件数，R 表示公司的收益，则 $R=$每件的售价×销售的件数.

当 $x>150$ 时，$R=[200-(x-150)]x=350x-x^2$，

所以

$$R=\begin{cases}200x, & 0\leqslant x\leqslant150,\\350x-x^2, & x>150.\end{cases}$$

则 $R'=\begin{cases}200, & 0\leqslant x\leqslant 150,\\ 350-2x, & x>150,\end{cases}$ $R''=\begin{cases}0, & 0\leqslant x\leqslant 150,\\ -2, & x>150.\end{cases}$

令 $R'(x)=0$，则有 $x=175$，且有 $R''(x)=-2<0$，故在 $x=175$ 处有最大值，最大收益为 $R=350\times175-(175)^2=30\ 625$.

经济学家常把一个函数的导数叫作该函数的边际值，成本函数 $C(x)$ 的导数 $C'(x)$ 称为边际成本，收益函数 $R(x)$ 的导数 $R'(x)$ 称为边际收益，利润函数 $L(x)=R(x)-C(x)$ 的导数 $L'(x)$ 称为边际利润.

经济学基本原理：当边际收益等于边际成本时，利润才能最大. 由最大值的充分条件可知，当 $L''(x)<0$，即 $R''(x)<C''(x)$ 时，或者说，当边际收益的变化率小于边际成本变化率时，一定可取得最大利润.

例 3-35 快速食品店每月对汉堡的需求量 x 是由价格 $p(x)=\dfrac{60\ 000-x}{20\ 000}$ 确定的，又设生产 x 个汉堡的成本为

$$C(x)=5\ 000+0.56x\ (0\leqslant x\leqslant 50\ 000),$$

试问当产量是多少时，快速食品店才获得最大利润？

解 销售 x 个汉堡时，收益函数 $R(x)=x\cdot p(x)=\dfrac{60\ 000x-x^2}{20\ 000}$，所以利润函数

$$\begin{aligned}L(x)&=R(x)-C(x)\\&=\frac{60\ 000x-x^2}{20\ 000}-5\ 000-0.56x\\&=2.44x-\frac{x^2}{20\ 000}-5\ 000\quad(0\leqslant x\leqslant 50\ 000),\end{aligned}$$

所以 $L'(x)=2.44-\dfrac{x}{10\ 000}$，令 $L'(x)=0$，解得 $x=24\ 400$.

有 $L''(24\ 400)=-\dfrac{1}{10\ 000}<0$，且在 $[0,\ 50\ 000]$ 内只有一个驻点，因此，当 $x=24\ 400$ 时，$L(x)$ 取得最大值，即当产量为 24 400 个汉堡时，快速食品店可获得最大利润.

本章主要概念和知识点

本章主要介绍了罗尔定理、拉格朗日中值定理、柯西中值定理、洛必达法则、单调性、凹凸性、驻点、拐点、极值、最值.

熟悉罗尔定理和拉格朗日中值定理的条件和结论；罗尔中值定理是拉格朗日中值定理的特例，柯西中值定理是拉格朗日中值定理的推广.

使用洛必达法则求函数极限时应注意以下几点：

(1) 洛必达法则只适用于 $\dfrac{0}{0}$ 或 $\dfrac{\infty}{\infty}$ 两种未定式，其他如 $0\cdot\infty$，$\infty-\infty$，0^0，1^∞，∞^0 型的五种未定式需通过转换或变形才能使用.

(2) 务必弄清楚洛必达法则的因果关系：由 $\lim\dfrac{f'(x)}{g'(x)}=A$(或$\infty$)，可推出 $\lim\dfrac{f(x)}{g(x)}$.

(3) 若不能确定极限是否存在,或不能确定分子与分母的可导性,则不能用洛必达法则,需要借助其他方法.

(4) 在使用洛必达法则时,尽量结合等价无穷小和重要极限等进行简化运算.

求函数单调区间时,一定要求函数定义域,只有在定义域内讨论函数单调性才有意义.另外将定义域进行划分的点一般有驻点和不可导点.

判定曲线的凹凸性和拐点的方法为:

(1) 确定函数的定义域;

(2) 求出 $y=f(x)$ 的二阶导数 y'';

(3) 求出定义域内二阶导数为零及不存在的点;

(4) 利用上面求出的所有点把定义域分成几个子区间,在各子区间及分界点处根据定理 2 判断曲线 $y=f(x)$ 的凹凸性及拐点.

求函数极值的步骤:

(1) 求出导数 $f'(x)$;

(2) 求出 $f(x)$ 的全部驻点与不可导点;

(3) 考察 $f'(x)$ 的符号在每个驻点或不可导点的左、右邻近的情形,以确定该点是否为极值点;如果是极值点,进一步确定是极大值点还是极小值点;

(4) 求出各极值点的函数值,得到函数 $f(x)$ 的全部极值点.

求闭区间 $[a, b]$ 上连续函数 $f(x)$ 最值的步骤:

(1) 求出函数 $f(x)$ 在 (a,b) 内 $f'(x)=0$ 的点和 $f'(x)$ 不存在的点的函数值;

(2) 求函数 $f(x)$ 在区间 $[a,b]$ 端点处的函数值 $f(a)$ 和 $f(b)$;

(3) 找出以上函数值中的最大值和最小值.

求实际问题最值的步骤:

(1) 从实际问题出发,建立目标函数;

(2) 对目标函数在指定的区间内求导数 $f'(x)$,并求驻点、不可导点;

(3) 求目标函数极值,通过比较极值获得最值.(如果目标函数仅有一个驻点,实际中确实存在最值,可以断定该点即为最值点,进而求得最值.)

习题 3

1. 判断以下函数在指定区间上是否满足罗尔定理的条件,若满足条件,求出 ξ.

(1) $f(x)=(x-2)^2$, $[0,4]$;　　(2) $f(x)=\sin x$, $[0,2\pi]$;

(3) $f(x)=x^3$, $[-1,1]$.

2. 判断以下函数在指定区间上是否满足拉格朗日中值定理的条件,若满足条件,求出 ξ.

(1) $y=4x^3-5x^2+x-2$, $[0,1]$;　　(2) $y=\arctan x$, $[0,1]$.

3. 证明等式.

(1) $\arctan x+\arctan \dfrac{1}{x}=\dfrac{\pi}{2}, x>0$;　　(2) $\arctan x=\arcsin \dfrac{x}{\sqrt{1+x^2}}$.

4. 利用洛必达法则求下列函数的极限.

(1) $\lim\limits_{x\to 0}\dfrac{\ln(1+x)}{x}$；　(2) $\lim\limits_{x\to a}\dfrac{\sin x-\sin a}{x-a}$；

(3) $\lim\limits_{x\to 0}\dfrac{e^{x^2}-1}{\cos x-1}$；　(4) $\lim\limits_{x\to \frac{\pi}{2}}\dfrac{\tan x}{\tan 3x}$；

(5) $\lim\limits_{x\to\infty}x(e^{\frac{1}{x}}-1)$；　(6) $\lim\limits_{x\to\infty}\left(1+\dfrac{a}{x}\right)^{x}(a\neq 0)$；

(7) $\lim\limits_{x\to 1}\left(\dfrac{2}{x^2-1}-\dfrac{1}{x-1}\right)$；　(8) $\lim\limits_{x\to 0^+}x^x$.

5. 讨论下列函数的单调性.

(1) $f(x)=x-\ln(1+x)$；　(2) $f(x)=\dfrac{\sqrt{x}}{1+x}$；

(3) $f(x)=\arctan x-x$；　(4) $f(x)=\ln|x^2-1|$.

6. 求下列函数图形的拐点及凹凸区间.

(1) $y=x^3-5x^2+3x+5$；　(2) $y=xe^{-x}$.

7. 求下列函数的极值.

(1) $f(x)=x-\ln(1+x)$；

(2) $f(x)=2x^3-3x^2+1$；

(3) $f(x)=2x^3-6x^2-18x+10$；

(4) $f(x)=x^4-8x^3+22x^2-24x+20$；

(5) $f(x)=(2x-1)\cdot\sqrt[3]{(x-3)^2}$；

(6) $f(x)=\dfrac{6x}{x^2+1}$.

8. 求下列函数的最大值、最小值.

(1) $f(x)=2x^3-3x^2,-1\leqslant x\leqslant 4$；

(2) $f(x)=x^4-8x^2+2,-1\leqslant x\leqslant 3$；

(3) $f(x)=x+\sqrt{1-x},-5\leqslant x\leqslant 1$.

9. 把边长为 a 的正方形铁皮，四角各剪去一个大小相同的小正方形，然后把四边折起，做成一个无盖方盒，问剪掉的小正方形的边长为多大时，方盒的容积最大？

10. 把长为 l 的一块塑料布剪成相等的两块，靠墙围成一个门宽为 a 的矩形菜场，问每块塑料布怎样回折，才能使围成的场地面积最大？

11. 在某药物化学反应中，反应速度 $v(x)$ 与药物的浓度 x 的关系如下

$$v(x)=kx(x_0-x),$$

其中 x 是反应开始时药物的浓度，k 是反应速率常数. 问药物的浓度 x 为何值时，反应速度 $v(x)$ 达到最大值？

12. 某公司生产一种产品，一周成本为 $c(x)$ 元，其中固定成本为 20 元，每多生产一个单

位产品，成本增加 10 元，其中 x 为产量，又设商品的需求函数 $x=50-2p$，其中 p 为价格，试问当产量 x 为多少时，一周利润最大？

扫码做同步练习

第4章 不定积分

本章教学要求

(1)理解原函数和不定积分的概念,掌握不定积分的性质.

(2)掌握不定积分的基本公式.

(3)掌握不定积分的计算方法(直接积分法、换元积分法、分部积分法).

(4)会求一些简单的有理函数和简单的无理函数的积分.

在第2章中,我们学习了如何由已知函数求出其导数的问题,本章将讨论其逆问题,即已知函数的导数,如何求原来的函数,这种由导数或微分求原函数的逆运算即称为不定积分.本章首先给出原函数与不定积分的概念、性质,进而讨论求不定积分的两个基本方法——换元积分法与分部积分法.

4.1 不定积分的概念与性质

4.1.1 原函数与不定积分的概念

定义1 设函数 $F(x)$ 与 $f(x)$ 在区间 I 上有定义,如果对任意 $x\in I$,有 $F'(x)=f(x)$,那么称 $F(x)$ 为 $f(x)$ 在区间 I 上的一个原函数.

如在区间 $(-\infty,+\infty)$ 内,有 $(\sin x)'=\cos x$,所以 $\sin x$ 是 $\cos x$ 的一个原函数;在区间 $(-\infty,+\infty)$ 内,有 $(2x^3)'=6x^2$,所以 $2x^3$ 是 $6x^2$ 的一个原函数.

又如 $\left(\frac{1}{2}\sin 2x\right)'=\cos 2x$,$\left(\frac{1}{2}\sin 2x+3\right)'=\cos 2x$,所以在区间 $(-\infty,+\infty)$ 内 $\frac{1}{2}\sin 2x$ 与 $\frac{1}{2}\sin 2x+3$ 都是 $\cos 2x$ 的原函数.另外常数的导数为零,所以 $\frac{1}{2}\sin 2x+C$ 也是 $\cos 2x$ 的原函数(其中 C 为任意常数),由于 C 的任意性,可知 $\cos 2x$ 有无穷多个原函数.

一般地,若函数 $F(x)$ 是 $f(x)$ 的一个原函数,C 为任意常数,则 $F(x)+C$ 也是 $f(x)$ 的原函数,且 $f(x)$ 有无穷多个原函数.

求一个函数的原函数,对于某些函数来说,只要用求导公式就可以求出原函数,但对于有些函数就难以奏效,并且关于原函数,我们要问:一个函数具备什么样的条件,才存在原函数?关于这个问题,用以下定理来回答.

定理1 若函数 $f(x)$ 在区间 I 上连续,则 $f(x)$ 在区间 I 上存在原函数.

简单地说:连续函数一定有原函数.由于初等函数在其定义区间上是连续的,因此根据该定理知,初等函数在其定义区间上存在原函数.

定理 2 函数 $f(x)$ 的任意两个原函数之间相差一个常数.

证明 设 $F(x)$ 和 $G(x)$ 是 $f(x)$ 在区间 I 上的任意两个原函数,

即
$$F'(x)=f(x),\quad G'(x)=f(x),$$
$$[F(x)-G(x)]'=F'(x)-G'(x)=f(x)-f(x)=0.$$

由之前所学可知,在一个区间上导数恒为零的函数必为常数,所以
$$F(x)-G(x)=C.$$

定理 2 表明,任意两个原函数之间相差一个常数,因此当 C 为任意常数时,表达式 $F(x)+C$ 就可表示 $f(x)$ 的任意一个原函数.

定义 2 函数 $f(x)$ 在区间 I 上的全体原函数称为 $f(x)$ 的不定积分,记作
$$\int f(x)\mathrm{d}x,$$
其中 $\int$ 称为积分号,$f(x)$ 称为被积函数,$f(x)\mathrm{d}x$ 称为被积表达式,x 称为积分变量.

如果 $F(x)$ 为 $f(x)$ 的一个原函数,那么 $F(x)+C$ 就是 $f(x)$ 的不定积分,即
$$\int f(x)\mathrm{d}x=F(x)+C.$$

例 4-1 求 $\int x^2\mathrm{d}x$.

解 由于 $\left(\frac{1}{3}x^3\right)'=x^2$,所以 $\frac{1}{3}x^3$ 是 x^2 的一个原函数.因此
$$\int x^2\mathrm{d}x=\frac{x^3}{3}+C.$$

例 4-2 求 $\int\cos x\mathrm{d}x$.

解 由于 $(\sin x)'=\cos x$,所以 $\sin x$ 是 $\cos x$ 的一个原函数.因此
$$\int\cos x\mathrm{d}x=\sin x+C.$$

不定积分的几何意义:如果 $F(x)$ 为 $f(x)$ 的一个原函数,那么 $y=F(x)$ 的图形称为 $f(x)$ 的一条积分曲线,于是 $f(x)$ 的不定积分 $\int f(x)\mathrm{d}x=F(x)+C$ 在几何上表示:$f(x)$ 的某一条积分曲线 $y=F(x)$ 沿 y 轴方向上下平移所得到的所有积分曲线 $F(x)+C$ 组成的曲线族,而 $(F(x)+C)'=f(x)$ 表明,曲线族 $F(x)+C$ 的任意一条曲线在 x 处的切线斜率都等于 $f(x)$,显然在横坐标相同点处,积分曲线的切线互相平行(图 4-1).

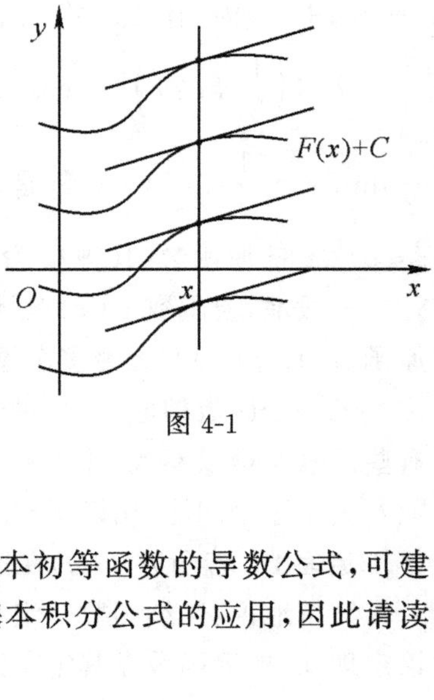

图 4-1

4.1.2 基本积分公式

积分是微分的逆运算,根据原函数的概念,利用第 2 章基本初等函数的导数公式,可建立如下基本积分公式.今后很多函数的积分都可划归为这些基本积分公式的应用,因此请读者务必熟记下列基本积分公式.

(1) $\int 0\mathrm{d}x = C$；

(2) $\int k\mathrm{d}x = kx + C$，特别$\int \mathrm{d}x = x + C$；

(3) $\int x^a \mathrm{d}x = \dfrac{x^{a+1}}{a+1} + C \quad (a \neq -1, x > 0)$；

(4) $\int \dfrac{1}{x}\mathrm{d}x = \ln|x| + C$；

(5) $\int a^x \mathrm{d}x = \dfrac{a^x}{\ln a} + C \quad (a > 0, a \neq 1)$；

(6) $\int \mathrm{e}^x \mathrm{d}x = \mathrm{e}^x + C$；

(7) $\int \sin x\mathrm{d}x = -\cos x + C$；

(8) $\int \cos x\mathrm{d}x = \sin x + C$；

(9) $\int \sec^2 x\mathrm{d}x = \int \dfrac{1}{\cos^2 x}\mathrm{d}x = \tan x + C$；

(10) $\int \csc^2 x \mathrm{d}x = \int \dfrac{1}{\sin^2 x}\mathrm{d}x = -\cot x + C$；

(11) $\int \sec x\tan x\mathrm{d}x = \sec x + C$；

(12) $\int \csc x\cot x\mathrm{d}x = -\csc x + C$；

(13) $\int \dfrac{1}{1+x^2}\mathrm{d}x = \arctan x + C = -\mathrm{arccot}\, x + C$；

(14) $\int \dfrac{1}{\sqrt{1-x^2}}\mathrm{d}x = \arcsin x + C = -\arccos x + C$.

4.1.3 不定积分的性质

性质1 不定积分的导数等于被积函数. 即

$$\left[\int f(x)\mathrm{d}x\right]' = f(x).$$

证明 设$F(x)$为$f(x)$的一个原函数，即$F'(x)=f(x)$，

由于不定积分
$$\int f(x)\mathrm{d}x = F(x) + C,$$

因此
$$\left[\int f(x)\mathrm{d}x\right]' = [F(x)+C]' = f(x).$$

如已知不定积分$\int f(x)\mathrm{d}x = \cos^2 x + C$，根据性质1可求出函数$f(x)$，即

$$f(x) = (\cos^2 x + C)' = -\sin 2x.$$

性质2 一个函数的导数的不定积分等于该函数与任意常数之和. 即

$$\int F'(x)\mathrm{d}x = F(x) + C.$$

相应的微分表达式为

$$\mathrm{d}\left[\int f(x)\mathrm{d}x\right] = f(x)\mathrm{d}x \quad 或 \quad \int \mathrm{d}F(x) = F(x) + C.$$

由此可见,微分运算与求不定积分的运算是互逆的,当积分号$\int$与微分号 d 连在一起,或者“抵消”,或者“抵消”后相差一个常数.

性质 3 设函数 $f(x)$的不定积分存在,k 为不等于零的常数,则

$$\int kf(x)\mathrm{d}x = k\int f(x)\mathrm{d}x \quad (k \neq 0).$$

性质 4 设函数 $f(x)$,$g(x)$的不定积分都存在,则

$$\int [f(x) \pm g(x)]\mathrm{d}x = \int f(x)\mathrm{d}x \pm \int g(x)\mathrm{d}x.$$

性质 3 与性质 4 称为不定积分的线性性质.

根据不定积分的线性性质和基本积分公式,可求一些简单函数的不定积分.

例 4-3 求$\int (\mathrm{e}^x - 3\cos x + x^2\sqrt{x})\mathrm{d}x$.

解
$$\begin{aligned}\int (\mathrm{e}^x - 3\cos x + x^2\sqrt{x})\mathrm{d}x &= \int \mathrm{e}^x\mathrm{d}x - 3\int \cos x\mathrm{d}x + \int x^2\sqrt{x}\mathrm{d}x \\ &= \mathrm{e}^x - 3\sin x + \int x^{\frac{5}{2}}\mathrm{d}x \\ &= \mathrm{e}^x - 3\sin x + \frac{2}{7}x^{\frac{7}{2}} + C.\end{aligned}$$

注:(1) 遇到几个积分的和,只需最后写出一个常数 C.

(2) 检验积分结果是否正确,只要看积分结果的导数是否与被积函数相等.

在积分的过程中,有时我们可以先利用一些代数或三角恒等式对所求积分的被积函数进行恒等变形,然后再利用基本积分公式求积分.

例 4-4 求$\int \frac{x^2}{1+x^2}\mathrm{d}x$.

解
$$\begin{aligned}\int \frac{x^2}{1+x^2}\mathrm{d}x &= \int \frac{x^2+1-1}{1+x^2}\mathrm{d}x = \int\left(1 - \frac{1}{1+x^2}\right)\mathrm{d}x \\ &= \int 1\mathrm{d}x - \int \frac{1}{1+x^2}\mathrm{d}x = x - \arctan x + C.\end{aligned}$$

例 4-5 求$\int \frac{1}{\sin^2 x\cos^2 x}\mathrm{d}x$.

解
$$\begin{aligned}\int \frac{1}{\sin^2 x\cos^2 x}\mathrm{d}x &= \int \frac{\sin^2 x + \cos^2 x}{\sin^2 x\cos^2 x}\mathrm{d}x \\ &= \int \frac{1}{\cos^2 x}\mathrm{d}x + \int \frac{1}{\sin^2 x}\mathrm{d}x = \tan x - \cot x + C.\end{aligned}$$

例 4-6 求$\int \sin^2 \frac{x}{2}\mathrm{d}x$.

解 $\int \sin^2 \frac{x}{2} dx = \int \frac{1-\cos x}{2} dx$

$$= \frac{1}{2}\left(\int dx - \int \cos x\, dx\right) = \frac{1}{2}(x - \sin x) + C.$$

以上例题的计算主要由不定积分的线性性质和基本积分公式来完成，有时需要通过适当的恒等变形，将其转化成若干个可直接利用基本积分公式的形式来进行求解. 这种求不定积分的方法称为直接积分法，但对于一些形式较为复杂的不定积分的计算，直接积分法有很大的局限性，因此需要进一步引入计算不定积分的方法.

4.2 换元积分法与分部积分法

当不能直接利用基本积分公式求不定积分时，我们可对被积表达式进行适当的变量代换后，间接利用基本积分公式，这种求不定积分的方法称为换元积分法，换元积分法又可分成第一换元积分法和第二换元积分法.

4.2.1 第一换元积分法(凑微分法)

先看一个引例.

求$\int e^{2x}\, dx$.

基本积分公式中有$\int e^u du = e^u + C$，要求被积函数的自变量与积分变量必须完全相同. 而本例无法直接使用该基本积分公式，于是原不定积分变形为

$$\int e^{2x}\, dx = \int e^{2x} \frac{1}{2}(2x)' dx = \frac{1}{2}\int e^{2x} d(2x).$$

作变量代换令 $u=2x$，则原不定积分可化为对积分变量 u 的积分形式：

$$\int e^{2x}\, dx = \frac{1}{2}\int e^{2x} d(2x) = \frac{1}{2}\int e^u\, du = \frac{1}{2}e^u + C \overset{u=2x}{=} \frac{1}{2}e^{2x} + C.$$

一般地，若$\int f(u) du = F(u) + C$，且 $u=\varphi(x)$ 为 x 的任一可导函数，则

$$\int f[\varphi(x)]\varphi'(x) dx = \int f[\varphi(x)] d\varphi(x) \overset{\varphi(x)=u}{=} \int f(u) du$$

$$= F(u) + C \overset{u=\varphi(x)}{=} F[\varphi(x)] + C.$$

我们把这样的积分方法称为第一换元积分法或凑微分法.

例 4-7 求$\int 2\cos 2x\, dx$.

解 $\int 2\cos 2x\, dx = \int \cos 2x \cdot 2dx = \int \cos 2x \cdot (2x)' dx$,

$$= \int \cos 2x\, d(2x),$$

作变换 $u=2x$，即得

$$\int 2\cos 2x\,dx=\int\cos 2x\,d(2x)=\int\cos u\,du=\sin u+C=\sin 2x+C.$$

一般在对变量代换比较熟练以后，就可以不写出中间变量 u.

$$\int 2\cos 2x\,dx=\int\cos 2x\cdot 2dx=\int\cos 2x\cdot(2x)'dx$$

$$=\int\cos 2x\,d(2x)=\sin 2x+C.$$

另外在凑微分法中，以下的几个凑微分形式是常见的，请读者熟记.

(1) $\frac{1}{x^2}dx=-d\left(\frac{1}{x}\right)$；　(2) $\frac{1}{x}dx=d\ln x$；

(3) $dx=\frac{1}{a}d(ax+b)$；　(4) $x\,dx=\frac{1}{2}dx^2$；

(5) $\frac{1}{\sqrt{x}}dx=2d(\sqrt{x})$；　(6) $e^x\,dx=d(e^x)$；

(7) $\cos x\,dx=d(\sin x)$；　(8) $\sin x\,dx=-d(\cos x)$；

(9) $\frac{1}{1+x^2}dx=d(\arctan x)$；　(10) $\frac{1}{\sqrt{1-x^2}}dx=d(\arcsin x)$.

例 4-8　求 $\int\tan x\,dx$.

解　$\int\tan x\,dx=\int\frac{\sin x}{\cos x}dx=-\int\frac{1}{\cos x}\,d(\cos x)=-\ln|\cos x|+C.$

类似可求 $\int\cot x\,dx=\ln|\sin x|+C.$

例 4-9　求 $\int\frac{1}{2x+3}dx$.

解　$\int\frac{1}{2x+3}dx=\int\frac{1}{2x+3}\cdot\frac{1}{2}(2x+3)'dx=\frac{1}{2}\int\frac{1}{2x+3}d(2x+3)$

$$=\frac{1}{2}\ln|2x+3|+C.$$

例 4-10　求 $\int\frac{1}{x^2+a^2}dx$　$(a\neq 0)$.

解　$\int\frac{1}{x^2+a^2}dx=\int\frac{1}{a^2\left(1+\frac{x^2}{a^2}\right)}dx=\frac{1}{a}\int\frac{1}{1+\left(\frac{x}{a}\right)^2}d\left(\frac{x}{a}\right)=\frac{1}{a}\arctan\frac{x}{a}+C.$

例 4-11　求 $\int\cos^3x\,dx$.

解　$\int\cos^3x\,dx=\int\cos^2x\cdot\cos x\,dx=\int(1-\sin^2x)d(\sin x)$

$$=\int d(\sin x)-\int\sin^2x\,d(\sin x)$$

$$=\sin x-\frac{1}{3}\sin^3x+C.$$

例 4-12 求$\int x\sqrt{1-x^2}\,dx$.

解 $\int x\sqrt{1-x^2}\,dx=\int\sqrt{1-x^2}\cdot\left(-\frac{1}{2}\right)(1-x^2)'dx$

$$=-\frac{1}{2}\int(1-x^2)^{\frac{1}{2}}d(1-x^2)=-\frac{1}{3}(1-x^2)^{\frac{3}{2}}+C.$$

前面介绍了常用的基本积分公式,现再列出几个以后经常会遇到的积分公式.

(1) $\int\tan x\,dx=-\ln|\cos x|+C$;

(2) $\int\cot x\,dx=\ln|\sin x|+C$;

(3) $\int\sec x\,dx=\ln|\sec x+\tan x|+C$;

(4) $\int\csc x\,dx=\ln|\csc x-\cot x|+C$;

(5) $\int\frac{1}{x^2+a^2}dx=\frac{1}{a}\arctan\frac{x}{a}+C$;

(6) $\int\frac{1}{\sqrt{a^2-x^2}}dx=\arcsin\frac{x}{a}+C$;

(7) $\int\frac{1}{x^2-a^2}dx=\frac{1}{2a}\ln\left|\frac{x-a}{x+a}\right|+C$.

例 4-13 求$\int\frac{dx}{x^2+2x+2}$.

解 $\int\frac{dx}{x^2+2x+2}=\int\frac{1}{(x+1)^2+1}dx=\int\frac{d(x+1)}{1+(x+1)^2}=\arctan(x+1)+C.$

由以上例题看到,利用第一换元积分法(凑微分法)求不定积分比利用复合函数求导法则求导数更困难,除熟练掌握基本积分公式外,还需要一定的解题技巧.

4.2.2 第二换元积分法

第一换元积分法是通过变量代换 $u=\varphi(x)$ 将积分 $\int f[\varphi(x)]\varphi'(x)dx$ 化为积分 $\int f(u)du$ 的形式,而第二换元积分法与第一换元积分法变量代换过程恰好相反.其主要的方法是选择适当的变量代换 $x=\psi(t)$($\psi(t)$是单调可导函数且 $\psi'(t)\neq0$)则有

$$\int f(x)dx=\int f[\psi(t)]\psi'(t)dt=F(t)+C=F[\psi^{-1}(x)]+C,$$

其中 $t=\psi^{-1}(x)$是 $x=\psi(t)$的反函数.

(1)三角代换.

当被积函数中含有因式$\sqrt{a^2-x^2}$,$\sqrt{x^2+a^2}$,$\sqrt{x^2-a^2}$一般采用三角代换,即分别用 $x=a\sin t$,$x=a\tan t$,$x=a\sec t$ 化去根式,但具体问题具体分析,应选取尽可能简捷的代换,也可根据具体问题选取其他函数作为变量代换,因此,换元积分法具有较大的灵活性.

例 4-14 求$\int\sqrt{a^2-x^2}\,\mathrm{d}x \quad (a>0)$.

解 令 $x=a\sin t,-\frac{\pi}{2}\leqslant t\leqslant\frac{\pi}{2}$. 则其反函数为 $t=\arcsin\frac{x}{a}$，

且 $\mathrm{d}x=a\cos t\,\mathrm{d}t,\sqrt{a^2-x^2}=a\cos t$，

$$\begin{aligned}\int\sqrt{a^2-x^2}\,\mathrm{d}x&=\int a^2\cos^2 t\,\mathrm{d}t=a^2\int\frac{1+\cos 2t}{2}\mathrm{d}t\\&=\frac{a^2}{4}\sin 2t+\frac{a^2}{2}t+C\\&=\frac{a^2}{2}(t+\sin t\cos t)+C.\end{aligned}$$

利用 $\sin t=\frac{x}{a}$ 构造直角三角形(图 4-2)，从中找出所需的三角函数关系.

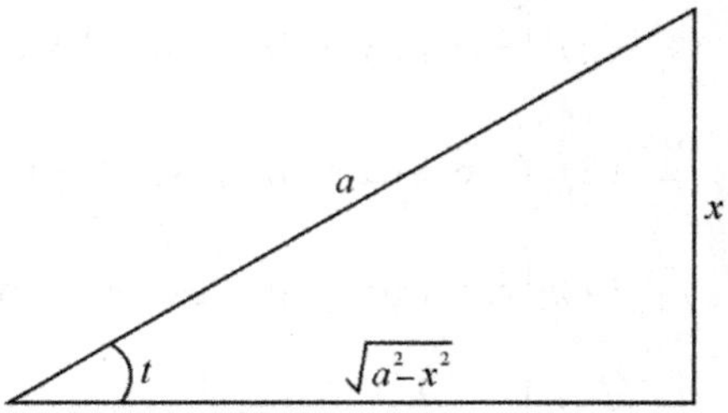

图 4-2

即 $t=\arcsin\frac{x}{a},\cos t=\frac{\sqrt{a^2-x^2}}{a}$ 代入上式得

$$\int\sqrt{a^2-x^2}\,\mathrm{d}x=\frac{x}{2}\sqrt{a^2-x^2}+\frac{a^2}{2}\arcsin\frac{x}{a}+C.$$

(2)根式代换.

当被积函数中含有简单根式 $\sqrt[n]{ax+b}$ 或 $\sqrt[n]{\frac{ax+b}{cx+d}}$，可以令这个根式为 u，从而化为有理函数的积分.

例 4-15 求$\int\frac{\sqrt{x-1}}{x}\mathrm{d}x$.

解 为去掉被积函数中的根式，令 $t=\sqrt{x-1}$，则 $x=t^2+1,\mathrm{d}x=2t\,\mathrm{d}t$. 于是

$$\begin{aligned}\int\frac{\sqrt{x-1}}{x}\mathrm{d}x&=\int\frac{2t^2}{1+t^2}\mathrm{d}t=2\int\frac{t^2+1-1}{1+t^2}\mathrm{d}t=2\int\mathrm{d}t-2\int\frac{1}{1+t^2}\mathrm{d}t\\&=2t-2\arctan t+C\\&=2\sqrt{x-1}-2\arctan\sqrt{x-1}+C.\end{aligned}$$

(3)倒代换.

一般来说，当分母最高次大于分子最高次时，可考虑采用倒代换，即令 $t=\frac{1}{x}$，倒代换也是一种常用的代换方法.

例 4-16 求$\int\frac{1}{x\sqrt{x^2-1}}\mathrm{d}x \quad (x>1)$.

解 令 $t=\frac{1}{x}(0<t<1)$，有 $x=\frac{1}{t}$，则 $\mathrm{d}x=-\frac{1}{t^2}\mathrm{d}t$，

$$\int\frac{1}{x\sqrt{x^2-1}}\mathrm{d}x=\int\frac{-\frac{1}{t^2}}{\frac{1}{t}\sqrt{\frac{1}{t^2}-1}}\mathrm{d}t=-\int\frac{\mathrm{d}t}{\sqrt{1-t^2}}=-\arcsin t+C$$

$$= -\arcsin\frac{1}{x}+C.$$

由例 4-16 可知，在不能直接利用基本积分公式的时候，我们可以对被积函数进行适当的变量代换后，再间接利用基本积分公式进行积分.

例 4-17 求$\int\frac{1}{x^2\sqrt{1+x^2}}\mathrm{d}x \quad (x>0)$.

解 方法一：凑微分法.

$$\int\frac{1}{x^2\sqrt{1+x^2}}\mathrm{d}x=\int\frac{\mathrm{d}x}{x^3\sqrt{\frac{1}{x^2}+1}}=-\frac{1}{2}\int\frac{\mathrm{d}\left(\frac{1}{x^2}\right)}{\sqrt{1+\frac{1}{x^2}}}$$

$$=-\frac{1}{2}\int\left(1+\frac{1}{x^2}\right)^{-\frac{1}{2}}\mathrm{d}\left(1+\frac{1}{x^2}\right)=-\frac{\sqrt{1+x^2}}{x}+C.$$

方法二：倒代换法.

令 $x=\frac{1}{t}(t>0)$，$\mathrm{d}x=-\frac{1}{t^2}\mathrm{d}t$，

$$\int\frac{1}{x^2\sqrt{1+x^2}}\mathrm{d}x=-\int\frac{t}{\sqrt{t^2+1}}\mathrm{d}t=-\frac{1}{2}\int(t^2+1)^{-\frac{1}{2}}\mathrm{d}(t^2+1)$$

$$=-\sqrt{t^2+1}+C=-\frac{\sqrt{1+x^2}}{x}+C.$$

方法三：三角代换法.

令 $x=\tan t$，$0<t<\frac{\pi}{2}$，

$$\int\frac{1}{x^2\sqrt{1+x^2}}\mathrm{d}x=\int\frac{\sec^2 t}{\tan^2 t\sec t}\mathrm{d}t=\int\frac{\cos t}{\sin^2 t}\mathrm{d}t=\int\frac{1}{\sin^2 t}\mathrm{d}(\sin t)=-\frac{1}{\sin t}+C.$$

利用 $\tan t=x$，构造直角三角形（图 4-3），从中找出所需的三角函数关系.

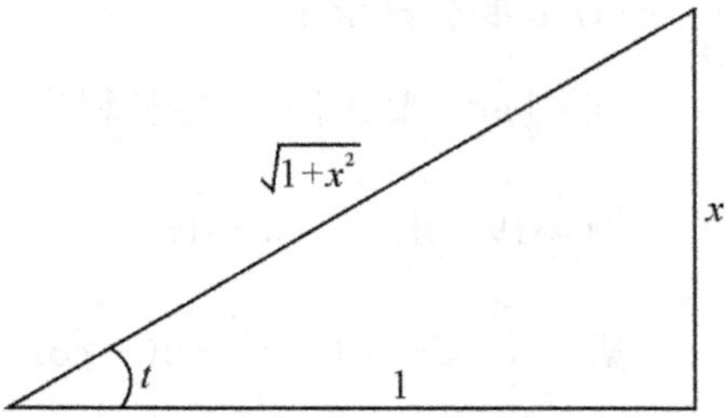

图 4-3

即 $\sin t=\frac{x}{\sqrt{1+x^2}}$，代入上式得

$$\int\frac{1}{x^2\sqrt{1+x^2}}\mathrm{d}x=-\frac{\sqrt{1+x^2}}{x}+C.$$

注：(1) 由例 4-17 我们可以发现在一个不定积分的求解过程中，变量代换的方法有时是不唯一的.

(2) 以上三种不同的解法，其最后结果是完全相同的；有些不定积分，不同方法的结果，从形式上看有所不同，但都只相差一个常数.

由以上例题看到，利用第二换元积分方法的关键是选择适当的变量代换 $x=\psi(t)$，而常用的变量代换方法除上述的三角代换、根式代换、倒代换外，还有指数函数代换、对数函数代换等方法.

4.2.3 分部积分法

换元积分方法解决了很多的积分计算，但是有些积分，如 $\int x\mathrm{e}^x\mathrm{d}x$，$\int \arctan x\mathrm{d}x$ 等，利用换元积分方法仍无法求解. 下面我们利用两个函数乘积的求导法则，来推得另一种积分方法——分部积分法.

设函数 $u(x)$，$v(x)$ 具有连续的导数，由两函数积的导数公式

$$(uv)'=u'v+uv',$$

移项得

$$uv'=(uv)'-u'v,$$

两边积分得

$$\int uv'\mathrm{d}x=uv-\int u'v\mathrm{d}x.$$

该公式称为分部积分公式，使用分部积分公式求不定积分，u 与 v 的不同选择是有效应用此公式的关键. 分部积分公式常简写为

$$\int u\mathrm{d}v=uv-\int v\mathrm{d}u.$$

例 4-18 求 $\int x\mathrm{e}^x\mathrm{d}x$.

解 选取 $u=x$，$\mathrm{d}v=\mathrm{e}^x\mathrm{d}x=\mathrm{d}(\mathrm{e}^x)$，

$$\int x\mathrm{e}^x\mathrm{d}x=\int x\mathrm{d}(\mathrm{e}^x)=x\mathrm{e}^x-\int \mathrm{e}^x\mathrm{d}x=x\mathrm{e}^x-\mathrm{e}^x+C.$$

需要注意的是，恰当地选择 u 和 $\mathrm{d}v$ 是应用分部积分法的关键.

若选取 $u=\mathrm{e}^x$，$\mathrm{d}v=x\mathrm{d}x=\mathrm{d}\left(\frac{x^2}{2}\right)$，则有

$\int x\mathrm{e}^x\mathrm{d}x=\int \mathrm{e}^x\mathrm{d}\left(\frac{x^2}{2}\right)=\frac{x^2}{2}\mathrm{e}^x-\int \frac{x^2}{2}\mathrm{e}^x\mathrm{d}x$，但 $\int \frac{x^2}{2}\mathrm{e}^x\mathrm{d}x$ 更不容易积分.

由此说明若 u 和 $\mathrm{d}v$ 选取不当，就不容易求出结果，选取 u 和 $\mathrm{d}v$ 一般要考虑两点：

(i) v 要容易求出；

(ii) $\int v\mathrm{d}u$ 要比 $\int u\mathrm{d}v$ 容易积出.

例 4-19 求 $\int x\sin x\mathrm{d}x$.

解

$$\begin{aligned}\int x\sin x\mathrm{d}x&=\int x\mathrm{d}(-\cos x)=-x\cos x+\int \cos x\mathrm{d}x\\&=-x\cos x+\sin x+C.\end{aligned}$$

分部积分法熟练之后，u 和 $\mathrm{d}v$ 选取过程可以不必写出.

例 4-20 求 $\int \arccos x\mathrm{d}x$.

解

$$\begin{aligned}\int \arccos x\mathrm{d}x&=x\arccos x+\int \frac{x}{\sqrt{1-x^2}}\mathrm{d}x\\&=x\arccos x-\frac{1}{2}\int \frac{1}{\sqrt{1-x^2}}\mathrm{d}(1-x^2)\end{aligned}$$

$$=x\arccos x-\sqrt{1-x^2}+C.$$

例 4-21 求$\int\sec^3 x\,dx$.

解 $\int\sec^3 x\,dx=\int\sec x\,d(\tan x)=\sec x\tan x-\int\tan^2 x\sec x\,dx$

$$=\sec x\tan x-\int\sec^3 x\,dx+\int\sec x\,dx.$$

由积分公式 $\int\sec x\,dx=\ln|\sec x+\tan x|+C$,

移项并化简得 $\int\sec^3 x\,dx=\frac{1}{2}\sec x\tan x+\frac{1}{2}\ln|\sec x+\tan x|+C.$

前面我们介绍了换元积分法,但有的不定积分的求解,要把几种方法综合运用,下面举例说明.

例 4-22 求$\int e^{\sqrt{x}}\,dx$.

解 先用根式代换,令 $t=\sqrt{x}$,则 $x=t^2$,$dx=2t\,dt$,

$$\int e^{\sqrt{x}}\,dx=2\int t e^t\,dt,$$

再用分部积分法,由例 4-18 的结论可得

$$\int e^{\sqrt{x}}\,dx=2\int t e^t\,dt=2(t-1)e^t+C=2e^{\sqrt{x}}(\sqrt{x}-1)+C.$$

*4.3 有理函数的积分简介

4.3.1 有理函数的积分

两个多项式的商$\frac{P_n(x)}{Q_m(x)}$称为有理函数,假定 $P_n(x)$与 $Q_m(x)$之间没有公因式.设 $P_n(x)$,$Q_m(x)$分别是 n 次和 m 次多项式函数,即

$$P_n(x)=a_0x^n+a_1x^{n-1}+\cdots+a_{n-1}x+a_n,$$
$$Q_m(x)=b_0x^m+b_1x^{m-1}+\cdots+b_{m-1}x+b_m,$$

其中 n,m 为正整数,当 $n<m$ 时,称有理函数为真分式,而当 $n\geqslant m$ 时,称有理函数为假分式.任何一个假分式都可用多项式的除法将其化为一个多项式与一个真分式之和.如

$$\frac{x^3}{x+3}=x^2-3x+9-\frac{27}{x+3}.$$

而对于真分式可将其化为部分分式的和.有理真分式一般可通过待定系数法化为部分分式之和.

例 4-23 用待定系数法将真分式$\frac{x+3}{x^2-5x+6}$化为部分分式之和.

解 令$\dfrac{x+3}{x^2-5x+6}=\dfrac{x+3}{(x-3)(x-2)}=\dfrac{A}{x-3}+\dfrac{B}{x-2}$ (其中 A,B 为待定系数)，

去分母得 $$x+3=A(x-2)+B(x-3),$$

即 $$x+3=(A+B)x+(-2A-3B),$$

比较两端对应项系数，得 $$A+B=1,-2A-3B=3,$$

解得 $$A=6,B=-5,$$

所以 $$\frac{x+3}{x^2-5x+6}=\frac{6}{x-3}-\frac{5}{x-2}.$$

例 4-24 求$\displaystyle\int\frac{x+3}{x^2-5x+6}\mathrm{d}x$.

解 根据例 4-23 结果知

$$\begin{aligned}\int\frac{x+3}{x^2-5x+6}\mathrm{d}x&=\int\left(\frac{6}{x-3}-\frac{5}{x-2}\right)\mathrm{d}x\\&=6\int\frac{1}{x-3}\mathrm{d}(x-3)-5\int\frac{1}{x-2}\mathrm{d}(x-2)\\&=6\ln|x-3|-5\ln|x-2|+C.\end{aligned}$$

例 4-25 求$\displaystyle\int\frac{x}{(x+2)(1+x^2)}\mathrm{d}x$.

解 令$\dfrac{x}{(x+2)(1+x^2)}=\dfrac{A}{x+2}+\dfrac{Bx+C}{1+x^2}$，由待定系数法得

$$A=-\frac{2}{5},B=\frac{2}{5},C=\frac{1}{5}.$$

$$\begin{aligned}\int\frac{x}{(x+2)(1+x^2)}\mathrm{d}x&=-\frac{2}{5}\int\frac{1}{x+2}\mathrm{d}x+\frac{1}{5}\int\frac{2x+1}{1+x^2}\mathrm{d}x\\&=-\frac{2}{5}\int\frac{1}{x+2}\mathrm{d}(x+2)+\frac{1}{5}\int\frac{1}{1+x^2}\mathrm{d}(1+x^2)+\frac{1}{5}\int\frac{1}{1+x^2}\mathrm{d}x\\&=-\frac{2}{5}\ln|x+2|+\frac{1}{5}\ln(1+x^2)+\frac{1}{5}\arctan x+C.\end{aligned}$$

例 4-26 求$\displaystyle\int\frac{x-1}{x^2+2x+2}\mathrm{d}x$

解 $$\begin{aligned}\int\frac{x-1}{x^2+2x+2}\mathrm{d}x&=\int\frac{x+1-2}{x^2+2x+2}\mathrm{d}x\\&=\int\frac{x+1}{x^2+2x+2}\mathrm{d}x-2\int\frac{1}{x^2+2x+2}\mathrm{d}x\\&=\frac{1}{2}\int\frac{1}{x^2+2x+2}\mathrm{d}(x^2+2x+2)-2\int\frac{1}{1+(x+1)^2}\mathrm{d}(x+1)\\&=\frac{1}{2}\ln(x^2+2x+2)-2\arctan(x+1)+C.\end{aligned}$$

4.3.2 简单无理函数的积分

通常用适当的变量代换把无理函数的不定积分转化为有理函数的不定积分，从而用有

理函数的积分方法进行计算.事实上,在第二换元积分方法中的根式代换就是计算无理函数不定积分的一种方法.

例 4-27 求$\int \frac{\sqrt{x+1}-1}{\sqrt{x+1}+1}\mathrm{d}x$.

解 为去掉被积函数中的根号,令 $t=\sqrt{x+1}$,则 $x=t^2-1$, $\mathrm{d}x=2t\mathrm{d}t$.于是

$$\int \frac{\sqrt{x+1}-1}{\sqrt{x+1}+1}\mathrm{d}x=2\int \frac{t^2-t}{t+1}\mathrm{d}x=2\int\left(t-2+\frac{2}{t+1}\right)\mathrm{d}t=t^2-4t+4\ln(t+1)+C$$

$$=x-4\sqrt{x+1}+4\ln(\sqrt{x+1}+1)+C.$$

本章对初等函数的几种积分方法做了系统的介绍,我们知道求不定积分的方法和过程较求导具有更大的灵活性,需要对导数与微分相当熟练,因此只有通过大量的习题训练,才能更好地掌握积分的方法.最后需要指出的是初等函数在其定义区间,它们的原函数一定存在,但是有的原函数虽然存在,却不能表示成初等函数.如不定积分$\int \frac{\mathrm{d}x}{\ln x}$,$\int \frac{\sin x}{x}\mathrm{d}x$,$\int \mathrm{e}^{-x^2}\mathrm{d}x$,$\int \cos x^2\mathrm{d}x$,$\int \frac{\mathrm{d}x}{\sqrt{1+x^4}}$等.当然随着计算机的广泛使用,也可以利用 Mathematica 软件进行一些积分的计算.

本章主要概念和知识点

本章主要介绍了原函数、不定积分、不定积分的性质、第一换元积分法(凑微分法)、第二换元积分法、分部积分法、有理函数.

设函数 $F(x)$与 $f(x)$在区间 I 上有定义,如果对任意 $x\in I$,有 $F'(x)=f(x)$,那么称 $F(x)$为 $f(x)$在区间 I 上的一个原函数.需要说明的是一个连续函数 $f(x)$一定存在原函数,$f(x)$的原函数不唯一,且任意两个原函数之间相差一个常数.函数 $f(x)$在区间 I 上的全体原函数 $F(x)+C$ 称为 $f(x)$的不定积分,记作$\int f(x)\mathrm{d}x=F(x)+C$,其中 C 为任意常数.原函数与不定积分有密切的关系,但又是两个不同的概念,不定积分本质上是原函数的一个集合.

不定积分的性质:

(1) $\left[\int f(x)\mathrm{d}x\right]'=f(x)$;

(2) $\int F'(x)\mathrm{d}x=F(x)+C$;

(3) $\int k\ f(x)\mathrm{d}x=k\int f(x)\mathrm{d}x \quad (k\neq 0)$;

(4) $\int [f(x)\pm g(x)]\mathrm{d}x=\int f(x)\mathrm{d}x\pm\int g(x)\mathrm{d}x$.

性质(1)(2) 说明求不定积分的运算与微分运算互为逆运算;性质(3)(4) 是不定积分的线性性质,在熟记不定积分基本公式的基础上,利用不定积分的线性性质,可以直接求一些简单的不定积分.

第一换元积分法也称为凑微分法，通过适当的变量代换，把原来积分化为关于新变量的积分，再利用基本积分公式求解不定积分，其主要思想是利用函数微分形式不变性的原理.

$$\int f[\varphi(x)]\varphi'(x)\mathrm{d}x=\int f[\varphi(x)]\mathrm{d}\varphi(x)=F(\varphi(x))+C.$$

第二换元积分法常用来解决被积函数中含有根式的问题，常用的方法有三角代换、根式代换、倒代换等，当然如果被积函数中含有指数函数或者对数函数，也可用指数函数代换、对数函数代换等方法求解.

$$\int f(x)\mathrm{d}x=\int f[\psi(t)]\psi'(t)\mathrm{d}t=F(t)+C=F[\psi^{-1}(x)]+C\text{，其中 } x=\psi(t).$$

分部积分法常用来求换元积分法无法解决的一些不定积分，被积函数中常见指数函数、对数函数、三角函数、反三角函数. 使用分部积分公式求不定积分，关键是合理选择 u、v.

分部积分公式为

$$\int uv'\mathrm{d}x=uv-\int u'v\mathrm{d}x \quad \text{或} \quad \int u\mathrm{d}v=uv-\int v\mathrm{d}u.$$

习题 4

1. 利用求导运算验证下列等式.

(1) $\int\frac{\mathrm{d}x}{x^2+2x+2}=\arctan(x+1)+C$;

(2) $\int x\cos x\,\mathrm{d}x=x\sin x+\cos x+C$;

(3) $\int\frac{1}{x^2\sqrt{1+x^2}}\mathrm{d}x=-\frac{\sqrt{1+x^2}}{x}+C$;

(4) $\int\cos^3 x\,\mathrm{d}x=\sin x-\frac{1}{3}\sin^3 x+C$.

2. 已知曲线 $y=f(x)$ 过点(1,2)，且曲线上任意一点处切线的斜率都为 x，求该曲线的方程.

3. 求下列不定积分.

(1) $\int\sqrt[3]{x}\,\mathrm{d}x$; (2) $\int(\sqrt{x}+1)(\sqrt{x^3}-1)\mathrm{d}x$;

(3) $\int\left(2^x+\frac{2}{x}\right)\mathrm{d}x$; (4) $\int\mathrm{e}^x\left(1-\frac{\mathrm{e}^{-x}}{\sqrt{x}}\right)\mathrm{d}x$;

(5) $\int\left(\frac{2}{1+x^2}-\frac{3}{\sqrt{1-x^2}}\right)\mathrm{d}x$; (6) $\int(2^x\mathrm{e}^x+\cos x)\mathrm{d}x$;

(7) $\int\sec x(\sec x-\tan x)\mathrm{d}x$; (8) $\int\frac{\cos 2x}{\sin x+\cos x}\mathrm{d}x$;

(9) $\int\tan^2 x\,\mathrm{d}x$; (10) $\int\frac{1}{1-\cos 2x}\mathrm{d}x$;

(11) $\int \cos^2 \frac{x}{2} dx$；　　(12) $\int \frac{(x-1)^2}{x} dx$；

(13) $\int \frac{x^2+x+1}{x(x^2+1)} dx$；　　(14) $\int \frac{x^4}{x^2+1} dx$.

4. 用第一类换元积分法求下列不定积分.

(1) $\int (1-x)^5 dx$；　　(2) $\int x \cos x^2 dx$；

(3) $\int \frac{x}{1+x^2} dx$；　　(4) $\int x e^{-x^2} dx$；

(5) $\int \frac{1}{\sqrt{x}(1+x)} dx$；　　(6) $\int \frac{1+\ln x}{x} dx$；

(7) $\int \sin x \cos x dx$；　　(8) $\int \tan x \sec^2 x dx$；

(9) $\int \frac{1}{x^2} \sin \frac{1}{x} dx$；　　(10) $\int \frac{\sin x + \cos x}{\sqrt[3]{\sin x - \cos x}} dx$；

(11) $\int \frac{1}{9+x^2} dx$；　　(12) $\int \frac{1}{\sqrt{16-x^2}} dx$；

(13) $\int \frac{1}{x^2-4} dx$；　　(14) $\int \frac{1}{x^2-2x+5} dx$；

(15) $\int f'(2x) dx$；　　(16) $\int \frac{1}{e^x+e^{-x}} dx$；

(17) $\int \frac{x+1}{\sqrt{1-x^2}} dx$；　　(18) $\int \frac{x+\sqrt{\arctan x}}{1+x^2} dx$.

5. 用第二类换元积分法求下列不定积分.

(1) $\int \frac{\sin \sqrt{x}}{\sqrt{x}} dx$；　　(2) $\int \frac{dx}{1+\sqrt{2x}}$；

(3) $\int \frac{1}{\sqrt{x}(1+\sqrt[3]{x})} dx$；　　(4) $\int \frac{1}{x\sqrt{x^2-1}} dx \quad (x>0)$；

(5) $\int \frac{1}{\sqrt{a^2+x^2}} dx \quad (a>0)$；　　(6) $\int \frac{1}{\sqrt{a^2-x^2}} dx \quad (a>0)$.

6. 用分部积分法求下列不定积分.

(1) $\int \ln x dx$；　　(2) $\int x \ln x dx$；

(3) $\int \arctan x dx$；　　(4) $\int e^x \sin x dx$；

(5) $\int x \cos x dx$；　　(6) $\int x^2 e^x dx$；

(7) $\int \sin(\ln x) dx$；　　(8) $\int e^x \left(\frac{1}{x} + \ln x\right) dx$.

*7. 求下列有理函数的不定积分.

(1) $\int \frac{2x+3}{x^2+3x-10}\mathrm{d}x$; (2) $\int \frac{x}{(x+1)(x+2)(x+3)}\mathrm{d}x$;

(3) $\int \frac{1}{(x-1)^2(x-2)}\mathrm{d}x$; (4) $\int \frac{1}{x(1+x^2)}\mathrm{d}x$;

(5) $\int \frac{x^3}{x+3}\mathrm{d}x$; (6) $\int \frac{1}{4-x^2}\mathrm{d}x$.

8. 证明函数 $\frac{1}{2}\sin^2 x$，$-\frac{1}{2}\cos^2 x$ 和 $-\frac{1}{4}\cos 2x$ 都是 $\sin x\cos x$ 的原函数.

扫码做同步练习

第 5 章　定积分及其应用

本章教学要求

(1)理解定积分的概念和几何意义,掌握定积分的性质.

(2)理解积分上限函数及其求导方法,熟练掌握牛顿-莱布尼茨公式.

(3)掌握定积分的换元积分法和分部积分法.

(4)了解无穷区间上的反常积分的概念,会计算一些简单的反常积分.

(5)掌握定积分的微元法,会用微元法解决一些实际问题,如求平面图形的面积、简单旋转体的体积等.

第 4 章我们介绍了积分学的第一个基本问题——不定积分,它是微分运算的逆运算.本章将讨论积分学的另一个基本问题——定积分问题,它是一种特殊的和式极限.不定积分与定积分既有区别,又有联系.自古以来,面积和体积的计算一直是数学家们感兴趣的课题,历史上曲边梯形面积的计算问题,曾引起人们的极大关注,由于实际生活中人们要测量河流的流量,需要知道河床的断面面积,而任何一个平面图形的面积又可看成曲边梯形的面积之和,这些均是定积分研究的雏形,直到 17 世纪,牛顿和莱布尼茨先后发现了积分与微分之间的内在联系,大大推动了积分学的发展,从而使定积分成为解决实际问题的有力工具.

5.1　定积分概念与性质

5.1.1　问题的提出

问题Ⅰ　曲边梯形的面积.

设函数 $y=f(x)$在闭区间$[a,b]$上连续,且 $f(x)\geqslant 0$.由曲线 $y=f(x)$,直线 $x=a$,$x=b$ 以及 x 轴所围成的平面图形称为 $y=f(x)$在$[a,b]$上的曲边梯形(图 5-1).

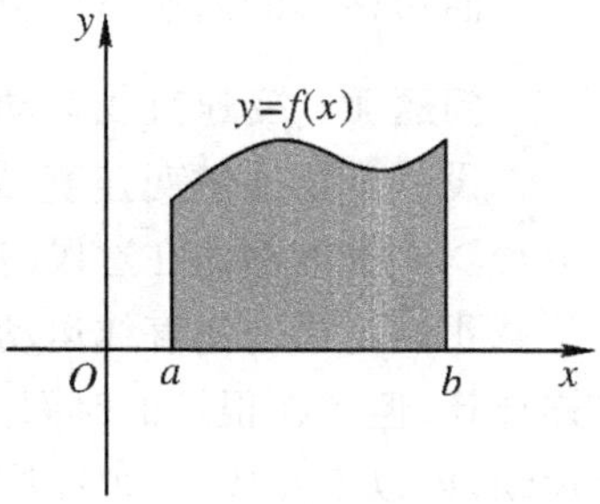

图 5-1

在初等数学中,计算圆的面积所用的方法是利用圆内接正多边形的面积作为圆面积的近似值,边数增加越多,所得面积的近似程度就越高,这种将边数逐渐增加来逼近圆的面积的“穷竭法”即是极限思想方法的体现.现在我们也用这种极限的思想方法来讨论曲边梯形的面积.

计算曲边梯形的面积的步骤:

1. 分割(大化小)

在$[a,b]$内任意插入 $n-1$ 个分点

$$a=x_0<x_1<x_2<\cdots<x_{i-1}<x_i<\cdots<x_{n-1}<x_n=b,$$

把区间$[a,b]$分成 n 个小区间$[x_{i-1},x_i]$,$i=1,2,\cdots,n$,将曲边梯形分成 n 个小曲边梯形(图 5-2).

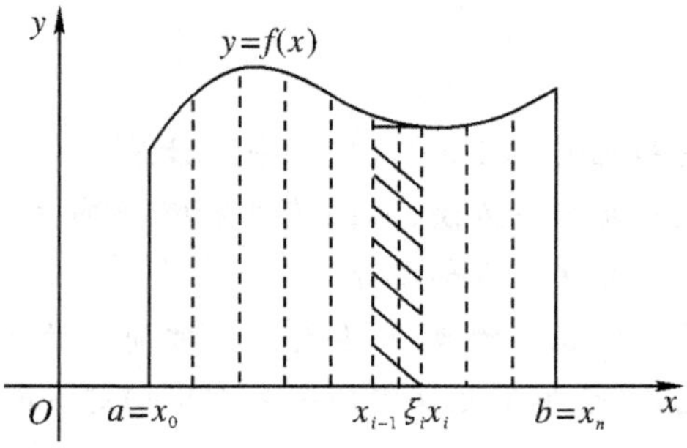

图 5-2

2. 近似代替(以直代曲)

在第 i 个窄曲边梯形的底边上任取$\xi_i\in[x_{i-1},x_i]$,作以$[x_{i-1},x_i]$为底,$f(\xi_i)$为高的小矩形,并以此小矩形面积近似代替相应窄曲边梯形面积 ΔA_i 得

$$\Delta A_i\approx f(\xi_i)\Delta x_i,\quad \Delta x_i=x_i-x_{i-1}\text{ 为小区间}[x_{i-1},x_i]\text{的长度}.$$

3. 求和

将所有小矩形面积相加可得曲边梯形的面积 A 的近似值,

$$A=\sum_{i=1}^{n}\Delta A_i\approx\sum_{i=1}^{n}f(\xi_i)\Delta x_i$$

4. 取极限

当插入分点越来越多,即分割越细,各小区间的长度越小,近似程度就越高.

令 $\lambda=\max\{\Delta x_1,\Delta x_2,\cdots,\Delta x_n\}$表示小区间长度的最大值.

当 $n\to\infty$时,有 $\lambda\to0$.

曲边梯形的面积 $A=\lim\limits_{\lambda\to0}\sum\limits_{i=1}^{n}f(\xi_i)\Delta x_i$.

问题Ⅱ 变速直线运动的路程.

设一个物体做变速直线运动,它的速度 $v=v(t)$是时间间隔$[a,b]$上的连续函数且$v(t)\geqslant0$,求该物体在这段时间内所经过的路程.

我们知道匀速直线运动的路程=速度×时间,而对于变速直线运动的路程自然不能这样计算,但是在很短的时间间隔内,速度变化不大,我们可以把变速直线运动看作匀速直线运动,即以不变代变. 现在同样用解决问题Ⅰ的思想方法来讨论变速直线运动的路程.

1. 分割(大化小)

在$[a,b]$内任意插入 $n-1$ 个分点

$$a=t_0<t_1<t_2<\cdots<t_{i-1}<t_i<\cdots<t_{n-1}<t_n=b,$$

把$[a,b]$分成 n 个小区间$[t_{i-1},t_i]$,$i=1,2,\cdots,n$. 在每个小段上物体经过的路程为

$$\Delta s_i,\Delta t_i=t_i-t_{i-1},\quad i=1,2,\cdots,n.$$

2. 近似代替(以不变代变)

在每一时间间隔$[t_{i-1},t_i]$上,任取$\xi_i\in[t_{i-1},t_i]$,并以ξ_i时的速度$v(\xi_i)$来代替$[t_{i-1},t_i]$上各个时刻的速度,得每一小段上路程Δs_i的近似值.即

$$\Delta s_i\approx v(\xi_i)\Delta t_i,\quad i=1,2,\cdots,n.$$

3. 求和

物体在时间间隔$[a,b]$内做变速直线运动路程s的近似值为

$$s=\sum_{i=1}^{n}\Delta s_i\approx\sum_{i=1}^{n}v(\xi_i)\Delta t_i.$$

4. 取极限

插入分点越多,近似程度就越高.令$\lambda=\max\{\Delta t_1,\Delta t_2,\cdots,\Delta t_n\}$,表示各时间间隔的最大值.当$\lambda\to0$时,取上述和式的极限得变速直线运动的路程

$$s=\lim_{\lambda\to0}\sum_{i=1}^{n}v(\xi_i)\Delta t_i.$$

以上的两个问题,一个是几何问题,一个是物理问题,虽然它们的实际背景完全不同,但是它们有着相同的特点:

(1) 解决问题的方法步骤相同,都是"分割、近似代替、求和、取极限".

(2) 所求量的极限结构相同,是特殊乘积和式的极限,都可化为形如$\sum\limits_{i=1}^{n}f(\xi_i)\Delta x_i$的和式极限问题.

5.1.2 定积分的概念

定义1 设函数$f(x)$在$[a,b]$上有定义,在$[a,b]$内任意插入$n-1$个分点,

$$a=x_0<x_1<x_2<\cdots<x_{i-1}<x_i<\cdots<x_{n-1}<x_n=b,$$

把区间$[a,b]$分成n个小区间$[x_{i-1},x_i]$.记$\Delta x_i=x_i-x_{i-1}(i=1,2,\cdots,n)$,在每个小区间上任取一点$\xi_i\in[x_{i-1},x_i]$,作和式$\sum\limits_{i=1}^{n}f(\xi_i)\Delta x_i$,令$\lambda=\max\{\Delta x_1,\Delta x_2,\cdots,\Delta x_n\}$,当$\lambda\to0$时,若不论小区间如何划分及$\xi_i$如何选择,和式的极限$\lim\limits_{\lambda\to0}\sum\limits_{i=1}^{n}f(\xi_i)\Delta x_i$都存在,则称$f(x)$在区间$[a,b]$上可积.并称此极限值为函数$f(x)$在$[a,b]$上的定积分,记作$\int_a^b f(x)\mathrm{d}x$,即

$$\int_a^b f(x)\mathrm{d}x=\lim_{\lambda\to0}\sum_{i=1}^{n}f(\xi_i)\Delta x_i.$$

其中a与b分别称为定积分的下限与上限,区间$[a,b]$称为积分区间,x称为积分变量,$f(x)$称为被积函数,$f(x)\mathrm{d}x$称为被积表达式.

注:从定积分的定义可知,定积分$\int_a^b f(x)\mathrm{d}x$是一种特殊和式的极限,定积分$\int_a^b f(x)\mathrm{d}x$的大小仅与被积函数$f(x)$及积分区间$[a,b]$有关,而与积分变量符号的记法无关,即

$$\int_a^b f(x)\mathrm{d}x=\int_a^b f(t)\mathrm{d}t=\int_a^b f(u)\mathrm{d}u.$$

对于定积分，函数 $f(x)$ 在区间 $[a,b]$ 上满足什么条件，$f(x)$ 在 $[a,b]$ 上可积？我们不加证明地给出两个充分条件.

定理 1 设函数 $f(x)$ 在区间 $[a,b]$ 上连续，则 $f(x)$ 在 $[a,b]$ 上可积.

定理 2 设函数 $f(x)$ 在区间 $[a,b]$ 上有界，且只有有限个间断点，则 $f(x)$ 在 $[a,b]$ 上可积.

另外，在定积分的定义中，我们假定 $a<b$，为了今后运算方便，特做如下规定：

当 $a>b$ 时，$\int_a^b f(x)\mathrm{d}x=-\int_b^a f(x)\mathrm{d}x$；

当 $a=b$ 时，$\int_a^b f(x)\mathrm{d}x=0$.

定积分的几何意义　设函数 $y=f(x)$ 在 $[a,b]$ 上连续：若 $f(x)\geqslant 0$，在几何上定积分 $\int_a^b f(x)\mathrm{d}x$ 表示由曲线 $y=f(x)$ 与直线 $x=a$，$x=b(a<b)$，$y=0$ 所围成的曲边梯形的面积(图 5-3)；若 $f(x)\leqslant 0$，相应曲边梯形在 x 轴的下方，定积分 $\int_a^b f(x)\mathrm{d}x$ 表示相应曲边梯形面积的相反数(图 5-4)；若 $f(x)$ 在 $[a,b]$ 上有正有负，定积分 $\int_a^b f(x)\mathrm{d}x$ 表示在 x 轴的上方的图形面积减去在 x 轴的下方的图形面积所得之差(图 5-5).

因此，一般情形下，定积分 $\int_a^b f(x)\mathrm{d}x$ 在几何上表示在曲线 $y=f(x)$，直线 $x=a$，$x=b(a<b)$ 及 x 轴之间的各部分面积的代数和，其中位于 x 轴上方的部分取正值，位于 x 轴下方的部分取负值.

特别地，在区间 $[a,b]$ 上，若 $f(x)\equiv 1$，则有 $\int_a^b 1\mathrm{d}x=\int_a^b \mathrm{d}x=b-a$.

从几何上看 $\int_a^b \mathrm{d}x$ 表示一个长为 $b-a$，宽为 1 的矩形的面积. 即 $\int_a^b \mathrm{d}x=b-a$.

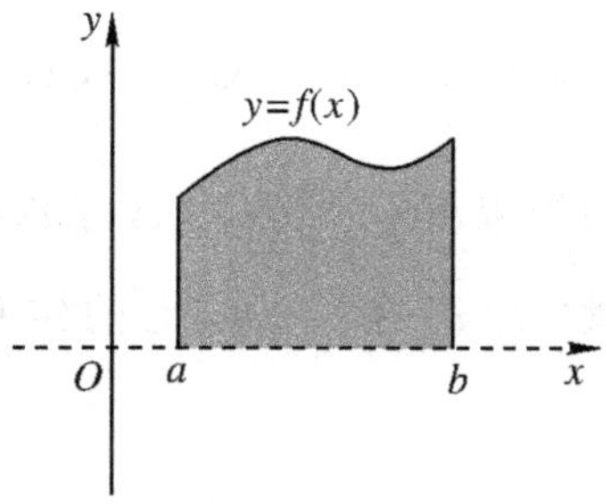

图 5-3

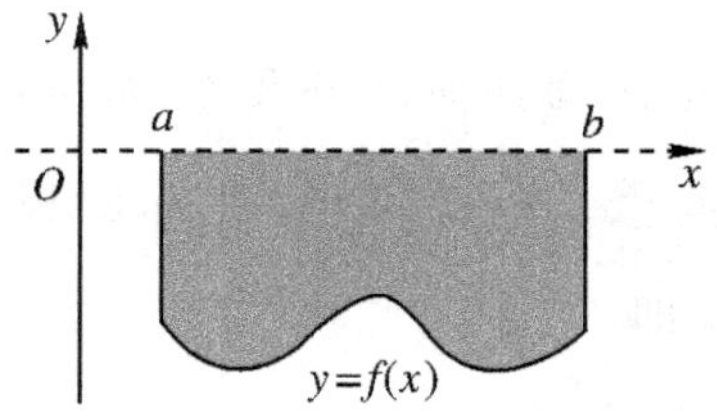

图 5-4

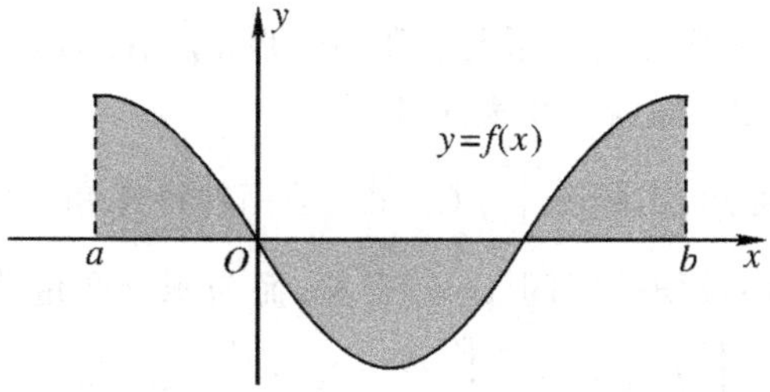

图 5-5

例 5-1　利用定积分的几何意义说明 $\int_0^1 \sqrt{1-x^2}\,dx = \frac{\pi}{4}$.

解　由定积分的几何意义知 $\int_0^1 \sqrt{1-x^2}\,dx$ 表示由曲线 $y=\sqrt{1-x^2}$，x 轴及 y 轴所围成的图形面积，而该图形的面积是单位圆面积的 $\frac{1}{4}$（图 5-6）.

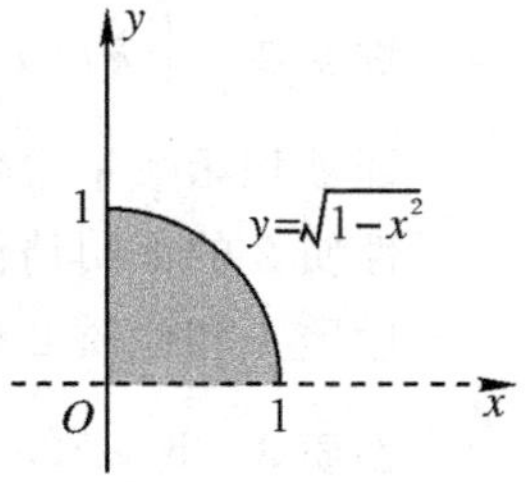

图 5-6

所以 $\int_0^1 \sqrt{1-x^2}\,dx = \frac{1}{4}\cdot\pi\cdot 1^2 = \frac{\pi}{4}$.

***例 5-2**　利用定义计算定积分 $\int_0^1 x\,dx$.

解　函数 $f(x)=x$ 在 $[0,1]$ 上连续，则积分与区间 $[0,1]$ 的分法及 ξ_i 的取法无关.

用分点 $x_0=0, x_1=\frac{1}{n}, x_2=\frac{2}{n}, \cdots, x_{n-1}=\frac{n-1}{n}, x_n=1$，

将区间 $[0,1]$ n 等分，每一个分点为 $x_i=\frac{i}{n}, i=1,2,\cdots,n$，

$\Delta x_i=\frac{1}{n}$.

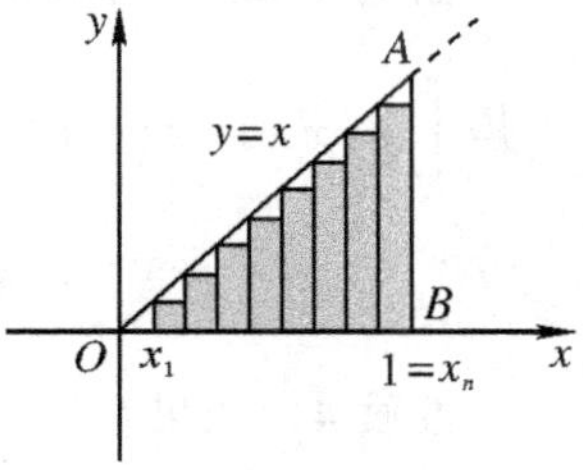

图 5-7

过这些分点作 n 个小矩形（图 5-7），取 $\xi_i=x_i$，则这 n 个小矩形面积的和为

$$S_n=\sum_{i=1}^{n} f(\xi_i)\Delta x_i=\sum_{i=1}^{n}\frac{i}{n}\cdot\frac{1}{n}=\frac{1}{n^2}[1+2+\cdots+(n-1)]$$

$$=\frac{1}{n^2}\cdot\frac{(n-1)n}{2}=\frac{1}{2}\left(1-\frac{1}{n}\right).$$

S_n 是 $\triangle AOB$ 面积的近似值，当分法越细，即 $n\to\infty$ 时

$$\int_0^1 x\,dx=\lim_{n\to\infty}\sum_{i=1}^{n} f(\xi_i)\Delta x_i=\lim_{n\to\infty}\frac{1}{2}\left(1-\frac{1}{n}\right)=\frac{1}{2}.$$

5.1.3　定积分的性质

在如下定积分性质的讨论中，我们均假定所列出的定积分都存在.

性质 1　$\int_a^b [f(x)\pm g(x)]dx=\int_a^b f(x)dx\pm\int_a^b g(x)dx$.

即函数代数和的定积分等于各函数定积分的代数和.

证明　由定积分定义知

$$\int_a^b [f(x)\pm g(x)]dx=\lim_{\lambda\to 0}\sum_{i=1}^{n}[f(\xi_i)\pm g(\xi_i)]\Delta x_i$$

$$=\lim_{\lambda\to 0}\sum_{i=1}^{n} f(\xi_i)\Delta x_i\pm\lim_{\lambda\to 0}\sum_{i=1}^{n} g(\xi_i)\Delta x_i$$

$$=\int_a^b f(x)dx\pm\int_a^b g(x)dx.$$

即 $$\int_a^b[f(x)\pm g(x)]\mathrm{d}x=\int_a^b f(x)\mathrm{d}x\pm\int_a^b g(x)\mathrm{d}x.$$

性质 2 $\int_a^b kf(x)\mathrm{d}x=k\int_a^b f(x)\mathrm{d}x.$

即被积函数中常数因子可以提到积分号外面.

性质 2 的证明请读者自己完成.

性质 1 和性质 2 称为定积分的线性运算性质.

性质 3 设 $a<c<b$,则有 $\int_a^b f(x)\mathrm{d}x=\int_a^c f(x)\mathrm{d}x+\int_c^b f(x)\mathrm{d}x.$

此性质为定积分关于区间具有可加性. 必须指出,无论 a,b,c 的相对位置如何,上式均成立.

如当 $a<b<c$ 时,由于 $\int_a^c f(x)\mathrm{d}x=\int_a^b f(x)\mathrm{d}x+\int_b^c f(x)\mathrm{d}x$,

于是 $$\int_a^b f(x)\mathrm{d}x=\int_a^c f(x)\mathrm{d}x-\int_b^c f(x)\mathrm{d}x=\int_a^c f(x)\mathrm{d}x+\int_c^b f(x)\mathrm{d}x.$$

性质 4 如果在区间 $[a,b]$ 上有 $f(x)\leqslant g(x)$,那么 $\int_a^b f(x)\mathrm{d}x\leqslant\int_a^b g(x)\mathrm{d}x.$

证明 因为 $\int_a^b f(x)\mathrm{d}x-\int_a^b g(x)\mathrm{d}x=\lim\limits_{\lambda\to 0}\sum\limits_{i=1}^n[f(\xi_i)-g(\xi_i)]\Delta x_i$,又已知在 $[a,b]$ 上有 $f(x)\leqslant g(x)$,而 $\xi_i\in[x_{i-1},x_i]\subseteq[a,b]$. 所以 $f(\xi_i)-g(\xi_i)\leqslant 0$, $\Delta x_i>0(i=1,2,\cdots,n)$,

由极限性质得

$$\int_a^b f(x)\mathrm{d}x-\int_a^b g(x)\mathrm{d}x=\lim_{\lambda\to 0}\sum_{i=1}^n[f(\xi_i)-g(\xi_i)]\Delta x_i\leqslant 0,$$

于是, $$\int_a^b f(x)\mathrm{d}x\leqslant\int_a^b g(x)\mathrm{d}x.$$

推论 $\left|\int_a^b f(x)\mathrm{d}x\right|\leqslant\int_a^b|f(x)|\mathrm{d}x.$

例 5-3 利用定积分的性质 4 比较 $\int_0^1 x^2\mathrm{d}x$ 与 $\int_0^1 x^3\mathrm{d}x$ 的大小.

解 函数 $f(x)=x^2,g(x)=x^3$,在区间 $[0,1]$ 上连续.

对于 $x\in[0,1]$,有 $0\leqslant x\leqslant 1$,从而

$$f(x)-g(x)=x^2-x^3=x^2(1-x)\geqslant 0.$$

所以在区间 $[0,1]$ 上,有 $x^2\geqslant x^3$,由性质 4 得

$$\int_0^1 x^2\mathrm{d}x\geqslant\int_0^1 x^3\mathrm{d}x.$$

性质 5 设 M,m 分别为连续函数 $f(x)$ 在 $[a,b]$ 上的最大值和最小值,则

$$m(b-a)\leqslant\int_a^b f(x)\mathrm{d}x\leqslant M(b-a).$$

例 5-4 估计下列定积分的值.

(1) $\int_{\frac{\pi}{4}}^{\frac{5}{4}\pi}(1+\sin^2 x)\mathrm{d}x$；　　(2) $\int_0^1 \mathrm{e}^{x^2}\mathrm{d}x$.

解　(1) 在区间 $\left[\frac{\pi}{4},\frac{5\pi}{4}\right]$ 上，有 $0\leqslant\sin^2 x\leqslant 1$，

所以
$$1\leqslant 1+\sin^2 x\leqslant 2,$$

又区间 $\left[\frac{\pi}{4},\frac{5\pi}{4}\right]$ 的长度为 π，

由性质 5 得，
$$\pi\leqslant\int_{\frac{\pi}{4}}^{\frac{5}{4}\pi}(1+\sin^2 x)\mathrm{d}x\leqslant 2\pi.$$

(2) $f(x)=\mathrm{e}^{x^2}$ 在区间[0,1]上连续，

又
$$f'(x)=2x\mathrm{e}^{x^2}>0,$$

所以 $f(x)=\mathrm{e}^{x^2}$ 在区间[0,1]上单调递增，

在区间[0,1]上，有 $1\leqslant\mathrm{e}^{x^2}\leqslant\mathrm{e}$.

由性质 5 得，
$$1\leqslant\int_0^1\mathrm{e}^{x^2}\mathrm{d}x\leqslant\mathrm{e}.$$

性质 6(积分中值定理)　设函数 $f(x)$在$[a,b]$上连续，则至少存在一点 $\xi\in[a,b]$，使得
$$\int_a^b f(x)\mathrm{d}x=f(\xi)(b-a).$$

证明　由函数 $f(x)$在$[a,b]$上连续，可得函数 $f(x)$在$[a,b]$上取得最大值 M 和最小值 m，由性质 5 知，
$$m(b-a)\leqslant\int_a^b f(x)\mathrm{d}x\leqslant M(b-a),$$

两边同除以 $b-a$ 得，
$$m\leqslant\frac{1}{b-a}\int_a^b f(x)\mathrm{d}x\leqslant M.$$

这表明数值$\frac{1}{b-a}\int_a^b f(x)\mathrm{d}x$ 介于连续函数 $f(x)$ 的最大值与最小值之间，由介值定理知，至少存在 $\xi\in[a,b]$，使得
$$f(\xi)=\frac{1}{b-a}\int_a^b f(x)\mathrm{d}x,$$

即
$$\int_a^b f(x)\mathrm{d}x=f(\xi)(b-a).$$

该积分中值公式也可表示为 $f(\xi)=\frac{1}{b-a}\int_a^b f(x)\mathrm{d}x$.

积分中值定理几何意义：曲线 $y=f(x)$　$(f(x)\geqslant 0)$ 与直线 $x=a$，$x=b(a<b)$，$y=0$ 所围成的曲边梯形的面积等于以 $b-a$ 为底，$f(\xi)$ 为高的矩形的面积(图 5-8).

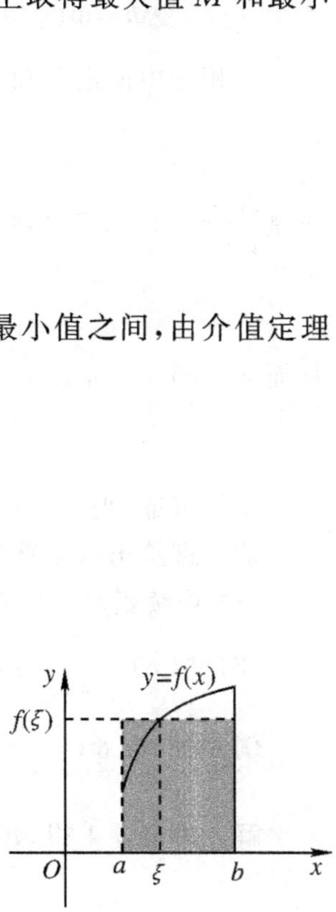

图 5-8

而$\frac{1}{b-a}\int_a^b f(x)\mathrm{d}x$ 可看作函数 $f(x)$ 在区间$[a,b]$上的平均值.

5.2 微积分基本公式

5.2.1 积分上限函数及导数

定义 1 设函数 $f(x)$ 在 $[a,b]$ 上连续，x 为 $[a,b]$ 上任意一点，有 $f(x)$ 在 $[a,x]$ 上可积，则称

$$\Phi(x)=\int_a^x f(t)\mathrm{d}t, a\leqslant x\leqslant b$$

是函数 $f(x)$ 的积分上限函数. 当 $f(x)\geqslant 0$ 时，$\Phi(x)$ 在几何上表示右侧可以变动的曲边梯形的面积(图 5-9).

注：由于定积分与积分变量符号的记法无关，为避免与积分上限 x 相混淆，我们把积分变量 x 换成 t.

积分上限函数具有如下重要性质.

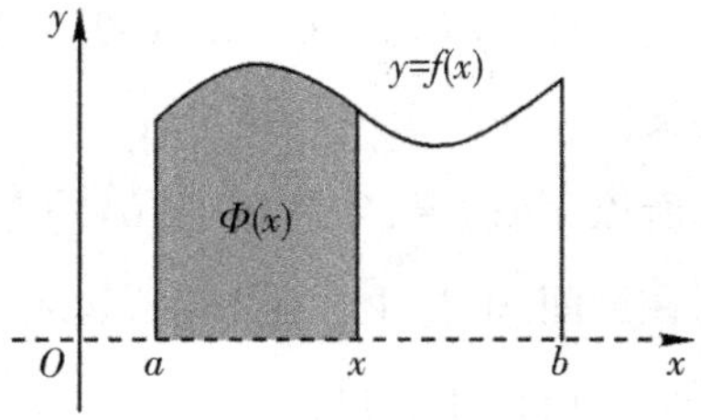

图 5-9

定理 1 若函数 $f(x)$ 在 $[a,b]$ 上连续，则积分上限函数 $\Phi(x)=\int_a^x f(t)\mathrm{d}t$ 在 $[a,b]$ 上可导，且 $\Phi'(x)=f(x)\quad(a\leqslant x\leqslant b)$.

证明 任意 $x\in[a,b]$，对应于 x 的改变量 Δx，函数 $\Phi(x)$ 的改变量为

$$\Delta\Phi=\Phi(x+\Delta x)-\Phi(x)=\int_a^{x+\Delta x} f(t)\mathrm{d}t-\int_a^x f(t)\mathrm{d}t=\int_x^{x+\Delta x} f(t)\mathrm{d}t.$$

由积分中值定理知，在 x 与 $x+\Delta x$ 之间存在 ξ，使得

$$\Delta\Phi=\int_x^{x+\Delta x} f(t)\mathrm{d}t=f(\xi)\Delta x,$$

于是 $\dfrac{\Delta\Phi}{\Delta x}=f(\xi)$，又 ξ 在 x 与 $x+\Delta x$ 之间，当 $\Delta x\to 0$ 时，有 $\xi\to x$，而 $f(x)$ 是连续函数，所以

$$\lim_{\Delta x\to 0}\frac{\Delta\Phi}{\Delta x}=\lim_{\xi\to x} f(\xi)=f(x),$$

从而 $\Phi'(x)=f(x)$. 又 x 是任意的，故 $\Phi(x)$ 在 $[a,b]$ 内可导，且有

$$\Phi'(x)=\frac{\mathrm{d}}{\mathrm{d}x}\int_a^x f(t)\mathrm{d}t=f(x), a\leqslant x\leqslant b.$$

类似可证，当 $x=a$，$\Phi'_+(a)=f(a)$；$x=b$，$\Phi'_-(b)=f(b)$.

该定理给出两个重要结论：

(1) 连续函数一定存在原函数；

(2) $\Phi(x)=\int_a^x f(t)\mathrm{d}t$ 是 $f(x)$ 在 $[a,b]$ 上的一个原函数.

例 5-5 设 $\Phi(x)=\int_1^x \sin^2 t\mathrm{d}t$，求 $\Phi'\left(\dfrac{\pi}{4}\right)$.

解 由定理 1 得，$\Phi'(x)=\dfrac{\mathrm{d}}{\mathrm{d}x}\int_1^x \sin^2 t\mathrm{d}t=\sin^2 x$，

$$\Phi'\left(\frac{\pi}{4}\right)=\left(\sin\frac{\pi}{4}\right)^2=\left(\frac{\sqrt{2}}{2}\right)^2=\frac{1}{2}.$$

例 5-6　设 $\Phi(x)=\int_0^{x^3}\frac{1}{\sqrt{1+t}}\mathrm{d}t$，求 $\Phi'(x)$.

解　由定理 1 及复合函数求导法得，

$$\Phi'(x)=\frac{\mathrm{d}}{\mathrm{d}x}\int_0^{x^3}\frac{1}{\sqrt{1+t}}\,\mathrm{d}t=\frac{1}{\sqrt{1+x^3}}\cdot(x^3)'=\frac{3x^2}{\sqrt{1+x^3}}.$$

例 5-7　求 $\lim\limits_{x\to 0}\frac{\int_{\cos x}^{1}\mathrm{e}^{-t^2}\,\mathrm{d}t}{x^2}$.

解　当 $x\to 0$ 时，极限为 $\frac{0}{0}$ 型未定式. 用洛必达法则求极限.

又 $\int_{\cos x}^{1}\mathrm{e}^{-t^2}\,\mathrm{d}x$ 为积分下限函数，可先交换积分限，再求导.

$$\lim_{x\to 0}\frac{\int_{\cos x}^{1}\mathrm{e}^{-t^2}\,\mathrm{d}t}{x^2}=\lim_{x\to 0}\frac{-\int_{1}^{\cos x}\mathrm{e}^{-t^2}\,\mathrm{d}t}{x^2}=\lim_{x\to 0}\frac{\sin x\,\mathrm{e}^{-\cos^2 x}}{2x}=\frac{1}{2\mathrm{e}}.$$

5.2.2　牛顿-莱布尼茨公式

我们知道由定积分的定义直接计算积分和式的极限，是十分困难的，甚至是不可能的，寻求一种计算定积分的有效方法就显得特别重要. 而牛顿和莱布尼茨所发现的微积分基本公式揭示了定积分与不定积分的内在联系，使微分学与积分学建立了联系. 从而为定积分的计算提供了一种简便易行的方法.

定理 2(微积分基本定理)　设 $f(x)$在区间$[a,b]$上连续，$F(x)$是 $f(x)$的一个原函数，则

$$\int_a^b f(x)\mathrm{d}x=F(b)-F(a).$$

证明　根据定理 1 知，积分上限函数 $\Phi(x)=\int_a^x f(t)\,\mathrm{d}t$ 是 $f(x)$的一个原函数，又 $F(x)$也是 $f(x)$在$[a,b]$上的一个原函数，则 $f(x)$的这两个原函数只相差一个常数 C，即

$$\int_a^x f(t)\mathrm{d}t-F(x)=C\qquad x\in[a,b].$$

若令 $x=a$，由于 $\Phi(a)=\int_a^a f(t)\mathrm{d}t=0$，得 $C=-F(a)$，于是

$$\int_a^x f(t)\mathrm{d}t=F(x)-F(a).$$

令 $x=b$，得

$$\int_a^b f(x)\mathrm{d}x=F(b)-F(a).$$

定理中给出的公式也称为牛顿-莱布尼茨(Newton - Leibniz)公式. 此公式表明：在计算定积分 $\int_a^b f(x)\,\mathrm{d}x$ 时，只要先求出函数 $f(x)$的一个原函数 $F(x)$，其上限与下限函数值的差 $F(b)-F(a)$就是所求定积分的值. 因此，牛顿-莱布尼茨公式为定积分的计算提供了一

个简捷而有效的方法.

另外,$F(b)-F(a)$可表示为$F(x)\Big|_a^b$,于是微积分基本公式又可写为

$$\int_a^b f(t)\mathrm{d}t=F(x)\Big|_a^b=F(b)-F(a).$$

例 5-8 求$\int_0^1 x\,\mathrm{d}x$.

解 由基本积分公式知,$\frac{1}{2}x^2$是x的一个原函数.

应用牛顿–莱布尼茨公式,$\int_0^1 x\,\mathrm{d}x=\frac{x^2}{2}\Big|_0^1=\frac{1}{2}$.

与例 5-2 利用定义计算定积分$\int_0^1 x\,\mathrm{d}x$的方法相比较,进一步体现了牛顿–莱布尼茨公式计算定积分的重要性.

例 5-9 求$\int_0^\pi \sin x\,\mathrm{d}x$.

解 $\int_0^\pi \sin x\,\mathrm{d}x=(-\cos x)\Big|_0^\pi=-\cos\pi+\cos 0=2$.

例 5-10 分段函数$f(x)=\begin{cases}x^2, & 0\leqslant x<1,\\ 2x, & 1\leqslant x\leqslant 2,\end{cases}$求$\int_0^2 f(x)\mathrm{d}x$.

解 由于分段函数在不同区间内的表达式不相同,因此要根据分段点$x=1$进行分段积分.

$$\int_0^2 f(x)\mathrm{d}x=\int_0^1 f(x)\mathrm{d}x+\int_1^2 f(x)\mathrm{d}x=\int_0^1 x^2\mathrm{d}x+\int_1^2 2x\,\mathrm{d}x$$
$$=\frac{x^3}{3}\Big|_0^1+x^2\Big|_1^2=\frac{10}{3}.$$

由例 5-10 可知,虽然$x=1$是函数$f(x)=\begin{cases}x^2, & 0\leqslant x<1,\\ 2x, & 1\leqslant x\leqslant 2\end{cases}$的间断点,但它是可积的.一般地,一切连续函数都可积,并且在闭区间上只有有限个间断点的有界函数也可积.

例 5-11 求$\int_0^2 |x-1|\mathrm{d}x$.

解 当被积函数中含有绝对值,通过分段积分去掉绝对值.

$$\int_0^2 |x-1|\mathrm{d}x=\int_0^1 |x-1|\mathrm{d}x+\int_1^2 |x-1|\mathrm{d}x=\int_0^1(1-x)\mathrm{d}x+\int_1^2(x-1)\mathrm{d}x$$
$$=\left(x-\frac{x^2}{2}\right)\Big|_0^1+\left(\frac{x^2}{2}-x\right)\Big|_1^2=\frac{1}{2}+\frac{1}{2}=1.$$

例 5-12 证明:设函数$f(x)$在$[a,b]$上连续,则至少存在$\xi\in(a,b)$,使得

$$\int_a^b f(x)\mathrm{d}x=f(\xi)(b-a)\qquad(a<\xi<b).$$

证明 由$f(x)$在$[a,b]$上连续,可得积分上限函数$\Phi(x)=\int_a^x f(t)\mathrm{d}t$是$f(x)$在$[a,b]$上的一个原函数,$\Phi(x)$在$[a,b]$上可导且$\Phi'(x)=f(x)$,由拉格朗日中值定理有至少存在

$\xi\in(a,b)$，使得 $\Phi(b)-\Phi(a)=\Phi'(\xi)(b-a)$，

即
$$\int_a^b f(x)\mathrm{d}x=f(\xi)(b-a)\qquad(a<\xi<b).$$

以上证明不难发现积分中值定理与微分中值定理存在着一定的联系.

5.3 定积分的计算

5.3.1 定积分的换元积分法

定理 1 设 $f(x)$ 在区间 $[a,b]$ 上连续，作变量代换 $x=\varphi(t)$，满足下列条件：

(1) $\varphi(t)$ 在 $[\alpha,\beta]$ 上有连续的导数，

(2) $\varphi(\alpha)=a,\varphi(\beta)=b$，且当 $t\in[\alpha,\beta]$（或 $t\in[\beta,\alpha]$）时，有 $a\leqslant\varphi(t)\leqslant b$，

则有
$$\int_a^b f(x)\mathrm{d}x=\int_\alpha^\beta f[\varphi(t)]\varphi'(t)\mathrm{d}t.$$

证明 假设定积分 $\int_a^b f(x)\mathrm{d}x$ 与 $\int_\alpha^\beta f[\varphi(t)]\varphi'(t)\mathrm{d}t$ 均存在，由已知条件知，只需证明它们相等即可.

设 $F(x)$ 是 $f(x)$ 的一个原函数，则由复合函数的求导法则知，$F[\varphi(t)]$ 是 $f[\varphi(t)]\varphi'(t)$ 的一个原函数. 于是，由牛顿-莱布尼茨公式有
$$\int_a^b f(x)\mathrm{d}x=F(b)-F(a)$$

及
$$\int_\alpha^\beta f[\varphi(t)]\varphi'(t)\mathrm{d}t=F[\varphi(\beta)]-F[\varphi(\alpha)]=F(b)-F(a),$$

所以
$$\int_a^b f(x)\mathrm{d}x=\int_\alpha^\beta f[\varphi(t)]\varphi'(t)\mathrm{d}t.$$

例 5-13 求 $\int_0^a\sqrt{a^2-x^2}\,\mathrm{d}x\quad(a>0)$.

解 令 $x=a\sin t$，有 $\mathrm{d}x=a\cos t\mathrm{d}t$，当 $x=0$ 时，$t=0$；当 $x=a$ 时，$t=\frac{\pi}{2}$. 于是
$$\begin{aligned}\int_0^a\sqrt{a^2-x^2}\,\mathrm{d}x&=\int_0^{\frac{\pi}{2}}\sqrt{a^2-a^2\sin^2 t}\cdot a\cos t\mathrm{d}t=\int_0^{\frac{\pi}{2}}a^2\cos^2 t\mathrm{d}t\\&=a^2\int_0^{\frac{\pi}{2}}\frac{1+\cos 2t}{2}\mathrm{d}t=\frac{a^2}{2}\left(t+\frac{1}{2}\sin 2t\right)\Big|_0^{\frac{\pi}{2}}\\&=\frac{\pi a^2}{4}.\end{aligned}$$

例 5-13 可由定积分的几何意义知，$\int_0^a\sqrt{a^2-x^2}\,\mathrm{d}x$ 表示圆 $x^2+y^2\leqslant a^2$ 在第一象限内的面积，因此 $\int_0^a\sqrt{a^2-x^2}\,\mathrm{d}x=\frac{\pi a^2}{4}$.

例 5-14 求 $\int_2^5\frac{x}{\sqrt{x-1}}\mathrm{d}x$.

解 令$\sqrt{x-1}=t$，有$x=1+t^2$，$\mathrm{d}x=2t\mathrm{d}t$，当$x=2$时，$t=1$；当$x=5$时，$t=2$.
于是

$$\int_2^5 \frac{x}{\sqrt{x-1}}\mathrm{d}x=\int_1^2 \frac{1+t^2}{t}\cdot 2t\mathrm{d}t=2\int_1^2(1+t^2)\mathrm{d}t=\left(2t+\frac{2}{3}t^3\right)\Big|_1^2=\frac{20}{3}.$$

由例 5-13、例 5-14 知，应用换元法计算定积分时，一定要把原变量x的积分限换成新变量t的积分限.

例 5-15 求$\int_0^1 \mathrm{e}^{2x}\mathrm{d}x$.

解 $\int_0^1 \mathrm{e}^{2x}\mathrm{d}x=\frac{1}{2}\int_0^1 \mathrm{e}^{2x}\mathrm{d}(2x)=\frac{1}{2}\mathrm{e}^{2x}\Big|_0^1=\frac{1}{2}(\mathrm{e}^2-1)$.

像例 5-15 一样，如果在积分的过程中不明显地写出变量t，那么定积分的上下限就不再变更.

例 5-16 设函数$f(x)$在$[-a,a](a>0)$上连续，证明

(1) 当$f(x)$为奇函数时，$\int_{-a}^a f(x)\mathrm{d}x=0$；

(2) 当$f(x)$为偶函数时，$\int_{-a}^a f(x)\mathrm{d}x=2\int_0^a f(x)\mathrm{d}x$.

证明 由$\int_{-a}^a f(x)\mathrm{d}x=\int_{-a}^0 f(x)\mathrm{d}x+\int_0^a f(x)\mathrm{d}x$，

对定积分$\int_{-a}^0 f(x)\mathrm{d}x$作变换$x=-t$，有$\mathrm{d}x=-\mathrm{d}t$，则

$$\int_{-a}^0 f(x)\mathrm{d}x=-\int_a^0 f(-t)\mathrm{d}t=\int_0^a f(-x)\mathrm{d}x,$$

于是，

$$\int_{-a}^a f(x)\mathrm{d}x=\int_0^a[f(-x)+f(x)]\mathrm{d}x,$$

所以当$f(x)$为奇函数时，有$f(-x)+f(x)=0$，则$\int_{-a}^a f(x)\mathrm{d}x=0$；

当$f(x)$为偶函数时，有$f(-x)+f(x)=2f(x)$，则$\int_{-a}^a f(x)\mathrm{d}x=2\int_0^a f(x)\mathrm{d}x$.

注：例 5-16 的结论可以当公式使用，这将给定积分的计算带来方便，但是必须要在对称区间上考虑问题.

例 5-17 计算下列定积分.

(1) $\int_{-\pi}^{\pi}\frac{x^2\sin x}{1+x^2}\mathrm{d}x$；　　(2) $\int_{-1}^1 \mathrm{e}^{-|x|}\mathrm{d}x$.

解 (1) 在区间$[-\pi,\pi]$上，因为$y=\frac{x^2}{1+x^2}$是偶函数，$y=\sin x$是奇函数. 所以函数$f(x)=\frac{x^2\sin x}{x^2+1}$为奇函数.

由例 5-16 的结论可知：$\int_{-\pi}^{\pi}\frac{x^2\sin x}{x^2+1}\mathrm{d}x=0$.

(2) 在区间$[-1,1]$上，函数$g(x)=\mathrm{e}^{-|x|}$是偶函数，所以

$$\int_{-1}^{1} e^{-|x|}\,dx = 2\int_{0}^{1} e^{-x}\,dx = -2e^{-x}\Big|_{0}^{1} = 2(1-e^{-1}).$$

5.3.2　定积分的分部积分法

设 $u=u(x)$，$v=v(x)$ 在区间 $[a,b]$ 上具有连续的导数，则

$$\int_a^b u\,dv = (uv)\Big|_a^b - \int_a^b v\,du,$$

此公式称为定积分的分部积分公式.

也可写成
$$\int_a^b uv'\,dx = (uv)\Big|_a^b - \int_a^b u'v\,dx.$$

例 5-18　求 $\int_1^e \ln x\,dx$.

解　$\int_1^e \ln x\,dx = x\ln x\Big|_1^e - \int_1^e x\cdot\frac{1}{x}dx = e - x\Big|_1^e = 1.$

例 5-19　求 $\int_0^{\frac{\pi^2}{4}} \sin\sqrt{x}\,dx$.

解　令 $\sqrt{x}=t$，有 $x=t^2$，$dx=2t\,dt$，当 $x=0$ 时，$t=0$；当 $x=\frac{\pi^2}{4}$ 时，$t=\frac{\pi}{2}$.

于是

$$\int_0^{\frac{\pi^2}{4}} \sin\sqrt{x}\,dx = 2\int_0^{\frac{\pi}{2}} t\sin t\,dt = -2(t\cos t)\Big|_0^{\frac{\pi}{2}} + 2\int_0^{\frac{\pi}{2}} \cos t\,dt$$
$$= 0 + 2\sin t\Big|_0^{\frac{\pi}{2}} = 2.$$

例 5-19 综合运用了定积分的换元积分法和分部积分法.

5.4　无穷区间上的反常积分

在一些实际问题中，我们常遇到积分区间为无穷区间，或者被积函数为无界函数的积分，这两类积分称为反常积分或广义积分. 而本节我们只介绍无穷区间上的反常积分.

定义 1　设函数 $f(x)$ 在区间 $[a,+\infty)$ 上连续，取 $b>a$，如果极限 $\lim\limits_{b\to+\infty}\int_a^b f(x)\,dx$ 存在，那么称此极限为 $f(x)$ 在无穷区间 $[a,+\infty)$ 上的反常积分，记作 $\int_a^{+\infty} f(x)\,dx$，即

$$\int_a^{+\infty} f(x)\,dx = \lim_{b\to+\infty}\int_a^b f(x)\,dx.$$

此时也称反常积分 $\int_a^{+\infty} f(x)\,dx$ 收敛，若极限 $\lim\limits_{b\to+\infty}\int_a^b f(x)\,dx$ 不存在，则称反常积分 $\int_a^{+\infty} f(x)\,dx$ 发散.

类似地，我们可以定义 $f(x)$ 在无穷区间 $(-\infty,b]$ 及 $(-\infty,+\infty)$ 上的反常积分 $\int_{-\infty}^{b} f(x)\,dx$ 与 $\int_{-\infty}^{+\infty} f(x)\,dx$，即

$$\int_{-\infty}^{b} f(x)\mathrm{d}x = \lim_{a\to-\infty}\int_{a}^{b} f(x)\mathrm{d}x;$$

$$\int_{-\infty}^{+\infty} f(x)\mathrm{d}x = \int_{-\infty}^{0} f(x)\mathrm{d}x + \int_{0}^{+\infty} f(x)\mathrm{d}x = \lim_{a\to-\infty}\int_{a}^{0} f(x)\mathrm{d}x + \lim_{b\to+\infty}\int_{0}^{b} f(x)\mathrm{d}x.$$

若极限 $\lim\limits_{a\to-\infty}\int_{a}^{b} f(x)\mathrm{d}x$ 存在,则称反常积分$\int_{-\infty}^{b} f(x)\mathrm{d}x$ 收敛,否则称为发散;

若极限

$$\lim_{a\to-\infty}\int_{a}^{0} f(x)\mathrm{d}x,\ \lim_{b\to+\infty}\int_{0}^{b} f(x)\mathrm{d}x$$

均存在,则称反常积分$\int_{-\infty}^{+\infty} f(x)\mathrm{d}x$ 收敛,若以上两个极限中至少有一个不存在,则称反常积分$\int_{-\infty}^{+\infty} f(x)\mathrm{d}x$ 发散.

另外,若 $f(x)$在$[a,+\infty)$上的原函数为 $F(x)$,且存在极限 $\lim\limits_{x\to+\infty} F(x)=F(+\infty)$,则

$$\int_{a}^{+\infty} f(x)\mathrm{d}x = F(+\infty) - F(a) = F(x)\Big|_{a}^{+\infty}$$

例 5-20 计算反常积分$\int_{-\infty}^{+\infty}\frac{1}{1+x^2}\mathrm{d}x$.

解 $\int_{-\infty}^{+\infty}\frac{1}{1+x^2}\mathrm{d}x = \int_{-\infty}^{0}\frac{1}{1+x^2}\mathrm{d}x + \int_{0}^{+\infty}\frac{1}{1+x^2}\mathrm{d}x$

$$= \lim_{a\to-\infty}(\arctan x)\Big|_{a}^{0} + \lim_{b\to+\infty}(\arctan x)\Big|_{0}^{b}$$

$$= -\left(-\frac{\pi}{2}\right) + \frac{\pi}{2} = \pi.$$

例 5-21 计算反常积分$\int_{0}^{+\infty} x\mathrm{e}^{-x}\mathrm{d}x$.

解 $\int_{0}^{+\infty} x\mathrm{e}^{-x}\mathrm{d}x = -(x\mathrm{e}^{-x})\Big|_{0}^{+\infty} + \int_{0}^{+\infty}\mathrm{e}^{-x}\mathrm{d}x = \lim\limits_{x\to+\infty}(-x\mathrm{e}^{-x}) - \mathrm{e}^{-x}\Big|_{0}^{+\infty} = 1.$

其中
$$\lim_{x\to+\infty} -x\mathrm{e}^{-x} = -\lim_{x\to+\infty}\frac{x}{\mathrm{e}^{x}} = -\lim_{x\to+\infty}\frac{1}{\mathrm{e}^{x}} = 0.$$

例 5-22 计算反常积分$\int_{0}^{+\infty} x\mathrm{e}^{-\frac{x^2}{2}}\mathrm{d}x$.

解 $\int_{0}^{+\infty} x\mathrm{e}^{-\frac{x^2}{2}}\mathrm{d}x = \int_{0}^{+\infty}\mathrm{e}^{-\frac{x^2}{2}}\mathrm{d}\left(\frac{x^2}{2}\right) = -\mathrm{e}^{-\frac{x^2}{2}}\Big|_{0}^{+\infty} = 1.$

例 5-23 讨论反常积分$\int_{1}^{+\infty}\frac{1}{x^p}\mathrm{d}x$ 的敛散性.

解 当 $p=1$ 时,$\int_{1}^{+\infty}\frac{1}{x^p}\mathrm{d}x = \int_{1}^{+\infty}\frac{1}{x}\mathrm{d}x = (\ln x)\Big|_{1}^{+\infty} = +\infty.$

当 $p<1$ 时,$\int_{1}^{+\infty}\frac{1}{x^p}\mathrm{d}x = \left(\frac{1}{1-p}x^{1-p}\right)\Big|_{1}^{+\infty} = +\infty.$

当 $p>1$ 时,$\int_{1}^{+\infty}\frac{1}{x^p}\mathrm{d}x = \left(\frac{1}{1-p}x^{1-p}\right)\Big|_{1}^{+\infty} = \left(\frac{1}{1-p}\cdot\frac{1}{x^{p-1}}\right)\Big|_{1}^{+\infty} = \frac{1}{p-1}.$

因此,当 $p>1$ 时,反常积分 $\int_1^{+\infty}\frac{1}{x^p}\mathrm{d}x$ 收敛,且其值为 $\frac{1}{p-1}$.

当 $p\leqslant 1$ 时,反常积分 $\int_1^{+\infty}\frac{1}{x^p}\mathrm{d}x$ 发散.

另外,在概率论中有一个十分重要的无穷区间上的积分 $\int_0^{+\infty}\mathrm{e}^{-x^2}\mathrm{d}x$ 称为概率积分,虽然 e^{-x^2} 的原函数不能用初等函数表示,但可以证明

$$\int_0^{+\infty}\mathrm{e}^{-x^2}\mathrm{d}x=\frac{\sqrt{\pi}}{2}.\quad \int_{-\infty}^{+\infty}\mathrm{e}^{-x^2}\mathrm{d}x=\sqrt{\pi}.$$

5.5　定积分的应用

定积分是求某种总量的数学模型,它在几何学、物理学、经济学、医学等方面都有着广泛的应用,而定积分的这些应用问题,一般总可按"分割、近似代替、求和、取极限"四个步骤把所求量表示为定积分的形式.但该方法较为烦琐,下面我们介绍一种把实际问题所求量转化成定积分的简便方法——微元法.微元法是用定积分解决实际问题的一种重要思想方法.

5.5.1　微元法

设 $y=f(x)$ 是区间 $[a,b]$ 上的连续函数.

要求所求量 A 符合条件:

(1) 所求量 A 是与区间 $[a,b]$ 上的某函数 $f(x)$ 有关的一个整体量;

(2) 所求量 A 对区间 $[a,b]$ 具有可加性.

微元法的过程:

(1) 根据实际问题选取适当的积分变量 x(或 y),并确定它的变化区间 $[a,b]$;

(2) 在区间 $[a,b]$ 的任一子区间 $[x,x+\mathrm{d}x]$ 上,确定增量 ΔA 的近似表达式

$$\Delta A\approx f(x)\mathrm{d}x$$

且 $\Delta A-f(x)\Delta x$ 为 Δx 的高阶无穷小,记 $\mathrm{d}A=f(x)\mathrm{d}x$,称 $\mathrm{d}A$ 为量 A 的微元;

(3) 将所得微元从 a 到 b 取积分,即得所求量 A 的积分表达式

$$A=\int_a^b f(x)\mathrm{d}x.$$

这种利用微元建立定积分的方法叫作微元法.

5.5.2　在几何中的应用

1. 平面图形的面积

(1) 直角坐标系下的情形.

求由连续曲线 $y=f(x)$($f(x)\geqslant 0$)以及直线 $x=a$,$x=b$ 和 x 轴所围成的曲边梯形的面积 A.

取 x 为积分变量,在其变化区间 $[a,b]$ 上任取一小区间 $[x,x+\mathrm{d}x]$,于是得所求的面积

微元为

$$dA=f(x)dx.$$

所求曲边梯形的面积(图 5-10)为 $A=\int_a^b f(x)dx.$

一般地,求由两条连续曲线 $y=f(x),y=g(x)$ $(f(x)\geqslant g(x))$以及直线 $x=a,x=b$ $(a<b)$所围成的平面图形面积.

取横坐标 x 为积分变量,在$[a,b]$上任取一小区间$[x,x+dx]$,其对应的面积微元为

$$dA=[f(x)-g(x)]dx.$$

所求平面图形的面积(图 5-11)为 $A=\int_a^b[f(x)-g(x)]dx.$

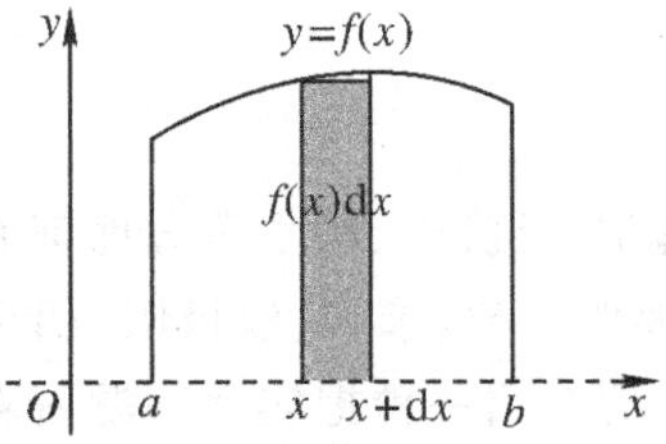

图 5-10

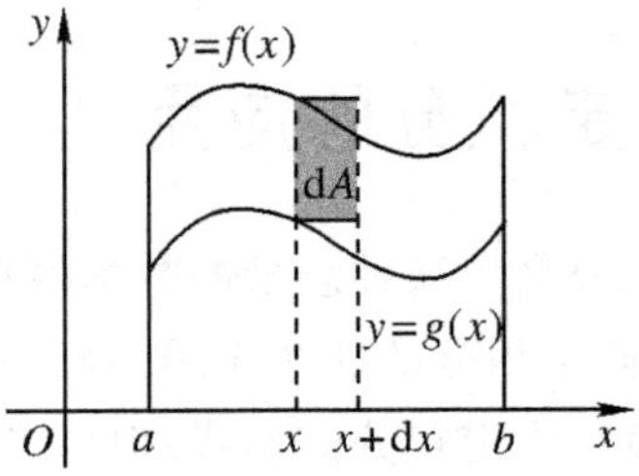

图 5-11

同理由曲线 $x=\phi(y),x=\psi(y)$ $(\phi(y)\geqslant\psi(y))$以及直线 $y=c,y=d$ $(c<d)$所围成的平面图形面积为 $A=\int_c^d[\phi(y)-\psi(y)]dy.$

例 5-24 求由两条抛物线 $y=\sqrt{x},y=x^2$ 所围成的图形面积.

解 由$\begin{cases}y=\sqrt{x},\\y=x^2\end{cases}$得两曲线交点为(0,0),(1,1).

取 x 为积分变量,其变化区间为$[0,1]$(图 5-12).

面积 A 的微元为 $dA=(\sqrt{x}-x^2)dx.$

所围成的图形面积

$$A=\int_0^1(\sqrt{x}-x^2)dx=\left(\frac{2}{3}x^{\frac{3}{2}}-\frac{x^3}{3}\right)\Big|_0^1=\frac{1}{3}.$$

请读者考虑取 y 为积分变量,情况又怎样.

例 5-25 计算由抛物线 $y^2=2x$ 与直线 $y=x-4$ 所围成的图形面积.

解 由$\begin{cases}y^2=2x,\\y=x-4\end{cases}$得两曲线交点为$(2,-2),(8,4)$. 取 y 为积分变量,其变化区间为$[-2,4]$(图 5-13).

面积 A 的微元为 $dA=\left(y+4-\frac{y^2}{2}\right)dy$. 所围成的图形面积

$$A=\int_{-2}^4\left[(y+4)-\frac{y^2}{2}\right]dy=\left(\frac{y^2}{2}+4y-\frac{y^3}{6}\right)\Big|_{-2}^4=18.$$

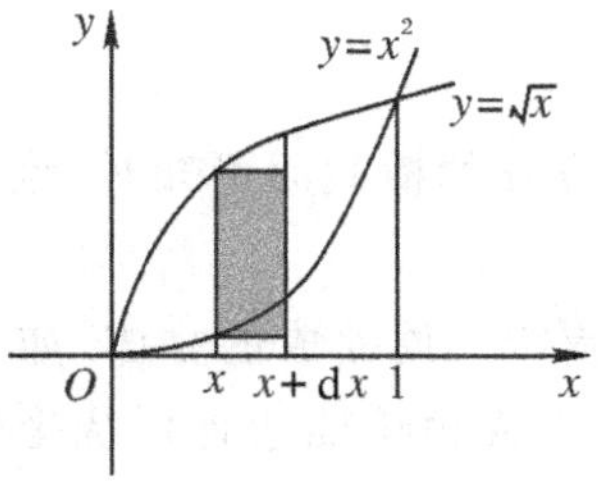

图 5-12

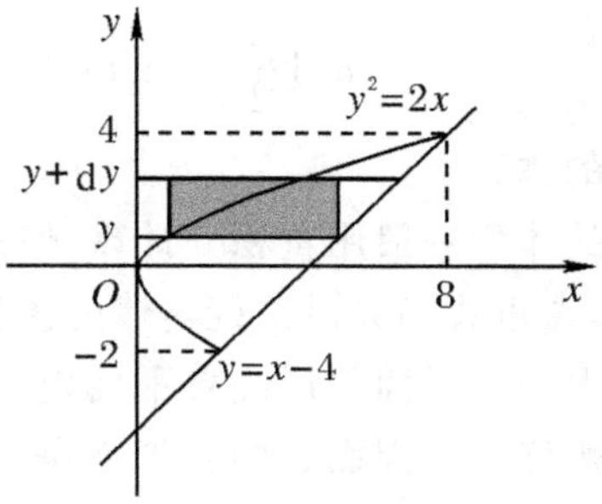

图 5-13

若取 x 为积分变量，则应将积分区间分成两部分来求解.

$$A=\int_0^2[\sqrt{2x}-(-\sqrt{2x})]\mathrm{d}x+\int_2^8[\sqrt{2x}-(x-4)]\mathrm{d}x=18.$$

由例 5-25 可知，积分变量选取适当可使计算简便.

(2) 极坐标系下的情形.

如果平面图形所围的曲线是以极坐标方程表示，那么用极坐标计算平面图形的面积较为方便.

由曲线 $\rho=\varphi(\theta)$ 及射线 $\theta=\alpha$，$\theta=\beta$ 围成的平面图形称为曲边扇形(图 5-14)，设 $\rho=\varphi(\theta)$ 在区间 $[\alpha,\beta]$ 上连续，且 $\varphi(\theta)\geqslant 0$，计算曲边扇形的面积.

由于 θ 在 $[\alpha,\beta]$ 上变动时，极径 $\rho=\varphi(\theta)$ 也随之变动，所以曲边扇形的面积不能直接用圆的扇形面积公式 $A=\dfrac{1}{2}R^2\theta$ 来计算. 取极角 θ 为积分变量，其变化区间为 $[\alpha,\beta]$，相应于任一小区间 $[\theta,\theta+\mathrm{d}\theta]$ 上的一个窄曲边扇形的面积可用半径为 $\varphi(\theta)$、中心角为 $\mathrm{d}\theta$ 的扇形面积来近似代替，从而得曲边扇形的面积微元为

$$\mathrm{d}A=\frac{1}{2}[\varphi(\theta)]^2\mathrm{d}\theta.$$

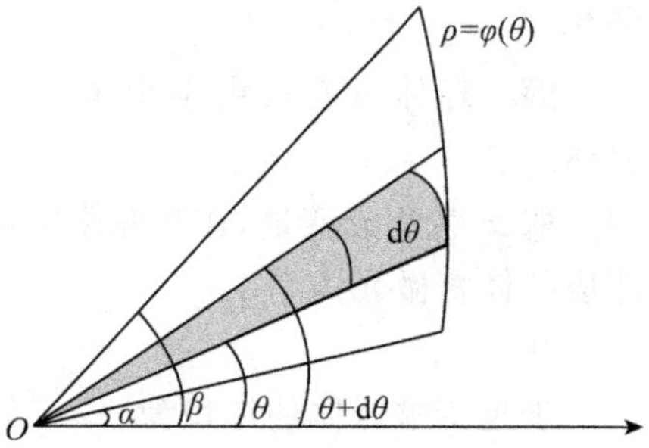

图 5-14

所求曲边扇形的面积为　$A=\displaystyle\int_\alpha^\beta\frac{1}{2}[\varphi(\theta)]^2\mathrm{d}\theta.$

例 5-26　计算由心形线 $\rho=a(1+\cos\theta)$　$(a>0)$ 所围成图形的面积.

解　心形线所围成的图形如图 5-15 所示，心形线是关于极轴(x 轴)对称的，位于 x 轴上方的面积是 θ 从 0 到 π 时，由曲线与 x 轴所围成. 因此所求图形面积是极轴以上部分面积的两倍.

对于极轴以上部分的图形，取 θ 为积分变量，在其变化区间 $[0,\pi]$ 上任取一小区间 $[\theta,\theta+\mathrm{d}\theta]$，相应的面积微元为

$$\mathrm{d}A=\frac{1}{2}a^2(1+\cos\theta)^2\mathrm{d}\theta.$$

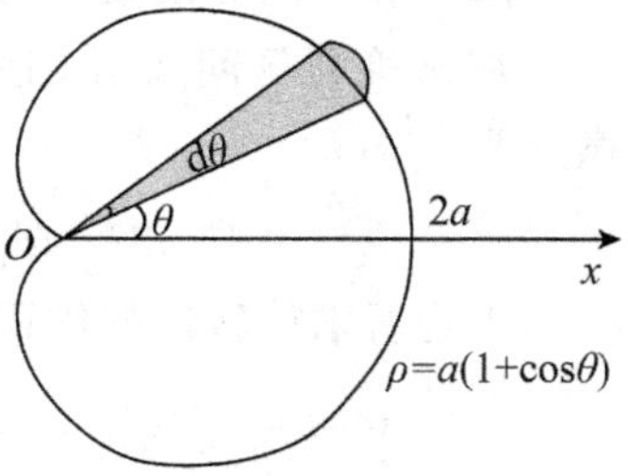

图 5-15

所求图形面积为 $A=2\displaystyle\int_0^\pi\frac{1}{2}a^2(1+\cos\theta)^2\mathrm{d}\theta=a^2\int_0^\pi(1+2\cos\theta+\cos^2\theta)\mathrm{d}\theta$

$$=a^2\left(\frac{3}{2}\theta+2\sin\theta+\frac{1}{4}\sin 2\theta\right)\Big|_0^{\pi}=\frac{3}{2}\pi a^2.$$

2. 旋转体的体积

空间立体的体积一般用重积分计算，但是当空间立体的横截面可知时，该立体的体积可用定积分计算，这里我们只讨论旋转体的体积计算.

旋转体是由一个平面图形绕着平面内一条直线旋转一周而成的立体. 如直角三角形绕它的一条直角边旋转一周而成的立体就是一个圆锥. 下面讨论曲边梯形绕坐标轴旋转所成的旋转体的体积.

设由连续曲线 $y=f(x)$，直线 $x=a$，$x=b$ 及 x 轴所围成的曲边梯形绕 x 轴旋转一周而成的立体的体积为 V.

取 x 为积分变量，在其变化区间 $[a,b]$ 上任取一小区间 $[x,x+\mathrm{d}x]$，于是在 $[x,x+\mathrm{d}x]$ 上的体积微元 $\mathrm{d}V$ 为一小矩形绕 x 轴旋转所成的圆柱体的体积，即体积微元为

$$\mathrm{d}V=\pi[f(x)]^2\mathrm{d}x.$$

所求旋转体的体积为

$$V=\int_a^b\pi[f(x)]^2\mathrm{d}x.$$

例 5-27 计算由圆 $x^2+y^2=R^2$ 所围成的图形绕 x 轴旋转一周而成的旋转体(球体)的体积.

解 球体可看成由半圆 $y=\sqrt{R^2-x^2}$ 及 x 轴所围成的图形绕 x 轴旋转一周而得的立体.

取 x 为积分变量，在其变化区间 $[-R,R]$ 上任取一小区间 $[x,x+\mathrm{d}x]$，相应的体积微元为

$$\mathrm{d}V=\pi(R^2-x^2)\mathrm{d}x.$$

于是所求球体的体积为

$$V=\int_{-R}^{R}\pi(R^2-x^2)\mathrm{d}x=\pi\left[R^2x-\frac{x^3}{3}\right]\Big|_{-R}^{R}=\frac{4}{3}\pi R^3.$$

例 5-28 求由抛物线 $y^2=x$ 和 $y=x^2$ 所围平面图形绕 x 轴旋转而成的旋转体的体积.

解 显然两曲线交点为(0,0)，(1,1)(图 5-16).

在 x 变化区间 $[0,1]$ 上任取一小区间 $[x,x+\mathrm{d}x]$，相应的体积微元为

$$\mathrm{d}V=\pi[(\sqrt{x})^2-(x^2)^2]\mathrm{d}x.$$

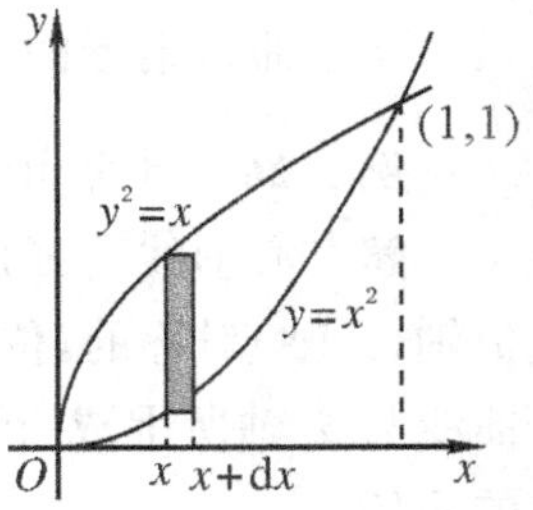

图 5-16

于是所求旋转体的体积为

$$V=\pi\int_0^1[(\sqrt{x})^2-(x^2)^2]\mathrm{d}x=\pi\int_0^1(x-x^4)\mathrm{d}x$$

$$=\pi\left[\frac{x^2}{2}-\frac{x^5}{5}\right]\Big|_0^1=\frac{3}{10}\pi.$$

当然，所求旋转体的体积，也可看成分别由抛物线 $y^2=x$ 和 $y=x^2$ 与直线 $x=1$ 及 x 轴所围平面图形绕 x 轴旋转而成的旋转体的体积之差.

3. 平行截面面积为已知的立体的体积

如果一个空间立体不是旋转体,但是已知该立体上垂直于一定轴的各个截面面积,那么也可以用定积分计算该立体的体积.

如图 5-17 所示,取定轴为 x 轴,并设该立体过点 $x=a$,$x=b$,且垂直于定轴的两个平面之间．以 $A(x)$ 表示过点 x 且垂直于 x 轴的平面截立体所得截面面积．设 $A(x)$ 是连续函数,求该立体的体积.

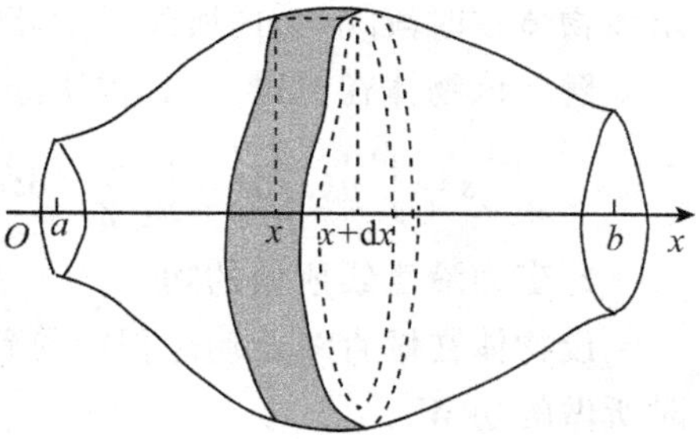

图 5-17

取 x 为积分变量,对应区间 $[a,b]$ 上任一小区间 $[x,x+\mathrm{d}x]$ 的一个小立体的体积,近似于底面积为 $A(x)$,高为 $\mathrm{d}x$ 的柱体的体积,相应的体积微元为

$$\mathrm{d}V=A(x)\mathrm{d}x.$$

所求立体的体积为

$$V=\int_a^b A(x)\mathrm{d}x.$$

例 5-29　如图 5-18 所示,一个立体的底面是半径为 R 的圆,而垂直于底面上一条固定直径的任一平面截该立体,所得截面都是等边三角形,求该立体的体积.

解　取固定直径所在直线为 x 轴,底面圆所在平面为 xOy 平面,圆心 O 为坐标圆点.

底面圆的方程为 $x^2+y^2=R^2$(图 5-18).

在区间 $[-R,R]$ 上任取一点 x,过点 x 作垂直于 x 轴的平面截该立体得截面图形为等边三角形,可得等边三角形的边长为 $2\sqrt{R^2-x^2}$,该截面面积为

$$A(x)=\sqrt{3}(R^2-x^2).$$

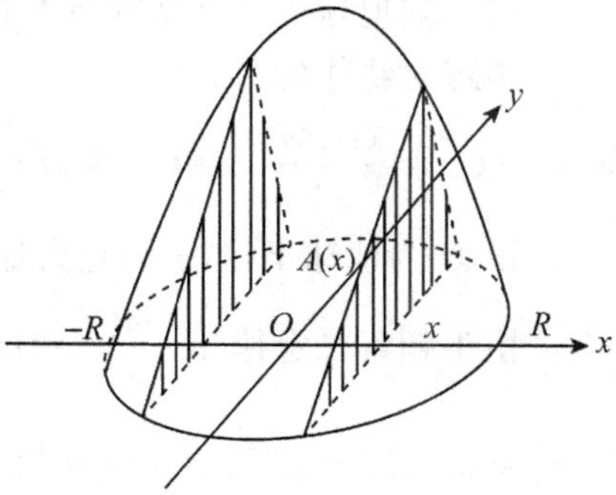

图 5-18

相应的体积微元为

$$\mathrm{d}V=\sqrt{3}(R^2-x^2)\mathrm{d}x.$$

于是所求立体的体积为

$$V=\int_{-R}^{R}\sqrt{3}(R^2-x^2)\mathrm{d}x=\sqrt{3}\left(2R^3-\frac{1}{3}x^3\Big|_{-R}^{R}\right)=\frac{4\sqrt{3}}{3}R^3.$$

5.5.3　在物理中的应用

1. 变速直线运动的路程

设一个物体以速度 $v=v(t)$ 在时间间隔 $[a,b]$ 上做变速直线运动,取 t 为积分变量,在其变化区间 $[a,b]$ 上任取一小区间 $[t,t+\mathrm{d}t]$,于是所求的路程微元为

$$\mathrm{d}s=v(t)\mathrm{d}t.$$

该物体在时段 $[a,b]$ 内所经过的路程为

$$s=\int_a^b v(t)\mathrm{d}t.$$

例 5-30　已知一物体的运动速度为

$$v(t)=\begin{cases}\frac{1}{2}t^2, & 0\leqslant t\leqslant 2,\\ 4-t, & 2<t\leqslant 4,\end{cases}$$

求该物体在时段[0,4]内所经过的路程.

解 该物体在时段[0,4]内所经过的路程为

$$s=\int_0^4 v(t)\,\mathrm{d}t=\int_0^2 \frac{1}{2}t^2\,\mathrm{d}t+\int_2^4(4-t)\,\mathrm{d}t=\frac{t^3}{6}\Big|_0^2+\left(4t-\frac{t^2}{2}\right)\Big|_2^4=\frac{10}{3}.$$

2. 变力沿直线所做的功

设物体在做直线运动过程中受到的力 $F=F(x)$ 是变化的，求物体由 $x=a$ 移动到 $x=b$ 时所做的功 W.

在 $[x,x+\mathrm{d}x]$ 内，变力 F 所做功的微元为 $\mathrm{d}W=F(x)\mathrm{d}x$.

物体由 $x=a$ 移动到 $x=b$ 时所做的功为

$$W=\int_a^b F(x)\,\mathrm{d}x.$$

例 5-31 把质量为 m 的物体从地球的表面铅直向上送到高度为 h 的高空，求克服地球引力所做的功.

解 取地球中心为坐标原点，x 轴铅直向上.

地球对物体的引力为

$F(x)=\dfrac{GmM}{x^2}$，其中 G 为万有引力常量，M 为地球质量.

设 R 为地球半径，g 为重力加速度.

由牛顿第二定律知 $\dfrac{GmM}{R^2}=mg$.

从而 $GM=gR^2$，因此地球的引力为 $F(x)=\dfrac{mgR^2}{x^2}$.

取 x 为积分变量，其变化区间为 $[R,R+h]$. 于是所做的功为

$$W=\int_R^{R+h}\frac{mgR^2}{x^2}\mathrm{d}x=mgR^2\left(-\frac{1}{x}\right)\Big|_R^{R+h}=\frac{mghR}{R+h}.$$

5.5.4 在经济中的应用

在导数的应用中我们介绍了一个函数的导数称为边际值，成本函数的导数称为边际成本，记为 $MC=C'(x)$，收益函数的导数称为边际收益，记为 $MR=R'(x)$.

于是总成本函数为

$$C(x)=\int_0^x MC\,\mathrm{d}x+C_0\text{，其中 } C_0 \text{ 为固定成本.}$$

总收益函数为 $$R(x)=\int_0^x MR\,\mathrm{d}x.$$

总利润函数为 $$L(x)=R(x)-C(x).$$

例 5-32 设生产某产品的固定成本为 $C_0=10$ 万元，而当产量为 x 时的边际成本函数 $C'(x)=3x^2-20x-40$（万元/单位），边际收益函数 $R'(x)=10x+32$（万元/单位）. 求(1)总

利润函数;(2)使总利润最大的产量 x.

解　(1)总成本函数为 $C(x)=\int_0^x(3x^2-20x-40)\mathrm{d}x+10$

$$=x^3-10x^2-40x+10.$$

总收益函数为 $R(x)=\int_0^x(10x+32)\mathrm{d}x=5x^2+32x$.

总利润函数为 $L(x)=R(x)-C(x)=-x^3+15x^2+72x-10$.

(2)令 $L'(x)=-3x^2+30x+72=0$ 得 $x_1=12, x_2=-2$(舍去).

又 $L''(x)=30-6x$,有 $L''(12)=-42<0$.

所以 $x=12$ 是 $L(x)$在$(0,+\infty)$内的最大值点.

即使总利润最大的产量是 $x=12$.

5.5.5　在医学中的应用

在医学研究的领域中,有许多指标具有量的累加性,可以通过定积分的计算来研究这些指标.

例 5-33　某种口服药物被吸收进入血液的吸收率函数为

$$f(t)=kt(t-a)^2,\quad 0\leqslant t\leqslant a,$$

t 是时间变量,其中 k,a 为常数,求药物吸收的总量.

解　设药物吸收的总量为 Q.

取 t 为积分变量,积分区间为$[0,a]$,在时段$[t,t+\mathrm{d}t]$上药物吸收量为

$$\mathrm{d}Q=kt(t-a)^2\mathrm{d}t.$$

药物吸收的总量 Q 为

$$Q=\int_0^a kt(t-a)^2\mathrm{d}t=k\int_0^a(t^3-2at^2+a^2t)\mathrm{d}t$$

$$=k\left(\frac{t^4}{4}-\frac{2at^3}{3}+\frac{a^2t^2}{2}\right)\Big|_0^a=\frac{ka^4}{12}.$$

本章主要概念和知识点

本章主要介绍了定积分、定积分的性质、积分上限函数、牛顿-莱布尼茨公式、定积分的换元积分法、定积分的分部积分法、反常积分、微元法.

定积分的概念:设函数 $f(x)$在$[a,b]$上有定义,(1) 分割:把区间$[a,b]$分成 n 个小区间$[x_{i-1},x_i]$,记 $\Delta x_i=x_i-x_{i-1}(i=1,2,\cdots n)$;(2) 近似代替:在每个小区间上任取一点 $\xi_i\in[x_{i-1},x_i]$,作乘积 $f(\xi_i)\Delta x_i$;(3) 作和:$\sum_{i=1}^{n}f(\xi_i)\Delta x_i$;(4) 取极限:令 $\lambda=\max\{\Delta x_1,\Delta x_2,\cdots,\Delta x_n\}$,当 $n\to\infty$时,$\lambda\to 0$,若不论小区间如何划分及 ξ_i 如何选择,和式的极限 $\lim\limits_{\lambda\to 0}\sum_{i=1}^{n}f(\xi_i)\Delta x_i$ 都存在,则该极限值为函数 $f(x)$ 在$[a,b]$上的定积分,记作$\int_a^b f(x)\mathrm{d}x$,即 $\int_a^b f(x)\mathrm{d}x=\lim\limits_{\lambda\to 0}\sum_{i=1}^{n}f(\xi_i)\Delta x_i$.

需要说明的是：定积分$\int_a^b f(x)\mathrm{d}x$ 是数值，定积分的值与被积函数 $f(x)$ 以及积分区间$[a,b]$有关，而与积分变量的记法无关. 定积分的几何意义：若 $f(x)\geqslant 0$，$\int_a^b f(x)\mathrm{d}x$ 表示以$[a,b]$为底，以曲线 $y=f(x)$ 为顶的曲边梯形的面积.

积分上限函数：函数 $f(x)$ 在$[a,b]$上连续，x 为$[a,b]$上任意一点，有 $f(x)$ 在$[a,x]$上可积，则称 $\Phi(x)=\int_a^x f(t)\mathrm{d}t, a\leqslant x\leqslant b$ 为积分上限函数. 需要说明的是：积分上限函数 $\Phi(x)=\int_a^x f(t)\mathrm{d}t$ 是 $f(x)$ 在$[a,b]$上的一个原函数，且 $\Phi'(x)=\frac{\mathrm{d}}{\mathrm{d}x}\int_a^x f(t)\mathrm{d}t=f(x)$. 它肯定了连续函数的原函数一定存在，并揭示了定积分与原函数之间的联系.

牛顿-莱布尼茨公式：设 $f(x)$ 在区间$[a,b]$上连续，$F(x)$ 是 $f(x)$ 的一个原函数，则$\int_a^b f(x)\mathrm{d}t=F(x)\big|_a^b=F(b)-F(a)$. 该公式把定积分转化为求 $f(x)$ 的一个原函数在区间$[a,b]$上的增量，给出了计算定积分的一种便捷高效的方法. 于是求定积分问题转化为求原函数问题，这就将和的极限的定积分与微分逆运算的不定积分紧密地联系在一起.

类似于不定积分，定积分也有换元积分法和分部积分法. 定积分的换元积分法 $\int_a^b f(x)\mathrm{d}x=\int_\alpha^\beta f[\varphi(t)]\varphi'(t)\mathrm{d}t$ 中注意换元必换限. 分部积分法 $\int_a^b uv'\mathrm{d}x=(uv)\big|_a^b-\int_a^b u'v\mathrm{d}x$，合理选择 u,v 是正确解题的关键.

无穷区间上的反常积分 $\int_a^{+\infty} f(x)\mathrm{d}x=\lim\limits_{b\to+\infty}\int_a^b f(x)\mathrm{d}x$ 是利用矛盾转化的思想方法，将反常积分转化为正常积分的极限. $\int_a^{+\infty} f(x)\mathrm{d}x$ 收敛的几何意义是：由曲线 $y=f(x)$，直线 $x=a$，$x=b$ 以及 x 轴所围成的曲边梯形，当右端边线 $x=b$ 向右无限延伸时以极限值作为它的面积. 无穷区间上的反常积分在概率论中非常有用. 特别地，积分$\int_0^{+\infty}\mathrm{e}^{-x^2}\mathrm{d}x$ 常被称为概率积分.

函数 $y=f(x)$ 在区间$[a,b]$上连续，任取子区间$[x,x+\mathrm{d}x]\subset[a,b]$，量 A 的微元 $\mathrm{d}A=f(x)\mathrm{d}x$，则总量 $A=\int_a^b f(x)\mathrm{d}x$. 微元法中微元 $\mathrm{d}A$ 选取的关键是满足 $\Delta A=\mathrm{d}A+o(\Delta x)$，其中 $\mathrm{d}A=f(x)\mathrm{d}x$. 微元法是利用微积分解决实际问题的一种非常重要的思想方法，在寻找微元的过程中，常用到以直代曲、以不变代变、以均匀代替非均匀的思想. 针对不同的实际问题有不同的微元选取方法，如：(1) 平面图形的面积，在直角坐标系下，面积微元为 $\mathrm{d}A=f(x)\mathrm{d}x$，面积 $A=\int_a^b f(x)\mathrm{d}x$；在极坐标系下，面积微元为$\mathrm{d}A=\frac{1}{2}[\varphi(\theta)]^2\mathrm{d}\theta$，面积 $A=\int_\alpha^\beta \frac{1}{2}[\varphi(\theta)]^2\mathrm{d}\theta$；(2) 旋转体的体积（平面图形绕 x 轴旋转），体积微元为 $\mathrm{d}V=\pi[f(x)]^2\mathrm{d}x$，旋转体的体积为 $V=\int_a^b \pi[f(x)]^2\mathrm{d}x$.

习题 5

1. 利用定积分的几何意义,求下列积分.

(1) $\int_0^1 2x\,\mathrm{d}x$;　(2) $\int_{-1}^1 |x|\,\mathrm{d}x$;　(3) $\int_{-2}^2 \sqrt{4-x^2}\,\mathrm{d}x$.

2. 不计算积分,比较下列积分值的大小.

(1) $\int_0^1 x\,\mathrm{d}x$ 与 $\int_0^1 x^2\,\mathrm{d}x$;　(2) $\int_1^2 \ln x\,\mathrm{d}x$ 与 $\int_1^2 (\ln x)^2\,\mathrm{d}x$;

(3) $\int_0^1 (1+x)\,\mathrm{d}x$ 与 $\int_0^1 \mathrm{e}^x\,\mathrm{d}x$.

3. 求下列函数的导数.

(1) $y=\int_0^x \sqrt{1+t^2}\,\mathrm{d}t$;　(2) $y=\int_0^{\sqrt{x}} \cos t^2\,\mathrm{d}t$;

(3) $y=\int_{x^2}^1 \mathrm{e}^t\,\mathrm{d}t$;　(4) $y=\int_{x^2}^{x^3} \sin t^2\,\mathrm{d}t$.

4. 计算下列定积分.

(1) $\int_1^2 \frac{1}{x}\mathrm{d}x$;　(2) $\int_4^9 \sqrt{x}(1+\sqrt{x})\,\mathrm{d}x$;　(3) $\int_{-1}^1 \frac{1}{1+x^2}\mathrm{d}x$;

(4) $\int_0^{\frac{1}{2}} \frac{1}{\sqrt{1-x^2}}\mathrm{d}x$;　(5) $\int_{-1}^1 (\mathrm{e}^x-\mathrm{e}^{-x})\,\mathrm{d}x$;　(6) $\int_0^{\sqrt{2}} \frac{1}{2+x^2}\mathrm{d}x$;

(7) $\int_{-1}^1 x|x|\,\mathrm{d}x$;　(8) $\int_0^{\pi} |\cos x|\,\mathrm{d}x$;　(9) $\int_0^{\frac{\pi}{2}} \sqrt{1-\sin 2x}\,\mathrm{d}x$;

(10) 已知函数 $f(x)=\begin{cases} x, & x\geqslant 0, \\ \sin x, & x<0, \end{cases}$ 求 $\int_{-1}^1 f(x)\,\mathrm{d}x$.

5. 利用换元积分法计算下列定积分.

(1) $\int_0^{\frac{\pi}{2}} \cos^3 x\sin x\,\mathrm{d}x$;　(2) $\int_{\mathrm{e}^2}^{\mathrm{e}^3} \frac{1}{x\ln^2 x}\mathrm{d}x$;　(3) $\int_0^1 \frac{\mathrm{e}^x}{1+\mathrm{e}^x}\mathrm{d}x$;

(4) $\int_0^1 x\sqrt{3-x^2}\,\mathrm{d}x$;　(5) $\int_0^1 \frac{\sqrt{x}}{1+x}\mathrm{d}x$;　(6) $\int_{\frac{\pi^2}{4}}^{\pi^2} \frac{\sin\sqrt{x}}{\sqrt{x}}\mathrm{d}x$;

(7) $\int_{-3}^3 \sqrt{9-x^2}\,\mathrm{d}x$;　(8) $\int_0^2 \frac{\mathrm{d}x}{x^2-2x+2}$.

6. 用分部积分法计算下列定积分.

(1) $\int_0^{\frac{\pi}{2}} x\sin x\,\mathrm{d}x$;　(2) $\int_0^1 \arcsin x\,\mathrm{d}x$;　(3) $\int_{-1}^1 x\arctan x\,\mathrm{d}x$;

(4) $\int_0^1 \mathrm{e}^{\sqrt{x}}\,\mathrm{d}x$;　(5) $\int_{\frac{1}{\mathrm{e}}}^{\mathrm{e}} |\ln x|\,\mathrm{d}x$.

7. 判定下列反常积分的敛散性,如果收敛,计算反常积分的值.

(1) $\int_1^{+\infty} \frac{1}{x^3}\mathrm{d}x$;　(2) $\int_2^{+\infty} \frac{1}{\sqrt{x-1}}\mathrm{d}x$;　(3) $\int_0^{+\infty} \frac{x}{1+x^4}\mathrm{d}x$;

(4) $\int_{e}^{+\infty} \frac{1}{x\ln^2 x}dx$； (5) $\int_{-\infty}^{+\infty} \frac{1}{x^2+2x+2}dx$.

8. 设函数 $f(x)$ 在区间 $[a,b]$ 上连续，求证 $\int_a^b f(x)dx=\int_a^b f(a+b-x)dx$.

9. 设 $f(x)$ 在区间 $[a,b]$ 上连续，且 $f(x)>0$，

$$F(x)=\int_a^x f(t)dt+\int_b^x \frac{dt}{f(t)},x\in[a,b],$$

证明：$F'(x)\geqslant 2$.

10. 求由曲线 $y=\frac{1}{x}$ 及直线 $y=x$，$x=2$ 所围成图形的面积.

11. 求由抛物线 $y=x^2$ 及直线 $x+y=2$ 所围成图形的面积.

12. 求由抛物线 $y=2x-x^2$ 及直线 $y=-x$ 所围成图形的面积.

13. 求由曲线 $\rho=2a\cos\theta(a>0)$，$-\frac{\pi}{2}\leqslant\theta\leqslant\frac{\pi}{2}$ 所围成平面图形的面积.

14. 求由曲线 $\rho=a\theta(a>0)$，$0\leqslant\theta\leqslant 2\pi$ 与极轴所围成平面图形的面积.

15. 求由抛物线 $y=x^2$ 和 x 轴以及直线 $x=1$ 所围成的图形绕 x 轴旋转一周所形成的旋转体的体积.

16. 计算由椭圆 $\frac{x^2}{a^2}+\frac{y^2}{b^2}=1$ 所围成的图形绕 x 轴旋转一周所形成的旋转体的体积.

17. 由实验知弹簧在拉伸过程中，需要的力 F（单位：N）与伸长量 x（单位：cm）成正比，即 $F=kx$（k 是比例常数）. 如果把弹簧由原长拉伸 6 cm，求力 F 所做的功.

18. 设某产品每天生产 x 单位时，边际成本函数 $C'(x)=0.4x+2$（元/单位），其固定成本为 $C_0=20$ 元，如果该商品销售价为 18 元，且产品可以全部售出，求总利润函数 $L(x)$，并问每天生产多少单位使获得的总利润最大.

19. 口服药物被吸收进入血液系统的药量称为该药的有效药量，某种药物的吸收速率函数为

$$r(t)=0.01t(t-6)^2 \qquad (0\leqslant t\leqslant 6),$$

求该药物的有效药量.

扫码做同步练习

第6章 多元函数微分法及其应用

本章教学要求

(1)理解空间直角坐标系中的点与三元有序数组的对应关系、空间曲面与曲线及其方程之间的对应关系,理解二元函数极限的概念以及多元函数的偏导数与全微分的概念.

(2)熟悉向量的数量积和向量积,理解向量平行与垂直的充要条件,会求空间平面方程与直线方程.

(3)掌握二元函数极限、多元函数的偏导数与全微分的求法,熟悉多元复合函数的求导法则,掌握隐函数的求导公式.

(4)会求空间曲线的切线与法平面方程,曲面的切平面与法线方程以及多元函数的极值.

在前面几章里,我们讨论的都是只有一个自变量的函数 $y=f(x)$,即一元函数.然而,在许多实际问题中,一个问题往往会涉及多个方面的因素,反映到数学上,就是一个变量依赖于多个变量的情形,为多元函数.如圆柱体的体积 $V=\pi r^2 h$ 依赖圆柱的底半径 r 和高 h 这两个变量,长方体的体积 $V=xyz$ 是由三条棱长 x,y,z 来确定的,等等,都是多元函数问题.本章将在一元函数微分法的基础上讨论多元函数的情形,并且以二元函数为主.

多元函数微分法是一元函数微分法的推广和发展,在处理问题的思路和方法上与一元函数基本相同,二者有许多相似的性质,但多元函数微分法也有其独特的性质和结果.因此,在学习多元函数微分法时,要注意与一元函数相对照.既要从本质上统一起来,又要注意其差别.

6.1 空间解析几何

6.1.1 空间直角坐标系

引入坐标系后,可用代数知识解决几何问题,也可用几何的直观简化抽象的数学推导.建立直线坐标系即数轴后,直线坐标系上的点便与实数 x 建立了一一对应关系;建立平面直角坐标系后,平面上的点与二元有序数组(x,y)也就建立了一一对应关系,此时平面上的曲线与二元方程 $F(x,y)=0$ 相对应.

下面介绍空间直角坐标系的相关知识,当建立了空间直角坐标系后,空间中的点与三元有序数组(x,y,z)之间建立了对应关系.

1. 空间直角坐标系的建立

在空间任取一点 O 为坐标原点,过点 O 作三条互相垂直的数轴,分别记为 x 轴,y 轴和

z 轴，统称为坐标轴，它们构成一个空间直角坐标系，称为 $Oxyz$ 坐标系. 通常把 x 轴和 y 轴放置于水平平面上，z 轴是铅垂线，三条坐标轴的正方向符合右手法则，即用右手握住 z 轴，当右手四指从 x 轴正向旋转 90 度指向 y 轴的正向时，大拇指的指向就是 z 轴的正向，如图 6-1 所示.

三条坐标轴中的任意两条可确定一个平面，称为坐标平面. 依所包含的坐标轴的符号，分别称为 xOy 平面、yOz 平面和 xOz 平面. 三个坐标平面将空间分割成八个部分，每个部分称为一个卦限，xOy 平面上方的依次叫作第一卦限，第二卦限，第三卦限，第四卦限，xOy 平面下方的依次叫第五卦限，…，第八卦限，依次记为 Ⅰ、Ⅱ、Ⅲ、Ⅳ、Ⅴ、Ⅵ、Ⅶ、Ⅷ，如图 6-2 所示.

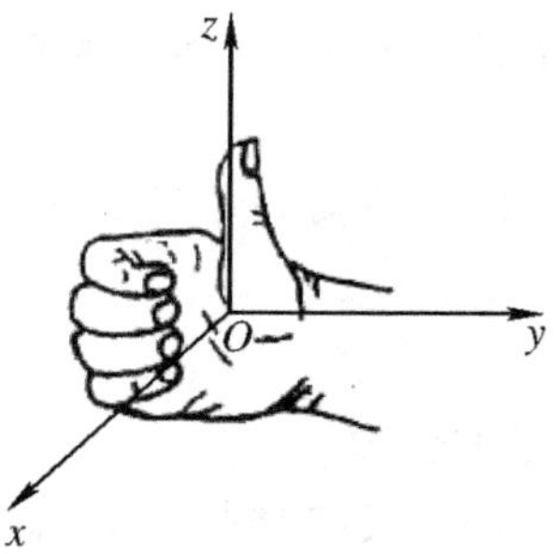

图 6-1

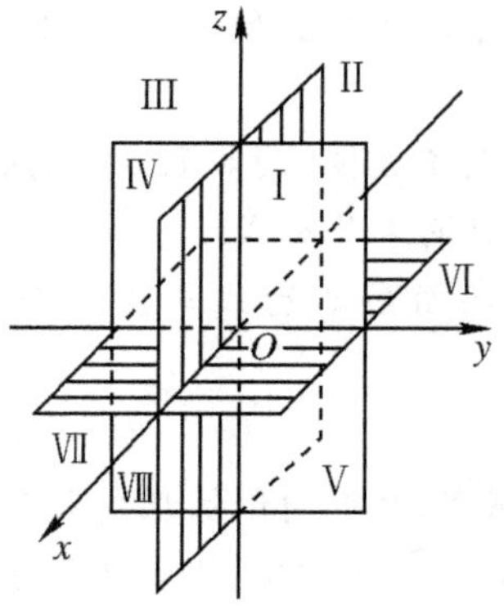

图 6-2

2. 空间中的点与三元有序实数组的对应

设 M 为空间中的一点，过点 M 分别作垂直于 x 轴，y 轴，z 轴的三个平面，它们与坐标轴的交点依次为 P,Q,R，如图 6-3 所示，这三个点在 x 轴，y 轴，z 轴的坐标依次为 x,y,z，于是点 M 唯一确定了一个三元有序实数组 (x,y,z)；反之，如果给定一个三元有序实数组 (x,y,z)，把 x,y,z 依次作为 x 轴，y 轴，z 轴上的坐标，则有确定的点 P,Q,R 与之对应，过这三个点分别作垂直于 x 轴，y 轴，z 轴的三个平面，这三个平面的交点 M 被有序实数组 (x,y,z) 唯一确定. 表明空间直角坐标系中的点 M 与有序数组 (x,y,z) 之间是一一对应的关系. 称有序数组 (x,y,z) 为点 M 的坐标，记为 $M(x,y,z)$，x,y,z 分别称为点 M 的横坐标、纵坐标、竖坐标，统称 M 的坐标.

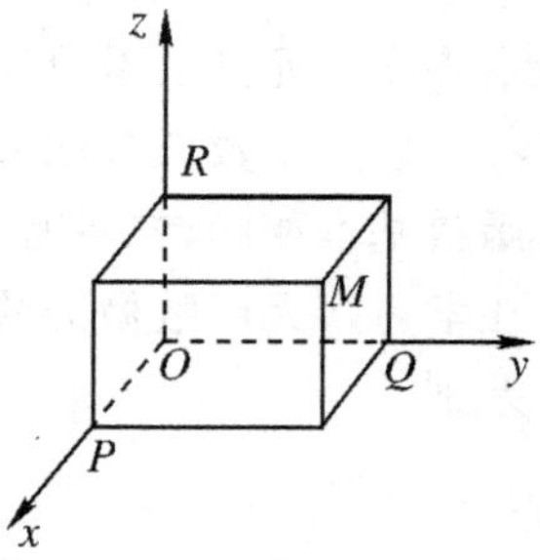

图 6-3

显然，原点的坐标为 $O(0,0,0)$，P,Q,R 坐标分别为 $(x,0,0)$，$(0,y,0)$，$(0,0,z)$，三个坐标平面 xOy，yOz，xOz 上点的坐标依次为 $(x,y,0)$，$(0,y,z)$，$(x,0,z)$.

例 6-1 求空间两点 $M_1(x_1,y_1,z_1)$ 与 $M_2(x_2,y_2,z_2)$ 的距离.

解 如图 6-4，过 M_1 和 M_2 分别作垂直于三条坐标轴的平面，得一个以 M_1M_2 为对角线的长方体.

由勾股定理得

$$|M_1M_2|=\sqrt{(x_2-x_1)^2+(y_2-y_1)^2+(z_2-z_1)^2}.$$

特别地,空间一点 $M(x,y,z)$ 到原点 $O(0,0,0)$ 的距离是

$$|OM|=\sqrt{x^2+y^2+z^2}.$$

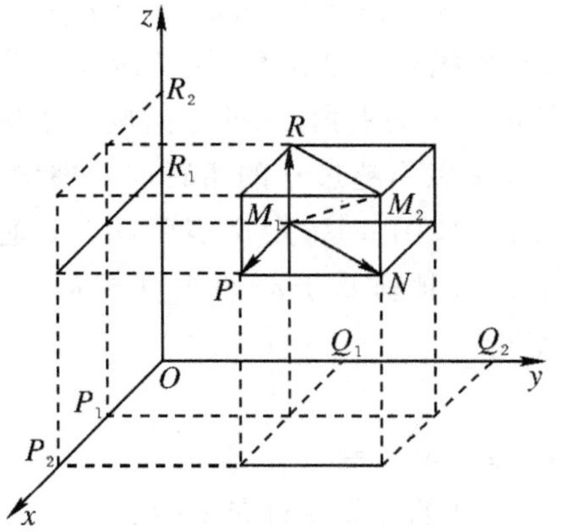

图 6-4

6.1.2　空间向量

在物理学中,常会遇到既有大小又有方向的量——向量.空间向量与中学已学的平面向量一样,有相同的记法、相同的运算及运算律,在空间可自由移动.

在空间直角坐标系中,将 x 轴,y 轴,z 轴上与坐标轴正向相同的单位向量依次记为 $\boldsymbol{i},\boldsymbol{j},\boldsymbol{k}$,于是以坐标原点 O 为起点,$P(x,y,z)$ 为终点的向量 $\overrightarrow{OP}=x\boldsymbol{i}+y\boldsymbol{j}+z\boldsymbol{k}$,也表示为 $\overrightarrow{OP}=(x,y,z)$,其模 $|\overrightarrow{OP}|=\sqrt{x^2+y^2+z^2}$.

设空间向量 $\boldsymbol{a}=(x_1,y_1,z_1)$,$\boldsymbol{b}=(x_2,y_2,z_2)$,其运算用坐标表示如下.

向量的加法:$\boldsymbol{a}+\boldsymbol{b}=(x_1+x_2,y_1+y_2,z_1+z_2)$.

向量的减法:$\boldsymbol{a}-\boldsymbol{b}=(x_1-x_2,y_1-y_2,z_1-z_2)$.

数与向量的乘法:$\lambda\boldsymbol{a}=(\lambda x_1,\lambda y_1,\lambda z_1)$.

向量的数量积(点乘):$\boldsymbol{a}\cdot\boldsymbol{b}=x_1x_2+y_1y_2+z_1z_2$.

于是向量 $\boldsymbol{a}$ 的模也可通过数量积计算,即 $|\boldsymbol{a}|=\sqrt{\boldsymbol{a}\cdot\boldsymbol{a}}$.

向量的数量积是数量,不是向量,也定义为:$\boldsymbol{a}\cdot\boldsymbol{b}=|\boldsymbol{a}|\ |\boldsymbol{b}|\cos\theta$,其中 $\theta(0\leqslant\theta\leqslant\pi)$ 是向量 $\boldsymbol{a}$ 与 $\boldsymbol{b}$ 的夹角.并且 $\theta=0$ 当且仅当 $\boldsymbol{a}$ 与 $\boldsymbol{b}$ 平行且方向相同;$\theta=\pi$ 当且仅当 $\boldsymbol{a}$ 与 $\boldsymbol{b}$ 平行且方向相反.于是 $\boldsymbol{a}$ 与 $\boldsymbol{b}$ 平行当且仅当存在数 λ,有 $\boldsymbol{b}=\lambda\boldsymbol{a}$,且 $\lambda>0$ 时 $\boldsymbol{a}$ 与 $\boldsymbol{b}$ 同向,$\lambda<0$ 时 $\boldsymbol{a}$ 与 $\boldsymbol{b}$ 反向.当 $\theta=\dfrac{\pi}{2}$ 时称 $\boldsymbol{a}$ 与 $\boldsymbol{b}$ 垂直,于是 $\boldsymbol{a}$ 与 $\boldsymbol{b}$ 垂直当且仅当 $\boldsymbol{a}\cdot\boldsymbol{b}=0$.

例 6-2　已知向量 $\boldsymbol{a}$ 与 $\boldsymbol{b}$ 的模长为 $|\boldsymbol{a}|=2$,$|\boldsymbol{b}|=3$,且 $\boldsymbol{a}$ 与 $\boldsymbol{b}$ 的夹角 $\theta=\dfrac{\pi}{3}$.求向量 $\boldsymbol{c}=\boldsymbol{a}-2\boldsymbol{b}$ 的模.

解　因为 $|\boldsymbol{c}|=\sqrt{\boldsymbol{c}\cdot\boldsymbol{c}}$,而

$$\begin{aligned}\boldsymbol{c}\cdot\boldsymbol{c}&=(\boldsymbol{a}-2\boldsymbol{b})\cdot(\boldsymbol{a}-2\boldsymbol{b})=\boldsymbol{a}\cdot\boldsymbol{a}-2\boldsymbol{a}\cdot\boldsymbol{b}-2\boldsymbol{b}\cdot\boldsymbol{a}+4\boldsymbol{b}\cdot\boldsymbol{b}\\&=|\boldsymbol{a}|^2-4|\boldsymbol{a}||\boldsymbol{b}|\cos\theta+4|\boldsymbol{b}|^2\end{aligned}$$

$$=2^2-4\times2\times3\times\frac{1}{2}+4\times3^2=28,$$

所以模长 $$|\boldsymbol{c}|=\sqrt{\boldsymbol{c}\cdot\boldsymbol{c}}=\sqrt{28}=2\sqrt{7}.$$

向量的向量积:$\boldsymbol{a}$ 与 $\boldsymbol{b}$ 的向量积是一个向量,记为 $\boldsymbol{a}\times\boldsymbol{b}$,它的模为 $|\boldsymbol{a}||\boldsymbol{b}|\sin\theta$,其中 θ 是 $\boldsymbol{a}$ 与 $\boldsymbol{b}$ 的夹角;它的方向按右手规则决定,即当右手的四个手指从 $\boldsymbol{a}$ 以不超过 π 的角转向 $\boldsymbol{b}$ 握拳,大拇指的指向就是 $\boldsymbol{a}\times\boldsymbol{b}$ 的方向,如图 6-5. 定义表明,$\boldsymbol{a}\times\boldsymbol{b}$ 垂直 $\boldsymbol{a}$ 与 $\boldsymbol{b}$ 所决定的平面,所以 $\boldsymbol{a}\times\boldsymbol{b}$ 既垂直于 $\boldsymbol{a}$,也垂直于 $\boldsymbol{b}$.

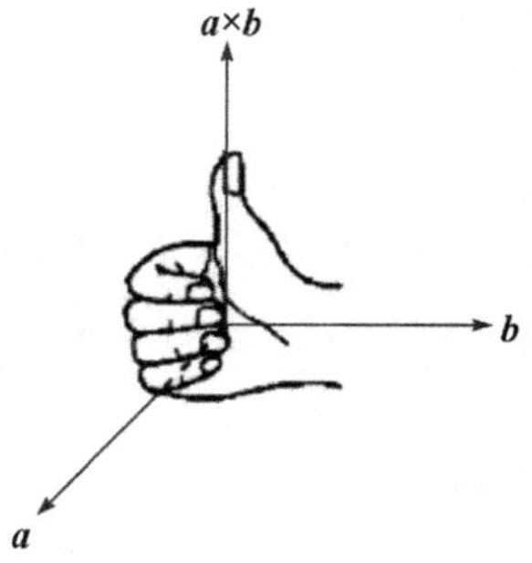

图 6-5

由向量积定义易得如下结论.

(1) $\boldsymbol{a}\times\boldsymbol{a}=\boldsymbol{0}$.

因为 $\theta=0$,所以 $|\boldsymbol{a}\times\boldsymbol{a}|=|\boldsymbol{a}|^2\sin 0=0$.

(2) 对于向量 $\boldsymbol{a}$ 与 $\boldsymbol{b}$,$\boldsymbol{a}\times\boldsymbol{b}=\boldsymbol{0}$ 的充要条件是 $\boldsymbol{a}/\!/\boldsymbol{b}$.

由 $\boldsymbol{a}\times\boldsymbol{b}=\boldsymbol{0}$ 得:$\boldsymbol{a}=\boldsymbol{0}$ 或 $\boldsymbol{b}=\boldsymbol{0}$ 或 $\sin\theta=0$,无论哪种情形均有 $\boldsymbol{a}/\!/\boldsymbol{b}$.

反之,若 $\boldsymbol{a}/\!/\boldsymbol{b}$,则 $\theta=0$ 或 $\theta=\pi$. 无论哪种情形均有 $\sin\theta=0$,因此 $|\boldsymbol{a}\times\boldsymbol{b}|=0$.

即 $\boldsymbol{a}\times\boldsymbol{b}=\boldsymbol{0}$.

(3) 由三角形 ABC 的面积计算公式 $S_{\Delta ABC}=\frac{1}{2}(AB)(AC)\sin\angle A$ 及向量积的定义,可得 $S_{\Delta ABC}=\frac{1}{2}|\overrightarrow{AB}\times\overrightarrow{AC}|$.

向量积满足的运算律有:

(1) $\boldsymbol{b}\times\boldsymbol{a}=-(\boldsymbol{a}\times\boldsymbol{b})$.

(2) $(\boldsymbol{a}+\boldsymbol{b})\times\boldsymbol{c}=\boldsymbol{a}\times\boldsymbol{c}+\boldsymbol{b}\times\boldsymbol{c}$.

(3) $(\lambda\boldsymbol{a})\times\boldsymbol{b}=\boldsymbol{a}\times(\lambda\boldsymbol{b})=\lambda(\boldsymbol{a}\times\boldsymbol{b})$.

设 $\boldsymbol{a}=(a_x,a_y,a_z)$,$\boldsymbol{b}=(b_x,b_y,b_z)$,即 $\boldsymbol{a}=a_x\boldsymbol{i}+a_y\boldsymbol{j}+a_z\boldsymbol{k}$,$\boldsymbol{b}=b_x\boldsymbol{i}+b_y\boldsymbol{j}+b_z\boldsymbol{k}$.

由向量积的运算及满足的运算律得

$\boldsymbol{a}\times\boldsymbol{b}=(a_yb_z-a_zb_y)\boldsymbol{i}+(a_zb_x-a_xb_z)\boldsymbol{j}+(a_xb_y-a_yb_x)\boldsymbol{k}$.

为便于记忆,利用三阶行列式按第一行展开公式,有

$$\boldsymbol{a}\times\boldsymbol{b}=\begin{vmatrix}\boldsymbol{i}&\boldsymbol{j}&\boldsymbol{k}\\a_x&a_y&a_z\\b_x&b_y&b_z\end{vmatrix}.$$

例 6-3 设 $\boldsymbol{a}=(3,-1,-2)$,$\boldsymbol{b}=(1,2,-1)$. 求 $\boldsymbol{a}\times\boldsymbol{b}$.

解 $$\boldsymbol{a}\times\boldsymbol{b}=\begin{vmatrix}\boldsymbol{i}&\boldsymbol{j}&\boldsymbol{k}\\3&-1&-2\\1&2&-1\end{vmatrix}=5\boldsymbol{i}+\boldsymbol{j}+7\boldsymbol{k}.$$

6.1.3 空间曲面

1. 空间曲面与方程的概念

在空间解析几何中,由于动点 M 的坐标与 x,y,z 三个变量有关,所以动点 M 所满足的

规律通常可以用含三个变量的方程 $F(x,y,z)=0$ 来表示，它对应空间中的一张曲面.

定义 1　如果方程 $F(x,y,z)=0$ 与曲面 S 存在如下关系：

(1) 满足方程 $F(x,y,z)=0$ 的任意一组解 (x,y,z) 都是曲面 S 上的坐标；

(2) 曲面 S 上任意点的坐标 (x,y,z) 都满足方程 $F(x,y,z)=0$，

那么，方程 $F(x,y,z)=0$ 称为曲面 S 的方程，曲面 S 称为方程 $F(x,y,z)=0$ 的图形(图 6-6).

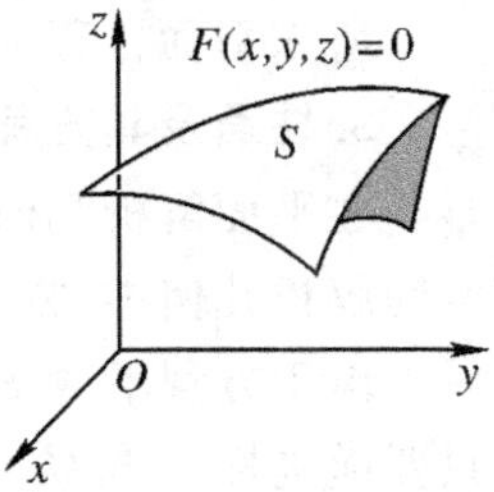

图 6-6

例 6-4　求以 $M_0(a,b,c)$ 为球心，以 R 为半径的球面 S 的方程.

解　设 $M(x,y,z)$ 为球面 S 上的任意点，如图 6-7 所示，则有

$$|MM_0|=R.$$

由空间两点的距离公式得

$$\sqrt{(x-a)^2+(y-b)^2+(z-c)^2}=R.$$

整理得球面 S 的方程为 $(x-a)^2+(y-b)^2+(z-c)^2=R^2$.

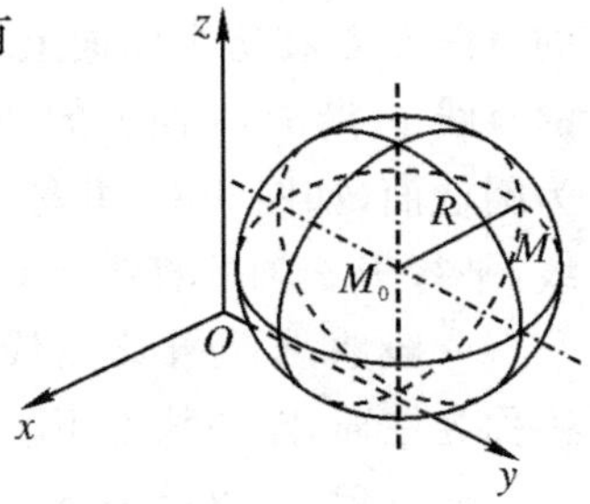

图 6-7

例 6-5　设 $M_1(1,0,-2)$，$M_2(-2,1,2)$，求到这两点距离相等的点的轨迹方程.

解　设 $M(x,y,z)$ 为所求轨迹上的任意点，则有

$$|MM_1|=|MM_2|.$$

由空间两点距离公式得

$$\sqrt{(x-1)^2+(y-0)^2+(z+2)^2}=\sqrt{(x+2)^2+(y-1)^2+(z-2)^2}.$$

整理得所求轨迹方程为 $-3x+y+4z-2=0$.

该轨迹方程是垂直平分线段 M_1M_2 的一个平面，称为线段 M_1M_2 的垂直平分面.

2. 空间平面及其方程

若 $F(x,y,z)=0$ 是一次方程，则它所表示的曲面叫作一次曲面，是一张平面.

如一次方程 $z=0$ 就是 xOy 平面.

定义 2　若非零向量 $\boldsymbol{n}$ 垂直于平面 Π，则称 $\boldsymbol{n}$ 为平面 Π 的法向量.

若给定空间一个点 $M_0(x_0,y_0,z_0)$ 和一个非零向量 $\boldsymbol{n}=(A,B,C)$，则过点 M_0 且以 $\boldsymbol{n}$ 为法向量的平面就被唯一确定. 设 $M(x,y,z)$ 为该平面上的任意点，则有 $\boldsymbol{n}\perp\overrightarrow{M_0M}$. 由向量垂直的充要条件得该平面的方程为

$$A(x-x_0)+B(y-y_0)+C(z-z_0)=0,$$

称该方程为平面的点法式方程.

将平面的点法式方程 $A(x-x_0)+B(y-y_0)+C(z-z_0)=0$ 再化简得

$$Ax+By+Cz+D=0,$$

其中 $D=-Ax_0-By_0-Cz_0$，称方程 $Ax+By+Cz+D=0$ 为平面的一般方程.

例 6-6　已知点 $M_1(2,-2,-1)$，$M_2(-2,0,5)$，求过点 M_1 且垂直于 M_1M_2 的平面方程.

解　因平面垂直于 M_1M_2，所以取 $\overrightarrow{M_1M_2}$ 为平面的法向量 $\boldsymbol{n}$，

而 $\overrightarrow{M_1M_2}=(-4,2,6)$，由平面的点法式方程得

$$-4(x-2)+2(y+2)+6(z+1)=0.$$

所求平面方程为 $\quad -4x+2y+6z+18=0.$

3. 柱面及其方程

在平面解析几何中，方程 $x^2+y^2=R^2$ 表示以(0,0)为圆心，以 R 为半径的圆周线，那在空间解析几何中，方程 $x^2+y^2=R^2$ 表示怎样的曲面呢？

由于方程不含 z，即曲面上点(x,y,z)的竖坐标 z 可任意取值，只要横坐标 x 与纵坐标 y 满足方程 $x^2+y^2=R^2$ 即可. 也就是说，凡是经过 xOy 面内圆 $x^2+y^2=R^2$ 上的点 $M(x,y,0)$，且平行于 z 轴的直线 L 都在这个曲面上. 因此，这个曲面可以看作是由平行于 z 轴的直线 L 沿 xOy 面上的圆 $x^2+y^2=R^2$ 移动而成的轨迹，称该曲面为圆柱面(如图 6-8). 并称 xOy 面上的圆 $x^2+y^2=R^2$ 为圆柱面的准线，平行于 z 轴的直线 L 称为圆柱面的母线.

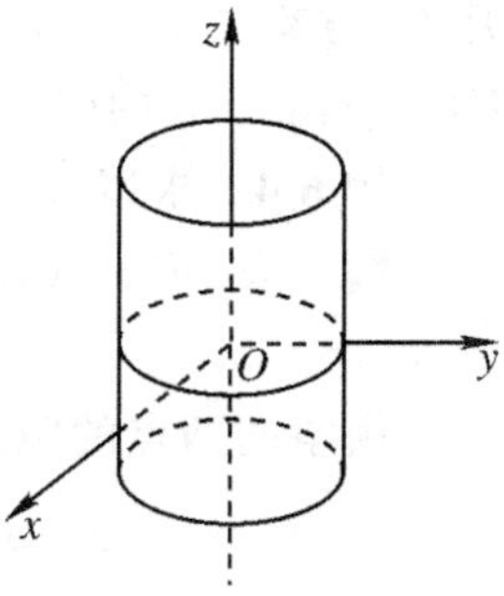

图 6-8

一般地，平行于定直线并沿定曲线 C 移动的直线 L 所形成的轨迹称为柱面，定曲线 C 称为柱面的准线，动直线 L 称为柱面的母线.

如方程 $y=3x^2$ 在平面解析几何中表示经过原点的开口向上的抛物线，在空间解析几何中表示母线平行于 z 轴的柱面，它的准线是 xOy 面上的抛物线 $y=3x^2$，该柱面称为抛物柱面.

4. 旋转曲面及其方程

平面内一条曲线 C 绕该平面上一条直线 L 旋转一周所形成的曲面称为旋转曲面，其中平面内的定曲线 C 与定直线 L 分别叫作旋转曲面的母线和轴.

如球面 $x^2+y^2+z^2=R^2$ 可看作是 yOz 面上的圆 $y^2+z^2=R^2$ 绕其直径旋转一周所得的旋转曲面.

一般地，若母线 C 的方程为 $f(x,y)=0$，且轴为 x 轴，则得到的旋转曲面 S 的方程为 $f(x,\pm\sqrt{y^2+z^2})=0$，即母线方程 $f(x,y)=0$ 中的 x 不变，将 y 改为$\pm\sqrt{y^2+z^2}$.

如 xOz 面上的双曲线$\dfrac{x^2}{a^2}-\dfrac{z^2}{c^2}=1$ 绕 z 轴旋转一周所得的旋转曲面方程为 $\dfrac{x^2+y^2}{a^2}-\dfrac{z^2}{c^2}=1$，绕 x 轴旋转一周所得的旋转曲面方程为$\dfrac{x^2}{a^2}-\dfrac{y^2+z^2}{c^2}=1$，分别叫作旋转单叶双曲面(图 6-9)和旋转双叶双曲面(图 6-10).

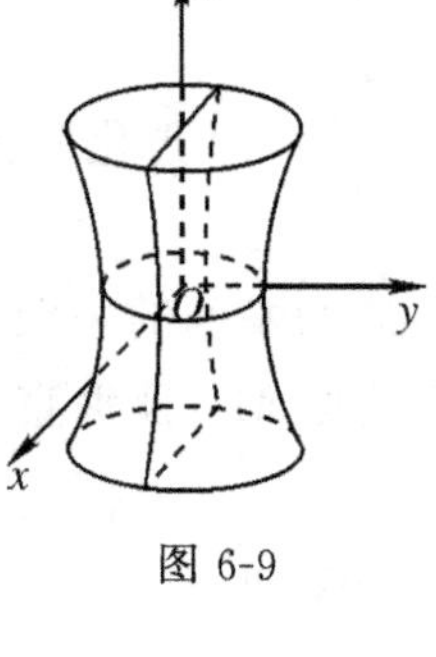

图 6-9

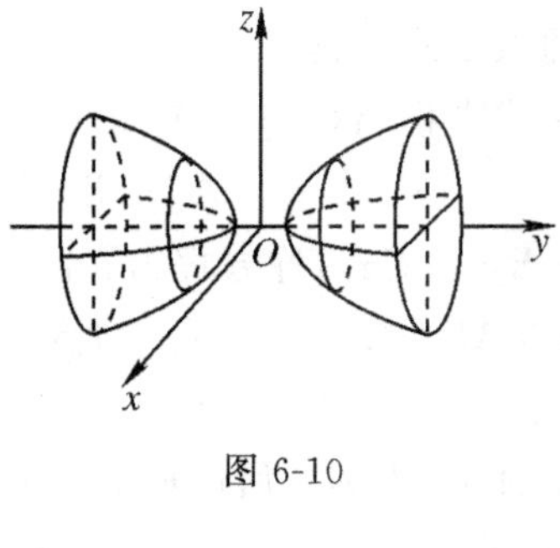

图 6-10

5. 常见的二次曲面及其方程

若 $F(x,y,z)=0$ 是二次方程，则它所表示的曲面叫作二次曲面.

球面、圆柱面、旋转双曲面等都是常见的二次曲面，除此之外还有椭球面和椭圆抛物面，它们在第 7 章重积分中将有应用.

椭球面：方程为 $\frac{x^2}{a^2}+\frac{y^2}{b^2}+\frac{z^2}{c^2}=1$ (图 6-11).

椭圆抛物面：方程为 $\frac{x^2}{2a}+\frac{y^2}{2b}=z \quad (ab>0)$(图 6-12).

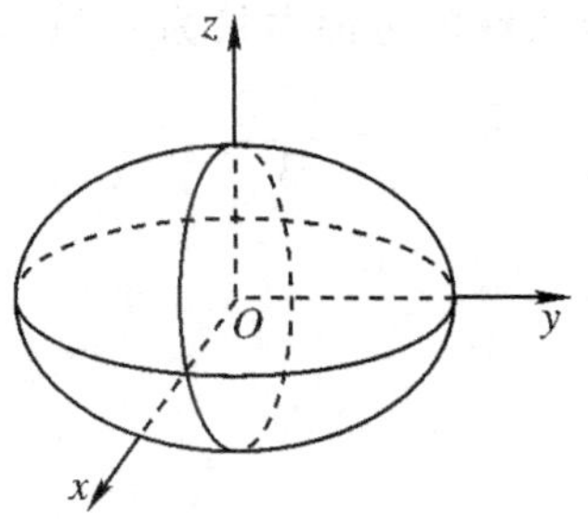

图 6-11

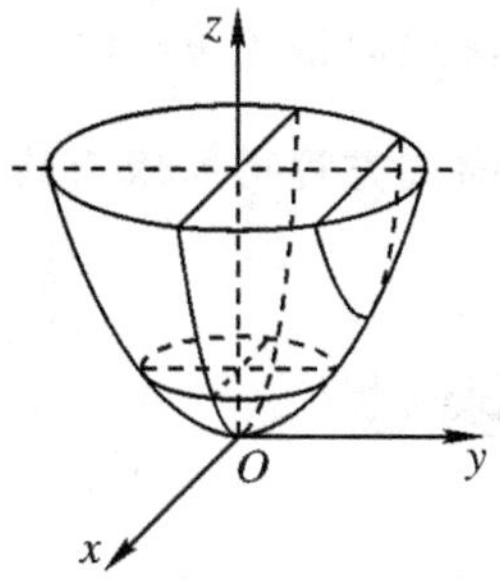

图 6-12

6.1.4　空间曲线

空间曲线也是点的几何轨迹，位于曲线上的点的坐标(x,y,z)也满足一定的方程. 实际上，空间中的任意曲线总可以看作两个不同曲面的交线，若 $F(x,y,z)=0$ 与 $G(x,y,z)=0$ 是两个不同曲面的方程，则它们交线——曲线上的点(x,y,z)满足方程组$\begin{cases}F(x,y,z)=0,\\G(x,y,z)=0.\end{cases}$

这种三元方程组就是空间曲线的解析式，称为空间曲线的一般方程.

空间曲线有时也用参数方程组表示为$\begin{cases}x=x(t),\\y=y(t),\\z=z(t).\end{cases}$

如$\begin{cases}x=a\cos\theta,\\y=a\sin\theta,\\z=b z\end{cases}$是螺旋线的一种参数方程，方程组$\begin{cases}x^2+y^2=1,\\2x+3z=6\end{cases}$表示柱面 $x^2+y^2=1$ 与平面 $2x+3z=6$ 的交线，$\begin{cases}z=0,\\x=0\end{cases}$表示平面 $z=0$(xOy 平面)与平面 $x=0$(yOz 平面)的交线，即直线，该直线就是 y 轴.

空间直线是空间曲线的特殊情形，除用一般方程表示外，还有如下的表示.

定义 3　若非零向量 $\boldsymbol{s}$ 平行于直线 L，则称 $\boldsymbol{s}$ 为直线 L 的方向向量.

若给定空间一个点 $M_0(x_0,y_0,z_0)$和一个非零向量 $\boldsymbol{s}=(a,b,c)$，则过点 M_0 且以 $\boldsymbol{s}$ 为方向向量的直线就被唯一确定. 设 $M(x,y,z)$为该直线上的任意点，则有 $\boldsymbol{s}/\!/\overrightarrow{M_0M}$. 由向量平行的充要条件得该直线方程为

$$\frac{x-x_0}{a}=\frac{y-y_0}{b}=\frac{z-z_0}{c},$$

称该方程为直线的点向式方程或对称式方程.

令$\frac{x-x_0}{a}=\frac{y-y_0}{b}=\frac{z-z_0}{c}=t$,得$\begin{cases}x=at+x_0,\\y=bt+y_0,\\z=ct+z_0,\end{cases}$称其为直线的参数方程.

例 6-7 求过点 $P(0,2,-5)$且与平面 $x-4y+3z-6=0$ 垂直的直线方程.

解 由于直线与平面垂直,所以取平面的法向量为所求直线的方向向量.

因为平面的法线向量为 $\boldsymbol{n}=(1,-4,3)$,所以直线的方向向量为 $\boldsymbol{s}=(1,-4,3)$.

由直线的点向式方程得所求直线的方程为$\frac{x}{1}=\frac{y-2}{-4}=\frac{z+5}{3}$.

6.2 多元函数

6.2.1 多元函数的概念

为了将一元函数推广到多元函数,需要将一些概念加以推广.

引入了数轴、平面直角坐标系、空间直角坐标系以后,数轴上的点 P 与实数 x,平面上的点 P 与二元有序数组(x,y),空间中的点 P 与三元有序数组(x,y,z)都建立了一一对应的关系.全体实数集用 $\mathbf{R}=\mathbf{R}^1$ 表示;平面上所有点的集合表示为:$\mathbf{R}^2=\mathbf{R}\times\mathbf{R}=\{(x,y)\mid x,y\in\mathbf{R}\}$;空间所有点的集合表示为:$\mathbf{R}^3=\mathbf{R}\times\mathbf{R}\times\mathbf{R}=\{(x,y,z)\mid x,y,z\in\mathbf{R}\}$,类似地,用 $\mathbf{R}^n$ 表示所有 n 元有序实数组$(x_1,x_2,\cdots,x_n)(x_i\in\mathbf{R})$构成的集合.

类似于 $\mathbf{R}$ 中的邻域概念,我们给出 $\mathbf{R}^2$ 中邻域的概念.

设 $P_0(x_0,y_0)$是 xOy 平面上的一点,δ 是一正实数,与点 $P_0(x_0,y_0)$的距离小于 δ 的所有点 $P(x,y)$构成的集合称为 P_0 的 δ 邻域.记为 $U(P_0,\delta)$,即

$$U(P_0,\delta)=\left\{(x,y)\,\middle|\,\sqrt{(x-x_0)^2+(y-y_0)^2}<\delta\right\}.$$

在几何上,$U(P_0,\delta)$就是 xOy 平面上以点 P_0 为中心,δ 为半径的圆的内部点的全体.

若在 $U(P_0,\delta)$中去掉中心 P_0,则称该集合为 P_0 点的去心邻域,记为 $\mathring{U}(P_0,\delta)$.即 $\mathring{U}(P_0,\delta)=\{(x,y)\mid 0<\sqrt{(x-x_0)^2+(y-y_0)^2}<\delta\}$.

定义 1 设 D 是平面点集 $\mathbf{R}^2$ 的非空子集,若存在对应法则 f,使得对 D 中每一点 $P(x,y)$,都有唯一确定的实数 z 与之对应,则称 f 是定义在集合 D 上的二元函数,记为

$$z=f(x,y),(x,y)\in D,$$

其中 x,y 称为自变量,z 称为因变量,D 称为该二元函数定义域.

如,$z=\sqrt{1-x^2-y^2}$是二元函数,其定义域为$\{(x,y)\mid x^2+y^2\leqslant 1\}$,是 xOy 平面上以 $O(0,0)$为圆心,1 为半径的圆周及其内部所有点的全体.

集合$\{z\mid z=f(x,y),(x,y)\in D\}$称为二元函数 $z=f(x,y)((x,y)\in D)$的值域.

类似地,可以定义三元函数 $u=f(x,y,z),(x,y,z)\in D\subset\mathbf{R}^3$ 及三元以上的函数.

二元及二元以上的函数统称为多元函数.

关于多元函数的定义域,与一元函数相类似,就是使多元函数表达式有意义的一切自变量取值的全体集合.二元函数的定义域一般是 xOy 平面的一部分,我们称之为区域.它是由一条或几条曲线所包围的平面上的部分.包围区域的曲线称为该区域的边界,包含边界的区域称为闭区域,否则称为开区域.若某区域能包含在一个具有确定半径的圆内,则该区域称为有界区域,否则称为无界区域.

例 6-8　求下列函数的定义域.

(1) $z=\sqrt{y-x^2}$;　(2) $z=\ln(x^2+y^2-2x)+\ln(4-x^2-y^2)$.

解　(1) 由不等式 $y-x^2\geqslant 0$ 得所求定义域为 $D=\{(x,y)\mid y\geqslant x^2\}$,是一个无界开区域,如图 6-13 所示.

(2) 由不等式组 $\begin{cases}x^2+y^2-2x>0,\\4-x^2-y^2>0\end{cases}$ 得所求定义域为 $D=\{(x,y)\mid 2x<x^2+y^2<4\}$,是一个有界开区域,如图 6-14 所示.

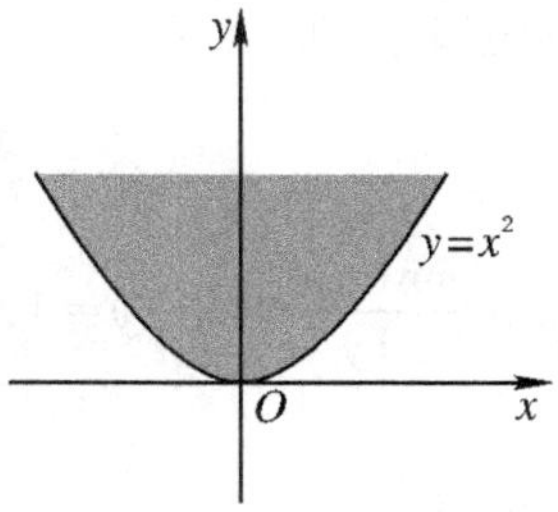

图 6-13

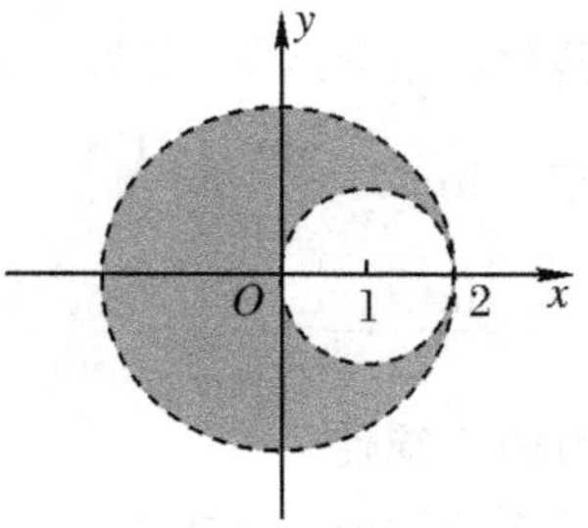

图 6-14

设二元函数 $z=f(x,y)$ 的定义域为 D,空间点集 $\{(x,y,z)\mid z=f(x,y),(x,y)\in D\}$ 称为二元函数 $z=f(x,y)$ 的图形,通常是空间的一张曲面.

6.2.2　二元函数的极限与连续

1. 二元函数的极限

定义 2　设函数 $z=f(x,y)$ 在点 $P_0(x_0,y_0)$ 某去心邻域内有定义,A 为固定常数,对任意给定的正数 ε,存在 $\delta>0$,使得对 $P(x,y)\in\mathring{U}(P_0,\delta)$ 的一切 $P(x,y)$ 有

$$|f(P)-A|=|f(x,y)-A|<\varepsilon$$

成立,则称常数 A 为函数 $z=f(x,y)$ 当 $P(x,y)\to P_0(x_0,y_0)$ 时的极限,记作

$$\lim_{(x,y)\to(x_0,y_0)} f(x,y)=A \text{ 或 } \lim_{P\to P_0} f(x,y)=A \text{ 或 } f(x,y)\to A(\text{当 } P\to P_0 \text{ 时}).$$

定义中的 $P(x,y)\to P_0(x_0,y_0)$ 是指 $P(x,y)$ 以任何方式或沿任何路径趋于 $P_0(x_0,y_0)$.若 $P(x,y)$ 以某种特殊的方式趋于 $P_0(x_0,y_0)$,即使函数值无限趋于 A,也不能断定 A 就为函数的极限.只有当点 $P(x,y)$ 以任何路径趋于 $P_0(x_0,y_0)$ 时,函数值 $f(x,y)$ 都趋于 A,才称其极限为 A.反过来,若 $P(x,y)$ 沿某条路径趋于 $P_0(x_0,y_0)$ 时极限不存在,或 $P(x,y)$ 沿某两条不同路径趋于 $P_0(x_0,y_0)$ 时函数值趋于不同的数值,则二元函数的极限不存在.

例 6-9 讨论二元函数

$$f(x,y)=\begin{cases}\dfrac{xy}{x^2+y^2}, & x^2+y^2\neq 0,\\ 0, & x^2+y^2=0,\end{cases}$$

当 $P(x,y)\to(0,0)$ 时极限是否存在.

解 当 $P(x,y)$ 沿 x 轴趋于 $(0,0)$ 时，$\lim\limits_{x\to 0}f(x,0)=0$；

当 $P(x,y)$ 沿 y 轴趋于 $(0,0)$ 时，$\lim\limits_{y\to 0}f(0,y)=0$.

虽然 $P(x,y)$ 以这两种方式趋于原点时，极限存在且相等，但 $\lim\limits_{(x,y)\to(0,0)}f(x,y)$ 并不存在.

因为，当点 $P(x,y)$ 沿直线 $y=kx\quad(k\neq 0)$ 趋于 $(0,0)$ 时，有

$$\lim_{\substack{(x,y)\to(0,0)\\ y=kx}}f(x,y)=\lim_{x\to 0}\frac{kx^2}{x^2+k^2x^2}=\frac{k}{1+k^2},$$

显然 k 不同，所得到的极限值不同，所以 $\lim\limits_{(x,y)\to(0,0)}f(x,y)$ 不存在.

关于多元函数的极限运算，有与一元函数相类似的运算法则.

例 6-10 求 $\lim\limits_{(x,y)\to(0,2)}\dfrac{\sin(xy)}{x}$.

解 $\lim\limits_{(x,y)\to(0,2)}\dfrac{\sin(xy)}{x}=\lim\limits_{(x,y)\to(0,2)}\left[\dfrac{\sin(xy)}{xy}\cdot y\right]=\lim\limits_{xy\to 0}\dfrac{\sin(xy)}{xy}\cdot\lim\limits_{y\to 2}y=1\times 2=2.$

2. 二元函数的连续性

二元函数的连续性的定义类似于一元函数的连续性，即

定义 3 设函数 $z=f(x,y)$ 在点 $P_0(x_0,y_0)$ 的某邻域内有定义，若

$$\lim_{(x,y)\to(x_0,y_0)}f(x,y)=f(x_0,y_0),$$

则称函数 $z=f(x,y)$ 在点 $P_0(x_0,y_0)$ 处连续，否则称函数 $f(x,y)$ 在点 $P_0(x_0,y_0)$ 处间断（不连续）.

如例 6-9，$f(x,y)=\begin{cases}\dfrac{xy}{x^2+y^2}, & x^2+y^2\neq 0,\\ 0, & x^2+y^2=0\end{cases}$ 在点 $(0,0)$ 间断，在点 $(1,0)$ 连续.

若二元函数 $f(x,y)$ 在定义区域 D 内每一点连续，则称 $f(x,y)$ 在 D 内连续.

与一元函数一样，二元初等函数在其定义的区域内是连续的. 所谓二元初等函数 $f(x,y)$ 指的是由常数及 x 的初等函数、y 的初等函数经过有限次的四则运算或复合运算而得到并能用一个解析式表达的函数.

如 $z=\dfrac{x+x^2-y^2}{1+x^2}$，$z=\cos(x+y)$ 都是二元初等函数.

例 6-11 求 $\lim\limits_{(x,y)\to(1,2)}\dfrac{x+y}{xy}$.

解 显然函数 $f(x,y)=\dfrac{x+y}{xy}$ 是初等函数. 它的定义域为

$$D=\{(x,y)\mid x\neq 0,y\neq 0\},$$

且点$(1,2)\in D$，所以$\lim\limits_{(x,y)\to(1,2)}\dfrac{x+y}{xy}=f(1,2)=\dfrac{3}{2}$.

例 6-12 求$\lim\limits_{(x,y)\to(0,0)}\dfrac{\sqrt{xy+1}-1}{xy}$.

解
$$\lim_{(x,y)\to(0,0)}\frac{\sqrt{xy+1}-1}{xy}=\lim_{(x,y)\to(0,0)}\frac{xy+1-1}{xy(\sqrt{xy+1}+1)}$$
$$=\lim_{(x,y)\to(0,0)}\frac{1}{\sqrt{xy+1}+1}=\frac{1}{2}.$$

闭区域上二元连续函数与闭区间上一元连续函数有同样的结论，如若函数$z=f(x,y)$在闭区域D内连续，则它在D内有最大值与最小值.

6.3 偏导数与全微分

6.3.1 偏导数

一元函数的导数刻画了函数因变量对自变量的变化率，对多元函数同样需要讨论它的变化率. 由于多元函数自变量不止一个，因变量与自变量的关系要比一元函数复杂，但我们仍然可以考虑函数关于其中某一个自变量的变化率问题，即多元函数的偏导数问题.

1. 偏增量与全增量

设函数$z=f(x,y)$在区域D上有定义，点$P_0(x_0,y_0)$及$P(x,y)$在区域D上. 自变量x的改变量记为$\Delta x=x-x_0$，自变量y的改变量记为$\Delta y=y-y_0$，此时函数$z=f(x,y)$在点$P_0(x_0,y_0)$得到的改变量有以下三种.

(1) $f(x_0+\Delta x,y_0)-f(x_0,y_0)$是将$y$取固定值$y_0$，给$x_0$以改变量$\Delta x$所引起的函数值的改变量，称为$z=f(x,y)$在点$P_0(x_0,y_0)$对$x$的偏增量(或偏改变量)，记为$\Delta_x z$，即
$$\Delta_x z=f(x_0+\Delta x,y_0)-f(x_0,y_0).$$

(2) $f(x_0,y_0+\Delta y)-f(x_0,y_0)$称为$z=f(x,y)$在点$P_0$对$y$的偏增量，记为$\Delta_y z$，即
$$\Delta_y z=f(x_0,y_0+\Delta y)-f(x_0,y_0).$$

(3) $f(x_0+\Delta x,y_0+\Delta y)-f(x_0,y_0)$称为$z=f(x,y)$在点$P_0$的全增量(全改变量)，记为$\Delta z$，即
$$\Delta z=f(x_0+\Delta x,y_0+\Delta y)-f(x_0,y_0).$$

二元函数$z=f(x,y)$在点$P_0(x_0,y_0)$的两个偏增量其实就是将$z=f(x,y)$表达式的一个自变量取为常数时一元函数值的改变量. 如将$z=f(x,y)$表达式中的y取为固定常量y_0，此时$z=f(x,y)$变为以x为自变量，z为因变量的一元函数，其函数值的改变量就是$\Delta_x z$. 将$z=f(x,y)$表达式中的x取为固定常量x_0，此时$z=f(x,y)$变为以y为自变量，z为因变量的一元函数，其函数值的改变量就是$\Delta_y z$. 于是类似一元函数在点P_0处的导数定义二元函数在点$P_0(x_0,y_0)$处的偏导数.

2. 二元函数的偏导数

定义 1 设函数$z=f(x,y)$在点$P_0(x_0,y_0)$的某邻域内有定义，若极限

$$\lim_{\Delta x\to 0}\frac{\Delta_x z}{\Delta x}=\lim_{\Delta x\to 0}\frac{f(x_0+\Delta x,y_0)-f(x_0,y_0)}{\Delta x}$$

存在,则称此极限值为函数 $z=f(x,y)$ 在点 $P_0(x_0,y_0)$ 处对 x 的偏导数,记作

$$f_x(x_0,y_0)\quad 或\quad \left.\frac{\partial z}{\partial x}\right|_{\substack{x=x_0\\y=y_0}}\quad 或\quad \left.\frac{\partial f}{\partial x}\right|_{(x_0,y_0)}.$$

若极限

$$\lim_{\Delta y\to 0}\frac{\Delta_y z}{\Delta y}=\lim_{\Delta y\to 0}\frac{f(x_0,y_0+\Delta y)-f(x_0,y_0)}{\Delta y}$$

存在,则称此极限值为函数 $z=f(x,y)$ 在点 $P_0(x_0,y_0)$ 处对 y 的偏导数,记作

$$f_y(x_0,y_0)\quad 或\quad \left.\frac{\partial z}{\partial y}\right|_{\substack{x=x_0\\y=y_0}}\quad 或\quad \left.\frac{\partial f}{\partial y}\right|_{(x_0,y_0)}.$$

例 6-13 用偏导数的定义求 $z=x^2+3xy+2y$ 在点(1,2)处的偏导数.

解 $f_x(1,2)=\lim\limits_{\Delta x\to 0}\dfrac{f(1+\Delta x,2)-f(1,2)}{\Delta x}=\lim\limits_{\Delta x\to 0}\dfrac{(1+\Delta x)^2+6(1+\Delta x)+4-11}{\Delta x}=8$,

$f_y(1,2)=\lim\limits_{\Delta y\to 0}\dfrac{f(1,2+\Delta y)-f(1,2)}{\Delta y}=\lim\limits_{\Delta y\to 0}\dfrac{1+3(2+\Delta y)+2(2+\Delta y)-11}{\Delta y}=5$.

若函数 $z=f(x,y)$ 在区域 D 内每一点 (x,y) 处对 x 的偏导数都存在,则这个偏导数是 x,y 的函数,称它为 $z=f(x,y)$ 对 x 的偏导函数,记为

$$\frac{\partial z}{\partial x}或\frac{\partial f}{\partial x}或 z_x 或 f_x(x,y).$$

若函数 $z=f(x,y)$ 在区域 D 内每一点 (x,y) 处对 y 的偏导数都存在,则这个偏导数是 x,y 的函数,称为 $z=f(x,y)$ 对 y 的偏导函数,记为

$$\frac{\partial z}{\partial y}或\frac{\partial f}{\partial y}或 z_y 或 f_y(x,y).$$

显然,函数 $z=f(x,y)$ 在点 $P_0(x_0,y_0)$ 处对 x 的偏导数 $f_x(x_0,y_0)$ 就是偏导函数 $f_x(x,y)$ 在点 $P_0(x_0,y_0)$ 处的函数值;$f_y(x_0,y_0)$ 就是 $f_y(x,y)$ 在点 $P_0(x_0,y_0)$ 处的值.

像一元函数的导函数一样,在不引起混淆的情况下,也将偏导函数称为偏导数.

由偏导数的定义可知,把函数 $f(x,y)$ 表达式中的 y 暂看作常数,$f(x,y)$ 对 x 求导数就是$\dfrac{\partial f(x,y)}{\partial x}$;把函数 $f(x,y)$ 表达式中的 x 暂看作常数,$f(x,y)$ 对 y 求导数就是$\dfrac{\partial f(x,y)}{\partial y}$.

例 6-14 求函数 $z=3x^3y^2-2x^2-5y^3$ 的偏导数.

解 $\dfrac{\partial z}{\partial x}=9x^2y^2-4x$; $\dfrac{\partial z}{\partial y}=6x^3y-15y^2$.

例 6-15 求函数 $z=x^y(x>0,x\neq 1)$ 的偏导数.

解 将 y 看作常数,$z=x^y$ 是关于 x 的幂函数,对 x 求导得$\dfrac{\partial z}{\partial x}=yx^{y-1}$;

把 x 看作常数,$z=x^y$ 是关于 y 的指数函数,对 y 求导得$\dfrac{\partial z}{\partial y}=x^y\ln x$.

例 6-16　求 $z=\mathrm{e}^{\frac{y}{x}}\sin(x+y)$在点$(1,-1)$处的偏导数.

解　因为 $\dfrac{\partial z}{\partial x}=-\dfrac{y}{x^2}\mathrm{e}^{\frac{y}{x}}\sin(x+y)+\mathrm{e}^{\frac{y}{x}}\cos(x+y)$,

$$\frac{\partial z}{\partial y}=\frac{1}{x}\mathrm{e}^{\frac{y}{x}}\sin(x+y)+\mathrm{e}^{\frac{y}{x}}\cos(x+y),$$

所以 $\left.\dfrac{\partial z}{\partial x}\right|_{(1,-1)}=\mathrm{e}^{-1}$, $\left.\dfrac{\partial z}{\partial y}\right|_{(1,-1)}=\mathrm{e}^{-1}$.

注:偏导数的符号$\dfrac{\partial f}{\partial x}$,$\dfrac{\partial f}{\partial y}$必须理解成一个整体,不能像一元函数 $y=f(x)$的导数$\dfrac{\mathrm{d}y}{\mathrm{d}x}$那样看成 $\mathrm{d}y$ 与 $\mathrm{d}x$ 的商,因为对∂f,∂x,∂y 并没有赋予具体意义.

3. 三元函数的偏导数

偏导数还可推广到二元以上的函数,如若三元函数 $u=f(x,y,z)$在点(x,y,z)处对 x,y,z 的偏导数存在,则对 x 的偏导数为 $f_x(x,y,z)=\lim\limits_{\Delta x\to 0}\dfrac{f(x+\Delta x,y,z)-f(x,y,z)}{\Delta x}$,对 y,z 的偏导数 $f_y(x,y,z)$,$f_z(x,y,z)$有同样的定义. 即对其中一个自变量求偏导数时,将其余自变量暂看作常数. 如把 $f(x,y,z)$表达式中的 y,z 暂看作常数,$f(x,y,z)$对 x 求导数就是$\dfrac{\partial f(x,y,z)}{\partial x}$.

例 6-17　求 $u=xz+\mathrm{e}^{xy}-y^2z$ 的偏导数.

解　求$\dfrac{\partial u}{\partial x}$时,是将 y,z 暂看作常数,于是$\dfrac{\partial u}{\partial x}=z+y\mathrm{e}^{xy}$;

求$\dfrac{\partial u}{\partial y}$时,是将 x,z 暂看作常数,于是$\dfrac{\partial u}{\partial y}=x\mathrm{e}^{xy}-2yz$;

求$\dfrac{\partial u}{\partial z}$时,是将 x,y 暂看作常数,于是$\dfrac{\partial u}{\partial z}=x-y^2$.

类似地,可以定义四元及四元以上函数的偏导数.

4. 多元函数的偏导数与连续性的关系

一元函数在一点可导的必要条件是它在该点连续. 但对二元函数 $z=f(x,y)$来说,在点 $P_0(x_0,y_0)$处存在两个偏导数 $f_x(x_0,y_0)$,$f_y(x_0,y_0)$,函数 $f(x,y)$在点 $P_0(x_0,y_0)$处不一定连续.

如函数

$$f(x,y)=\begin{cases}\dfrac{xy}{x^2+y^2}, & x^2+y^2\neq 0,\\ 0, & x^2+y^2=0.\end{cases}$$

由于函数 $z=f(x,y)$在点$(0,0)$处极限不存在,它在点$(0,0)$处不连续,但由偏导数的定义有

$$f_x(0,0)=\lim_{\Delta x\to 0}\frac{f(0+\Delta x,0)-f(0,0)}{\Delta x}=0,$$

$$f_y(0,0)=\lim_{\Delta y\to 0}\frac{f(0,0+\Delta y)-f(0,0)}{\Delta y}=0,$$

即所给函数 $f(x,y)$在点$(0,0)$处存在两个偏导数.

又如函数 $f(x,y)=\sqrt{x^2+y^2}$，在点(0,0)是连续的，但偏导数 $f_x(0,0)$，$f_y(0,0)$都不存在. 事实上，由偏导数的定义得

$$f_x(0,0)=\lim_{\Delta x\to 0}\frac{f(0+\Delta x,0)-f(0,0)}{\Delta x}=\lim_{\Delta x\to 0}\frac{|\Delta x|}{\Delta x}=\begin{cases}1, & \Delta x>0,\\ -1, & \Delta x<0,\end{cases}$$

所以偏导数 $f_x(0,0)$不存在. 同理可证偏导数 $f_y(0,0)$也不存在.

综上所述，二元函数在一点处的偏导数存在与函数在该点连续之间没有必然的联系，即连续不一定存在偏导数，反之偏导数存在也不一定连续.

6.3.2 高阶偏导数

设函数 $z=f(x,y)$在区域 D 内存在偏导数

$$\frac{\partial z}{\partial x}=f_x(x,y),\quad \frac{\partial z}{\partial y}=f_y(x,y),$$

一般来说，$f_x(x,y)$和 $f_y(x,y)$仍是 x,y 的函数. 如果它们还存在偏导数，那么称其为 $z=f(x,y)$的二阶偏导数，分别记为

$$\frac{\partial}{\partial x}\left(\frac{\partial z}{\partial x}\right)=\frac{\partial^2 z}{\partial x^2}=f_{xx}(x,y);\quad \frac{\partial}{\partial y}\left(\frac{\partial z}{\partial x}\right)=\frac{\partial^2 z}{\partial x\partial y}=f_{xy}(x,y);$$

$$\frac{\partial}{\partial x}\left(\frac{\partial z}{\partial y}\right)=\frac{\partial^2 z}{\partial y\partial x}=f_{yx}(x,y);\ \frac{\partial}{\partial y}\left(\frac{\partial z}{\partial y}\right)=\frac{\partial^2 z}{\partial y^2}=f_{yy}(x,y).$$

$f_{xy}(x,y)$与 $f_{yx}(x,y)$称为二阶混合偏导数，它们不一定相等(如例 6-20).

例 6-18 求函数 $z=x^3y^3-xy^2$ 的二阶偏导数.

解 因为$\frac{\partial z}{\partial x}=3x^2y^3-y^2$，$\frac{\partial z}{\partial y}=3x^3y^2-2xy$，所以二阶偏导数为

$$\frac{\partial^2 z}{\partial x^2}=6xy^3;\qquad \frac{\partial^2 z}{\partial x\partial y}=\frac{\partial}{\partial y}\left(\frac{\partial z}{\partial x}\right)=9x^2y^2-2y;$$

$$\frac{\partial^2 z}{\partial y^2}=6x^3y-2x;\ \frac{\partial^2 z}{\partial y\partial x}=\frac{\partial}{\partial x}\left(\frac{\partial z}{\partial y}\right)=9x^2y^2-2y.$$

例 6-19 验证函数 $z=\ln\sqrt{x^2+y^2}$满足方程

$$\frac{\partial^2 z}{\partial x^2}+\frac{\partial^2 z}{\partial y^2}=0.$$

证明 因为$\frac{\partial z}{\partial x}=\frac{1}{\sqrt{x^2+y^2}}\cdot\frac{1}{2\sqrt{x^2+y^2}}\cdot 2x=\frac{x}{x^2+y^2}$，

又由于 x 和 y 是对称的，因此$\frac{\partial z}{\partial y}=\frac{y}{x^2+y^2}$，从而

$$\frac{\partial^2 z}{\partial x^2}=\frac{y^2-x^2}{(x^2+y^2)^2};\ \frac{\partial^2 z}{\partial y^2}=\frac{x^2-y^2}{(x^2+y^2)^2},$$

所以

$$\frac{\partial^2 z}{\partial x^2}+\frac{\partial^2 z}{\partial y^2}=0.$$

一般地，如果 $z=f(x,y)$的 $n-1$ 阶偏导数的偏导数仍存在，那么称此偏导数为 $z=$

$f(x,y)$的 n 阶偏导数.二阶及二阶以上的偏导数统称为高阶偏导数.将$\frac{\partial z}{\partial x}$,$\frac{\partial z}{\partial y}$叫作一阶偏导数.

由高阶偏导数的定义可知,求高阶偏导数只需按照求导法则及公式逐阶求偏导数即可.

例 6-20　设 $f(x,y)=\begin{cases}\frac{x^3y}{x^2+y^2}, & x^2+y^2\neq 0,\\ 0, & x^2+y^2=0,\end{cases}$ 求函数在点(0,0)处的二阶混合偏导数.

解　当 $x^2+y^2\neq 0$ 时

$$f_x(x,y)=\frac{x^4y+3x^2y^3}{(x^2+y^2)^2};f_y(x,y)=\frac{x^5-x^3y^2}{(x^2+y^2)^2}.$$

在点(0,0)处的偏导数,按定义有

$$f_x(0,0)=\lim_{\Delta x\to 0}\frac{f(\Delta x+0,0)-f(0,0)}{\Delta x}=0;$$

$$f_y(0,0)=\lim_{\Delta y\to 0}\frac{f(0,\Delta y+0)-f(0,0)}{\Delta y}=0.$$

所以在点(0,0)处的二阶混合偏导数为

$$f_{xy}(0,0)=\lim_{\Delta y\to 0}\frac{f_x(0,\Delta y+0)-f_x(0,0)}{\Delta y}=0;$$

$$f_{yx}(0,0)=\lim_{\Delta x\to 0}\frac{f_y(\Delta x+0,0)-f_y(0,0)}{\Delta x}=1.$$

由例 6-20 看到,多元函数的二阶混合偏导数可能相等,也可能不相等.下面定理给出了两个二阶混合偏导数相等的充分条件.

定理 1　若函数 $z=f(x,y)$的两个二阶混合偏导数 $f_{xy}(x,y)$,$f_{yx}(x,y)$在点 $P_0(x_0,y_0)$处连续,则它们必相等,即

$$f_{xy}(x_0,y_0)=f_{yx}(x_0,y_0).$$

证明　略.

6.3.3　全微分

在一元函数的微分学中,若函数 $y=f(x)$在点 x_0 处存在导数 $f(x_0)$,则总能将

$$\Delta y=f(x_0+\Delta x)-f(x_0)$$

表示为

$$\Delta y=f(x_0)\Delta x+o(\Delta x)=\mathrm{d}y+o(\Delta x),$$

即用 $f(x_0)\Delta x$ 代替 Δy 时,其差是 Δx 的高阶无穷小.

同一元函数的情形一样,我们也希望二元函数的全增量能用 Δx 与 Δy 的线性函数近似代替,而它们的差是较 $\rho=\sqrt{(\Delta x)^2+(\Delta y)^2}$ 的高阶无穷小,为此,给出如下定义.

定义 2　设函数 $z=f(x,y)$在点 $P_0(x_0,y_0)$的某邻域内有定义,给 x_0,y_0 以改变量 Δx,Δy,若函数的全增量

$$\Delta z=f(x_0+\Delta x,y_0+\Delta y)-f(x_0,y_0)$$

可表示为 $A\Delta x+B\Delta y+o(\rho)$,其中 A,B 仅与 $P_0(x_0,y_0)$有关,而与 Δx,Δy 无关,

$\rho=\sqrt{(\Delta x)^2+(\Delta y)^2}$，则称函数 $z=f(x,y)$ 在点 $P_0(x_0,y_0)$ 处可微，而关于 $\Delta x,\Delta y$ 的线性函数

$$A\Delta x+B\Delta y$$

称为函数 $z=f(x,y)$ 在点 $P_0(x_0,y_0)$ 的全微分，记为 $\mathrm{d}z$，即

$$\mathrm{d}z=A\Delta x+B\Delta y.$$

前面内容指出，多元函数在某点的偏导数存在，并不能保证函数在该点连续. 但由上述定义知，如果函数 $z=f(x,y)$ 在点 $P_0(x_0,y_0)$ 可微，那么函数在该点连续. 事实上，由可微这一条件易知：$\lim\limits_{\rho\to 0}\Delta z=0$，从而得函数 $z=f(x,y)$ 在点 $P_0(x_0,y_0)$ 处连续，即可微是连续的充分条件.

下面定理揭示了函数可微与偏导数的关系.

定理 2 如果函数 $z=f(x,y)$ 在点 $P_0(x_0,y_0)$ 可微，即

$$\Delta z=A\Delta x+B\Delta y+o(\rho),$$

那么函数 $z=f(x,y)$ 在点 $P_0(x_0,y_0)$ 存在两个偏导数，且 $A=f_x(x_0,y_0)$，$B=f_y(x_0,y_0)$.

证明从略.

定理说明，如果函数 $f(x,y)$ 可微，那么存在两个偏导数，反之不一定成立. 但是，如果对偏导数再加一些条件，就可以保证函数的可微性.

定理 3 如果函数 $z=f(x,y)$ 在点 $P_0(x_0,y_0)$ 的某邻域内存在连续偏导数 $f_x(x,y)$，$f_y(x,y)$，那么函数 $z=f(x,y)$ 在点 $P_0(x_0,y_0)$ 可微.

证明从略. 此定理给出了二元函数在一点处可微的充分条件.

同一元函数一样，我们将自变量的改变量 $\Delta x,\Delta y$ 分别记为 $\mathrm{d}x,\mathrm{d}y$，并分别称为自变量 x,y 的微分.

若函数 $z=f(x,y)$ 在区域 D 内的每一点可微，则称 $f(x,y)$ 在区域 D 内可微，在 D 中任意一点 (x,y) 的全微分为

$$\mathrm{d}z=\frac{\partial z}{\partial x}\mathrm{d}x+\frac{\partial z}{\partial y}\mathrm{d}y.$$

例 6-21 求下列函数的全微分.

(1) $z=\mathrm{e}^{xy}$；　　(2) $z=\sin(x^2+\mathrm{e}^{y^2})$.

解 (1) 因为 $\frac{\partial z}{\partial x}=y\mathrm{e}^{xy}$，$\frac{\partial z}{\partial y}=x\mathrm{e}^{xy}$，所以

$$\mathrm{d}z=y\mathrm{e}^{xy}\mathrm{d}x+x\mathrm{e}^{xy}\mathrm{d}y.$$

(2) 因为 $\frac{\partial z}{\partial x}=2x\cos(x^2+\mathrm{e}^{y^2})$，$\frac{\partial z}{\partial y}=2y\mathrm{e}^{y^2}\cos(x^2+\mathrm{e}^{y^2})$，所以

$$\mathrm{d}z=[2x\cos(x^2+\mathrm{e}^{y^2})]\mathrm{d}x+[2y\mathrm{e}^{y^2}\cos(x^2+\mathrm{e}^{y^2})]\mathrm{d}y.$$

例 6-22 求函数 $z=\ln(1+x^2+y^2)$ 在点 $(1,2)$ 处的全微分.

解 因为 $\frac{\partial z}{\partial x}=\frac{2x}{1+x^2+y^2}$，$\frac{\partial z}{\partial y}=\frac{2y}{1+x^2+y^2}$，则 $\left.\frac{\partial z}{\partial x}\right|_{\substack{x=1\\y=2}}=\frac{1}{3}$，$\left.\frac{\partial z}{\partial y}\right|_{\substack{x=1\\y=2}}=\frac{2}{3}$，所以

$$dz=\frac{1}{3}dx+\frac{2}{3}dy.$$

以上是关于二元函数全微分的定义、可微分的必要条件、充分条件及全微分的求法，可以完全类似地推广到三元及三元以上的多元函数. 如三元可微函数 $u=f(x,y,z)$ 在点 (x,y,z) 的全微分为

$$du=\frac{\partial u}{\partial x}dx+\frac{\partial u}{\partial y}dy+\frac{\partial u}{\partial z}dz.$$

例 6-23 求三元函数 $u=xy+yz+zx$ 的全微分.

解 因为 $\frac{\partial u}{\partial x}=y+z,\frac{\partial u}{\partial y}=x+z,\frac{\partial u}{\partial z}=y+x,$

所以

$$dz=(y+z)dx+(x+z)dy+(y+x)dz.$$

6.4 多元复合函数与隐函数的求导法则

6.4.1 多元复合函数的求导法则

下面我们将一元函数微分学中复合函数的求导法推广到多元复合函数的情形，介绍多元复合函数的求导法则. 多元复合函数的求导法则与一元复合函数类似，但结构要比一元复合函数复杂，需要先弄清多元复合函数的结构.

若 $z=f(u,v)$ 是 u,v 的函数，而 $u=u(x,y)$ 是 x,y 的函数，$v=v(x,y)$ 也是 x,y 的函数，则 $z=f[u(x,y),v(x,y)]$ 是 x,y 的复合函数，u,v 是中间变量.

对这样的复合函数求偏导数时，可将 $u=u(x,y),v=v(x,y)$ 代入 $z=f(u,v)$ 后，直接求 $\frac{\partial z}{\partial x}$ 与 $\frac{\partial z}{\partial y}$. 但如果当 z,u,v 的函数形式比较复杂，且代入后不便求偏导数时，通常不考虑直接代入，而是采用如下方法.

定理 1 如果函数 $u=u(x,y),v=v(x,y)$ 在点 (x,y) 可微，函数 $z=f(u,v)$ 在点 $(u,v)=[u(x,y),v(x,y)]$ 处可微，那么复合函数 $z=f[u(x,y),v(x,y)]$ 在点 (x,y) 存在偏导数，且

$$\frac{\partial z}{\partial x}=\frac{\partial z}{\partial u}\frac{\partial u}{\partial x}+\frac{\partial z}{\partial v}\frac{\partial v}{\partial x},$$

$$\frac{\partial z}{\partial y}=\frac{\partial z}{\partial u}\frac{\partial u}{\partial y}+\frac{\partial z}{\partial v}\frac{\partial v}{\partial y}.$$

定理给出了多元复合函数的求导公式. 证明从略.

例 6-24 设 $z=u^2+uv+v^2,u=x^2-3xy+y^4,v=2x+3y$，求 $\frac{\partial z}{\partial x}$ 及 $\frac{\partial z}{\partial y}$.

解 由公式 $\frac{\partial z}{\partial x}=\frac{\partial z}{\partial u}\frac{\partial u}{\partial x}+\frac{\partial z}{\partial v}\frac{\partial v}{\partial x}$ 得

$$\frac{\partial z}{\partial x}=(2u+v)\cdot(2x-3y)+(u+2v)\cdot 2$$

$$=(2x-3y)(2x^2-6xy+2y^4+2x+3y)+(2x^2-6xy+2y^4+8x+12y).$$

由公式$\frac{\partial z}{\partial y}=\frac{\partial z}{\partial u}\frac{\partial u}{\partial y}+\frac{\partial z}{\partial v}\frac{\partial v}{\partial y}$ 得

$$\frac{\partial z}{\partial x}=(2u+v)\cdot(4y^3-3x)+(u+2v)\cdot 3$$

$$=(4y^3-3x)(2x^2-6xy+2y^4+2x+3y)+3(x^2-3xy+y^4+4x+6y).$$

类似地，可以将中间变量推广到三个及三个以上的情形. 即

若函数 $u=u(x,y)$，$v=v(x,y)$，$w=w(x,y)$在点(x,y)可微，函数 $z=f(u,v,w)$在点(u,v,w)处可微，则复合函数 $z=f[u(x,y),v(x,y),w(x,y)]$在点$(x,y)$存在偏导数，且

$$\frac{\partial z}{\partial x}=\frac{\partial z}{\partial u}\frac{\partial u}{\partial x}+\frac{\partial z}{\partial v}\frac{\partial v}{\partial x}+\frac{\partial z}{\partial w}\frac{\partial w}{\partial x},$$

$$\frac{\partial z}{\partial y}=\frac{\partial z}{\partial u}\frac{\partial u}{\partial y}+\frac{\partial z}{\partial v}\frac{\partial v}{\partial y}+\frac{\partial z}{\partial w}\frac{\partial w}{\partial y}.$$

定理 1 还适合如下两种情形.

情形Ⅰ　$z=f(u,v)$，$u=u(x)$，$v=v(x)$，则复合函数 $z=f[u(x),v(x)]$ 的求导公式为

$$\frac{\mathrm{d}z}{\mathrm{d}x}=\frac{\partial z}{\partial u}\frac{\mathrm{d}u}{\mathrm{d}x}+\frac{\partial z}{\partial v}\frac{\mathrm{d}v}{\mathrm{d}x}.$$

情形Ⅱ　$z=f(x,v)$，$v=v(x,y)$，则复合函数 $z=f[x,v(x,y)]$ 的求导公式为

$$\frac{\partial z}{\partial x}=\frac{\partial f}{\partial x}+\frac{\partial f}{\partial v}\frac{\partial v}{\partial x};\quad \frac{\partial z}{\partial y}=\frac{\partial f}{\partial v}\frac{\partial v}{\partial y}.$$

注：在此公式中，$\frac{\partial z}{\partial x}$与$\frac{\partial f}{\partial x}$是不一样的，其区别在于 x 的意义不同，即$\frac{\partial z}{\partial x}$中的 x 是复合函数 $z=f[x,v(x,y)]$ 的自变量，而$\frac{\partial f}{\partial x}$中的 x 是一个中间变量.

以上定理及各情形给出的多元复合函数求偏导数的法则也称为链式法则.

例 6-25　设 $z=\mathrm{e}^u\arctan v$，$u=\sin x$，$v=\cos x$，求$\frac{\mathrm{d}z}{\mathrm{d}x}$.

解　$\frac{\mathrm{d}z}{\mathrm{d}x}=\frac{\partial z}{\partial u}\frac{\mathrm{d}u}{\mathrm{d}x}+\frac{\partial z}{\partial v}\frac{\mathrm{d}v}{\mathrm{d}x}$

$$=\mathrm{e}^u\arctan v\cdot\cos x+\frac{\mathrm{e}^u}{1+v^2}\cdot(-\sin x)$$

$$=\mathrm{e}^{\sin x}\left(\cos x\arctan(\cos x)-\frac{\sin x}{1+\cos^2 x}\right).$$

例 6-26　设 $z=uv+\ln x$，$u=a^x$，$v=\sqrt{1+x}$，求$\frac{\mathrm{d}z}{\mathrm{d}x}$.

解　该题函数的一般形式为 $z=f(u,v,x)$，$u=u(x)$，$v=v(x)$，于是 u,v,x 是中间变量，x 又是自变量，与情形Ⅱ中的求导公式类似，其求导公式为

$$\frac{\mathrm{d}z}{\mathrm{d}x}=\frac{\partial f}{\partial u}\frac{\mathrm{d}u}{\mathrm{d}x}+\frac{\partial f}{\partial v}\frac{\mathrm{d}v}{\mathrm{d}x}+\frac{\partial f}{\partial x},$$

而$\frac{\partial f}{\partial u}=v$；$\frac{\partial f}{\partial v}=u$；$\frac{\partial f}{\partial x}=\frac{1}{x}$；$\frac{\mathrm{d}u}{\mathrm{d}x}=a^x\ln a$；$\frac{\mathrm{d}v}{\mathrm{d}x}=\frac{1}{2\sqrt{1+x}}$，

所以

$$\frac{\mathrm{d}z}{\mathrm{d}x}=v\cdot a^x\ln a+u\cdot\frac{1}{2\sqrt{1+x}}+\frac{1}{x}=a^x\ln a\sqrt{1+x}+\frac{a^x}{2\sqrt{1+x}}+\frac{1}{x}.$$

例 6-27　求 $z=(x^2+y^2)^{xy}$ 的偏导数.

解　令 $u=x^2+y^2$，$v=xy$，则 $z=u^v$，所以

$$\begin{aligned}\frac{\partial z}{\partial x}&=\frac{\partial z}{\partial u}\frac{\partial u}{\partial x}+\frac{\partial z}{\partial v}\frac{\partial v}{\partial x}=vu^{v-1}\cdot 2x+u^v\ln u\cdot y\\&=2x^2y(x^2+y^2)^{xy-1}+y(x^2+y^2)^{xy}\ln(x^2+y^2).\end{aligned}$$

由于 x，y 的对称性，把上式的 x，y 互换得

$$\frac{\partial z}{\partial y}=2xy^2(x^2+y^2)^{xy-1}+x(x^2+y^2)^{xy}\ln(x^2+y^2).$$

6.4.2　全微分形式不变性

类似一元函数一阶微分形式不变性，多元函数也有全微分形式不变性.

设有二元函数 $z=f(u,v)$，当 u，v 为自变量时，函数的全微分为

$$\mathrm{d}z=\frac{\partial f}{\partial u}\mathrm{d}u+\frac{\partial f}{\partial v}\mathrm{d}v.$$

如果 u，v 为中间变量，即 $u=u(x,y)$，$v=v(x,y)$，那么复合函数 $z=f(u(x,y),v(x,y))$ 的全微分是

$$\mathrm{d}z=\frac{\partial f}{\partial x}\mathrm{d}x+\frac{\partial f}{\partial y}\mathrm{d}y.$$

由复合函数的求导法则有

$$\frac{\partial f}{\partial x}=\frac{\partial f}{\partial u}\frac{\partial u}{\partial x}+\frac{\partial f}{\partial v}\frac{\partial v}{\partial x};\quad \frac{\partial f}{\partial y}=\frac{\partial f}{\partial u}\frac{\partial u}{\partial y}+\frac{\partial f}{\partial v}\frac{\partial v}{\partial y},$$

则

$$\begin{aligned}\mathrm{d}z&=\frac{\partial f}{\partial x}\mathrm{d}x+\frac{\partial f}{\partial y}\mathrm{d}y=\left(\frac{\partial f}{\partial u}\frac{\partial u}{\partial x}+\frac{\partial f}{\partial v}\frac{\partial v}{\partial x}\right)\mathrm{d}x+\left(\frac{\partial f}{\partial u}\frac{\partial u}{\partial y}+\frac{\partial f}{\partial v}\frac{\partial v}{\partial y}\right)\mathrm{d}y\\&=\frac{\partial f}{\partial u}\left(\frac{\partial u}{\partial x}\mathrm{d}x+\frac{\partial u}{\partial y}\mathrm{d}y\right)+\frac{\partial f}{\partial v}\left(\frac{\partial v}{\partial x}\mathrm{d}x+\frac{\partial v}{\partial y}\mathrm{d}y\right)=\frac{\partial f}{\partial u}\mathrm{d}u+\frac{\partial f}{\partial v}\mathrm{d}v.\end{aligned}$$

由此看出，无论 u，v 是自变量，还是中间变量，它们的全微分形式是相同的，这个性质叫作全微分形式不变性.

6.4.3　隐函数的求导公式

1. 一元隐函数的求导公式

在第 2 章中，曾学习过隐函数的求导法则，但未能给出一般的求导公式，根据多元复合函数的求导法则就能给出一元隐函数的求导公式.

设二元方程 $F(x,y)=0$ 确定了一元隐函数 $y=y(x)$，将其代入方程有

$$F(x,y(x))\equiv 0.$$

在恒等方程两边对 x 求导数，将方程中的 y 视为中间变量，由多元复合函数求导数法则得

$$F_x+F_y\cdot\frac{\mathrm{d}y}{\mathrm{d}x}=0,$$

若 $F_y\neq 0$，则有 $\frac{\mathrm{d}y}{\mathrm{d}x}=-\frac{F_x}{F_y}$.

这就是一元隐函数的求导公式.

例 6-28 已知 $y=y(x)$ 是由方程 $x^2y+\mathrm{e}^y-3x=0$ 确定的隐函数，求 $\frac{\mathrm{d}y}{\mathrm{d}x}$.

解 设 $F(x,y)=x^2y+\mathrm{e}^y-3x$，则 $F_x=2xy-3$，$F_y=x^2+\mathrm{e}^y$.

由 $\frac{\mathrm{d}y}{\mathrm{d}x}=-\frac{F_x}{F_y}$ 得 $\frac{\mathrm{d}y}{\mathrm{d}x}=-\frac{2xy-3}{x^2+\mathrm{e}^y}$.

2. 二元隐函数的求偏导数公式

设三元方程 $F(x,y,z)=0$ 确定一个二元隐函数 $z=z(x,y)$，将其代入方程有

$$F(x,y,z(x,y))\equiv 0.$$

若 F_x,F_y,F_z 连续，且 $F_z\neq 0$，则在上述恒等方程两边对 x 与 y 求偏导数，将方程中的 z 视为中间变量，由多元复合函数求导数法则得

$$F_x+F_z\cdot\frac{\partial z}{\partial x}=0,F_y+F_z\cdot\frac{\partial z}{\partial y}=0,$$

因为 $F_z\neq 0$，所以

$$\frac{\partial z}{\partial x}=-\frac{F_x}{F_z},\qquad \frac{\partial z}{\partial y}=-\frac{F_y}{F_z}.$$

这就是二元隐函数的求偏导数公式.

例 6-29 已知 $z=z(x,y)$ 是由方程 $x^2y+\sin yz-3xz=6$ 确定的隐函数，求 $\frac{\partial z}{\partial x}$ 及 $\frac{\partial z}{\partial y}$.

解 设 $F(x,y,z)=x^2y+\sin yz-3xz-6$，则

$F_x=2xy-3z$，$F_y=x^2+z\cos yz$，$F_z=y\cos yz-3x$，

于是

$$\frac{\partial z}{\partial x}=-\frac{F_x}{F_z}=\frac{2xy-3z}{3x-y\cos yz},\quad \frac{\partial z}{\partial y}=-\frac{F_y}{F_z}=\frac{x^2+z\cos yz}{3x-y\cos yz}.$$

3. 隐函数组的求导法则

由以上知道，满足一定条件的多元方程可确定一元或多元隐函数，利用复合函数的求导法则可得出隐函数的导数或偏导数公式. 将这些情形继续推广，满足一定条件的多元方程组可确定一元或多元隐函数组，也可类似求出导数或偏导数.

若三元方程组 $\begin{cases}F(x,y,z)=0,\\ G(x,y,z)=0\end{cases}$ 确定的隐函数组为 $\begin{cases}y=y(x),\\ z=z(x),\end{cases}$ 则可类似求出 $\frac{\mathrm{d}y}{\mathrm{d}x}$ 与 $\frac{\mathrm{d}z}{\mathrm{d}x}$.

视方程组 $\begin{cases}F(x,y,z)=0,\\ G(x,y,z)=0\end{cases}$ 中的 y 和 z 为因变量，x 为自变量，各方程两边对 x 求导数，

得到以 $\frac{\mathrm{d}y}{\mathrm{d}x}$，$\frac{\mathrm{d}z}{\mathrm{d}x}$ 为未知量的方程组 $\begin{cases}F_x+F_y\cdot\frac{\mathrm{d}y}{\mathrm{d}x}+F_z\cdot\frac{\mathrm{d}z}{\mathrm{d}x}=0,\\ G_x+G_y\cdot\frac{\mathrm{d}y}{\mathrm{d}x}+G_z\cdot\frac{\mathrm{d}z}{\mathrm{d}x}=0,\end{cases}$ 求解方程组得

$$\frac{dy}{dx}=\frac{F_zG_x-F_xG_z}{F_yG_z-F_zG_y},\quad \frac{dz}{dx}=\frac{F_xG_y-F_yG_x}{F_yG_z-F_zG_y}.$$

若四元方程组 $\begin{cases}F(u,v,x,y)=0,\\G(u,v,x,y)=0\end{cases}$ 确定了二元隐函数组 $\begin{cases}u=u(x,y),\\v=v(x,y),\end{cases}$ 则用同样的方法可求得偏导数 $\frac{\partial u}{\partial x},\frac{\partial u}{\partial y}$ 及 $\frac{\partial v}{\partial x},\frac{\partial v}{\partial y}$.

注：在多元方程两边求导数或偏导数时，要注意先明确方程中各字母的身份，是因变量还是自变量，再明确因变量函数是一元还是多元.

例 6-30　已知 $\begin{cases}x=x(z),\\y=y(z)\end{cases}$ 由方程组 $\begin{cases}\sin z=xy,\\\cos z=x^2+y^2\end{cases}$ 所确定，求 $\frac{dx}{dz}$ 及 $\frac{dy}{dz}$.

解　由题意知 x 和 y 是因变量，z 是自变量，且均为一元函数.

所以 $\begin{cases}\sin z=xy,\\\cos z=x^2+y^2\end{cases}$ 中每个方程两边对 z 求导数，得到以 $\frac{dx}{dz}$ 和 $\frac{dy}{dz}$ 为未知量的方程组：$\begin{cases}\cos z=y\ \frac{dx}{dz}+x\ \frac{dy}{dz},\\-\sin z=2x\ \frac{dx}{dz}+2y\ \frac{dy}{dz}.\end{cases}$

求解方程组得 $\frac{dx}{dz}=\frac{2y\cos z+x\sin z}{2y^2-2x^2}$，　$\frac{dy}{dz}=\frac{-y\sin z-2x\cos z}{2y^2-2x^2}$.

6.5　多元函数微分学的应用

从一元函数的导数知道，它有很多方面的应用，类似地，多元函数的偏导数也有多方面的应用，本节主要介绍多元函数在几何方面和极值、最值方面的应用.

6.5.1　多元函数微分学的几何应用

1. 空间曲线的切线与法平面

类似平面曲线，用割线的极限位置来定义其切线. 对于空间曲线有如下定义.

定义 1　设点 M_0 是空间曲线 C 上的一个定点，M 是曲线上的一个动点，当动点 M 沿着曲线 C 趋于点 M_0 时，割线 M_0M 的极限位置 M_0T 称为曲线 C 在点 M_0 处的切线(图 6-15)，并称过点 M_0 且与切线 M_0T 垂直的平面为曲线 C 在点 M_0 处的法平面.

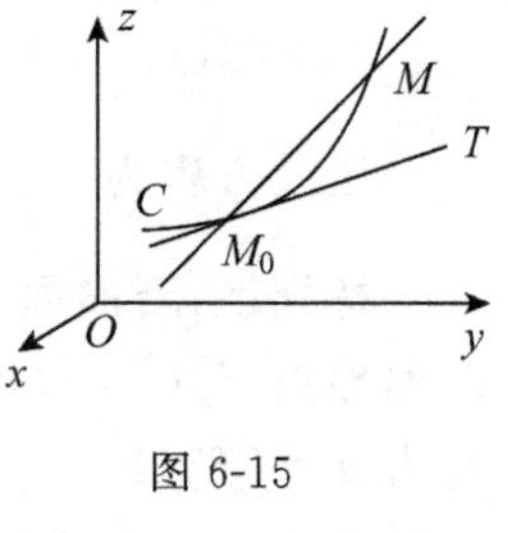

图 6-15

若空间曲线 C 的方程为参数方程 $\begin{cases}x=x(t),\\y=y(t),\\z=z(t),\end{cases}$ 则由空间曲线的切线定义易得，C 上过定点 $M_0(x_0,y_0,z_0)$(对应的参数为 t_0)的切线的方程为 $\frac{x-x_0}{x'(t_0)}=\frac{y-y_0}{y'(t_0)}=$

$\frac{z-z_0}{z'(t_0)}$，法平面方程为 $x'(t_0)(x-x_0)+y'(t_0)(y-y_0)+z'(t_0)(z-z_0)=0$.

即 $\boldsymbol{T}=(x'(t_0),y'(t_0),z'(t_0))$ 为曲线 C 在点 M_0（对应的参数为 t_0）处切线的方向向量，称为切向量.

例 6-31 求曲线 $x=2t,y=-3t^2,z=t^3$ 在点 $(2,-3,1)$ 处的切线和法平面方程.

解 因为 $x'=2,y'=-6t,z'=3t^2$，而点 $(2,-3,1)$ 对应的参数 $t=1$.

所以 $\boldsymbol{T}=(x'(t_0),y'(t_0),z'(t_0))=(2,-6,3)$.

于是切线方程为 $\frac{x-2}{2}=\frac{y+3}{-6}=\frac{z-1}{3}$.

法平面方程为 $2(x-2)-6(y+3)+3(z-1)=0$，即 $2x-6y+3z-25=0$.

特别地，若曲线方程为 $y=y(x),z=z(x)$，则将 x 视为参数，得参数方程为 $\begin{cases}x=x,\\y=y(x),\\z=z(x).\end{cases}$ 此时，切向量 $\boldsymbol{T}=(1,y'(x_0),z'(x_0))$；若曲线方程为一般方程 $\begin{cases}F(x,y,z)=0,\\G(x,y,z)=0,\end{cases}$ 则该方程组确定了隐函数组 $y=y(x),z=z(x)$，化为前一种情形，于是可求出曲线的切线和法平面方程.

2. 空间曲面的切平面与法线

设 $F(x,y,z)=0$ 为曲面 S 的方程，$M_0(x_0,y_0,z_0)$ 为 S 上的一定点，$F(x,y,z)$ 的偏导数在点 M_0 连续且不同时为零，则曲面 S 上过点 M_0 的曲线有无数条，且这些曲线在点 M_0 的切线位于同一个平面，称该平面为曲面 S 上过点 M_0 的切平面，并称过点 M_0 且与切平面垂直的直线为曲面在点 M_0 处的法线.

设曲面 S：$F(x,y,z)=0$ 上过点 $M_0(x_0,y_0,z_0)$ 的曲线 C 的方程为 $\begin{cases}x=x(t),\\y=y(t),\\z=z(t),\end{cases}$ 则曲线 C 在点 M_0 处的切向量 $\boldsymbol{T}=(x'(t_0),y'(t_0),z'(t_0))$，且 $F(x(t),y(t),z(t))\equiv 0$. 于是有

$F_x(x_0,y_0,z_0)\cdot x'(t_0)+F_y(x_0,y_0,z_0)\cdot y'(t_0)+F_z(x_0,y_0,z_0)\cdot z'(t_0)=0$，表明

$\boldsymbol{n}=(F_x(x_0,y_0,z_0),F_y(x_0,y_0,z_0),F_z(x_0,y_0,z_0))$ 与 $\boldsymbol{T}=(x'(t_0),y'(t_0),z'(t_0))$ 垂直. 所以向量 $\boldsymbol{n}=(F_x(x_0,y_0,z_0),F_y(x_0,y_0,z_0),F_z(x_0,y_0,z_0))$ 为曲面 S 在点 M_0 处的切平面的法向量，称为曲面的法向量. 于是曲面 S 在点 $M_0(x_0,y_0,z_0)$ 处的切平面方程为

$$F_x(x_0,y_0,z_0)\cdot(x-x_0)+F_y(x_0,y_0,z_0)\cdot(y-y_0)+F_z(x_0,y_0,z_0)\cdot(z-z_0)=0.$$

法线方程为 $$\frac{x-x_0}{F_x(x_0,y_0,z_0)}=\frac{y-y_0}{F_y(x_0,y_0,z_0)}=\frac{z-z_0}{F_z(x_0,y_0,z_0)}.$$

特别地，若曲面 S 方程为 $z=f(x,y)$，则令 $F(x,y,z)=f(x,y)-z$. 于是当 $f(x,y)$ 的偏导数 $f_x(x,y),f_y(x,y)$ 在点 $P_0(x_0,y_0)$ 连续时，曲面 S 在点 $M_0(x_0,y_0,z_0)$ 处的法向量为 $\boldsymbol{n}=(f_x(P_0),f_y(P_0),-1)$.

例 6-32 求旋转抛物曲面 $z=x^2+y^2+1$ 在点 $(2,1,6)$ 处的切平面和法线方程.

解 因 $f(x,y)=x^2+y^2+1$，故 $f_x(x,y)=2x,f_y(x,y)=2y$，

$$\boldsymbol{n}=(f_x(x,y),f_y(x,y),-1)\big|_{(2,1,6)}=(2x,2y,-1)\big|_{(2,1,6)}=(4,2,-1),$$

于是，所求切平面方程为 $4(x-2)+2(y-1)-(z-6)=0$，即 $4x+2y-z-4=0$，

法线方程为 $\dfrac{x-2}{4}=\dfrac{y-1}{2}=\dfrac{z-6}{-1}$.

6.5.2　多元函数极值和最值的求法

1. 二元函数的极值

在许多问题中通常需要解决多元函数的极值问题，下面仅介绍二元函数取得极值的充分条件和必要条件.

设函数 $z=f(x,y)$ 在点 $P_0(x_0,y_0)$ 的某邻域内有定义，若对于该邻域内的任意不同于点 P_0 的点 $P(x,y)$，均有

$$f(x,y)<f(x_0,y_0)\quad(\text{或 } f(x,y)>f(x_0,y_0)),$$

则称 $z=f(x,y)$ 在点 P_0 取得极大(或极小)值，称点 P_0 为 $z=f(x,y)$ 的极大(或极小)值点. 极大值和极小值统称为极值，极大值点和极小值点统称为极值点.

对某些特殊函数而言，极值或极值点一目了然，如 $z=3x^2+2y^2$ 在点(0,0)处有极小值 0；$z=-\sqrt{x^2+y^2+4}$ 在点(0,0)处有极大值 −2；$z=-xy$ 在点(0,0)的任意邻域内既有取得正值的点，也有取得负值的点，因此在点(0,0)处不取得极值.

对于一般的多元函数，其是否存在极值，以及在何处取得极值，与一元函数类似，用偏导数进行研究，但比一元函数要复杂得多.

定理 1（极值存在的必要条件）　设函数 $z=f(x,y)$ 在点 $P_0(x_0,y_0)$ 存在偏导数，且在点 P_0 处取得极值，则有 $\begin{cases}f_x(x_0,y_0)=0,\\ f_y(x_0,y_0)=0.\end{cases}$

证明从略.

称满足 $\begin{cases}f_x(x_0,y_0)=0,\\ f_y(x_0,y_0)=0\end{cases}$ 的点 (x_0,y_0) 为函数 $z=f(x,y)$ 的驻点.

注：(1) 驻点不一定是函数的极值点. 如点(0,0)是函数 $z=-xy$ 的驻点，但不是极值点.

(2) 偏导数不存在的点可能为函数的极值点. 如 $z=-\sqrt{x^2+y^2}$ 在点(0,0)处不存在偏导数，但点(0,0)却是 $z=-\sqrt{x^2+y^2}$ 的极大值点.

定理 2（极值存在的充分条件）　设点 $P_0(x_0,y_0)$ 为函数 $z=f(x,y)$ 的驻点，且函数在点 P_0 的某邻域内具有连续二阶偏导数. 记 $A=f_{xx}(x_0,y_0)$，$C=f_{yy}(x_0,y_0)$，$B=f_{xy}(x_0,y_0)$，$\Delta=AC-B^2$.

(1) 当 $\Delta>0$ 且 $A>0$ 时，$z=f(x,y)$ 在点 $P_0(x_0,y_0)$ 处取得极小值；

(2) 当 $\Delta>0$ 且 $A<0$ 时，$z=f(x,y)$ 在点 $P_0(x_0,y_0)$ 处取得极大值；

(3) 当 $\Delta<0$ 时，$z=f(x,y)$ 在点 $P_0(x_0,y_0)$ 处不取得极值；

(4) 当 $\Delta=0$ 时，$z=f(x,y)$ 在点 $P_0(x_0,y_0)$ 处是否取得极值需要进一步讨论.

证明从略.

例 6-33　求函数 $f(x,y)=x^3-4x^2+2xy-y^2+5$ 的极值.

解 解方程组$\begin{cases}f_x(x,y)=3x^2-8x+2y=0,\\ f_y(x,y)=2x-2y=0,\end{cases}$得驻点(0,0)与(2,2).

又 $f_{xx}(x,y)=6x-8$，$f_{yy}(x,y)=-2$，$f_{xy}(x,y)=2$.

(1) 在驻点(0,0)处，有 $A=-8<0$，$\Delta=AC-B^2=-8\times(-2)-2^2=12>0$，所以函数在点(0,0)处有极大值 $f(0,0)=5$.

(2) 在驻点(2,2)处，有 $A=4>0$，$\Delta=AC-B^2=4\times(-2)-2^2=-12<0$，所以函数在点(2,2)处不取得极值.

2. 二元函数的最值

6.2 指出，若二元函数 $z=f(x,y)$ 在闭区域 D 内连续，则在 D 内存在最大值与最小值. 二元函数最值的求法类似一元函数的求法，即考察函数 $z=f(x,y)$ 的所有驻点、一阶偏导数不存在的点以及边界上的所有点的函数值，其中最大(小)的就是函数在闭区域上的最大(小)值. 有时区域的边界点有无数多个，函数的驻点较多，此时从无数多个函数值中找最大(小)值，往往相当复杂.

在实际问题中，若知道函数在闭区域 D 内存在最大值(或最小值)，且函数在 D 内只有一个驻点，则驻点就是函数的最大值点(或最小值点).

例 6-34 要设计一个容量为 a 的无盖的长方体盒子，问盒子的长、宽、高各为多少时，能使用料最省？

解 设盒子的长、宽、高分别为 x,y,z，则长方体的体积为 $xyz=a$.

盒子用料最省也即盒子的表面积最小，盒子的表面积为 $S=xy+2(xz+yz)$.

从 $xyz=a$ 得 $\quad z=\dfrac{a}{xy}$，

所以盒子的表面积 $S=xy+2\left(\dfrac{a}{y}+\dfrac{a}{x}\right)$是关于 x,y 的二元函数.

解方程组$\begin{cases}S_x(x,y)=y-\dfrac{2a}{x^2}=0,\\ S_y(x,y)=x-\dfrac{2a}{y^2}=0,\end{cases}$ 得驻点$(\sqrt[3]{2a},\sqrt[3]{2a})$.

由问题的实际意义知，表面积在 $x>0$，$y>0$ 时存在最小值.

又表面积函数可微且只有唯一的驻点$(\sqrt[3]{2a},\sqrt[3]{2a})$.

所以当长方体的长 $x=\sqrt[3]{2a}$，宽 $y=\sqrt[3]{2a}$，高 $z=\dfrac{\sqrt[3]{2a}}{2}$时，盒子用料最省.

本章主要概念和知识点

本章涉及的知识范围较广，有空间解析几何的点、线、面及表示，二元函数的定义域、极限、连续性等，多元函数的偏导数与微分，以及偏导数的应用.

空间直角坐标系建立后，三个坐标面将空间分成八个卦限，空间中的点 M 与有序数组 (x,y,z) 之间建立了一一对应关系，空间曲面与三元方程 $F(x,y,z)=0$，曲线(两曲面的交线)与三元方程组$\begin{cases}F(x,y,z)=0,\\ G(x,y,z)=0\end{cases}$互相表示. 特别地，对于特殊的曲面——平面，$A(x-x_0)+$

$B(y-y_0)+C(z-z_0)=0$ 称为平面的点法式方程，$Ax+By+Cz+D=0$ 称为一般方程，$\boldsymbol{n}=(A,B,C)$ 为平面的法向量. 对于特殊的曲线——直线，$\frac{x-x_0}{a}=\frac{y-y_0}{b}=\frac{z-z_0}{c}=t$ 称为直线的点向式方程或对称式方程，该直线也可用参数方程表示为 $\begin{cases}x=at+x_0,\\ y=bt+y_0,\\ z=ct+z_0,\end{cases}$ 其中 $\boldsymbol{s}=(a,b,c)$ 为直线的方向向量. 学习空间解析几何中的这些知识是为定义多元函数、多元函数偏导数在几何上的应用以及第 7 章重积分的计算做准备的.

多元函数微分学研究的内容与一元函数一样，有多元函数的定义、定义域、极限、连续、偏导数及其应用，以及全微分等内容. 对于多元函数的连续性有结论：一切多元初等函数在其定义区域内是连续函数.

多元函数的偏导数是本章的重点知识，也是用极限来定义的. 多元函数对其中一个自变量的偏导数定义为多元函数对这个自变量的偏增量与该自变量改变量商的极限. 如 $f_x(x,y,z)=\lim\limits_{\Delta x\to 0}\frac{f(x+\Delta x,y,z)-f(x,y,z)}{\Delta x}$，可以看到，尽管是多元函数，但偏导数仍然用一元函数的极限定义. 因此多元函数对某自变量求偏导数时，就是将多元函数解析式中其余自变量暂时看作常量，变为因变量对这个自变量求导数. 所以多元函数求偏导数的法则与一元函数一样，只是在求偏导数时要明确函数解析式中哪些字母暂看作常量. 对于多元复合函数的求导法则，有两种思路，一种是将中间变量的解析式代入外函数中，得出复合函数解析式，然后直接求偏导数；另一种是采用链式法则. 对于由方程（或方程组）确定的隐函数（或隐函数组）的导数或偏导数的求法，也有两种方法：一种是直接利用推导得出的公式；另一种是直接求导法，即在方程（或方程组）两边对某自变量求偏导数，得到以所求偏导数为未知量的方程（或方程组），求该方程（或方程组）的解即可. 无论是哪种情形的多元函数，求偏导数时均需要明确每一个字母的身份（是因变量，还是常量，还是真正意义的自变量）至关重要，而每个字母的身份信息是从所求解的问题中获取的.

对于二元函数，其连续性与偏导数存在没有关系，偏导数存在不再是可微分的充要条件，仅是必要条件. 如对 $u=f(x,y,z)$，若 $u=f(x,y,z)$ 存在偏导数且连续，则 $u=f(x,y,z)$ 可微分，其全微分为 $\mathrm{d}u=\frac{\partial u}{\partial x}\mathrm{d}x+\frac{\partial u}{\partial y}\mathrm{d}y+\frac{\partial u}{\partial z}\mathrm{d}z$.

偏导数的应用主要介绍了在几何上和极值、最值上的应用. 应用偏导数求空间曲线的切线方程和法平面方程，其关键就是求出切向量. 结论：若空间曲线 C 的方程为 $\begin{cases}x=x(t),\\ y=y(t),\\ z=z(t),\end{cases}$ 则过点 $M_0(t_0)$ 的切向量为 $\boldsymbol{T}=(x'(t_0),y'(t_0),z'(t_0))$，该向量既是切线的方向向量，也是法平面的法线向量. 当空间曲线方程不是参数方程时，将其转化为参数方程是求解的一般思路. 应用偏导数求空间曲面的切平面和法线方程，其关键是求出法向量. 结论：若空间曲面 C 的方程为 $F(x,y,z)=0$，则过点 M_0 的法向量为 $\boldsymbol{n}=(F_x,F_y,F_z)|_{M_0}$，该向量既是切平面的法线向量，也是法线的方向向量. 多元函数的极值与最值比一元函数要复杂，结论与一元函数类似.

习题 6

1. 已知两点 $P_1(2,-1,3)$，$P_2(-3,0,5)$，求

(1) P_1 与 P_2 之间的距离 $|P_1P_2|$；

(2) 以 P_2 为中心，$|P_1P_2|$ 为半径的球面方程；

(3) 线段 P_1P_2 的垂直平分面的方程.

2. 已知向量 $\boldsymbol{a}=(2,3,6)$，求向量 $\boldsymbol{b}$，使其方向与 $\boldsymbol{a}$ 相反且模为 14.

3. 已知 $\boldsymbol{a}=-2\boldsymbol{i}+3\boldsymbol{j}+s\boldsymbol{k}$ 与 $\boldsymbol{b}=t\boldsymbol{i}-6\boldsymbol{j}+2\boldsymbol{k}$ 平行，求 s 与 t 的值.

4. 求过点 $M_0(-2,1,4)$ 且与直线 $\dfrac{x-1}{3}=\dfrac{y+3}{-1}=\dfrac{z-4}{2}$ 垂直的平面方程.

5. 求过点 $M_0(2,-1,5)$ 且与平面 $x-3y-z-7=0$ 垂直的直线方程.

6. 设 $f(u,v)=u^v+3$，求 $f(x+y,xy)$.

7. 设 $f(x+y,x-y)=x^2+y^2-xy$，求 $f(x,y)$.

8. 求下列函数的定义域.

(1) $z=\sqrt{1-x^2}+\sqrt{4-y^2}$；　　(2) $z=\ln xy$；

(3) $z=\dfrac{1}{\sqrt{x+y}}+\dfrac{1}{\sqrt{x-y}}$；　　(4) $z=\sqrt{1-\dfrac{x^2}{a^2}-\dfrac{y^2}{b^2}}$；

(5) $z=\sqrt{x-\sqrt{y}}$；　　(6) $u=\arcsin\dfrac{z}{\sqrt{x^2+y^2}}$.

9. 求下列极限.

(1) $\lim\limits_{(x,y)\to(1,2)}\dfrac{x\sqrt{x+y^2}}{x+y}$；　　(2) $\lim\limits_{(x,y)\to(0,1)}\sqrt{12-x^2-y^2}$；

(3) $\lim\limits_{(x,y)\to(0,0)}\dfrac{\sin 3(x^2+y^2)}{x^2+y^2}$；　　(4) $\lim\limits_{(x,y)\to(0,0)}\dfrac{xy}{2-\sqrt{xy+4}}$.

10. 证明 $\lim\limits_{(x,y)\to(0,0)}\dfrac{x-y}{x+y}$ 不存在.

11. 求函数 $z=\dfrac{x^2+y^2}{y-2x}$ 的间断点.

12. 求下列函数的偏导数.

(1) $z=x^3y-xy^4$；　　(2) $z=(2x-y)^3$；

(3) $z=\dfrac{x^2+y^2}{xy}$；　　(4) $z=x^2\ln(y^2-2x)$；

(5) $z=\sin\dfrac{y}{x}$；　　(6) $z=\ln\left(\tan\dfrac{x}{y}\right)$；

(7) $z=(1+xy)^x$；　　(8) $u=y^{\frac{z}{x}}$；

(9) $u=\arctan(x+y-z)$.

13. 求下列函数在指定点处的偏导数.

(1) $z=x+y-\sqrt{x^2+y^2}$ 在点(3,4)；

(2) $z=\ln(e^x+e^y)$ 在点(0,0)；

(3) $z=xe^y$ 在点(2,1)；

(4) $u=(1+xy)^z$ 在点(1,2,3).

14. 求下列函数的二阶偏导数.

(1) $z=x^3+xy-5xy^3$；　　(2) $z=e^x\cos y$；

(3) $z=\ln(x+y^2)$；　　(4) $z=\dfrac{x}{x^2+y^2}$.

15. 验证 $z=2\pi\sqrt{\dfrac{x}{y}}$ 满足方程 $x\dfrac{\partial z}{\partial x}+y\dfrac{\partial z}{\partial y}=0$.

16. 验证 $z=e^x\cos y$ 满足方程 $\dfrac{\partial^2 z}{\partial x^2}+\dfrac{\partial^2 z}{\partial y^2}=0$.

17. 求下列函数的全微分.

(1) $z=\sqrt{\dfrac{y}{x}}$；　　(2) $z=e^{x^2+2y}$；

(3) $z=\sqrt{x+y}\cos y$；　　(4) $z=\dfrac{x^2+y^2}{x}$.

18. 设 $z=u^2-v^3$，而 $u=x+y$，$v=x-y$，求 $\dfrac{\partial z}{\partial x}$，$\dfrac{\partial z}{\partial y}$.

19. 设 $z=u^2\ln v$，而 $u=\dfrac{y}{x}$，$v=3x-2y$，求 $\dfrac{\partial z}{\partial x}$，$\dfrac{\partial z}{\partial y}$.

20. 设 $z=\dfrac{u}{v}$，而 $u=x\cos y$，$v=y\cos x$，求 $\dfrac{\partial z}{\partial x}$，$\dfrac{\partial z}{\partial y}$.

21. 设 $z=e^{uv}$，而 $u=\ln\sqrt{x^2+y^2}$，$v=x^2+y^2$，求 $\dfrac{\partial z}{\partial x}$，$\dfrac{\partial z}{\partial y}$.

22. 设 $z=\sin(3u-v^2)$，而 $u=x^3$，$v=e^{-x}$，求 $\dfrac{dz}{dx}$.

23. 设 $z=\dfrac{u+2v}{2u-v}$，而 $u=e^t$，$v=3t$，求 $\dfrac{dz}{dt}$.

24. 设 $z=e^{x-2y}$，而 $y=e^x$，求 $\dfrac{dz}{dx}$.

25. 设 $z=\ln(e^x+e^y)$，而 $x=y^3$，求 $\dfrac{dz}{dy}$.

26. 设 $\sin x+e^y-x^2y=0$，求 $\dfrac{dy}{dx}$.

27. 设 $e^z-xyz=0$，求 $\dfrac{\partial z}{\partial x}$，$\dfrac{\partial z}{\partial y}$.

28. 设 $\begin{cases} z=x^2+y^2, \\ x^2+2y^2+3z^2=1, \end{cases}$ 求 $\dfrac{\mathrm{d}y}{\mathrm{d}x}$，$\dfrac{\mathrm{d}z}{\mathrm{d}x}$.

29. 求下列曲线在指定点处的切线方程和法平面方程.

(1) $x=t^2, y=1+t, z=-t^3$ 在点 $(1,2,-1)$ 处；

(2) $x=t-\sin t, y=1+\cos t, z=4\sin\dfrac{t}{2}$ 在点 $(\pi,0,4)$ 处.

30. 求曲面 $\mathrm{e}^z-z+xy=3$ 在 $(2,1,0)$ 处的切平面和法线方程.

31. 求曲面 $x^2+2y^2+3z^2=21$ 上平行于平面 $x+4y+6z=0$ 的切平面方程.

32. 求函数 $f(x,y)=x^3+y^3-3xy$ 的极值.

33. 某工厂要用铁皮做一个体积为 $8\mathrm{m}^3$ 的有盖长方体水箱，问长、宽、高各取怎样的尺寸时，能使所用材料最省？

扫码做同步练习

第7章 重积分

本章教学要求

(1)理解二重积分的概念及微元法思想,理解直角坐标系与极坐标系下的面积微元.

(2)掌握直角坐标系与极坐标系下二重积分的计算,掌握直角坐标系下简单三重积分的计算.

(3)会应用重积分求空间闭区域的体积及物体构件的质量.

(4)了解重积分的性质.

在一元函数积分学中,定积分是按照微元法的基本思想:分割,近似代替,作和,取极限的步骤得到某种确定形式和的极限,将这一思想推广到n($n\geqslant 2$)维空间某一有界闭区域上有定义的n元函数上,便是重积分.如二元函数在平面有界闭区域上的积分就是二重积分,三元函数在三维空间有界闭区域上的积分就是三重积分.本章重点介绍二重积分的概念、性质、计算及其应用,三重积分的概念与性质就是二重积分概念与性质的推广,只做简要叙述.

7.1 二重积分

7.1.1 二重积分的概念

1.两个引例

引例1 曲顶柱体的体积.

曲顶柱体是指这样的一个立体,它的底是xOy平面上由闭曲线C围成的有界闭区域D,它的顶是由非负连续函数$z=f(x,y)$ $((x,y)\in D)$所确定的曲面,它的侧面是以D的边界为准线,母线平行于z轴的柱面,如图7-1所示.现讨论该曲顶柱体体积V的计算.

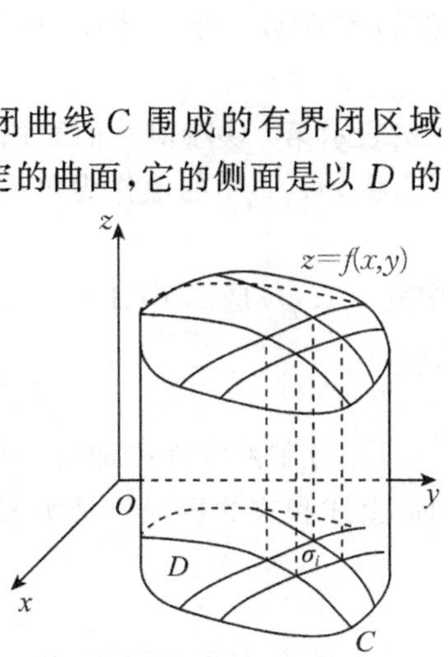

图7-1

采用类似求曲边梯形面积的思想,分四步进行.

(1)分割区域D:用xOy平面上一组平面曲线网将区域D分成n个小闭区域

$$\sigma_1,\sigma_2,\cdots,\sigma_n,$$

用$\Delta\sigma_i$表示第i个小区域的面积.以每个小闭区域σ_i($i=1,2,\cdots,n$)的边界为准线,作母线平行于z轴的柱面,于是每个小闭区域对应着一个小曲顶柱体(图7-1),把原来的曲顶柱

体分成 n 个小曲顶柱体，其体积记为 ΔV_i，则 $V=\sum_{i=1}^{n}\Delta V_i$.

(2) 近似代替：用小平顶柱体代替小曲顶柱体. 在每个小闭区域 σ_i 上任意取一点 (ξ_i,η_i)，以函数值 $f(\xi_i,\eta_i)$ 为小平顶柱体的高，小平顶柱体的底就是每个小闭区域 σ_i. 于是小平顶柱体的体积为 $f(\xi_i,\eta_i)\Delta\sigma_i$，用它近似代替 ΔV_i，即

$$\Delta V_i\approx f(\xi_i,\eta_i)\Delta\sigma_i\quad(i=1,2,\cdots,n).$$

(3) 作和：将所有小曲顶柱体体积的近似值求和，得到原曲顶柱体体积的近似值，为

$$V=\sum_{i=1}^{n}\Delta V_i\approx\sum_{i=1}^{n}f(\xi_i,\eta_i)\Delta\sigma_i.$$

(4) 取极限：为得到精确的值，将分割网线无限加密，此时小曲顶柱体体积近似值的和越接近原曲顶柱体体积. 即当小区域 $\sigma_1,\sigma_2,\cdots,\sigma_n$ 中的最大直径 d 无限变小（σ_i 的直径指的是其中两点间距离的最大者），也就是 $d\to0$ 时，上述和式的极限就为曲顶柱体的体积，即

$$V=\lim_{d\to0}\sum_{i=1}^{n}f(\xi_i,\eta_i)\Delta\sigma_i.$$

引例 2　平面薄片构件的质量.

所谓平面薄片指的是其质量只与面积和密度有关，而与厚度无关的平面构件.

设一平面薄片构件在 xOy 平面上所占有的区域为 D，它在点 (x,y) 的密度为 $\rho(x,y)$，这里 $\rho(x,y)>0$，且在 D 上连续，现在要求平面薄片构件的质量 M. 显然，若薄片构件是均匀的，即密度为常数，则

$$M=\text{密度}\times\text{面积}.$$

但所给薄片构件的密度 $\rho(x,y)$ 各点处不同，因此不能直接用上面的公式求其质量.

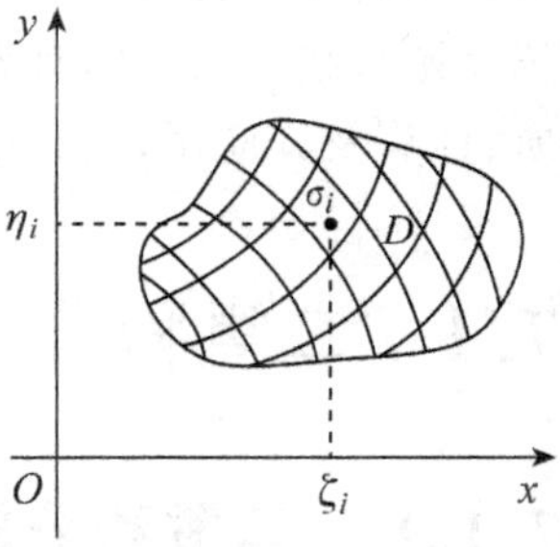

图 7-2

利用求曲顶柱体体积的方法，用 xOy 面上的一组平面曲线网把 D 分割成 n 个小薄片，如图 7-2 所示，

$$\sigma_1,\sigma_2,\cdots\sigma_n,$$

$\Delta\sigma_i$ 表示第 i 块小薄片的面积，其质量记为 ΔM_i，将每一个小薄片 $\sigma_i(i=1,2,\cdots,n)$ 视为均匀的，将 $\rho(\xi_i,\eta_i)$ 的值作为每一个小薄片的密度的近似值，则 ΔM_i 的近似值为

$$\Delta M_i\approx\rho(\xi_i,\eta_i)\Delta\sigma_i,$$

其中 (ξ_i,η_i) 是 σ_i 中任意一点，于是 M 的近似值为

$$M=\sum_{i=1}^{n}\Delta M_i\approx\sum_{i=1}^{n}\rho(\xi_i,\eta_i)\Delta\sigma_i.$$

当分割网线无限加密，即小薄片 $\sigma_1,\sigma_2,\cdots,\sigma_n$ 中的最大直径 d 无限变小，也就是 $d\to0$ 时，上述和式的极限就是所求薄片构件的质量 M，即

$$M=\lim_{d\to0}\sum_{i=1}^{n}\rho(\xi_i,\eta_i)\Delta\sigma_i.$$

虽然上述两个问题的实际意义不同，但采用的思想方法和步骤是相同的，最终都归结为计算同一形式和的极限. 在物理、几何和工程技术中，有许多物理量和几何量都可归结为这一形式的和的极限，将这一形式和的极限进行抽象，便是二重积分的概念.

2. 二重积分的概念

定义 1　设 $f(x,y)$ 是闭区域 D 上的有界函数，把区域 D 分割成 n 个小区域

$$\sigma_1, \sigma_2, \cdots \sigma_n,$$

$\Delta\sigma_i (i=1,2,\cdots,n)$ 表示第 i 个小区域的面积，d_i 表示小区域 σ_i 的直径，$d=\max(d_1,d_2,\cdots d_n)$，在 σ_i 上任取一点 (ξ_i,η_i)，作和式

$$\sum_{i=1}^{n} f(\xi_i,\eta_i)\Delta\sigma_i.$$

如果当 $d\to 0$ 时，此和式的极限存在，那么称此极限值为函数 $f(x,y)$ 在区域 D 上的二重积分（也称 $f(x,y)$ 在区域 D 上可积），记为 $\iint\limits_D f(x,y)\mathrm{d}\sigma$，即

$$\iint\limits_D f(x,y)\mathrm{d}\sigma = \lim_{d\to 0}\sum_{i=1}^{n} f(\xi_i,\eta_i)\Delta\sigma_i,$$

其中 $f(x,y)$ 称为被积函数，x,y 称为积分变量，D 称为积分区域，$\mathrm{d}\sigma$ 称为面积微元.

二重积分是定积分的概念在二元函数中的推广. 对二重积分的可积性，与定积分一样，若函数 $f(x,y)$ 在有界闭区域 D 上连续，则函数 $f(x,y)$ 在 D 上可积，即二重积分 $\iint\limits_D f(x,y)\mathrm{d}\sigma$ 总存在.

由二重积分的定义可知，上述引例可用二重积分表示.

以 D 为底，以非负连续函数 $z=f(x,y)$ 为顶的曲顶柱体的体积为

$$V=\iint\limits_D f(x,y)\mathrm{d}\sigma.$$

平面薄片构件的质量就是面密度函数 $\rho(x,y)$ 在薄片构件所占区域 D 上的二重积分

$$M=\iint\limits_D \rho(x,y)\mathrm{d}\sigma.$$

若 $f(x,y)\geqslant 0$，则二重积分 $\iint\limits_D f(x,y)\mathrm{d}\sigma$ 表示曲顶柱体的体积，其中被积函数是曲顶柱体的顶，积分区域是柱体的底；若 $f(x,y)\leqslant 0$，曲顶柱体位于 xOy 平面下方，则二重积分为负值，其绝对值恰为该曲顶柱体的体积，即 $\iint\limits_D f(x,y)\mathrm{d}\sigma$ 为曲顶柱体体积的负值；若 $f(x,y)$ 在 D 上有正有负，则二重积分 $\iint\limits_D f(x,y)\mathrm{d}\sigma$ 为位于 xOy 平面上方曲顶柱体体积与位于 xOy 平面下方曲顶柱体体积的代数和.

7.1.2　二重积分的性质

二重积分与定积分有相类似的性质，因此只述不证. 在下列二重积分的性质中，均假定考虑的二重积分在区域上是可积的.

性质 1　$\iint\limits_D kf(x,y)\mathrm{d}x\mathrm{d}y = k\iint\limits_D f(x,y)\mathrm{d}x\mathrm{d}y.$

性质 2　$\iint\limits_D [f(x,y)\pm g(x,y)]\mathrm{d}x\mathrm{d}y = \iint\limits_D f(x,y)\mathrm{d}x\mathrm{d}y \pm \iint\limits_D g(x,y)\mathrm{d}x\mathrm{d}y.$

性质 3 如果在区域 D 上有 $f(x,y)=1$,S_D 为区域 D 的面积,那么

$$\iint_D 1\cdot \mathrm{d}\sigma=\iint_D \mathrm{d}\sigma=S_D.$$

即平面区域 D 的面积可以用被积函数为 1 的二重积分表示.

性质 4 如果闭区域 D 被有限条曲线分为有限个闭区域,那么在 D 上的二重积分等于各个闭区域上的二重积分的和.

如,若 D 分为两个闭区域 D_1 与 D_2,则

$$\iint_D f(x,y)\mathrm{d}\sigma=\iint_{D_1} f(x,y)\mathrm{d}\sigma+\iint_{D_2} f(x,y)\mathrm{d}\sigma,$$

此性质称为二重积分对于积分区域具有可加性.

性质 5 如果在 D 上有 $f(x,y)\leqslant g(x,y)$,那么

$$\iint_D f(x,y)\mathrm{d}x\mathrm{d}y\leqslant\iint_D g(x,y)\mathrm{d}x\mathrm{d}y.$$

性质 6 设 M,m 分别是 $f(x,y)$ 在闭区域 D 上的最大值和最小值,S_D 是 D 的面积,则

$$m\cdot S_D\leqslant\iint_D f(x,y)\mathrm{d}x\mathrm{d}y\leqslant M\cdot S_D.$$

性质 7 (二重积分的中值定理) 设函数 $f(x,y)$ 在闭区域 D 上连续,则至少存在一点 $(\xi,\eta)\in D$,使得

$$\iint_D f(x,y)\mathrm{d}x\mathrm{d}y=f(\xi,\eta)\cdot S_D,$$

其中 S_D 是区域 D 的面积.

7.2 二重积分的计算

从二重积分的定义看出,通过分割、近似代替、作和、取极限就可求得二重积分的值. 由于计算和式的极限相当复杂,对于少数特别简单的被积函数和积分区域来说是可行的,但对一般的函数和积分区域来说,这不是一种切实可行的办法. 因此,必须寻找计算二重积分既简单又实用的方法,它就是二次积分法,即将二重积分的计算化为两次定积分的计算. 根据被积函数和积分区域的具体情况,二重积分的计算可在直角坐标系与极坐标系中进行选择,下面分别加以陈述.

7.2.1 直角坐标系下二重积分的计算

1. 直角坐标系下的面积微元

在二重积分的定义中,因对区域 D 的分割是任意的,故可根据具体情况作特殊的分割. 在直角坐标系下,若采用平行于坐标轴的直线网来分割区域 D,此时,除包含区域边界的小闭区域外,其余所有小闭区域均为小矩形,边长分别为 Δx_i 和 Δy_i,所以 $\Delta\sigma_i=\Delta x_i\Delta y_i$. 此时,面积的微元为 $\mathrm{d}\sigma=\mathrm{d}x\mathrm{d}y$,故二重积分可表示为 $\iint_D f(x,y)\mathrm{d}x\mathrm{d}y$,称为在直角坐标系下的二重积分形式. 即在直角坐标系下

$$\iint_D f(x,y)\mathrm{d}\sigma=\iint_D f(x,y)\mathrm{d}x\mathrm{d}y,$$

并将 $\mathrm{d}x\mathrm{d}y$ 叫作直角坐标系下的面积微元.

2. 直角坐标系下积分区域的情形

在探讨二重积分的计算方法前，我们先研究积分区域 D 的形式，然后再给出具体的计算方法.

情形 1：X 型区域.

若区域 D 可以用不等式

$$a\leqslant x\leqslant b,\quad \varphi_1(x)\leqslant y\leqslant \varphi_2(x)$$

来表示，其中 $\varphi_1(x)$，$\varphi_2(x)$ 在区间 $[a,b]$ 上连续，则称该区域为 X 型区域，如图 7-3 所示.

其特点是：用垂直于 x 轴的直线穿过 D，直线与 D 的边界相交最多有两个交点. 即区域 D 是由上曲线 $y=\varphi_2(x)$，下曲线 $y=\varphi_1(x)$，左直线 $x=a$ 及右直线 $x=b$ 所围成的闭区域. 图 7-3 所示的是标准的 X 型区域，有时会出现特殊的情况，上、下曲线左边或右边相交. 如图 7-4 所示.

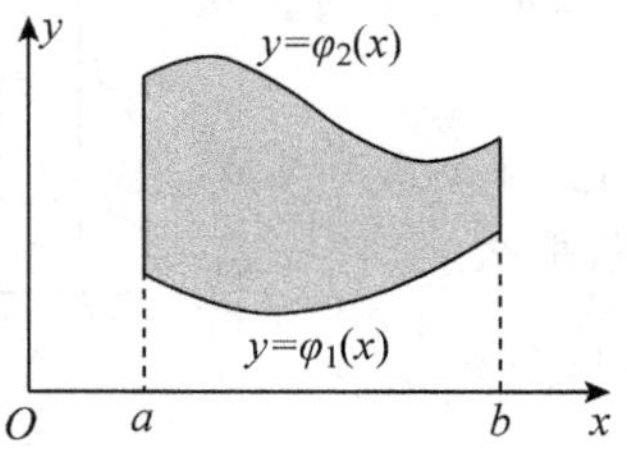

图 7-3

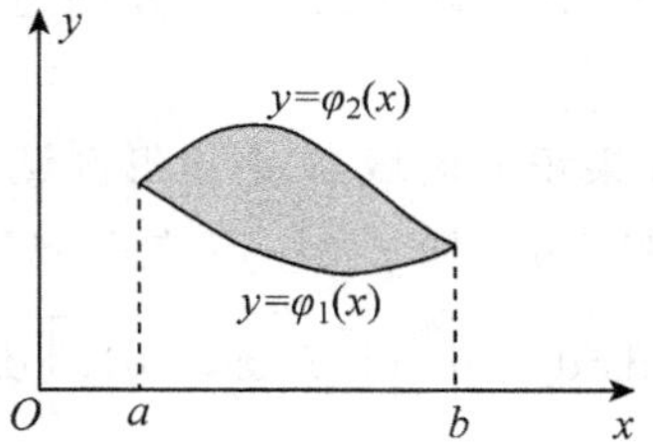

图 7-4

情形 2：Y 型区域.

若区域 D 可以用不等式

$$c\leqslant y\leqslant d,\psi_1(y)\leqslant x\leqslant \psi_2(y)$$

来表示，其中 $\psi_1(y)$，$\psi_2(y)$ 在区间 $[c,d]$ 上连续，则称该区域为 Y 型区域，如图 7-5 所示.

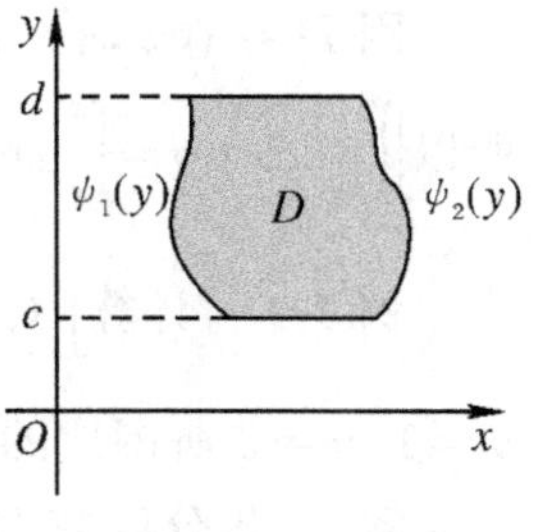

图 7-5

该区域的特点是：用垂直于 y 轴的直线穿过 D，直线与 D 的边界相交最多有两个交点. 即区域 D 是由左曲线 $x=\psi_1(y)$，右曲线 $x=\psi_2(y)$，上直线 $y=d$ 及下直线 $y=c$ 所围成的闭区域. 图 7-5 所示的是标准的 Y 型区域.

情形 3：区域既不是 X 型也不是 Y 型.

若区域 D 既不是 X 型，也不是 Y 型，则可用垂直于 x 轴或垂直于 y 轴的直线将区域 D 分成几个区域，使各区域为 X 型区域或 Y 型区域.

3. 直角坐标系下二重积分的计算

定理 1　如果函数 $f(x,y)$ 在区域 $D=\{(x,y)\mid a\leqslant x\leqslant b,\varphi_1(x)\leqslant y\leqslant\varphi_2(x)\}$ 上可积，那么 $f(x,y)$ 在 D 上的二重积分为

$$\iint_D f(x,y)\mathrm{d}x\mathrm{d}y=\int_a^b\left[\int_{\varphi_1(x)}^{\varphi_2(x)}f(x,y)\mathrm{d}y\right]\mathrm{d}x,$$

称为先对 y，后对 x 的二次积分(或累次积分).

该定理表明，若二重积分的积分区域是 X 型区域，则该二重积分化为先对 y，后对 x 的二次定积分的计算. 即先把 x 看作常数，对 y 进行从 $\varphi_1(x)$ 到 $\varphi_2(x)$ 的定积分计算；然后将计算结果作为被积函数对 x 进行从 a 到 b 的定积分计算.

也常将 $\int_a^b\left[\int_{\varphi_1(x)}^{\varphi_2(x)}f(x,y)\mathrm{d}y\right]\mathrm{d}x$ 写为 $\int_a^b\mathrm{d}x\int_{\varphi_1(x)}^{\varphi_2(x)}f(x,y)\mathrm{d}y$.

证明从略. 同理有

定理 2 如果函数 $f(x,y)$ 在区域 $D=\{(x,y)\mid\psi_1(y)\leqslant x\leqslant\psi_2(y),c\leqslant y\leqslant d\}$ 上可积，那么 $f(x,y)$ 在 D 上的二重积分为

$$\iint_D f(x,y)\mathrm{d}x\mathrm{d}y=\int_c^d\left[\int_{\psi_1(y)}^{\psi_2(y)}f(x,y)\mathrm{d}x\right]\mathrm{d}y,$$

称为先对 x 后对 y 的二次积分(或累次积分).

也常将 $\int_c^d\left[\int_{\psi_1(y)}^{\psi_2(y)}f(x,y)\mathrm{d}x\right]\mathrm{d}y$ 写为 $\int_c^d\mathrm{d}y\int_{\psi_1(y)}^{\psi_2(y)}f(x,y)\mathrm{d}x$.

以上定理给出了计算二重积分的方法，即化二重积分为二次积分.

特别地，如果积分区域 D 是矩形区域 $D=\{(x,y)\mid a\leqslant x\leqslant b,c\leqslant y\leqslant d\}$(图 7-6)，且 $f(x,y)$ 在区域 D 上可积，那么

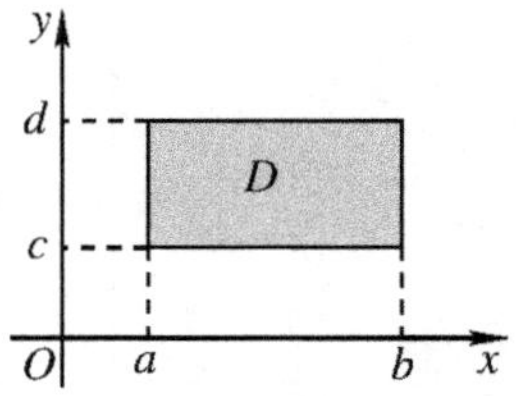

图 7-6

$$\iint_D f(x,y)\mathrm{d}x\mathrm{d}y=\int_a^b\left[\int_c^d f(x,y)\mathrm{d}y\right]\mathrm{d}x=\int_a^b\mathrm{d}x\int_c^d f(x,y)\mathrm{d}y$$

或 $\iint_D f(x,y)\mathrm{d}x\mathrm{d}y=\int_c^d\left[\int_a^b f(x,y)\mathrm{d}x\right]\mathrm{d}y=\int_c^d\mathrm{d}y\int_a^b f(x,y)\mathrm{d}x$.

例 7-1 计算 $\iint_D\frac{y}{x}\mathrm{d}x\mathrm{d}y$，其中 D 是由 $y=x,y=2x,x=2,x=4$ 所围成的区域.

解 区域 D 是 X 型区域(图 7-7).

因 $D=\{(x,y)\mid 2\leqslant x\leqslant 4,x\leqslant y\leqslant 2x\}$，

所以 $\iint_D\frac{y}{x}\mathrm{d}x\mathrm{d}y=\int_2^4\mathrm{d}x\int_x^{2x}\frac{y}{x}\mathrm{d}y=\int_2^4(2x-\frac{x}{2})\mathrm{d}x=9$.

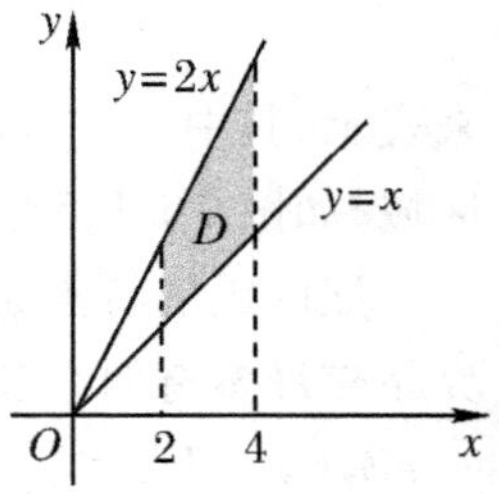

图 7-7

例 7-2 计算 $\iint_D(x^2+y^2)\mathrm{d}x\mathrm{d}y$，其中 D 是由 $y=x,y=x+1,y=1,y=3$ 所围成的区域.

解 积分区域 D 如图 7-8 所示，为 Y 型区域.

因为 $D=\{(x,y)\mid 1\leqslant y\leqslant 3,y-1\leqslant x\leqslant y\}$，

所以 $\iint_D(x^2+y^2)\mathrm{d}x\mathrm{d}y=\int_1^3\mathrm{d}y\int_{y-1}^{y}(x^2+y^2)\mathrm{d}x$

$$=\int_1^3(2y^2-y+\frac{1}{3})\mathrm{d}y=14.$$

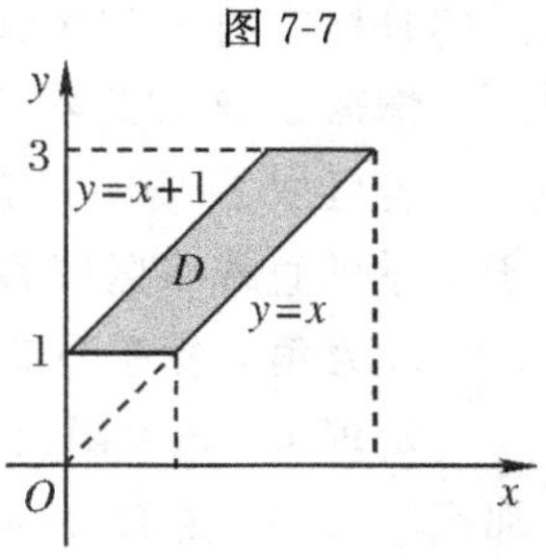

图 7-8

例 7-3 计算 $\iint_D(x-y)\mathrm{d}x\mathrm{d}y$，其中 D 是由 $y=x,x=1,y=2$

所围成的区域.

解　积分区域 D 如图 7-9 所示，既为 X 型区域也为 Y 型区域，

即 $D=\{(x,y)\mid 1\leqslant x\leqslant 2, x\leqslant y\leqslant 2\}$

或 $D=\{(x,y)\mid 1\leqslant y\leqslant 2, 1\leqslant x\leqslant y\}$，

所以 $\iint\limits_D (x-y)\,dx\,dy=\int_1^2 dx\int_x^2 (x-y)\,dy$

$$=\int_1^2\left(2x-2-\frac{x^2}{2}\right)dx=-\frac{1}{6}.$$

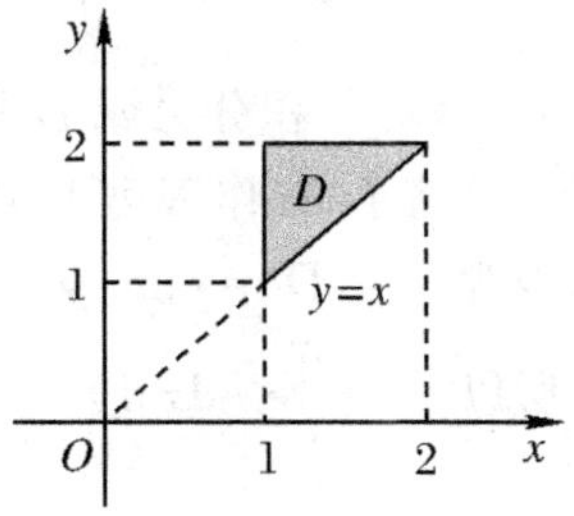

图 7-9

或 $\iint\limits_D (x-y)\,dx\,dy=\int_1^2 dy\int_1^y (x-y)\,dx=\int_1^2\left(y-\frac{y^2}{2}-\frac{1}{2}\right)dy=-\frac{1}{6}.$

从以上例题可知，计算二重积分时，关键是确定两个定积分的上下限，将二重积分化为二次积分，而积分上下限是根据积分区域 D 来确定的.

例 7-4　计算 $\iint\limits_D xy\,dx\,dy$，其中 D 是由 $y^2=x$，$y=x-2$ 所围成的区域.

解　积分区域 D 是 Y 型区域，如图 7-10 所示.

$$D=\{(x,y)\mid -1\leqslant y\leqslant 2, y^2\leqslant x\leqslant y+2\},$$

所以 $\iint\limits_D xy\,dx\,dy=\int_{-1}^2 dy\int_{y^2}^{y+2} xy\,dx$

$$=\frac{1}{2}\int_{-1}^2[y(y+2)^2-y^5]\,dy$$

$$=\frac{45}{8}.$$

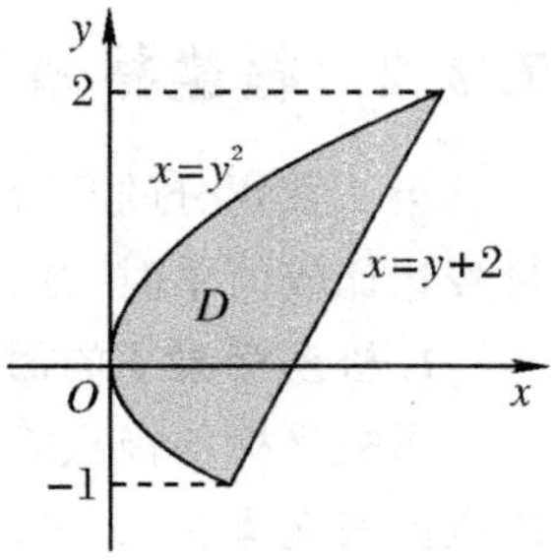

图 7-10

注：该积分区域 D 也可看作两个 X 型区域 D_1 与 D_2 的并集，如图 7-11 所示.

此时，因 $D=D_1\cup D_2$，其中

$$D_1=\{(x,y)\mid 0\leqslant x\leqslant 1, -\sqrt{x}\leqslant y\leqslant\sqrt{x}\},$$

$$D_2=\{(x,y)\mid 1\leqslant x\leqslant 4, x-2\leqslant y\leqslant\sqrt{x}\},$$

所以 $\iint\limits_D xy\,dx\,dy=\iint\limits_{D_1} xy\,dx\,dy+\iint\limits_{D_2} xy\,dx\,dy$

$$=\int_0^1 dx\int_{-\sqrt{x}}^{\sqrt{x}} xy\,dy+\int_1^4 dx\int_{x-2}^{\sqrt{x}} xy\,dy$$

$$=0+\frac{1}{2}\int_1^4(5x^2-x^3-4x)\,dx$$

$$=\frac{45}{8}.$$

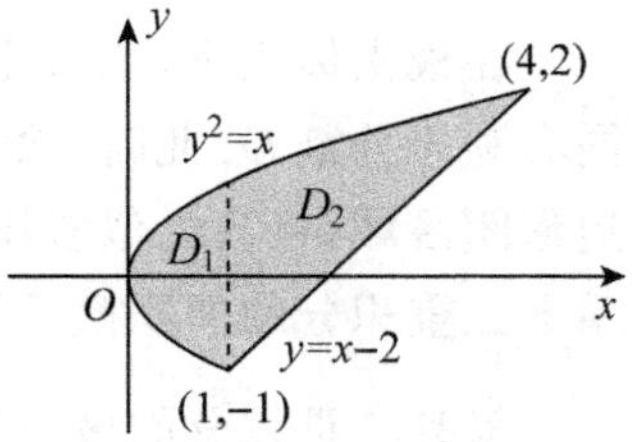

图 7-11

从以上几个例题可知，化二重积分为二次积分时，积分次序的选择会影响二重积分计算的复杂程度，选择恰当的二次积分次序可使积分计算简便一些，有时积分次序选择不当，还将导致积分不易求解.

例 7-5 计算 $\iint\limits_D e^{x^2}\,dx\,dy$,其中 D 是由 $y=x$,$y=0$ 及 $x=1$ 所围成的闭区域.

解 积分区域 D 既是 X 型区域又是 Y 型区域,如图 7-12 所示.

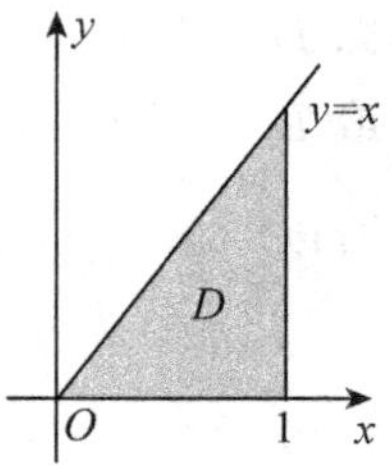

图 7-12

将 D 看作 X 型区域时,

因为 $D=\{(x,y)\,|\,0\leqslant x\leqslant 1,0\leqslant y\leqslant x\}$,

所以
$$\iint\limits_D e^{x^2}\,dx\,dy=\int_0^1 dx\int_0^x e^{x^2}\,dy$$
$$=\int_0^1 x e^{x^2}\,dx=\frac{1}{2}e^{x^2}\Big|_0^1=\frac{1}{2}(e-1).$$

将 D 看作 Y 型区域时,

则 $D=\{(x,y)\,|\,0\leqslant y\leqslant 1,y\leqslant x\leqslant 1\}$,

但 $\iint\limits_D e^{x^2}\,dx\,dy=\int_0^1 dy\int_y^1 e^{x^2}\,dx$ 中 $\int_y^1 e^{x^2}\,dx$ 不易求解.

因此,计算二重积分时不仅要兼顾积分区域 D 的情形,也要考虑被积函数的特点.

7.2.2 极坐标系下二重积分的计算

当二重积分的积分区域 D 的边界用极坐标方程表示比较方便,且被积函数用极坐标变量表达比较简单时,往往考虑用极坐标系来计算二重积分,这样会简化计算过程.

1. 极坐标系下的面积微元

当极坐标的极点 O 和极轴分别与直角坐标系的原点和 x 轴的正半轴相重合时,平面上 P 点的直角坐标(x,y)与极坐标(ρ,θ)之间的坐标变换公式为
$$\begin{cases}x=\rho\cos\theta,\\ y=\rho\sin\theta.\end{cases}$$

在极坐标系下,用极坐标曲线网来分割 D,即用过极点 O 的一组射线与以 O 为圆心的同心圆来分割 D.此时,除包含区域的边界的小闭区域外,其余所有小闭区域均为小曲边四边形闭区域,将其近似看作小矩形闭区域,小矩形的两边长分别为 $d\rho$,$\rho d\theta$,由此得到极坐标系下二重积分的面积微元为 $d\sigma=\rho d\rho d\theta$.

得到二重积分的极坐标形式为 $\iint\limits_D f(x,y)\,d\sigma=\iint\limits_D f(\rho\cos\theta,\rho\sin\theta)\rho\,d\rho\,d\theta$.

直角坐标转换为极坐标公式:
$$\iint\limits_D f(x,y)\,dx\,dy=\iint\limits_D f(\rho\cos\theta,\rho\sin\theta)\rho\,d\rho\,d\theta.$$

此公式表明,把二重积分从直角坐标系变为极坐标系时,要进行相应的变量代换:$x=\rho\cos\theta$,$y=\rho\sin\theta$,$dx\,dy=\rho\,d\rho\,d\theta$.

2. 极坐标系下二重积分的计算

极坐标系下二重积分的计算与直角坐标系下一样,也是将二重积分化为二次积分,只是积分变量变为极坐标的极径 ρ 和极角 θ.从积分区域 D 的情形确定极径和极角的变化范围同样非常重要,它决定了两个定积分的积分上下限取值情况.

若积分区域 D 可以用不等式 $\alpha\leqslant\theta\leqslant\beta$,$\varphi_1(\theta)\leqslant\rho\leqslant\varphi_2(\theta)$ 表示,如图 7-13 所示.

其中 $\varphi_1(\theta),\varphi_2(\theta)$ 在区间 $[\alpha,\beta]$ 上连续.

则有 $\iint\limits_D f(x,y)\mathrm{d}x\mathrm{d}y=\int_\alpha^\beta\left[\int_{\varphi_1(\theta)}^{\varphi_2(\theta)}f(\rho\cos\theta,\rho\sin\theta)\rho\mathrm{d}\rho\right]\mathrm{d}\theta$.

即二重积分化为先对极径 ρ 从 $\varphi_1(\theta)$ 到 $\varphi_2(\theta)$，后对极角 θ 从 α 到 β 的二次积分.

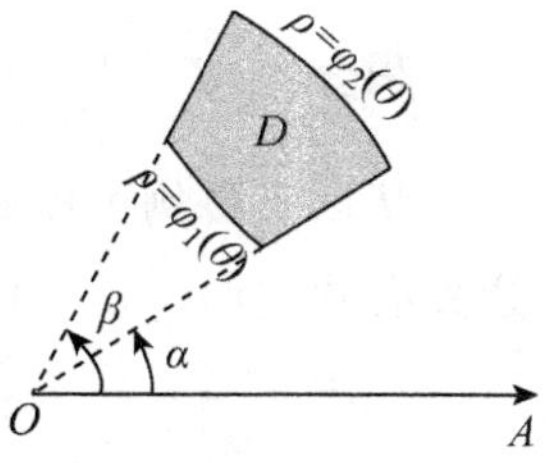

图 7-13

由于积分区域 D 会出现各种不同的情形，对应的极径 ρ 和极角 θ 也就出现不同的取值变化，此时对应的二次积分的积分上下限作相应变化即可.

例 7-6　计算 $\iint\limits_D 2^{x^2+y^2}\mathrm{d}x\mathrm{d}y$，其中 D 是由 $x^2+y^2=4$ 与 $x^2+y^2=9$ 所围成的圆环在第一象限的部分.

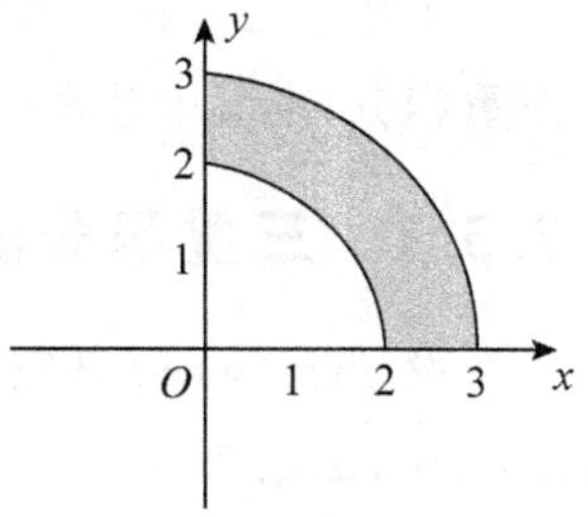

图 7-14

解　积分区域 D(图 7-14) 用不等式表示为

$$0\leqslant\theta\leqslant\frac{\pi}{2},2\leqslant\rho\leqslant 3.$$

所以
$$\iint\limits_D 2^{x^2+y^2}\mathrm{d}x\mathrm{d}y=\int_0^{\frac{\pi}{2}}\mathrm{d}\theta\int_2^3 2^{\rho^2}\rho\mathrm{d}\rho$$
$$=\int_0^{\frac{\pi}{2}}\mathrm{d}\theta\int_2^3 2^{\rho^2}\rho\mathrm{d}\rho=\int_0^{\frac{\pi}{2}}\left(\frac{1}{2\ln 2}2^{\rho^2}\right)\Bigg|_2^3\mathrm{d}\theta=\frac{2^9-2^4}{4\ln 2}\pi=\frac{124\pi}{\ln 2}.$$

例 7-7　计算 $\iint\limits_D\sqrt{4-x^2-y^2}\mathrm{d}x\mathrm{d}y$，其中 D 是由圆周 $x^2+y^2=2x$ 所围成的闭区域.

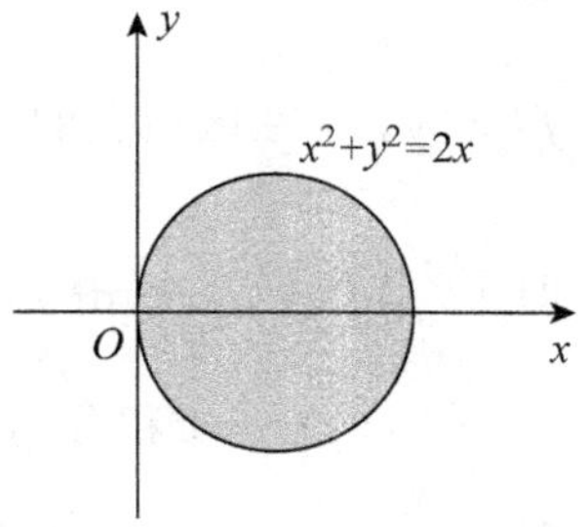

图 7-15

解　积分区域 D(图 7-15) 用不等式表示为

$$-\frac{\pi}{2}\leqslant\theta\leqslant\frac{\pi}{2},0\leqslant\rho\leqslant 2\cos\theta.$$

所以
$$\iint\limits_D\sqrt{4-x^2-y^2}\mathrm{d}x\mathrm{d}y=\int_{-\frac{\pi}{2}}^{\frac{\pi}{2}}\mathrm{d}\theta\int_0^{2\cos\theta}\sqrt{4-\rho^2}\rho\mathrm{d}\rho$$
$$=\frac{8}{3}\int_{-\frac{\pi}{2}}^{\frac{\pi}{2}}(1-\sin^3\theta)\mathrm{d}\theta=\frac{8}{3}\pi.$$

例 7-8　计算 $\iint\limits_D\mathrm{e}^{-(x^2+y^2)}\mathrm{d}x\mathrm{d}y$，其中 $D=\{(x,y)\mid 0\leqslant x<+\infty,0\leqslant y<+\infty\}$.

解　由极坐标变换公式 $x=\rho\cos\theta,y=\rho\sin\theta$，$\mathrm{d}x\mathrm{d}y=\rho\mathrm{d}\rho\mathrm{d}\theta$，积分区域 D 可表示为 $0\leqslant\theta\leqslant\frac{\pi}{2},0\leqslant\rho<+\infty$，

$$\iint\limits_D\mathrm{e}^{-(x^2+y^2)}\mathrm{d}x\mathrm{d}y=\int_0^{\frac{\pi}{2}}\mathrm{d}\theta\int_0^{+\infty}\mathrm{e}^{-\rho^2}\rho\mathrm{d}\rho=\frac{\pi}{4}.$$

事实上，如果设 $I=\int_0^{+\infty}\mathrm{e}^{-x^2}\mathrm{d}x$，

$$I^2=\int_0^{+\infty}\mathrm{e}^{-x^2}\mathrm{d}x\int_0^{+\infty}\mathrm{e}^{-y^2}\mathrm{d}y=\int_0^{+\infty}\int_0^{+\infty}\mathrm{e}^{-(x^2+y^2)}\mathrm{d}x\mathrm{d}y=\frac{\pi}{4},$$

那么
$$I=\int_0^{+\infty}\mathrm{e}^{-x^2}\mathrm{d}x=\frac{\sqrt{\pi}}{2}.$$

积分$\int_0^{+\infty} e^{-x^2} dx = \frac{\sqrt{\pi}}{2}$称为概率积分，在概率论与数理统计中有重要应用.

从以上各例可以看到，在计算二重积分时，若被积函数含有x^2+y^2项或积分区域D的边界有圆周$(x-a)^2+(y-b)^2=R^2$的部分，则往往采用极坐标系进行求解.

7.3 三重积分

类似于二重积分的研究，将微元法的思想应用于空间闭区域上的三元函数，得到的便是三重积分，本节中涉及的相似背景和性质等不再重述.

7.3.1 三重积分的概念

设$f(x,y,z)$是空间闭区域Ω上的有界函数，将Ω任意地划分成n个小区域Δv_1，$\Delta v_2, \cdots, \Delta v_n$. 其中$\Delta v_i$表示第$i$个小区域，也表示第$i$个小区域的体积. 在每个小区域$\Delta v_i$上任取一点$(\xi_i, \eta_i, \zeta_i)$，作乘积$f(\xi_i, \eta_i, \zeta_i) \cdot \Delta v_i$，再作和式$\sum\limits_{i=1}^{n} f(\xi_i, \eta_i, \zeta_i) \cdot \Delta v_i$，记$\lambda$为这$n$个小区域直径的最大者，若极限$\lim\limits_{\lambda \to 0} \sum\limits_{i=1}^{n} f(\xi_i, \eta_i, \zeta_i) \cdot \Delta v_i$存在，则称此极限值为函数$f(x,y,z)$在区域上的三重积分，记作$\iiint\limits_{\Omega} f(x,y,z) dv$，

即 $\iiint\limits_{\Omega} f(x,y,z) dv = \lim\limits_{\lambda \to 0} \sum\limits_{i=1}^{n} f(\xi_i, \eta_i, \zeta_i) \cdot \Delta v_i$，其中$dv$叫作体积微元.

注：(1) 三重积分的体积微元在直角坐标系下记为$dx dy dz$，

即 $\iiint\limits_{\Omega} f(x,y,z) dv = \iiint\limits_{\Omega} f(x,y,z) dx dy dz$.

(2) 由三重积分的定义知，若$f(x,y,z)=1$，则$\iiint\limits_{\Omega} dv = V_{\Omega}$就为$\Omega$的体积.

(3) 若函数$f(x,y,z)$在区域Ω上连续，则三重积分$\iiint\limits_{\Omega} f(x,y,z) dv$存在.

(4) 三重积分的物理意义：若$f(x,y,z)$表示某物体在(x,y,z)处的质量密度，Ω是该物体所占有的空间区域，则该物体的质量$M = \iiint\limits_{\Omega} f(x,y,z) dv$.

三重积分具有与二重积分相应的可积条件和性质，此处不一一陈述.

7.3.2 三重积分的计算

三重积分的计算类似于二重积分，即化三重积分为三次积分，计算时也是根据被积函数或积分区域的特点选择不同的坐标，有直角坐标、柱面坐标和球面坐标，本节只对直角坐标进行简单介绍和举例.

定理 1 若函数 $f(x,y,z)$ 在长方体区域 $\Omega=\{(x,y,z)\mid a\leqslant x\leqslant b,c\leqslant y\leqslant d,s\leqslant z\leqslant t\}$ 上的三重积分存在，且对 $\forall x\in[a,b]$，二重积分 $I(x)=\iint\limits_{D}f(x,y,z)\mathrm{d}y\mathrm{d}z$ 存在，其中 $D=\{(y,z)\mid c\leqslant y\leqslant d,s\leqslant z\leqslant t\}$，则积分 $\int_a^b\mathrm{d}x\iint\limits_{D}f(x,y,z)\mathrm{d}y\mathrm{d}z$ 存在，且

$$\iiint\limits_{\Omega}f(x,y,z)\mathrm{d}x\mathrm{d}y\mathrm{d}z=\int_a^b\mathrm{d}x\iint\limits_{D}f(x,y,z)\mathrm{d}y\mathrm{d}z.$$

证明从略.

根据二重积分可化为二次积分，该情形下的三重积分便能化为三次积分来计算，即

$$\iiint\limits_{\Omega}f(x,y,z)\mathrm{d}v=\int_a^b\mathrm{d}x\int_c^d\mathrm{d}y\int_s^t f(x,y,z)\mathrm{d}z,$$

称为先对 z，然后对 y，最后对 x 的三次积分. 有时为了计算方便，也可采用其他的计算次序.

上述定理是对 Ω 为长方体这一特殊情形给出的，对一般的空间区域 Ω 上的三重积分，有类似的结论，只是要视 Ω 的具体情形来决定按怎样的次序进行积分.

定理 2 若区域 $\Omega=\{(x,y,z)\mid z_1(x,y)\leqslant z\leqslant z_2(x,y),y_1(x)\leqslant y\leqslant y_2(x),a\leqslant x\leqslant b\}$，其中

(1) $D=\{(x,y)\mid y_1(x)\leqslant y\leqslant y_2(x),a\leqslant x\leqslant b\}$ 是 Ω 在 xOy 面上的投影区域，它对于平行于 z 轴且经过 D 内的点的直线与 Ω 的边界曲面至多有两个交点.

(2) $f(x,y,z)$ 在 Ω 上连续，$z_1(x,y)$ 与 $z_2(x,y)$ 在 D 上连续，$y_1(x)$ 与 $y_2(x)$ 在 $[a,b]$ 上连续，则

$$\begin{aligned}\iiint\limits_{\Omega}f(x,y,z)\mathrm{d}x\mathrm{d}y\mathrm{d}z&=\iint\limits_{D}\mathrm{d}x\mathrm{d}y\int_{z_1(x,y)}^{z_2(x,y)}f(x,y,z)\mathrm{d}z\\&=\int_a^b\mathrm{d}x\int_{y_1(x)}^{y_2(x)}\mathrm{d}y\int_{z_1(x,y)}^{z_2(x,y)}f(x,y,z)\mathrm{d}z.\end{aligned}$$

证明：略.

该定理表明，若用平行于 z 轴且穿过 Ω 内部的直线与 Ω 的边界曲面相交至多有两个交点，则把空间闭区域 Ω 投影在 xOy 面上得投影区域 D_{xy}，如图 7-16 所示，即 $\Omega=\{(x,y,z)\mid z_1(x,y)\leqslant z\leqslant z_2(x,y),(x,y)\in D_{xy}\}$，此时三重积分就化为先对 z 积分，后在闭区域 D_{xy} 上进行二重积分.

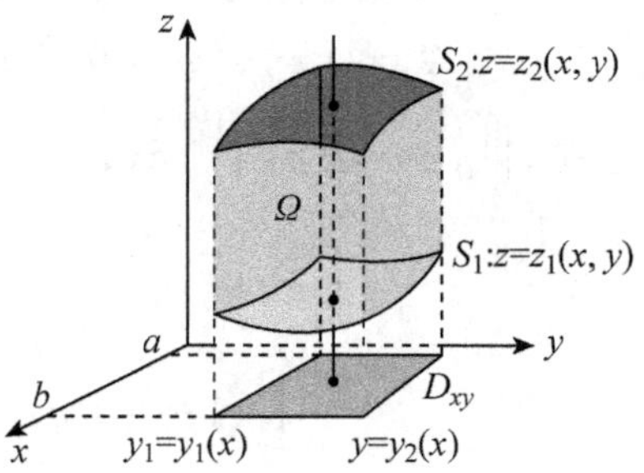

图 7-16

即将 $f(x,y,z)$ 看作 z 的函数，x,y 看作常量，先对 z 进行从 $z_1(x,y)$ 到 $z_2(x,y)$ 的积分，积分结果是 x,y 的函数，记 $F(x,y)=\int_{z_1(x,y)}^{z_2(x,y)}f(x,y,z)\mathrm{d}z$.

然后计算 $F(x,y)$ 在闭区域 D_{xy} 上的二重积分

$$\iint\limits_{D_{xy}} F(x,y)\mathrm{d}\sigma = \iint\limits_{D_{xy}} \left[\int_{z_1(x,y)}^{z_2(x,y)} f(x,y,z)\mathrm{d}z\right]\mathrm{d}\sigma.$$

若 $D_{xy}=\{(x,y)\mid a\leqslant x\leqslant b, y_1(x)\leqslant y\leqslant y_2(x)\}$，

则 $\iint\limits_{D_{xy}} F(x,y)\mathrm{d}\sigma = \int_a^b \mathrm{d}x\int_{y_1(x)}^{y_2(x)} F(x,y)\mathrm{d}y$.

此时，$\iiint\limits_{\Omega} f(x,y,z)\mathrm{d}v = \int_a^b \mathrm{d}x\int_{y_1(x)}^{y_2(x)}\mathrm{d}y\int_{z_1(x,y)}^{z_2(x,y)} f(x,y,z)\mathrm{d}z$ 化为先对 z，然后对 y，最后对 x 的三次积分.

若 $D_{xy}=\{(x,y)\mid c\leqslant y\leqslant d, x_1(y)\leqslant x\leqslant x_2(y)\}$，

则 $\iint\limits_{D_{xy}} F(x,y)\mathrm{d}\sigma = \int_c^d \mathrm{d}y\int_{x_1(y)}^{x_2(y)} F(x,y)\mathrm{d}x$.

此时，$\iiint\limits_{\Omega} f(x,y,z)\mathrm{d}v = \int_c^d \mathrm{d}y\int_{x_1(y)}^{x_2(y)}\mathrm{d}x\int_{z_1(x,y)}^{z_2(x,y)} f(x,y,z)\mathrm{d}z$ 化为先对 z，然后对 x，最后对 y 的三次积分.

说明：若用平行于 x 轴（或 y 轴）且穿过 Ω 内部的直线与 Ω 的边界曲面相交至多有两个交点，则将 Ω 分别投影在 yOz 面上（或 xOz 面上）得投影区域 D_{yz}（或 D_{xz}），化三重积分为先对 x（或 y）积分，后在闭区域 D_{yz}（或 D_{xz}）上进行二重积分.

例 7-9 计算 $\iiint\limits_{\Omega} y\mathrm{d}v$，其中 Ω 为三个坐标面及平面 $x+y+z=1$ 所围成的闭区域.

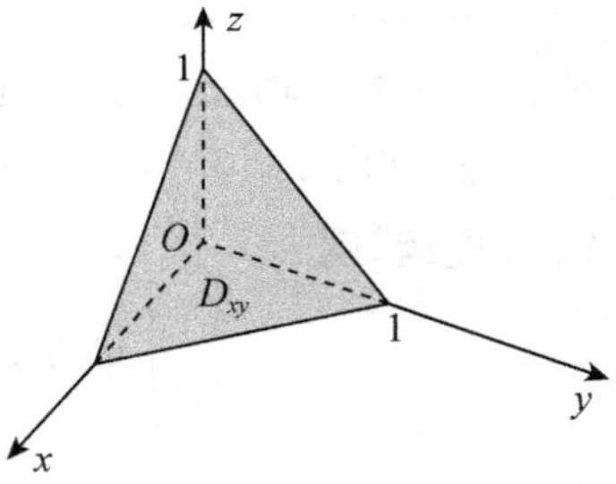

图 7-17

解 闭区域 Ω 如图 7-17 所示.

将 Ω 投影到 xOy 平面上得：$D_{xy}=\{(x,y)\mid 0\leqslant x\leqslant 1, 0\leqslant y\leqslant 1-x\}$.

在 D_{xy} 内任取一点 (x,y)，过此点作平行于 z 轴的直线，该直线分别与平面 $z=0$ 和平面 $z=1-x-y$ 相交.

得 z 变化范围为 $0\leqslant z\leqslant 1-y-x$，

$$\Omega=\{(x,y,z)\mid 0\leqslant z\leqslant 1-y-x, 0\leqslant y\leqslant 1-x, 0\leqslant x\leqslant 1\},$$

于是，
$$\begin{aligned}\iiint\limits_{\Omega} y\mathrm{d}v &= \int_0^1\mathrm{d}x\int_0^{1-x}\mathrm{d}y\int_0^{1-y-x} y\mathrm{d}z\\ &= \int_0^1\mathrm{d}x\int_0^{1-x} y(1-y-x)\mathrm{d}y\\ &= \frac{1}{6}\int_0^1 (1-x)^3\mathrm{d}x = \frac{1}{24}.\end{aligned}$$

例 7-10 计算 $\iiint\limits_{\Omega} xyz\mathrm{d}x\mathrm{d}y\mathrm{d}z$，其中 Ω 为球面 $x^2+y^2+z^2=1$ 及三坐标面所围成的位于第一卦限的立体.

解 积分区域 Ω 如图 7-18 所示.

Ω 在 xOy 坐标面上的投影区域 $D_{xy}=\{(x,y)\mid x^2+y^2\leqslant 1, x\geqslant 0, y\geqslant 0\}$（图 7-19）.

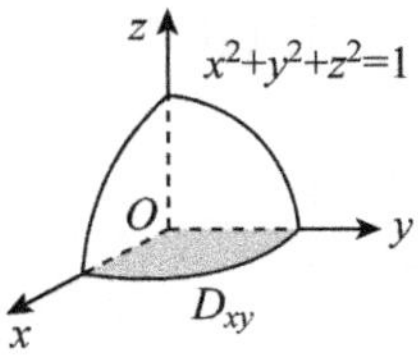

图 7-18

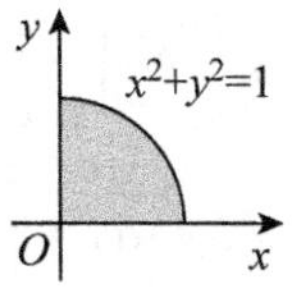

图 7-19

z 的变化范围为 $0 \leqslant z \leqslant \sqrt{1-x^2-y^2}$. 积分区域 Ω 可表示为

$$\Omega=\{(x,y,z) \mid 0 \leqslant z \leqslant \sqrt{1-x^2-y^2}, 0 \leqslant y \leqslant \sqrt{1-x^2}, 0 \leqslant x \leqslant 1\}.$$

于是

$$\begin{aligned}\iiint_{\Omega} xyz\,\mathrm{d}x\,\mathrm{d}y\,\mathrm{d}z &= \int_0^1 \mathrm{d}x \int_0^{\sqrt{1-x^2}} \mathrm{d}y \int_0^{\sqrt{1-x^2-y^2}} xyz\,\mathrm{d}z \\ &= \int_0^1 \mathrm{d}x \int_0^{\sqrt{1-x^2}} \frac{1}{2}xy(1-x^2-y^2)\,\mathrm{d}y \\ &= \frac{1}{8}\int_0^1 x(1-x^2)^2\,\mathrm{d}x = -\frac{1}{48}(1-x^2)^3 \Big|_0^1 \\ &= \frac{1}{48}.\end{aligned}$$

三重积分的计算除用直角坐标系外，还可用柱面坐标或球面坐标进行计算，在此不作介绍.

7.3.3 重积分的应用

利用重积分可以解决一些几何与物理问题. 如曲顶柱体的体积、平面薄片的质量可用二重积分计算，空间物体的质量可用三重积分计算.

1. 空间闭区域的体积

我们知道，曲顶柱体是以曲面 $z=f(x,y)$ 为顶，以 xOy 面上的闭区域 D 为底，且 $f(x,y)$ 在 D 上连续且非负，则该曲顶柱体的体积为 $V=\iint_D f(x,y)\,\mathrm{d}\sigma$.

由三重积分的定义知道，空间闭区域 Ω 的体积就是被积函数为 1，积分区域为 Ω 的三重积分，即 $V=\iiint_{\Omega}\mathrm{d}v$.

例 7-11 求由四个平面 $x=0, y=0, x=1, y=1$ 所围成的柱体被平面 $z=0$ 及 $z=6-2x-3y$ 截得的立体的体积.

解 方法一：该立体是曲顶柱体，其顶面方程为 $z=6-2x-3y$，底是 xOy 平面上的正方形闭区域 $D=\{(x,y) \mid 0 \leqslant x \leqslant 1, 0 \leqslant y \leqslant 1\}$.

所求体积为

$$\begin{aligned} V &= \iint_D (6-2x-3y)\,\mathrm{d}\sigma \\ &= \int_0^1 \mathrm{d}x \int_0^1 (6-2x-3y)\,\mathrm{d}y = \frac{7}{2}.\end{aligned}$$

方法二：所求立体体积为 $V=\iiint_{\Omega}\mathrm{d}v$，

其中 $\Omega=\{(x,y,z)\mid 0\leqslant z\leqslant 6-2x-3y,0\leqslant y\leqslant 1,0\leqslant x\leqslant 1\}$,

所以 $V=\iiint\limits_{\Omega}\mathrm{d}x\,\mathrm{d}y\,\mathrm{d}z=\int_0^1\mathrm{d}x\int_0^1\mathrm{d}y\int_0^{6-2x-3y}\mathrm{d}z$

$=\int_0^1\mathrm{d}x\int_0^1(6-2x-3y)\mathrm{d}y=\frac{7}{2}.$

2. 物体构件的质量

若物体构件为平面薄片,$\rho(x,y)$ 是物体在点 (x,y) 处的密度函数,该物体构件在 xOy 平面上所占有的区域为 D,且 $\rho(x,y)$ 在 D 上连续,则该构件的质量为 $M=\iint\limits_{D}\rho(x,y)\mathrm{d}\sigma$.

若物体为空间构件,$\rho(x,y,z)$ 在点 (x,y,z) 处的密度函数,该物体构件所占有的空间闭区域为 Ω,且 $\rho(x,y,z)$ 在 Ω 上连续,则该物体的质量为 $M=\iiint\limits_{\Omega}\rho(x,y,z)\mathrm{d}v$.

例 7-12 设平面薄片所占的闭区域 D 是由直线 $y=1,y=x$ 及 $x=2$ 所围成的,它的点密度为 $\mu(x,y)=x^2+y^2$,求该平面薄片的质量.

解 平面薄片的质量 $M=\iint\limits_{D}\mu(x,y)\mathrm{d}x\,\mathrm{d}y=\iint\limits_{D}(x^2+y^2)\mathrm{d}x\,\mathrm{d}y$.

而闭区域 $D=\{(x,y)\mid 1\leqslant x\leqslant 2,1\leqslant y\leqslant x\}$,

所以 $M=\int_1^2\mathrm{d}x\int_1^x(x^2+y^2)\mathrm{d}y=\int_1^2\left(\frac{4}{3}x^3-x^2-\frac{1}{3}\right)\mathrm{d}x=\frac{7}{3}.$

重积分除计算立体体积和平面薄片质量外,还可以计算曲面面积、物理上的转动惯量、引力等问题,其应用非常广泛.

本章主要概念和知识点

本章主要介绍了二重积分、三重积分、积分区域、面积微元、体积微元、二次积分、累次积分.

二重积分的概念是由研究曲顶柱体体积得来的,采用分割、近似代替、求和、取极限的微元法思想,也是定积分概念的推广:被积函数由一元函数推广到二元函数,积分范围由闭区间推广到平面闭区域,由长度微元推广到面积微元,再推广到空间去便得到三重积分.由于重积分是定积分的推广,因此具有相似的性质.

二重积分 $\iint\limits_{D}f(x,y)\mathrm{d}\sigma$ 的计算是本章的重点,分直角坐标系和极坐标系两种情形,均是将二重积分化为二次积分,即化为两次定积分的计算.可见定积分是计算二重积分的基础.同样,二重积分是计算三重积分的基础.计算二重积分时,先根据被积函数 $f(x,y)$ 和积分区域 D 的特点选择坐标系,若 $f(x,y)$ 的解析式中含有 x^2+y^2 的表达式,或积分区域 D 的边界是圆周 $(x-a)^2+(y-b)^2=R^2$ 的部分,则首选极坐标系,这会简化计算过程,否则选直角坐标系进行计算.无论选择怎样的坐标系进行计算,确定两个定积分的积分上下限是一个关键,而积分上下限是根据积分区域 D 来确定的.所以二重积分的计算可按三个步骤进行.步骤一:选择坐标系;步骤二:画出积分区域 D 的图形,找出其边界线;步骤三:确定积分次序(后积分的积分变量取值应为常数),计算定积分.选用极坐标系进行二重积分计算时要

作变量代换 $x=\rho\cos\theta$，$y=\rho\sin\theta$，且面积微元与直角坐标不同，是 $\mathrm{d}\sigma=\rho\,\mathrm{d}\rho\,\mathrm{d}\theta$.

三重积分 $\iiint\limits_{\Omega} f(x,y,z)\mathrm{d}v$ 是化为三次积分进行计算的，比二重积分要更复杂一些，不仅要考虑坐标（有三种）的选择，还要将积分闭区域 Ω 投影到某个坐标面上. 投影到哪个坐标面上，不仅要考虑被积函数的特点，还要考虑空间闭区域 Ω 的情形. 本章仅介绍了简单的直角坐标系下简单的三重积分.

从重积分得来的背景知道，重积分可用于求空间闭区域的体积 $V=\iint\limits_{D} f(x,y)\mathrm{d}\sigma$ 或 $V=\iiint\limits_{\Omega}\mathrm{d}v$，也可求物体构件的质量 $M=\iint\limits_{D}\rho(x,y)\mathrm{d}\sigma$ 或 $M=\iiint\limits_{\Omega}\rho(x,y,z)\mathrm{d}v$ 等.

习题 7

1. 将二重积分 $\iint\limits_{D} f(x,y)\mathrm{d}x\mathrm{d}y$ 按两种顺序化成二次积分，其中积分区域 D 分别为

(1) D 是由两坐标轴及两条直线 $x=2$，$y=3$ 所围成的矩形闭区域；

(2) D 是由两坐标轴及直线 $x+y=3$ 所围成的闭区域；

(3) D 是由直线 $y=x$ 及抛物线 $y^2=4x$ 所围成的闭区域；

(4) D 是由 $y=\ln x$，$y=0$ 及 $x=\mathrm{e}$ 所围成的闭区域；

(5) D 是由 $x^2+y^2=1$ 与 y 轴所围成的右半闭区域；

(6) D 是由 $y=x$，$x=2$ 及 $y=\dfrac{1}{x}(x>0)$ 所围成的闭区域.

2. 交换下列积分次序.

(1) $\int_1^3\mathrm{d}x\int_2^4 f(x,y)\mathrm{d}y$；　(2) $\int_0^1\mathrm{d}y\int_0^{2y} f(x,y)\mathrm{d}x$；

(3) $\int_0^1\mathrm{d}y\int_y^{\sqrt{y}} f(x,y)\mathrm{d}x$；　(4) $\int_0^1\mathrm{d}y\int_{-\sqrt{1-y^2}}^{\sqrt{1-y^2}} f(x,y)\mathrm{d}x$；

(5) $\int_0^2\mathrm{d}x\int_x^{2x} f(x,y)\mathrm{d}y$；　(6) $\int_0^1\mathrm{d}y\int_0^{2y} f(x,y)\mathrm{d}x+\int_1^3\mathrm{d}y\int_0^{3-y} f(x,y)\mathrm{d}x$.

3. 利用二重积分计算下列曲线所围成的闭区域的面积.

(1) $y=x$，$y=5x$，$y=5$；　(2) $y=x$，$y=1$，$x=2$；

(3) $y^2=x$，$y^2=4x$，$x=4$；　(4) $y=x^2$，$y=x+2$.

4. 利用直角坐标计算下列二重积分.

(1) $\iint\limits_{D}\mathrm{e}^{x+y}\mathrm{d}\sigma$，其中 D 是由 $x=0$，$x=1$，$y=0$，$y=1$ 所围成的闭区域；

(2) $\iint\limits_{D}(3x+2y)\mathrm{d}\sigma$，其中 D 是由两坐标轴及 $x+y=2$ 所围成的闭区域；

(3) $\iint\limits_{D}(x^2+y)\mathrm{d}\sigma$，其中 D 是由两条抛物线 $y=x^2$，$y^2=x$ 所围成的闭区域；

(4) $\iint\limits_D xy\mathrm{d}\sigma$，其中 D 是由 x 轴，直线 $2y+x=3$ 及抛物线 $y=x^2$ 所围成的闭区域.

5. 把二重积分 $\iint\limits_D f(x,y)\mathrm{d}\sigma$ 表示为极坐标形式的二次积分，其中积分区域 D 分别为

(1) $\{(x,y)\mid x^2+y^2\leqslant a^2\}(a>0)$；

(2) $\{(x,y)\mid x^2+y^2\leqslant 2x\}$；

(3) $\{(x,y)\mid a^2\leqslant x^2+y^2\leqslant b^2\}(0<a<b)$.

6. 利用极坐标计算下列二重积分.

(1) $\iint\limits_D \sqrt{x^2+y^2}\,\mathrm{d}\sigma$，其中 D 为闭区域 $\{(x,y)\mid 1\leqslant x^2+y^2\leqslant 2\}$；

(2) $\iint\limits_D \mathrm{e}^{x^2+y^2}\mathrm{d}\sigma$，其中 D 是由圆周 $x^2+y^2=9$ 及坐标轴所围成的在第一象限内的闭区域；

(3) $\iint\limits_D \cos(1+x^2+y^2)\mathrm{d}\sigma$，其中 D 是由圆周 $x^2+y^2=4$ 所围成的闭区域.

7. 计算三重积分 $\iiint\limits_\Omega \frac{1}{x^2+y^2}\mathrm{d}v$，其中 Ω 是由 $x=1,x=2,z=0,y=x$ 与 $z=y$ 所围成的闭区域.

8. 计算三重积分 $\iiint\limits_\Omega x\,\mathrm{d}v$，其中 Ω 是由三个坐标面及平面 $x+2y+z=1$ 所围成的四面体.

9. 计算三重积分 $\iiint\limits_\Omega (1-y)\mathrm{e}^{-(1-y-z)^2}\mathrm{d}v$，其中 Ω 是由三个坐标面及平面 $x+y+z=1$ 所围成的闭区域.

10. 计算三重积分 $\iiint\limits_\Omega xy^2z^3\mathrm{d}x\mathrm{d}y\mathrm{d}z$，其中 Ω 是由 $z=xy,y=x,x=1,z=0$ 所围成的闭区域.

11. 求由平面 $x=0,y=0,x+y=1$ 所围成的柱体被平面 $z=0$ 及 $z=6-x^2-y^2$ 截得的立体的体积.

12. 求由曲面 $z=x^2+2y^2$ 及 $z=6-2x^2-y^2$ 所围成的立体的体积.

13. 设平面薄片所占的闭区域 D 是由 $xy=1,y=x$ 及 $x=2$ 围成的，它的点密度为 $\mu(x,y)=\frac{x^2}{y^2}$，求该平面薄片的质量.

扫码做同步练习

第 8 章　概率统计

8.1　样本空间与随机事件

本章教学要求

(1)理解随机事件的概念和事件之间的关系与运算.

(2)掌握古典概型概率的计算方法以及条件概率、乘法公式、全概率公式、贝叶斯公式.

(3)掌握事件的独立性,并会用事件独立性进行概率计算.

(4)理解随机变量,掌握分布列、密度函数的性质及常用的离散型分布和连续型分布.

(5)理解随机变量的期望和方差的概念,掌握期望、方差的性质及计算方法.

(6)理解总体、样本、统计量的概念,会计算样本均值、样本方差,了解估计量的无偏性、有效性.

(7)掌握最大似然估计法和矩估计法,会求单个正态总体均值的置信区间.

(8)了解假设检验的思想、步骤和可能犯的两类错误,掌握单个正态总体均值的假设检验.

概率论是研究随机现象及其统计规律的一门应用学科,是近代数学的一个重要分支,着重于对客观世界的随机现象提出各种不同的数学模型,并研究其内在性质与相互联系. 而以概率论为基础的数理统计是应用数学的一个分支,着重于对受到随机性影响的数据有效地进行收集、整理,并加以分析、研究,验证它是否符合其某种概率模型,从而做出推断或预测,为采取决策和行动提供依据. 本章将研究随机事件的概率、随机变量及其分布、随机变量的数字特征、描述统计、推断统计的内容.

8.1.1　随机试验与样本空间

1. 随机试验

定义 1　一个试验 E 如果满足下述条件:

(1)试验 E 在相同的情况下可以重复进行,

(2)试验 E 的所有可能结果是已知的,并且不止一个,

(3)每次试验总是恰好出现这些可能结果中的一个,但在一次试验前不能确定哪一个结果出现,

那么称这样的试验 E 是一个随机试验(简称试验).

2. 样本空间

随机试验 E 的每一个可能的结果称为样本点,或称为基本事件,用 ω_i 表示.

由于 E 的所有结果是明确的，从而所有的基本事件也是已知的.

定义 2 随机试验 E 的所有基本事件的全体(集合)，称为样本空间，记为 Ω.

下面列举几例随机试验的样本空间.

◆掷一颗均匀的骰子一次，令 $\omega_i=\{$出现的点数为 i 点$\}$，$i=1,2,\cdots,6$，则样本空间 $\Omega_1=\{\omega_1,\omega_2,\omega_3,\omega_4,\omega_5,\omega_6\}$.

◆一天内进入某医院的人数，令 $\omega_i=\{$有 i 人进入$\}$，$i=0,1,2,3,\cdots$，则样本空间 $\Omega_2=\{0,1,2,\cdots\}$.

◆某动物寿命的样本空间为 $\Omega_3=\{t\mid t\geqslant 0\}$.

◆测量误差的样本空间为 $\Omega_4=\{x\mid -\infty<x<+\infty\}$.

8.1.2 随机事件的关系与运算

1. 随机事件

设 E 为随机试验，Ω 为样本空间，A 是 Ω 的子集，则称 A 是随机事件. 用大写字母 A，B，C，…表示随机事件，以后常把随机事件简称事件. Ω 为必然事件，$\varnothing$为不可能事件.

2. 随机事件的关系与运算

(1) 事件的包含与相等.

事件 A 发生必然导致事件 B 发生，则称事件 B 包含 A，记作 $A\subseteq B$.

如掷一颗骰子，事件 $A=$“出现点数为 2 点”，$B=$“出现点数小于等于 3”，故有 $A\subseteq B$.

如果 $A\subseteq B$ 且 $B\subseteq A$，那么称事件 A 与 B 相等，记作 $A=B$.

(2) 互不相容事件(互斥事件).

如果事件 A 与 B 不能同时发生，那么称 A 与 B 互不相容.

如从一副扑克牌中任取一张扑克牌，事件 $A=$“红桃”，$B=$“黑桃”，显然事件 A 与 B 是互不相容的.

样本空间中每个样本点构成的基本事件之间是互不相容的.

(3) 事件的和.

事件 A 与 B 至少有一个发生而构成的新事件称为事件 A 与 B 的和事件或并事件，记作 $A+B$ 或 $A\cup B$.

(4) 事件的积.

事件 A 与 B 同时发生而构成的新事件称为事件 A 与 B 的积事件或交事件，记作 AB 或 $A\cap B$.

(5) 事件的差.

事件 A 发生且事件 B 不发生而构成的新事件称为事件 A 与 B 的差事件，记作 $A-B$ 或 $A\bar{B}$.

(6) 对立事件.

如果事件 A 与事件 B 有且仅有一个发生，那么称事件 A 与 B 对立.

如从一个班级中任选一位同学，设事件 $A=$“男生”，$B=$“女生”，显然 A 与 B 互为对立事件.

另外 A 与 B 互为对立事件也可定义为 $A\cup B=\Omega$，且 $A\cap B=\varnothing$.

一般地，事件 A 的对立事件记为 $\overline{A}$，有 $A+\overline{A}=\Omega$，$A\overline{A}=\varnothing$. 由此可知若事件 A 与事件 B 互为对立事件，则 A 与 B 是互不相容的，但反之不成立.

3. 随机事件的运算性质

(1) 交换律：

$$A\cup B=B\cup A, A\cap B=B\cap A;$$

(2) 结合律：

$$(A\cup B)\cup C=A\cup(B\cup C), (A\cap B)\cap C=A\cap(B\cap C);$$

(3) 分配律：

$$(A\cup B)\cap C=(A\cap C)\cup(B\cap C), (A\cap B)\cup C=(A\cup C)\cap(B\cup C);$$

(4) 对偶律(德莫根公式)：

$$\overline{A\cup B}=\overline{A}\cap\overline{B}, \overline{A\cap B}=\overline{A}\cup\overline{B}.$$

例 8-1　设 A,B,C 是某个随机试验的三个随机事件，则

(1) 事件“A 与 B 发生，C 不发生”可表示为 $AB\overline{C}$，或 $AB-C$.

(2) 事件“A,B,C 中至少有一个发生”可表示为 $A\cup B\cup C$.

(3) 事件“A,B,C 中至少有两个发生”可表示为 $AB\cup AC\cup BC$.

(4) 事件“A,B,C 中恰好有两个发生”可表示为 $AB\overline{C}\cup A\overline{B}C\cup\overline{A}BC$.

(5) 事件“A,B,C 同时发生”可表示为 ABC.

(6) 事件“A,B,C 都不发生”可表示为 $\overline{A}\overline{B}\overline{C}$.

(7) 事件“A,B,C 不都发生”可表示为 $\overline{ABC}$.

8.2　随机事件的概率与计算

8.2.1　随机事件的概率及其性质

1. 概率的定义

定义 1　设事件 A 在 n 次重复试验中发生了 m 次，其比值 $\frac{m}{n}$ 称为事件 A 发生的频率，记作 $f(A)$. 当试验次数 n 不断增大时，事件 A 的频率 $f(A)$ 就越来越接近某一确定数值 P，则称 P 为事件 A 发生的概率，记作 $P(A)$.

显然，在一般情况下，不可能完全准确地得到概率 P. 但在 n 充分大时，常以事件 A 发生的频率作为事件 A 发生的概率 P 的近似值. 即

$$P(A)=P\approx\frac{m}{n}.$$

例 8-2　某大型孵化室一批种蛋的孵化结果如表 8-1 所示.

表 8-1

种蛋数/枚	10 000	12 000	13 000	15 000	15 000	15 000	15 000	15 000	15 000
出雏数/只	9 651	11 592	12 532	14 468	14 498	14 457	14 443	14 481	14 472
孵化率	0.965	0.966	0.964	0.965	0.967	0.964	0.963	0.965	0.965

从结果可以看到，孵化率在围绕一个稳定值做微小摆动. 这表明，在大量重复试验中，随机事件的频率总是围绕着某一确定值稳定地摆动，这是一种统计规律，称为频率的稳定性.

定义 2(概率的公理化定义) 设 E 是随机试验，Ω 是样本空间，对于 E 的每一个事件 A 都对应着一个实数 $P(A)$，如果事件(函数)$P(\cdot)$满足下列条件：

(1) 非负性 $P(A)\geqslant 0$，

(2) 正则性 $P(\Omega)=1$，

(3) 可列可加性 若 $A_1,A_2,\cdots,A_n$ 两两互不相容，有

$$P\left(\bigcup_{i=1}^{\infty}A_i\right)=\sum_{i=1}^{\infty}P(A_i),$$

那么称 $P(\cdot)$为事件 A 的概率.

2. 概率的性质

性质 1 对于任一事件 A，$0\leqslant P(A)\leqslant 1$.

性质 2 $P(\varnothing)=0$. 即不可能事件的概率为零.

性质 3(有限可加性) 若 $A_1,A_2,\cdots,A_n$ 是两两互不相容的事件，则有

$$P\left(\bigcup_{i=1}^{n}A_i\right)=\sum_{i=1}^{n}P(A_i).$$

性质 4 设 A,B 是两个事件，若 $A\subseteq B$，则有 $P(B-A)=P(B)-P(A)$.

由概率的非负性，可知 $P(B)\geqslant P(A)$.

性质 5 设事件 $\overline{A}$ 是 A 的对立事件，则 $P(\overline{A})=1-P(A)$.

性质 6 对于任意两事件 A,B，有 $P(A+B)=P(A)+P(B)-P(AB)$，称为概率的加法公式.

特别地，当 A,B 互不相容时，$P(A+B)=P(A)+P(B)$.

加法公式可以推广到有限多个的情形.

一般地，可以用数学归纳法证明，对任意的 n 个事件，有

$$P(A_1+A_2+\cdots+A_n)=\sum_{i=1}^{n}P(A_i)-\sum_{1\leqslant i\leqslant j\leqslant n}P(A_iA_j)+\sum_{1\leqslant i\leqslant j\leqslant k\leqslant n}P(A_iA_jA_k)+\cdots+(-1)^{n-1}P(A_1A_2\cdots A_n).$$

3. 古典概型

随机试验 E 具有两个共同的特征：

(1)随机试验 E 的样本空间只含有限个基本事件，

(2)随机试验 E 中每个基本事件发生的可能性相等，

具有以上两个特征的随机试验 E 称为古典概型.

古典概型的计算公式：

$$P(A)=\frac{A\text{ 中包含的基本事件数}}{\Omega\text{ 中基本事件的总数}}=\frac{m}{n}.$$

例 8-3 盒中有 5 个球，其中 3 个白球，2 个黑球，现从中任取 2 个，求 2 个球全是白球的概率.

解 设事件 A 表示“2 个球全是白球”.

基本事件总数 $n=C_5^2=10$.

A 中所包含基本事件数 $m=C_3^2=3$.

所以 $P(A)=\frac{m}{n}=\frac{3}{10}$.

例 8-4 从 0，1，2，…，9 十个数字中任取一个，求取到奇数数字的概率.

解 设事件 A 表示“取到的数字为奇数”.

基本事件总数 $n=C_{10}^1=10$.

A 中所包含基本事件数 $m=C_5^1=5$.

所以 $P(A)=\frac{m}{n}=\frac{5}{10}=0.5$.

例 8-5(著名的生日问题) 从一个较大的人群中随机地选取 $n(n\leqslant 365)$个人，求其中至少有两个人生日相同的概率.

解 设事件 A 表示“n 个人中至少有两个人生日相同”，

$\overline{A}$ 表示“n 个人的生日全不相同”.

基本事件总数为 365^n，$\overline{A}$ 中所包含基本事件数为 $C_{365}^n n!$.

$$P(\overline{A})=\frac{C_{365}^n n!}{365^n}=\frac{365!}{365^n(365-n)!}.$$

所以 $P(A)=1-P(\overline{A})=1-\frac{365!}{365^n(365-n)!}$.

表 8-2 列出了一些具体数值.

表 8-2

n	20	21	22	23	24	25	30	40	50	60
p	0.411	0.444	0.476	0.507	0.538	0.569	0.706	0.891	0.970	0.994

例 8-6 设 100 支针剂中有 3 支是不合格的，今从中任意取 4 支，求其中不合格品数不少于 2 支的概率.

解 设 A_1=“4 支中不合格品数不少于 2 支”，A_2=“4 支中不合格品数有 2 支”，A_3=“4 支中不合格品数有 3 支”，显然 $A_1=A_2+A_3$，且 $A_2A_3=\varnothing$，又

$$P(A_2)=\frac{C_3^2C_{97}^2}{C_{100}^4}=0.003\,562,$$

$$P(A_3)=\frac{C_3^3C_{97}^1}{C_{100}^4}=0.000\,025.$$

所以 $P(A_1)=P(A_2)+P(A_3)=0.003\,587$.

例 8-7 某地区接种 A，B 两种疫苗，据统计该地区成年人中有 20%的接种 A 疫苗，16%的接种 B 疫苗，还有 8%的既接种 A 疫苗又接种 B 疫苗，求该地区成年人中至少接种一种疫苗的概率.

解 设 A="接种 A 疫苗"，B="接种 B 疫苗"，由题意知

$$P(A)=0.2, P(B)=0.16, P(AB)=0.08,$$

所以 $$P(A+B)=P(A)+P(B)-P(AB)=0.28.$$

例 8-8 已知 $P(A)=0.4$，$P(B)=0.3$，$P(AB)=0.1$. 试求 $P(A+B)$，$P(A\bar{B})$，$P(\bar{A}B)$，$P(\overline{AB})$.

解 $P(A+B)=P(A)+P(B)-P(AB)=0.4+0.3-0.1=0.6$,

$P(A\bar{B})=P(A-AB)=P(A)-P(AB)=0.4-0.1=0.3$,

$P(\bar{A}B)=P(B-AB)=P(B)-P(AB)=0.3-0.1=0.2$,

$P(\overline{AB})=1-P(AB)=1-0.1=0.9$.

8.2.2 条件概率

1. 条件概率

条件概率是概率论中一个重要而实用的概念，所考虑的是事件 B 已发生的条件下事件 A 发生的概率.

定义 3 设 A，B 是样本空间 Ω 中的两个事件，且 $P(B)>0$，称

$$P(A|B)=\frac{P(AB)}{P(B)}$$

为在事件 B 发生的条件下事件 A 发生的条件概率.

不难验证，条件概率 $P(A|B)$ 符合概率公理化定义中的三个条件.

例 8-9 某学院一年级学生共有 100 人，其中男生(用事件 A 表示)60 人，女生 40 人；来自云南的(用事件 B 表示)有 20 人，其中男生 12 人，女生 8 人.

试求 $P(A)$，$P(B)$，$P(AB)$，$P(B|A)$，$P(A|B)$.

解 根据题意，有

$$P(A)=\frac{60}{100}=0.6,\quad P(B)=\frac{20}{100}=0.2,\quad P(B|A)=\frac{12}{60}=0.2,$$

$$P(A|B)=\frac{12}{20}=0.6,\quad P(AB)=\frac{12}{100}=0.12.$$

例 8-10 某种动物从出生开始活到 10 岁的概率为 0.8，而活到 15 岁的概率为 0.4. 求现年为 10 岁的这种动物能活到 15 岁的概率.

解 设 A="活到 10 岁"，B="活到 15 岁"，有

$$P(A)=0.8, P(B)=0.4, B\subset A,$$

所以 $$P(B|A)=\frac{P(AB)}{P(A)}=\frac{P(B)}{P(A)}=0.5.$$

2. 乘法公式

由条件概率的定义，立即可得乘法公式：

$$P(AB)=P(B)P(A|B)\quad (P(B)>0),$$

$$P(AB)=P(A)P(B|A) \quad (P(A)>0).$$

一般地，设 $A_1, A_2, A_3, \cdots, A_n$ 为 n 个事件($n\geqslant 2$)，且 $P(A_1A_2\cdots A_{n-1})>0$，则有

$$P(A_1A_2\cdots A_n)=P(A_1)P(A_2|A_1)P(A_3|A_1A_2)\cdots P(A_n|A_1A_2\cdots A_{n-1}).$$

例 8-11　某工厂有一批零件共 100 个，其中有 10 个次品，从中一个一个地取出，求第三次才取得次品的概率.

解　设 A_i ="第 i 次取出的是次品"，$i=1,2,3$. 则所求概率为

$$P(\overline{A}_1\overline{A}_2A_3)=P(\overline{A}_1)P(\overline{A}_2|\overline{A}_1)P(A_3|\overline{A}_1\overline{A}_2)=\frac{90}{100}\cdot\frac{89}{99}\cdot\frac{10}{98}=0.082\,6.$$

例 8-12(摸彩模型)　设在 n 张彩票中有一张奖券，依次摸彩，求：

(1) 已知前 $k-1(k\leqslant n)$ 个人都没有摸到，第 k 个人摸到的概率；

(2) 第 k 个人摸到的概率.

解　设 $A_i=\{$第 i 个人摸到奖券$\}$，$i=1,2,\cdots,n$，则

(1) $P(A_k|\overline{A}_1\overline{A}_2\cdots\overline{A}_{k-1})=\dfrac{1}{n-k+1}$；

(2)
$$\begin{aligned}P(A_k)&=P(\overline{A}_1\overline{A}_2\cdots\overline{A}_{k-1}A_k)\\&=P(\overline{A}_1)P(\overline{A}_2|\overline{A}_1)\cdots P(\overline{A}_{k-1}|\overline{A}_1\overline{A}_2\cdots\overline{A}_{k-2})P(A_k|\overline{A}_1\overline{A}_2\cdots\overline{A}_{k-1})\\&=\frac{n-1}{n}\cdot\frac{n-2}{n-1}\cdot\cdots\cdot\frac{n-k+1}{n-k+2}\cdot\frac{1}{n-k+1}=\frac{1}{n}.\end{aligned}$$

这表明每个人摸到奖券的概率与摸奖的先后顺序无关，均为$\dfrac{1}{n}$.

***例 8-13(传染病模型)**　设袋中装有 r 个红球，t 个白球，每次随机地从袋中取出 1 个球，观察其颜色后放回袋中，并再放入 a 个与所取出的那个球同色的球. 若在袋中连续取球 4 次，试求第一、第二次取到红球且第三、第四次取到白球的概率.

解　设 A_i ="第 i 次取到红球" $i=1,2,3,4$，$\overline{A}_3$，$\overline{A}_4$ 分别表示事件第三、第四次取到白球. 由乘法公式得

$$\begin{aligned}P(A_1A_2\overline{A}_3\overline{A}_4)&=P(A_1)P(A_2|A_1)P(\overline{A}_3|A_1A_2)P(\overline{A}_4|A_1A_2\overline{A}_3)\\&=\frac{r}{r+t}\cdot\frac{r+a}{r+t+a}\cdot\frac{t}{r+t+2a}\cdot\frac{t+a}{r+t+3a}.\end{aligned}$$

每次取出球后会增加下一次也取到同色球的概率.

该模型称为传染病模型，即每发现一个传染病患者都会增加再传染的概率.

8.2.3　事件的独立性

独立性是概率论中又一个重要的概念，利用独立性可以简化概率的计算.

1. 两个事件的独立性

设 A, B 是两个事件，若 $P(A)>0$，可以定义 $P(B|A)$. 一般地，A 发生对 B 发生的概率是有影响的，这时 $P(B|A)\neq P(B)$，只有在这种影响不存在时才会有 $P(B|A)=P(B)$，这时有

$$P(AB)=P(A)P(B|A)=P(A)P(B).$$

定义 4　设 A, B 是两事件，如果满足等式

$$P(AB)=P(A)P(B),$$

那么称事件 A,B 相互独立.

容易知道,若 $P(A)>0,P(B)>0$,则 A,B 相互独立与 A,B 互不相容不能同时成立.

定理 1 若事件 A 与 B 相互独立,则下列各对事件也相互独立

$$A\text{ 与 }\overline{B},\ \overline{A}\text{ 与 }B,\ \overline{A}\text{ 与 }\overline{B}.$$

证明 由 A 与 B 相互独立,

$$P(A\overline{B})=P(A-AB)=P(A)-P(AB)=P(A)-P(A)P(B)=P(A)[1-P(B)]$$
$$=P(A)P(\overline{B}).$$

因此,A 与 $\overline{B}$ 相互独立.

其余同理可证.

2. 多个事件的独立性

设 A,B,C 是三个事件,如果满足等式

$$P(AB)=P(A)P(B),P(AC)=P(A)P(C),$$
$$P(BC)=P(B)P(C),P(ABC)=P(A)P(B)P(C),$$

那么称事件 A,B,C 相互独立.

一般地,设 $A_1,A_2,\cdots,A_n$ 是 $n(n\geqslant 2)$ 个事件,如果对于其中任意 2 个,任意 3 个……任意 n 个事件的概率都等于各事件概率之积,那么称事件 $A_1,A_2,\cdots,A_n$ 相互独立.

由定义及定理可得:若 $A_1,A_2,\cdots,A_n$ 是相互独立的,则

$$P(A_1+A_2+\cdots+A_n)=1-P(\overline{A_1})P(\overline{A_2})\cdots P(\overline{A_n}).$$

3. 试验的独立性

一般地,将只有两种可能结果 A 和 $\overline{A}$ 的试验称为伯努利概型,n 次独立重复的伯努利概型称为 n 重伯努利概型.

定理 2 在一次试验中,事件 A 发生的概率为 P,则在 n 重伯努利试验中

$$P(A\text{ 发生 }k\text{ 次})=\mathrm{C}_n^k P^k(1-P)^{n-k},\quad \text{其中 }0<P<1,\quad k=0,1,2,\cdots,n.$$

证明 略.

例 8-14 甲、乙两人同时向同一目标射击,已知甲击中目标的概率为 0.6,乙击中目标的概率为 0.8,求目标被击中的概率.

解 设 A=“甲击中目标”,B=“乙击中目标”,

则“目标被击中”可表示为 $A\cup B$.

根据题意可以认为 A 与 B 相互独立,且 $P(A)=0.6,P(B)=0.8$.

由概率的加法公式以及 A 与 B 的独立性,得

$$\begin{aligned}P(A\cup B)&=P(A)+P(B)-P(AB)\\&=P(A)+P(B)-P(A)P(B)\\&=0.6+0.8-0.6\times 0.8=0.92.\end{aligned}$$

或者由对偶律和 A 与 B 的独立性,得

$$\begin{aligned}P(A\cup B)&=1-P(\overline{A}\overline{B})=1-P(\overline{A})P(\overline{B})\\&=1-0.4\times 0.2=0.92.\end{aligned}$$

例 8-15 假如每个人血清中含有某种病毒的概率为 0.004,混合 100 个人的血清,求此

混合血清中含有此种病毒的概率.

解 设 A_i="第 i 个人的血清中含有病毒"，$i=1,2,\cdots,100$，

A="混合的血清中含有病毒".

依题意，每个人的血清中是否含有病毒是相互独立的，则

$$P(A)=P(A_1\cup A_2\cup\cdots\cup A_{100})=1-P(\overline{A}_1\cap\overline{A}_2\cap\cdots\cap\overline{A}_{100})$$
$$=1-P(\overline{A}_1)P(\overline{A}_2)\cdots P(\overline{A}_{100})=1-0.996^{100}\approx 0.33.$$

由此可见，虽然每个人的血清中含有病毒的概率很低，但是一旦混合以后，混合的血清中含有病毒的概率就会很高. 在实际生活中，这类效应应充分重视.

例 8-16 有两名选手比赛射击，轮流对同一目标进行射击，甲命中目标的概率为 α，乙命中目标的概率为 β. 甲先射，谁先命中谁得胜. 求甲、乙两人获胜的概率各为多少.

解 设 A_i="第 i 次射击命中目标"，依题意

$$\text{“甲获胜”}=A_1\cup\overline{A}_1\overline{A}_2A_3\cup\overline{A}_1\overline{A}_2\overline{A}_3\overline{A}_4A_5\cup\cdots$$
$$\text{“乙获胜”}=\overline{A}_1A_2\cup\overline{A}_1\overline{A}_2\overline{A}_3A_4\cup\overline{A}_1\overline{A}_2\overline{A}_3\overline{A}_4\overline{A}_5A_6\cup\cdots$$

因为各次射击是相互独立的，所以得

$$P\{\text{甲获胜}\}=\alpha+(1-\alpha)(1-\beta)\alpha+(1-\alpha)^2(1-\beta)^2\alpha+\cdots$$
$$=\alpha\sum_{i=0}^{+\infty}(1-\alpha)^i(1-\beta)^i=\frac{\alpha}{1-(1-\alpha)(1-\beta)},$$
$$P\{\text{乙获胜}\}=(1-\alpha)\beta+(1-\alpha)(1-\beta)(1-\alpha)\beta+\cdots$$
$$=\beta(1-\alpha)\sum_{i=0}^{+\infty}(1-\alpha)^i(1-\beta)^i=\frac{\beta(1-\alpha)}{1-(1-\alpha)(1-\beta)}.$$

在此题中若 $\alpha=\beta=\frac{1}{2}$（即两者水平相当），得

$$P\{\text{甲获胜}\}=\frac{2}{3},P\{\text{乙获胜}\}=\frac{1}{3}.$$

因此，应验一句老话"先下手为强".

8.2.4 全概率公式与贝叶斯公式

1. 全概率公式

欲求一个复杂事件的概率，常用的方法：先将复杂的事件分解为若干个简单事件的和，计算出各简单事件的概率，再利用概率的加法公式求出复杂事件的概率.

例如：盒中有 5 个球，其中有 3 个新球，2 个旧球，现无放回地从盒中取两次，求第二次取到新球的概率.

我们知道第二次取到新球和第一次取球有直接的关系，

设 B_1="第一次取到新球"，B_2="第一次取到旧球"，可知 B_1，B_2 互不相容.

A="第二次取到新球"，则 $A=AB_1+AB_2$，

$$P(A)=P(AB_1+AB_2)=P(AB_1)+P(AB_2)$$
$$=P(B_1)P(A|B_1)+P(B_2)P(A|B_2)=\frac{3}{5}\times\frac{2}{4}+\frac{2}{5}\times\frac{3}{4}=\frac{3}{5}.$$

定理 3(全概率公式) 设 $B_1,B_2,\cdots,B_n$ 是一个完备事件组，即 $B_1,B_2,\cdots,B_n$ 两两互

不相容，且$\bigcup_{i=1}^{n} B_i=\Omega$，$P(B_i)>0$，$i=1,2,\cdots,n$，则对任意事件$A$，有

$$P(A)=\sum_{i=1}^{n} P(B_i)P(A \mid B_i).$$

全概率公式所谓的“全”，就是要将事件A发生的各种情况“全”都要考虑，它体现了一种典型的数学思维方法，就是“化整为零”“化复杂为简单”，从而起到化难为易的作用.

2. 贝叶斯公式

在乘法公式和全概率公式的基础上可推得一个很著名的公式.

定理 4(贝叶斯公式) 设$B_1,B_2,\cdots,B_n$是一个完备事件组，如果$P(A)>0$，$P(B_i)>0$，那么

$$P(B_i \mid A)=\frac{P(B_i)P(A \mid B_i)}{\sum_{j=1}^{n} P(B_j)P(A \mid B_j)},i=1,2,\cdots,n.$$

贝叶斯公式解决的问题是由果溯因.

例 8-17 某制药厂由三个制药车间生产同一种药品的片剂，其中50%的片剂由第一车间生产，25%的片剂由第二车间生产，另外25%的片剂由第三车间生产. 已知第一、第二车间生产的产品中各有2%的次品，第三车间生产的产品中有4%的次品，现任意从中抽取一份产品，求其为次品的概率.

解 设B_i=“药品取自第i个车间”，$i=1,2,3$. B_1,B_2,B_3构成完备事件组，A=“抽取的药品是次品”.

由全概率公式得

$$P(A)=\sum_{i=1}^{3} P(B_i)P(A|B_i)=0.50\times0.02+0.25\times0.02+0.25\times0.04=0.025.$$

例 8-18 已知男性中有5%是色盲患者，女性中有0.25%是色盲患者，今从男女数相等的人群中随机地挑选一人，发现恰好是色盲患者，问此人是男性的概率.

解 设B_1=“男性”，B_2=“女性”，且B_1,B_2构成完备事件组，A=“色盲患者”.

由全概率公式得

$$P(A)=P(B_1)P(A|B_1)+P(B_2)P(A|B_2).$$

由贝叶斯公式得

$$P(B_1|A)=\frac{P(B_1)P(A|B_1)}{P(A)}=\frac{0.5\times0.05}{0.5\times0.05+0.5\times0.0025}=0.95.$$

8.3 随机变量及其分布

为了进行定量的数学处理，必须把随机现象的结果数量化，这就是引进随机变量的原因. 随机变量的引进使得对随机现象的处理更简单与直接，也更统一. 本节主要讨论一维随机变量及其分布.

所谓随机变量，简单地讲，是一个随试验结果而变化的量.

如设有10件产品，其中有3件是次品，7件是正品，现从中任意取出4件. 问：取出的4

件中含有的次品数是多少.

显然任意取 4 件,取到的次品件数可能是 0,1,2,3. 它随着不同的抽样批次而可能不同,而且在抽样前无法确定它的确切取值,这反映了它的随机性. 同时,作为任何一批抽取的 4 件产品,其中的次品数又是完全确定的,可见,次品数还是一个变量,它是随着抽样结果而改变的量.

下面给出随机变量的定义.

定义 1　设 E 是一个随机试验,它的样本空间为 Ω,如果对于 Ω 内的每一个结果 ω,都有一个实数 $X(\omega)$ 与之对应,那么称 $X(\omega)$ 为随机变量,简记为 X.

从随机试验可能出现的结果来看,随机变量至少有两种不同的类型. 一种随机变量所有可能取到的值是有限个或至多可列个,这种随机变量称为离散型随机变量;另一种随机变量取到某个有限或无限区间上的一切值,这样的随机变量称为连续型随机变量. 随机变量还有更为复杂的类型,在实践中比较少见,我们只对离散型随机变量和连续型随机变量进行讨论.

8.3.1　离散型随机变量及其分布

1. 概率分布律

定义 2　设离散型随机变量 X 所有可能取值为 $x_i(i=1,2,\cdots)$,相应地,取得这些值的概率为 p_i,称

$$P(X=x_i)=p_i(i=1,2,\cdots) \quad 或 \quad \begin{pmatrix} x_1 & x_2 & \cdots & x_n & \cdots \\ p_1 & p_2 & \cdots & p_n & \cdots \end{pmatrix}$$

为离散型随机变量 X 的概率分布律或分布律.

根据概率的定义可知,概率分布律满足两条性质:

(1) 非负性　$p_i \geqslant 0 \quad (i=1,2,\cdots)$;

(2) 正则性　$\sum\limits_{i=1}^{\infty} p_i=1$.

2. 几种常见的离散型分布

(1) 两点分布　设随机变量 X 的分布律为

$$P(X=1)=p, \quad P(X=0)=1-p, \quad 0<p<1,$$

则称 X 服从参数为 p 的两点分布,两点分布又称为伯努利分布,记为 $X \sim B(1,p)$.

(2) 二项分布　设随机变量 X 的分布律为

$$P(X=k)=C_n^k p^k(1-p)^{n-k}, \quad k=0,1,\cdots,n, \quad 0<p<1,$$

则称 X 服从参数为 n,p 的二项分布,记为 $X \sim B(n,p)$.

(3) 几何分布　设随机变量 X 的分布律为

$$P(X=k)=pq^{k-1}, \quad k=1,2,\cdots,n,\cdots, \quad 0<p<1, \quad q=1-p,$$

则称 X 服从参数为 p 的几何分布,记为 $X \sim G(p)$.

(4) 泊松分布　设随机变量 X 的分布律为

$$P(X=k)=\frac{\lambda^k}{k!}e^{-\lambda}, \quad k=0,1,2,\cdots,n,\cdots, \quad \lambda>0,$$

则称 X 服从参数为 λ 的泊松分布，记为 $X \sim P(\lambda)$.

例 8-19 某一射手每次射击命中目标的概率为 0.8，求射击三次才首次命中目标的概率.

解 设 X 表示直到首次命中目标为止所需的射击次数，则 $X \sim G(0.8)$，所以

$$P(X=3)=0.8\times 0.2^2=0.032.$$

例 8-20 某批种蛋的孵化率是 0.9，今从该批种蛋中任取 5 个进行孵化，试求孵出小鸡数的各种可能的概率.

解 设 X 表示孵出小鸡数，则 $X \sim B(5,0.9)$，所以 X 的各种可能的概率为

$$P(X=k)=C_5^k 0.9^k 0.1^{5-k}, \quad k=0,1,2,3,4,5.$$

即 $\begin{pmatrix} 0 & 1 & 2 & 3 & 4 & 5 \\ 0.000\,01 & 0.000\,45 & 0.008\,1 & 0.072\,9 & 0.328\,05 & 0.590\,49 \end{pmatrix}$

例 8-21 某药店由其过去的销售记录知道，某种保健品每月的销售量可以用参数 $\lambda=5$ 的泊松分布来描述，为了以 90% 以上的把握保证不脱销，问药店在月底至少应进这种保健品多少盒？

解 设该药店每月销售这种保健品的数量为 X，月底的进货量为 a 盒，则当销售量不超过进货量时，这种保健品就不会脱销. 依题意

$$P(X \leqslant a)=\sum_{k=0}^{a}\frac{5^k}{k!}e^{-5} \geqslant 0.9.$$

查泊松分布表可知，$a=8$. 即月底该药店至少应进这种保健品 8 盒才能以 90% 以上的把握保证下月不脱销.

8.3.2 连续型随机变量及其分布

1. 密度函数

定义 3 对于随机变量 X，如果存在非负可积函数 $f(x)$，$x\in(-\infty,+\infty)$，使得 X 取值于任意区间 (a,b) 的概率为

$$P(a<X<b)=\int_a^b f(x)\mathrm{d}x,$$

那么称 X 为连续型随机变量，$f(x)$ 为 X 的概率密度函数，简称密度函数.

$f(x)$ 具有以下的性质：

(1) 非负性 $f(x)\geqslant 0$；

(2) 正则性 $\int_{-\infty}^{+\infty} f(x)\mathrm{d}x=1$.

2. 几种常见的连续型分布

(1) 均匀分布 设随机变量 X 的密度函数为

$$f(x)=\begin{cases}\dfrac{1}{b-a}, & a\leqslant x\leqslant b,\\ 0, & \text{其他},\end{cases}$$

则称 X 服从区间 $[a,b]$ 上的均匀分布，记为 $X\sim U[a,b]$.

若 X 在区间 $[a,b]$ 上服从均匀分布，则对于任意满足 $a\leqslant c<d\leqslant b$ 的 c,d 有

$$P(c < X < d) = \int_c^d f(x)\mathrm{d}x = \frac{d-c}{b-a}.$$

上式表明，X 取值于$[a,b]$中任一小区间的概率与该小区间的长度成正比，而与该小区间的具体位置无关. 这就是均匀分布的概率意义.

例 8-22 某公共汽车站每隔 5 分钟有一辆汽车通过，乘客到达车站的时刻是随机的. 求乘客候车时间不超过 3 分钟的概率.

解 设 X 为乘客候车时间，依题意 $X \sim U[0,5]$，则

$$f(x)=\begin{cases}\frac{1}{5}, & 0 \leqslant x \leqslant 5, \\ 0, & \text{其他}.\end{cases}$$

所以 $$P(0 \leqslant X \leqslant 3) = \int_0^3 f(x)\mathrm{d}x = \int_0^3 \frac{1}{5}\mathrm{d}x = \frac{3}{5}.$$

(2) 指数分布 设随机变量 X 的密度函数为

$$f(x)=\begin{cases}\lambda \mathrm{e}^{-\lambda x}, & x \geqslant 0, \\ 0, & x<0\end{cases} \quad (\lambda>0),$$

则称 X 服从参数为 λ 的指数分布，记为 $X \sim E(\lambda)$.

指数分布在实践中有许多应用，有许多种“寿命”分布，如动物的寿命，电子元件的寿命，电话的通话时间，随机服务系统的服务时间等都近似服从指数分布.

例 8-23 设 X 服从参数为 2 的指数分布，求

$$P(-1 \leqslant X \leqslant 4), \quad P(X<-3), \quad P(X \geqslant -10).$$

解 由 $X \sim \mathrm{E}(2)$，可知 $f(x)=\begin{cases}2\mathrm{e}^{-2x}, & x \geqslant 0, \\ 0, & x<0,\end{cases}$

于是

$$P(-1 \leqslant X \leqslant 4) = \int_{-1}^4 f(x)\mathrm{d}x = \int_0^4 2\mathrm{e}^{-2x}\mathrm{d}x = 1-\mathrm{e}^{-8},$$

$$P(X<-3) = \int_{-\infty}^{-3} f(x)\mathrm{d}x = 0,$$

$$P(X \geqslant -10) = \int_{-10}^{+\infty} f(x)\mathrm{d}x = \int_0^{+\infty} 2\mathrm{e}^{-2x}\mathrm{d}x = 1.$$

(3) 正态分布 设随机变量 X 的密度函数为

$$f(x)=\frac{1}{\sigma\sqrt{2\pi}}\mathrm{e}^{-\frac{(x-\mu)^2}{2\sigma^2}} \quad (-\infty<x<+\infty, \sigma>0),$$

则称 X 服从参数为 μ,σ 的正态分布，记为 $X \sim N(\mu,\sigma^2)$.

正态分布是概率论与数理统计中最重要的一种分布，很多随机变量都服从或近似服从正态分布，如测量误差，产品重量，人的身高，年降水量，考试成绩等都可以用正态分布描述.

正态分布的密度函数 $f(x)$的图形呈古钟形. 正态曲线关于直线 $x=\mu$ 对称；在 $x=\mu \pm \sigma$ 处有拐点. 当 $x \to \pm\infty$时，$f(x) \to 0$，曲线以直线 $y=0$ 为渐近线；当 σ 较大时，曲线平缓；当 σ 较小时，曲线陡峭(图 8-1).

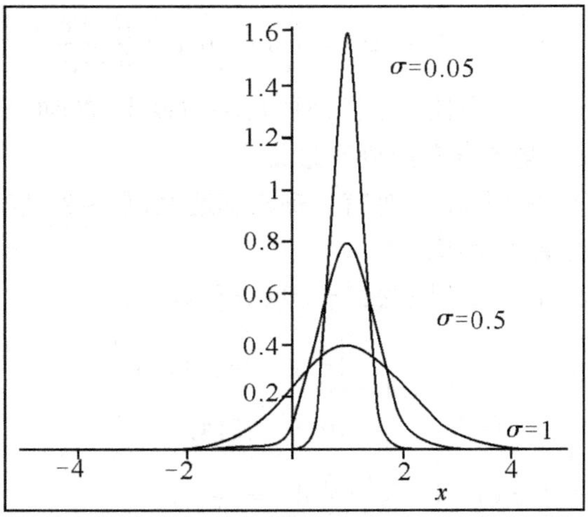

图 8-1

特别地，称 $\mu=0,\sigma=1$ 的正态分布为标准正态分布，记为 $X\sim N(0,1)$.

密度函数为 $f(x)=\frac{1}{\sqrt{2\pi}}e^{-\frac{x^2}{2}}\quad(-\infty<x<+\infty)$.

分布函数为 $\Phi(x)=\int_{-\infty}^{x}\frac{1}{\sqrt{2\pi}}e^{-\frac{t^2}{2}}dx$，标准正态分布的曲线(图 8-2).

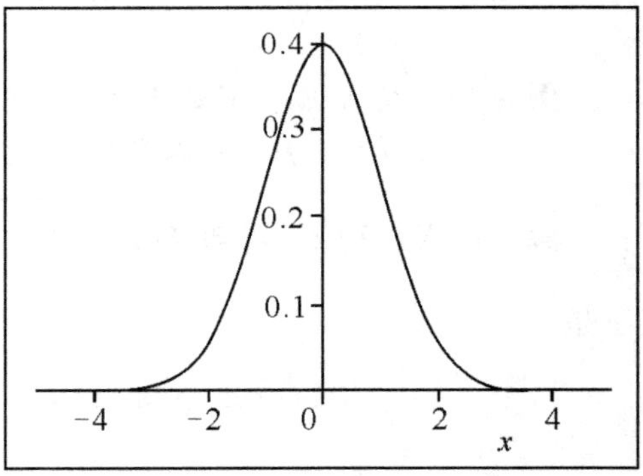

图 8-2

由对称性知

$$\Phi(-x)=1-\Phi(x).$$

定理 1　若 $X\sim N(\mu,\sigma^2)$，则 $Y=\frac{X-\mu}{\sigma}\sim N(0,1)$.

$X\sim N(\mu,\sigma^2)$，有 $P(a<X<b)=\Phi\left(\frac{b-\mu}{\sigma}\right)-\Phi\left(\frac{a-\mu}{\sigma}\right)$.

例 8-24　设 $X\sim N(1,2^2)$，求 $P(X>-3)$，$P(|X-1|<2)$.

解　由于 $X\sim N(1,2^2)$，故 $\frac{X-1}{2}\sim N(0,1)$.

从而

$$P(X>-3)=1-P(X\leqslant-3)=1-P\left(\frac{X-1}{2}\leqslant\frac{-3-1}{2}\right)$$
$$=1-\Phi(-2)=\Phi(2)=0.977\ 2,$$
$$P(|X-1|<2)=P(-2<X-1<2)=P\left(-1<\frac{X-1}{2}<1\right)$$
$$=\Phi(1)-\Phi(-1)=2\Phi(1)-1=0.682\ 6.$$

特别地，$X\sim N(\mu,\sigma^2)$时，

$$P(\mu-\sigma<X<\mu+\sigma)=\Phi(1)-\Phi(-1)=0.682\ 6,$$

$$P(\mu-2\sigma<X<\mu+2\sigma)=\Phi(2)-\Phi(-2)=0.9544,$$
$$P(\mu-3\sigma<X<\mu+3\sigma)=\Phi(3)-\Phi(-3)=0.9974.$$

由以上计算可以看出，服从正态分布 $N(\mu,\sigma^2)$ 的随机变量 X 值基本上落在区间 $(\mu-2\sigma,\mu+2\sigma)$ 内，而几乎不在 $(\mu-3\sigma,\mu+3\sigma)$ 外取值. 这是正态分布的"3σ"原则. 在医学及其他一些实际问题中给出的某些量的参考值范围正是利用了这一结果.

8.4　随机变量的数学期望与方差

我们知道随机变量的分布全面地描述了随机变量取值的统计规律性，但有时只需要知道描述随机变量的某些特征的数量指标即可. 如在评定某地区粮食产量的水平时，在许多场合只需要知道该地区的平均产量；在研究棉花的质量时，既需要注意纤维的平均长度，又需要注意纤维长度与平均长度的偏离程度，平均长度较大，偏离程度较小，质量就较好；学生在某个时期学习情况如何，我们常需要知道他在这个时期各科成绩的平均绩点；比较两位外科医生技术水平如何，常用的方法是同样的手术、同样的次数，他们的平均手术成功率，等等. 从这些例子看到，与随机变量有关的某些数值，虽然不能完整地描述随机变量，但能描述随机变量在某些方面的重要特征，这些特征在理论和实践上都具有十分重要的意义. 本节只介绍随机变量的数学期望（简称期望）和方差.

8.4.1　数学期望

定义 1　设离散型随机变量 X 的分布列为

$$P(X=x_i)=p_i,\quad i=1,2,\cdots,n,$$

则称 $E(X)=\sum\limits_{i=1}^{\infty}x_ip_i$ 为随机变量 X 的数学期望.

设连续型随机变量 X 的概率密度为 $f(x)$，则称 $E(X)=\int_{-\infty}^{+\infty}xf(x)\mathrm{d}x$ 为随机变量 X 的数学期望.

数学期望 $E(X)$ 完全由随机变量的概率分布所确定，它刻画了随机变量取值的加权平均.

例 8-25　甲乙两支足球队进行比赛，所得分数分别为 X,Y，它们的分布律分别为

X	0	1	2
p_i	0	0.2	0.8

Y	0	1	2
p_j	0.3	0.6	0.1

试评定两支球队的成绩好坏.

解　$E(X)=0\times0+1\times0.2+2\times0.8=1.8$,

$E(Y)=0\times0.3+1\times0.6+2\times0.1=0.8$,

因为 $E(X)>E(Y)$,

所以乙队的成绩远不如甲队的成绩.

例 8-26　设 $X\sim U[a,b]$，求 $E(X)$.

解 由数学期望的定义

$$E(X)=\int_{-\infty}^{+\infty}xf(x)\mathrm{d}x=\int_a^b x\cdot\frac{1}{b-a}\mathrm{d}x=\frac{1}{b-a}\cdot\frac{b^2-a^2}{2}=\frac{b+a}{2}.$$

现在给出数学期望的几个主要性质(以下设所涉及的随机变量的数学期望存在):

(1) 设 C 是常数,则 $E(C)=C$;

(2) 设 X 是一个随机变量,C 是常数,则有

$$E(CX)=CE(X);$$

(3) 设 X,Y 是两个随机变量,则有

$$E(X+Y)=E(X)+E(Y).$$

这一性质可以推广到任意有限个随机变量之和的情况. 即 $X_1,X_2,\cdots,X_n$ 是 n 个随机变量,则有

$$E(X_1+X_2+\cdots+X_n)=E(X_1)+E(X_2)+\cdots+E(X_n).$$

例 8-27 设某种商品每周的需求量 X 服从区间(10,30)上均匀分布,而商店进货量为区间(10,30)内的某一整数,商店每销售 1 单位商品可获利 500 元. 若供大于求则削价处理,每处理 1 单位商品亏损 100 元;若供不应求,则可从外部调剂供应,此时每 1 单位商品仅获利 300 元. 为使商店所获利润期望值不少于 9 280 元,试确定最少进货量.

解 设进货量为 a,则利润为

$$g(X)=\begin{cases}500X-100(a-X),10\leqslant X\leqslant a,\\500a+300(X-a),\ a<X\leqslant 30\end{cases}$$
$$=\begin{cases}600X-100a,10\leqslant X\leqslant a,\\300X+200a,a<X\leqslant 30.\end{cases}$$

平均利润为

$$E[g(X)]=\int_{10}^{30}g(x)\frac{1}{20}\mathrm{d}x=\frac{1}{20}\left[\int_{10}^{a}(600x-100a)\mathrm{d}x+\int_{a}^{30}(300x+200a)\mathrm{d}x\right]$$
$$=-7.5a^2+350a+5\ 250.$$

按照题意有

$$-7.5a^2+350a+5\ 250\geqslant 9\ 280,$$

解得

$$20\frac{2}{3}\leqslant a\leqslant 26.$$

因此最少进货量为 21 单位.

8.4.2 方差

随机变量的均值体现了随机变量取值平均的大小,它是随机变量的重要数字特征. 但只知道均值是不够的,还应知道随机变量的取值如何在均值周围变化. 正如一批统计数字,只知道它们的平均数是不够的,还要知道它们的分散程度.

举一个通俗的例子,现有甲、乙两支女声合唱小队,她们演唱水平相当,队员身高(cm)如下。

甲队:160　162　159　160　159

乙队：175　160　150　155　160

你认为哪个队演出效果好？

不难计算，甲、乙两队的平均身高都是 160cm. 但乙队身高偏差大，甲队身高偏差小. 单从身高来看，甲队比较整齐，演出的效果会更好. 前面也曾提到在检验棉花质量时，既要注意纤维的平均长度，还要注意纤维长度与平均长度的偏离程度. 由此可见，研究随机变量与其均值的偏离程度是十分必要的. 通常我们用 $E\{[X-E(X)]^2\}$ 来度量随机变量 X 与其均值 $E(X)$ 的偏离程度.

定义 2　设 X 是一个随机变量，若 $E[X-E(X)]^2$ 存在，则称 $E[X-E(X)]^2$ 为 X 的方差，记为 $D(X)$ 或 $\mathrm{Var}(X)$，即

$$D(X)=\mathrm{Var}(X)=E[X-E(X)]^2.$$

在应用上还引入与随机变量 X 具有相同量纲的量 $\sqrt{D(X)}$，称为 X 的标准差或均方差，记为 $\sigma(X)$，或 σ_X.

随机变量 X 的方差可按下列公式计算：

$$D(X)=E(X^2)-[E(X)]^2.$$

事实上，由方差定义及数学期望性质得

$$\begin{aligned}D(X)&=E\{[X-E(X)]^2\}=E\{X^2-2XE(X)+[E(X)]^2\}\\&=E(X^2)-2E(X)E(X)+[E(X)]^2=E(X^2)-[E(X)]^2.\end{aligned}$$

对于离散型随机变量，有

$$D(X)=\sum_{i=1}^{\infty}[x_i-E(X)]^2 p_i.$$

其中，$P(X=x_i)=p_i, i=1,2,\cdots$ 是 X 的分布律.

对于连续型随机变量，有

$$D(X)=\int_{-\infty}^{+\infty}[x-E(X)]^2 f(x)\mathrm{d}x.$$

其中，$f(x)$ 是 X 的密度函数.

例 8-28　某人有一笔资金考虑投资，现有两种投资意向，预期可分别获利 X(万元)和 Y(万元)，其概率分布律分别为

X	20	10	−5
p_i	0.1	0.8	0.1

Y	26	10	−8
p_j	0.2	0.6	0.2

请你帮助他选择一种合理的投资方案.

解　因为

$E(X)=20\times0.1+10\times0.8+(-5)\times0.1=9.5$,

$E(Y)=26\times0.2+10\times0.6+(-8)\times0.2=9.6$,

$D(X)=(20-9.5)^2\times0.1+(10-9.5)^2\times0.8+(-5-9.5)^2\times0.1=32.25$,

$D(Y)=(26-9.6)^2\times0.2+(10-9.6)^2\times0.6+(-8-9.6)^2\times0.2=115.84$.

虽然第二种方案平均获利比第一种方案平均获利多 1 000 元，但第二种方案的风险却比第一种方案的风险高出 3 倍多，建议选择第一种投资方案.

例 8-29 设 $X\sim U[a,b]$,求 $D(X)$.

解 数学期望 $E(X)=\dfrac{a+b}{2}$,

$$E(X^2)=\int_a^b x^2\cdot\frac{1}{b-a}\mathrm{d}x=\frac{a^2+ab+b^2}{3},$$

$$D(X)=E(X^2)-[E(X)]^2=\frac{a^2+ab+b^2}{3}-\left(\frac{a+b}{2}\right)^2=\frac{(b-a)^2}{12}.$$

现在给出方差的几个主要性质(以下设所涉及的随机变量的方差均存在).

(1) $D(X)\geqslant 0$;

(2) 设 C 是常数,则 $D(C)=0$;

(3) 设 a,b 是常数,则 $D(aX+b)=a^2D(X)$.

下面仅对(3)做证明.

证明 若 a,b 是常数,则

$$D(aX+b)=E(aX+b-E(aX+b))^2=E[a(X-E(X))^2]=a^2D(X).$$

常见分布的期望和方差有

(1) 二项分布 设 $X\sim B(n,p)$,则 $E(X)=np,D(X)=np(1-p)$.

(2) 泊松分布 设 $X\sim P(\lambda)$,则 $E(X)=\lambda,D(X)=\lambda$.

(3) 均匀分布 设 $X\sim U[a,b]$,则 $E(X)=\dfrac{a+b}{2},D(X)=\dfrac{(b-a)^2}{12}$.

(4) 指数分布 设 $X\sim E(\lambda)$,则 $E(X)=\dfrac{1}{\lambda},D(X)=\dfrac{1}{\lambda^2}$.

(5) 正态分布 设 $X\sim N(\mu,\sigma^2)$,则 $E(X)=\mu,D(X)=\sigma^2$.

例 8-30 设随机变量 $X\sim B(n,p)$,且 $E(X)=5,D(X)=3.75$,求

(1) n,p;(2) $E(2X+1)$;(3) $D(3X-2)$;(4) $E[2(X^2+1)]$.

解 (1) 因为 $X\sim B(n,p)$,而

$$E(X)=np,\ D(X)=np(1-p),$$

所以

$$n=20,p=\frac{1}{4};$$

(2) $E(2X+1)=2E(X)+1=11$;

(3) $D(3X-2)=9D(X)=33.75$;

(4) $E[2(X^2+1)]=E(2X^2+2)=2E(X^2)+2=2\{D(X)+[E(X)]^2\}+2=59.5$.

8.5 描述统计

随机变量及其概率分布全面地描述了随机变量的统计规律性.在概率论的许多问题中,概率分布通常被假定为已知,而一切计算及推理均基于这个已知的分布进行,在实际问题中,情况往往并非如此.

如一批轴承一万只,要从使用寿命这个指标来衡量它的质量.若规定使用寿命低于1 000小时为次品,这批轴承的次品率是多少?显然,我们不能对每一个轴承做寿命试验.因

为寿命试验是破坏性试验，一旦获得试验的所有结果，这批轴承也就全部报废了. 所以通常的做法是从这批轴承中选取一些做寿命试验，然后根据试验记录(一组数据)来推断这批轴承的次品率. 又如某省需要了解某种疾病的发病率. 由于人力、物力和时间的限制，不可能对全省的每一个人进行检查，而只能从中选取一些人进行检查，然后分析所得结果，以此了解全省这种疾病的发病率.

诸如此类的问题大量存在，解决这类问题的基本思想是从所研究对象的全体中抽取一小部分进行观测，通过对观测结果进行分析、研究，达到对整体做出推断的目的，也就是从局部推断整体.

描述统计方法主要是对已经获得数据进行整理、概括，使之系统化、条理化，以便更好地刻画总体或样本所具有的特性.

描述统计方法通常具有简明、直观的特征.

8.5.1　总体与样本

1. 总体与样本

定义 1　研究对象的全体称为总体，用随机变量 X 表示；构成总体的每一个对象称为个体，用随机变量 X_i 表示.

如要研究某县教师的状况，那么这个县所有在职教师就是一个总体，而这个县的每一位在职教师则是组成该总体的个体. 又如要了解某地区居民的家庭经济状况，那么这个地区所有居民家庭就是一个总体，而这个地区每一个居民家庭组成该总体的个体. 需要指出的是总体与个体是相互的. 一般来说，总体是具有规定特性的事物组成的集合，依据所规定的特性，可以明确地判断总体与个体.

考察一个总体时，我们所关心的往往是总体中各个体的一个或数个方面的数量指标的分布情况. 如调查教师情况，我们更多的是关心教师的年龄、职称这样的指标；调查居民家庭经济情况，更多的是关心家庭的月平均收入、月平均支出这样的指标，等等. 因此，一个总体也可以认为是由个体的某些方面的数量指标组成的集合. 这样我们常用变量 X 来表示一个总体，这个 X 就表示总体中各个体某些方面的数量指标，它可以是一维的，也可以是多维的.

定义 2　从总体 X 中随机抽取的 n 个个体 $X_1, X_2, \cdots, X_n$ 称为取自该总体的样本，样本中个体的数目 n 称为样本容量.

从以上定义知道满足下面两个条件的样本称为简单随机样本：

(1) 代表性　个体的分布能代表总体的分布，即同分布；

(2) 独立性　样本中个体间是相互独立的.

定义 3(数理统计下样本定义)　称随机变量 $X_1, X_2, \cdots, X_n$ 是来自总体 X 的一个容量为 n 的简单随机样本，如果

(1) $X_1, X_2, \cdots, X_n$ 相互独立；

(2) $X_i (i=1,2,\cdots,n)$ 与总体 X 同分布.

2. 数据类型

样本是反映样本中各个体的数量指标，通常也称为样本数据. 对于个体的不同方面的特性，所需表述的数量指标在取值范围、表达方式和度量单位等诸方面都会有所差异，因此就

产生了不同的数据类型.

按所表达的事物的性质不同，数据可划分为定量数据和定性数据. 定量数据是具有确定数值度量单位的数据. 如到某医院就诊人数，人的身高，一个家庭月收入等. 定性数据则没有数值度量单位，只能依据一定的标准或特性进行分类. 如学历，职称，性别等.

按照数据的取值范围不同，定量数据又可分为连续型和离散型两类，而定性数据一定是离散型的数据. 定性数据又可细分为名义型和顺序型两类. 如性别、国籍等只是表面不同的特征，没有好坏、先后之分，因此这些数据是名义型数据. 而学历、职称等是有先后、高低等比较关系，所以是顺序型的数据. 在需要的时候，可将连续型数据转换为离散型数据. 如体育比赛中，举重、摔跤等项目要按运动员的不同体重，划分出重量级、次重量级和轻量级等不同级别组织比赛，这时可将运动员的体重(连续型)转换为离散型.

8.5.2 频数分布

1. 频数分布

频数分布是对样本数据进行整理概括的常用统计方法之一. 当取得样本后，各样本观测值总是落在一个确定的范围内，我们可以将这个范围再细分为若干个小区间，这些区间称为组，落在一个组内的样本数据的个数称为该组的频数. 频数分布即是对不同区间内样本数据个数多少的描述. 下面通过例子说明如何绘出一批样本数据的频数分布.

例 8-31 某中学在一次数学毕业会考的学生中随机抽取一个容量为 30 的样本，得到数学会考分数如下：

66	70	76	91	82	86	77	69	88	86
53	48	87	94	81	75	71	64	74	80
69	78	68	36	61	73	66	90	60	86

现按照下述步骤做出样本的频数分布.

(1) 求样本极差(R).

$$R=\text{样本最大值}-\text{样本最小值},$$

$$R=94-36=58.$$

(2) 确定组数和组距.

一般来说，组数与样本容量有关，随样本容量增加，组数也相应地增加，但通常不超过 30 组. 组数的确定要恰当. 如果分组太多，那么可能由于对样本数据简化概括不够而无法显现出样本数据具有的规律；如果分组太少，那么可能因为损失信息太多而不能描述样本数据的特性. 一般组数的确定可参考表 8-3.

表 8-3

样本容量(n)	应分的组数
31～60	6～8
61～100	7～10
101～200	9～12
201～500	12～17
501 以上	17～30

$$组距=\frac{极差}{组数}.$$

采用上述公式计算得到的结果不一定是整数，为了方便计算，应尽可能使组距的小数位少一些，可采用四舍五入的方法来调整. 本例中如果组数取为 7，那么组距$=\frac{58}{7}\approx 9$.

(3) 确定组限及组中值.

各组的最大值与最小值称为组限. 最小值称为组下限，最大值称为组上限. 每一组的中点值称为组中值. 它是该组的代表值. 组中值与组限的关系如下：

$$组中值=(组下限+组上限)\div 2.$$

由于相邻两组的组中值间的距离等于组距，所以当第一组的组中值确定以后，加上组距就是第二组的组中值，第二组的组中值加上组距就是第三组的组中值，其余类推.

注意，第一组的组下限应小于资料中的最小值，最末一组的组上限应大于资料中的最大值. 分组为

31.5～40.5，40.5～49.5，49.5～58.5，58.5～67.5，
67.5～76.5，76.5～85.5，85.5～94.5.

(4) 统计各组频数.

将样本数据逐一归入各小组，统计出各小组的频数(表 8-4).

表 8-4

组别	组中值	频数
31.5～40.5	36	1
40.5～49.5	45	1
49.5～58.5	54	1
58.5～67.5	63	5
67.5～76.5	72	9
76.5～85.5	81	7
85.5～94.5	90	6
总计	—	30

2. 频数分布表的变形——频率分布表、累积频数分布表、累积频率分布表

频数分布中各组频数之和等于样本容量 n，将各组频数除以样本容量就可以得到各组数据在样本中所占的比例，称为组频率. 因此，有了样本的频数分布，就容易获得样本的频率分布.

某一组的累积频数是指从第一组开始到该组为止的各组频数的累计之和. 第一组的累积频数就是该组的实际频数；最后一组的累积频数应该为所有频数之和，也即样本容量. 由各组的组中值与累积频数两列组成的表就是累积频数分布表(表 8-5).

累积频率分布表是由组中值和累积频率组成的统计表格. 累积频率的含义与累积频数的含义基本相同.

表 8-5

组别	频数	累积频数	频率	累积频率
31.5～40.5	1	1	0.033	0.033
40.5～49.5	1	2	0.033	0.066
49.5～58.5	1	3	0.033	0.099
58.5～67.5	5	8	0.167	0.266
67.5～76.5	9	17	0.3	0.566
76.5～85.5	7	24	0.234	0.800
85.5～94.5	6	30	0.2	1.000
总计	30		1.000	

3. 常用的统计图

通常统计图有直方图、折线图、条形图、圆形图和线形图. 图形的选择取决于资料的性质，一般情况下，连续型资料采用直方图和折线图，间断型资料常用条形图和线形图或圆形图.

(1) 直方图　对计算资料，可根据频数分布表绘制直方图以表示资料的分布情况. 其作法是：在横轴上标记各组组限，纵轴标记各组的频数，即以组距为宽，频数为高，在各组的区间上画出一个矩形. 即得频数分布的直方图. 矩形的高低表示该组出现频数的多少，出现的频数越多，矩形越高.

例 8-31 的直方图(图 8-3).

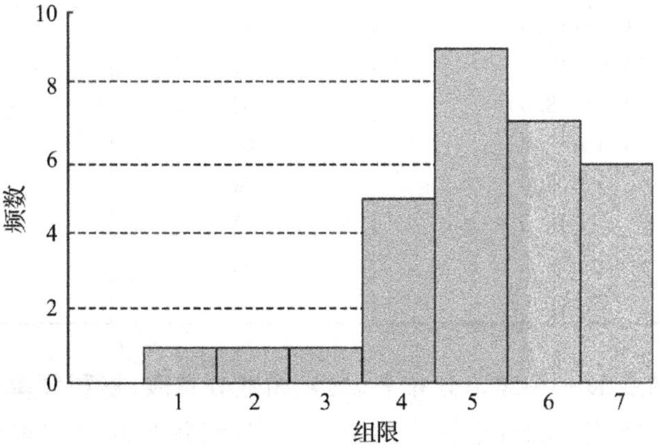

图 8-3

注：1～7 分别表示 31.5～40.5，40.5～49.5，49.5～58.5，58.5～67.5，67.5～76.5，76.5～85.5，85.5～94.5.

(2) 折线图　对于连续型资料，还可以根据频数分布表绘制频数分布折线图. 其作法是：在横轴上标记组中值，纵轴上标记频数，以各组组中值为横坐标，频数为纵坐标描点，用线段依次连接各点，即可获得频数分布折线图. 在同一坐标系内可以绘制多条折线，以便进行多个事物之间变化趋势的比较.

例 8-31 的折线图(图 8-4).

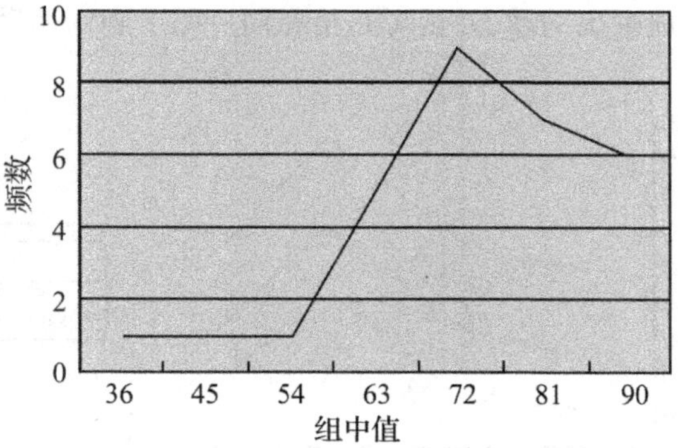

图 8-4

(3) 圆形图(饼图) 用整个圆(或圆饼)的面积表示研究对象总体的总频数,按各类别、等级的结构比将圆面积分成若干个扇形,以扇形面积的大小表示各类别、等级等构成部分的频数比例(图 8-5).

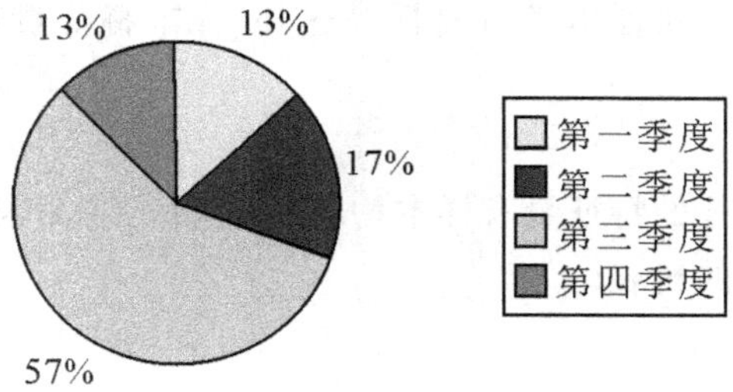

图 8-5

(4) 条形图 它用等宽长条的长短或高低表示按某一研究指标划分属性种类或等级的频数或频率分布. 如果只涉及一项指标,那么采用单式条形图;如果涉及 2 个或 2 个以上的指标,那么采用复式条形图(图 8-6).

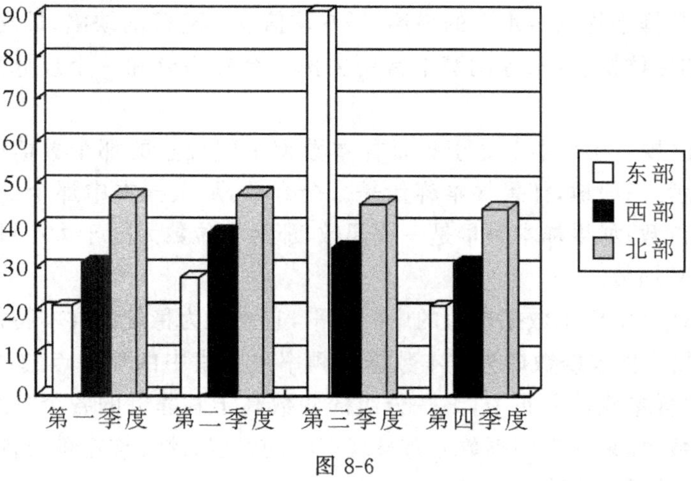

图 8-6

直方图与条形图的区别:直方图的各直条(或各矩形)连续排列,形成一个密闭的图形,而条形图的各个直条是分开排列的.

(5) 线形图 用来表示事物或现象随时间而变化发展的情况. 线形图有单式和复式两

种.前者表示某一事物或现象的动态.后者是指在同一图上表示两种或两种以上事物或现象的动态(图 8-7).

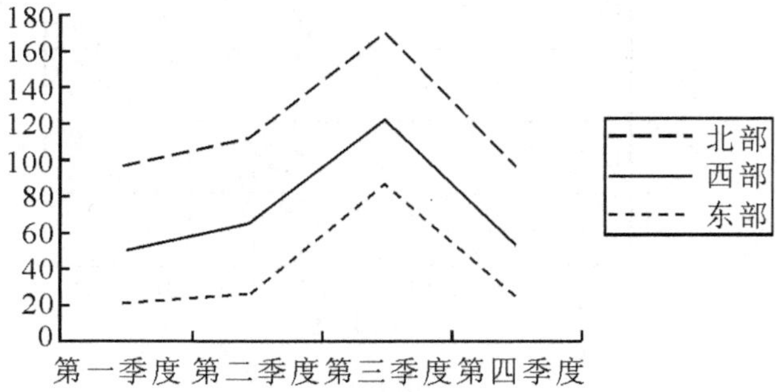

图 8-7

8.5.3 特征量

除了用频数分布表或图对样本进行概括描述外,样本特征量也是刻画样本数据特性的常用统计方法.

1. 样本中心趋势

用于刻画样本中心趋势的特征量有样本均值、样本中位数和样本众数等.这些特征量一般作为样本数据取值水平的代表.

(1) 样本均值

$$\overline{X}=\frac{1}{n}(X_1+X_2+\cdots+X_n)=\frac{1}{n}\sum_{i=1}^{n}X_i$$

或

$$\overline{x}=\frac{f_1x_1+f_2x_2+\cdots+f_nx_n}{n},$$

其中 x_i 为第 i 组的组中值(观测值),f_i 为第 i 组频数,$\overline{x}$ 是"加权"的样本均值.

作为对样本数据平均取值水平的描述,样本均值有不稳健的缺陷,即均值容易受样本中极端值的影响.如在体操、跳水等比赛中常用去掉一个最高分和一个最低分,再求平均分的方法计算.

(2) 样本中位数　在大小上处于整批样本数据中间位置的那个数值称为样本中位数,常用符号 M_d 表示.一般地,如果样本容量是一个奇数,那么样本中那个处于大小顺序中间位置的数便是中位数;如果样本容量是一个偶数,那么中位数为处于大小顺序中间位置的两个样本观测值的平均数.

样本中位数代表了样本数据取值的中间水平,它是较为稳健的样本特征量.

(3) 样本众数　样本众数即为样本数据的频率最为集中的那一点的值,常用 M_0 表示.一般情况下,如果样本频数分布中,某一分组的频数高于其邻近的各个分组,那么可将该组的组中值取为众数.如果样本的频数分布显现多峰的形状,此时样本就可能有多个不同的众数.因此样本的众数不一定唯一.

2. 样本的离散趋势

样本的离散趋势是用来刻画样本数据取值变异程度的特征量,常用的有样本方差、样本标准差、样本极差等.

(1) 样本方差　$S^2=\frac{1}{n-1}[(X_1-\overline{X})^2+(X_2-\overline{X})^2+\cdots+(X_n-\overline{X})^2]$.

(2) 样本标准差　$S=\sqrt{S^2}=\sqrt{\frac{1}{n-1}\sum_{i=1}^{n}(X_i-\overline{X})^2}$.

(3) 样本极差　样本极差是样本观测值中最大值与最小值之差，通常用符号 R 表示.

样本极差描述了样本数据取值的最大跨度，反映了样本取值波动幅度的大小.很明显，样本极差容易受样本中极端值的影响.

例 8-32　在某班数学考试中，随机抽取十名学生的成绩(单位:分)作为样本成绩如下：

84　72　63　86　70　60　80　60　65　89

求:$\overline{X},M_d,M_0,S^2,S,R$.

解　$\overline{X}=\frac{1}{10}(84+72+63+86+70+60+80+60+65+89)=72.9$,

$$M_d=\frac{1}{2}(70+72)=71,$$

$$M_0=60,$$

$$\begin{aligned}S^2=&\frac{1}{10-1}[(60-72.9)^2+(60-72.9)^2+(63-72.9)^2+(65-72.9)^2\\&+(70-72.9)^2+(72-72.9)^2+(80-72.9)^2+(84-72.9)^2+(86-72.9)^2\\&+(89-72.9)^2]\\=&\frac{1}{9}\times 1\,106.9=122.99,\end{aligned}$$

$$S=\sqrt{S^2}=\sqrt{122.99}=11.09,$$

$$R=89-60=29.$$

3. 统计量

样本是进行统计推断的依据，为了由样本推断总体，往往不是使用样本本身，而是针对不同的问题构造合适的样本函数，利用这些样本函数进行统计推断.

定义 4　设 $X_1,X_2,\cdots,X_n$ 是来自总体 X 的一个样本，$g(X_1,X_2,\cdots,X_n)$是 $X_1,X_2,\cdots,X_n$ 的函数，若 $g(X_1,X_2,\cdots,X_n)$中不含有任何未知参数，则称 $g(X_1,X_2,\cdots,X_n)$是一个统计量.

在统计推断中常用到以下几个统计量：

设 $X_1,X_2,\cdots,X_n$ 是来自总体 X 的一个样本，

(1) 样本均值　$\overline{X}=\frac{1}{n}(X_1+X_2+\cdots+X_n)$；

(2) 样本方差　$S^2=\frac{1}{n-1}\sum_{i=1}^{n}(X_i-\overline{X})^2$；

(3) 样本标准差　$S=\sqrt{S^2}=\sqrt{\frac{1}{n-1}\sum_{i=1}^{n}(X_i-\overline{X})^2}$；

(4) 样本 k 阶原点矩　$A_k=\frac{1}{n}\sum_{i=1}^{n}X_i^k$；

(5) 样本的 k 阶中心矩 $B_k=\frac{1}{n}\sum_{i=1}^{n}(X_i-\overline{X})^k$.

为了对总体进行统计推断,就必须研究统计量 $g=g(X_1,X_2,\cdots,X_n)$的概率分布,在统计分析中,把统计量的分布称为抽样分布.由于正态总体在实际问题中占有特别重要的地位,因此,下面我们给出几个重要的结论.

定理 1 设 $X_1,X_2,\cdots,X_n$ 为总体 X 的一个样本,$E(X)=\mu,D(X)=\sigma^2$,则

$$E(\overline{X})=\mu,\quad D(\overline{X})=\frac{\sigma^2}{n},\quad E(S^2)=\sigma^2.$$

定理 2 设总体 $X\sim N(\mu,\sigma^2)$,$X_1,X_2,\cdots,X_n$ 为 X 的一个样本,则 $\overline{X}\sim N\left(\mu,\frac{\sigma^2}{n}\right)$.

正态总体下样本均值 $\overline{X}$ 的分布也是正态分布,可得 $u=\frac{\overline{X}-\mu}{\frac{\sigma}{\sqrt{n}}}\sim N(0,1)$.

定理 3 设总体 $X\sim N(\mu,\sigma^2)$,$X_1,X_2,\cdots,X_n$ 为 X 的一个样本,则

$$t=\frac{\overline{X}-\mu}{\sqrt{\frac{S^2}{n}}}\sim t(n-1).$$

t 分布是统计学中的一类重要分布,它的密度函数的图形关于纵轴对称(图 8-8),与标准正态分布的函数图形类似.

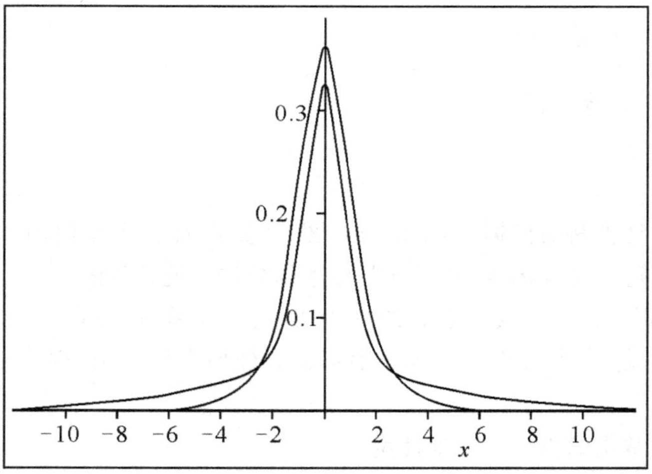

图 8-8

限于篇幅,其他统计量的分布略.

8.6 推断统计

从局部推断整体,由于局部是整体的一部分,所以局部的特性在某种程度上能反映整体的特性,但又毕竟是局部,它不能精确无误地反映整体的特征,加之还有不可避免的计算误差.因此,这种推断必然具有一定程度的不肯定性,这就产生了两个问题.一是如何从整体中

抽出一小部分,怎样抽,抽多少?也就是抽样的方法;二是抽样的结果(一批数据),如何进行合理分析,做出科学的推断,包括对推断的不肯定性给予某种度量,这就是数据处理问题.这两个问题的解决,都要依靠数理统计学.以概率论为基础的数理统计学,提供了对所研究的随机现象依据一定要求进行局部观测得到的信息(数据)进行合理分析,做出科学推断的技术.它的每一个推断必伴随一定的概率以表明推断的程度,这种伴随一定概率的推断称为推断统计或统计推断.

推断统计方法是根据所获得的样本数据,在一定的可信程度上对总体的特征进行估计和推测,检验与总体有关的假设,判断总体中不同变量之间的关系.

本节主要介绍总体均值的点估计、区间估计和假设检验等有关统计方法.

8.6.1　参数估计

1. 参数的点估计

点估计的主要任务是通过样本求出总体参数的估计值.这里至关重要的是求出参数的估计量.常用的点估计方法有矩估计法、最大似然估计法.

(1) 矩估计法.

用样本原点矩 $A_k=\frac{1}{n}\sum\limits_{i=1}^{n}X_i^k$ 或中心矩 $B_k=\frac{1}{n}\sum\limits_{i=1}^{n}(X_i-\overline{X})^k$ 估计相应的总体原点矩 $E(X^k)$ 或中心矩 $E(X-\overline{X})^k$,用样本原点矩的函数估计相应的总体原点矩函数的方法,称为矩估计法.用矩估计法求出的估计量称为矩估计量.

具体地讲就是

$$\hat{\mu}=\frac{1}{n}\sum_{i=1}^{n}X_i=\overline{X},$$

$$\hat{\sigma}^2=\frac{1}{n}\sum_{i=1}^{n}X_i^2-\frac{1}{n}\sum_{i=1}^{n}X_i=\frac{1}{n}\sum_{i=1}^{n}(X_i-\overline{X})^2.$$

从这里看出,不管总体 X 服从怎样的分布,样本均值 $\overline{X}$ 都是总体均值 $E(X)$ 的矩估计量;样本的二阶中心矩都是总体方差 $D(X)$ 的矩估计量.

例 8-33　设总体 X 的密度函数为

$$f(x)=\begin{cases}(a+1)x^a, & 0<x<1,\\ 0, & \text{其他}\end{cases}\quad (a>-1),$$

$X_1,X_2,\cdots,X_n$ 为其样本,求参数 a 的矩估计量.

解　先求出 X 的数学期望

$$E(X)=\int_0^1 x(a+1)x^a\,\mathrm{d}x=\frac{a+1}{a+2},$$

解得

$$a=\frac{1-2E(X)}{E(X)-1}.$$

由矩估计法以 $\overline{X}$ 估计 $E(X)$,则参数 a 的估计量为

$$\hat{a}=\frac{1-2\overline{X}}{\overline{X}-1}.$$

(2) 最大似然估计法.

在此我们对一个参数的情形加以说明.

设连续型总体 X 的概率密度函数为 $f(x;\theta)$，θ 是未知的参数，样本 $X_1,X_2,\cdots,X_n$ 的联合概率密度函数为 $f^*(x_1,x_2,\cdots,x_n;\theta)$，因为是简单随机样本，所以有

$$f^*(x_1,x_2,\cdots,x_n;\theta)=\prod_{i=1}^{n} f(x_i;\theta).$$

对于样本的一组观测值 $x_1,x_2,\cdots,x_n$，$f^*(x_1,x_2,\cdots,x_n;\theta)$ 是参数 θ 的函数，记为

$$L(\theta)=L(x_1,x_2,\cdots,x_n;\theta)=\prod_{i=1}^{n} f(x_i;\theta),$$

称 $L(\theta)$ 为参数 θ 的似然函数.

最大似然估计法就是选取这样一个参数值 $\hat{\theta}$ 作为 θ 的估计值：这个 $\hat{\theta}$ 使得样本落在观测值 $(x_1,x_2,\cdots,x_n)$ 的邻域里的概率 $\prod_{i=1}^{n} f(x_i;\theta)\mathrm{d}x_i$ 达到最大，对固定的 $(x_1,x_2,\cdots,x_n)$，就是选取 $\hat{\theta}$，使 $\prod_{i=1}^{n} f(x_i;\theta)$ 达到最大，即使 $L(\theta)$ 达到最大.

定义 1 对固定的样本值 $(x_1,x_2,\cdots,x_n)$，若有 $\hat{\theta}(x_1,x_2,\cdots,x_n)$，使得

$$L(x_1,x_2,\cdots,x_n;\hat{\theta})=\max L(x_1,x_2,\cdots,x_n;\theta).$$

则称 $\hat{\theta}$ 是参数 θ 的最大似然估计值，而相应的统计量 $\hat{\theta}(X_1,X_2,\cdots,X_n)$ 是参数 θ 的最大似然估计量.

最大似然估计法最早由高斯(C. F. Gauss)提出，后来由费希尔(R. A. Fisher)于 1912 年重新提出，并证明了这一方法. 最大似然估计法在理论上有优良的性质，是目前得到广泛应用的估计方法.

求最大似然估计的具体步骤：

第一　由总体 X 的密度函数 $f(x;\theta)$，写出似然函数

$$L(x_1,x_2,\cdots,x_n;\theta)=\prod_{i=1}^{n} f(x_i;\theta);$$

第二　取自然对数 $\ln L$；

第三　求导数 $\dfrac{\mathrm{d}\ln L}{\mathrm{d}\theta}$，并令其为 0，解出 θ，即为 $\hat{\theta}$.

对离散型总体 X，用概率分布律 $p(x;\theta)$ 代替 $f(x;\theta)$.

对总体分布中含多个未知参数的情况，似然函数 L 是这些参数的函数 $L(x_1,x_2,\cdots,x_n;\theta_1,\theta_2,\cdots,\theta_n)$，只要分别求出 $\dfrac{\partial\ln L}{\partial\theta_i}$，并令其为 0，解出 θ_i，即为 $\hat{\theta}_i$.

例 8-34 设 X 服从指数分布

$$f(x)=\begin{cases}\lambda \mathrm{e}^{-\lambda x}, & x>0, \\ 0, & x\leqslant 0\end{cases}\quad(\lambda>0),$$

$x_1,x_2,\cdots,x_n$ 为 X 的一组样本值，求参数 λ 的最大似然估计.

解　似然函数 $L(x_1,x_2,\cdots,x_n;\lambda)=\prod_{i=1}^{n}\lambda e^{-\lambda x_i}=\lambda^n e^{-\lambda\sum_{i=1}^{n}x_i}\quad(x_i>0)$，

$$\ln L=n\ln\lambda-\lambda\sum_{i=1}^{n}x_i,$$

$$\frac{\mathrm{d}\ln L}{\mathrm{d}\lambda}=\frac{n}{\lambda}-\sum_{i=1}^{n}x_i=0,$$

得
$$\lambda=\frac{n}{\sum_{i=1}^{n}x_i}=\frac{1}{\bar{x}},$$

因此参数 λ 最大似然估计为 $\hat{\lambda}=\frac{1}{\bar{x}}$.

例 8-35　设 $X\sim N(\mu,\sigma^2)$，$x_1,x_2,\cdots,x_n$ 为一组样本值，求参数 μ,σ^2 的最大似然估计.

解　似然函数 $L(x_1,x_2,\cdots,x_n;\mu,\sigma^2)=\prod_{i=1}^{n}\frac{1}{\sigma\sqrt{2\pi}}e^{-\frac{(x_i-\mu)^2}{2\sigma^2}}$，

即
$$L=\frac{1}{(\sigma\sqrt{2\pi})^n}e^{-\frac{1}{2\sigma^2}\sum_{i=1}^{n}(x_i-\mu)^2},$$

$$\ln L=-\frac{n}{2}\ln(2\pi\sigma^2)-\frac{1}{2\sigma^2}\sum_{i=1}^{n}(x_i-\mu)^2.$$

分别对 μ,σ^2 求偏导数，并令其为 0，得

$$\begin{cases}\dfrac{\partial\ln L}{\partial\mu}=\dfrac{1}{\sigma^2}\sum_{i=1}^{n}(x_i-\mu)=0,\\ \dfrac{\partial\ln L}{\partial\sigma^2}=-\dfrac{n}{2}\dfrac{1}{\sigma^2}+\dfrac{1}{2(\sigma^2)^2}\sum_{i=1}^{n}(x_i-\mu)^2=0.\end{cases}$$

解出

$$\mu=\frac{1}{n}\sum_{i=1}^{n}x_i=\bar{x},\quad\sigma^2=\frac{1}{n}\sum_{i=1}^{n}(x_i-\mu)^2.$$

相应地，最大似然估计量为

$$\hat{\mu}=\bar{X},\quad\hat{\sigma}^2=\frac{1}{n}\sum_{i=1}^{n}(X_i-\bar{X})^2.$$

(3) 估计量优劣性的评定标准.

一个参数的估计量可能不止一个，自然会提出比较估计量优劣的问题，这就需要给出估计量优劣的评定标准，通常采用的标准有无偏性、有效性和一致性.

① 无偏性.

设 $\hat{\theta}$ 是 θ 的估计量，若 $E(\hat{\theta})=\theta$，则称 $\hat{\theta}$ 是 θ 的无偏估计量.

例 8-36　设总体 X 有 $E(X)=\mu$，$D(X)=\sigma^2$，$X_1,X_2,\cdots,X_n$ 为简单随机样本，记

$$\bar{X}=\frac{1}{n}\sum_{i=1}^{n}X_i,S^2=\frac{1}{n-1}\sum_{i=1}^{n}(X_i-\bar{X})^2,B_2=\frac{1}{n}\sum_{i=1}^{n}(X_i-\bar{X})^2.$$

可以证明，

$\overline{X}$ 是 μ 的无偏估计量，S^2 是 σ^2 的无偏估计量．但 $B_2=\frac{1}{n}\sum_{i=1}^{n}(X_i-\overline{X})^2$ 不是 σ^2 的无偏估计量，因此从无偏性角度考虑，总是选择 S^2 作为 σ^2 的估计量．

② 有效性．

设 $\hat{\theta}_1,\hat{\theta}_2$ 都是 θ 的无偏估计量，若

$$D(\hat{\theta}_1)<D(\hat{\theta}_2)，则称\ \hat{\theta}_1\ 较\ \hat{\theta}_2\ 有效.$$

有效性是在期望值相等的条件下考虑方差，方差小的估计量，有效性好．

例 8-37 设 $X_1,X_2,\cdots,X_n$ 为来自总体 $X\sim N(\mu,\sigma^2)$ 的样本，可以证明 $\overline{X}$ 和 $\frac{1}{2}(X_1+X_2)$ 都是均值 μ 的无偏估计量，显然，只要 $n>2$，有

$$D(\overline{X})=\frac{\sigma^2}{n}<D\left[\frac{1}{2}(X_1+X_2)\right]=\frac{1}{4}(\sigma^2+\sigma^2)=\frac{\sigma^2}{2}.$$

所以 $\overline{X}$ 较 $\frac{1}{2}(X_1+X_2)$ 有效．

这表明用全部数据的平均估计总体均值要比只使用部分数据更有效．

③ 一致性．

估计量的无偏性和有效性都是在样本容量 n 固定的情况下考虑的，当 n 增大时，估计量会怎样变化也是我们关心的问题．

设 $\hat{\theta}$ 是 θ 的估计量，若对任意正数 $\varepsilon>0$，

$$\lim_{n\to+\infty}P\{|\hat{\theta}-\theta|<\varepsilon\}=1$$

恒成立，则称 $\hat{\theta}$ 是 θ 的一致估计量．

2. 参数的区间估计

用点估计 $\hat{\theta}(X_1,X_2,\cdots,X_n)$ 来估计总体的未知参数 θ．一旦我们获得了样本的观测值 $(x_1,x_2,\cdots,x_n)$，将它代入 $\hat{\theta}(X_1,X_2,\cdots,X_n)$，即可得到 θ 的一个估计值．这很直观，也很便于使用．但是，点估计只提供了 θ 的一个近似值，并没有反映这种近似的精确度．同时，由于 θ 本身是未知的，我们也无从知道这种估计的误差大小．因此，我们希望估计出一个真实参数所在的范围，并希望知道这个范围以多大的概率包含参数真值，这就是参数的区间估计问题．

定义 2 设 $(X_1,X_2,\cdots,X_n)$ 是取自总体 X 的样本，θ 为总体分布中的未知参数，$\hat{\theta}_1(X_1,X_2,\cdots,X_n)$，$\hat{\theta}_2(X_1,X_2,\cdots,X_n)$ 为两个统计量，对于给定的 $\alpha(0<\alpha<1)$，若

$$P(\hat{\theta}_1<\theta<\hat{\theta}_2)=1-\alpha,$$

则称 $(\hat{\theta}_1,\hat{\theta}_2)$ 为 θ 的置信度为 $1-\alpha$ 的置信区间，$\hat{\theta}_1$ 为置信下限，$\hat{\theta}_2$ 为置信上限．α 一般取较小的值，如 $\alpha=0.05,0.01$ 等，称 α 为显著性水平．

置信度表示区间的可靠度，置信度 $1-\alpha$ 越接近于 1 越好. 区间长度则表示估计的范围，即估计的精度，区间长度越短越好，当然，置信度和区间长度是相互矛盾的. 在实际问题中，我们总是在保证可靠度的前提下，尽可能地提高精度. 因此，区间估计的问题就是在给定 α 的情况下，利用样本 $(X_1,X_2,\cdots,X_n)$ 去求两个估计量 $\hat{\theta}_1$ 和 $\hat{\theta}_2$ 的问题. 本节只介绍单个正态总体均值的区间估计.

(1) 总体方差 σ^2 已知，均值 μ 的 $1-\alpha$ 的置信区间.

设 $X\sim N(\mu,\sigma^2)$，如果 $(X_1,X_2,\cdots,X_n)$ 是 X 的样本，那么均值 μ 的置信度为 $1-\alpha$ 的置信区间为

$$\left[\overline{X}-u_{\frac{\alpha}{2}}\sqrt{\frac{\sigma^2}{n}},\overline{X}+u_{\frac{\alpha}{2}}\sqrt{\frac{\sigma^2}{n}}\right],$$

其中 $u_{\frac{\alpha}{2}}$ 由标准正态 $\Phi(u_{\frac{\alpha}{2}})=1-\frac{\alpha}{2}$ 查得. 如 $\alpha=0.05$，查得 $u_{0.025}=1.96$.

事实上 $\overline{X}$ 是 μ 的无偏估计. 为此我们选择函数

$$u=\frac{\overline{X}-\mu}{\sqrt{\frac{\sigma^2}{n}}}\sim N(0,1)，可得$$

$$p\left\{\left|\frac{\overline{X}-\mu}{\sqrt{\frac{\sigma^2}{n}}}\right|<u_{\frac{\alpha}{2}}\right\}=1-\alpha$$

恒成立.

又由标准正态分布的性质得到

$$p\left\{\left|\frac{\overline{X}-\mu}{\sqrt{\frac{\sigma^2}{n}}}\right|<u_{\frac{\alpha}{2}}\right\}=p\left\{-u_{\frac{\alpha}{2}}<\frac{\overline{X}-\mu}{\sqrt{\frac{\sigma^2}{n}}}<u_{\frac{\alpha}{2}}\right\}=2\Phi(u_{\frac{\alpha}{2}})-1,$$

即 $\Phi(u_{\frac{\alpha}{2}})=1-\frac{\alpha}{2}$，查标准正态分布表便得 $u_{\frac{\alpha}{2}}$.

因此我们所要求的区间是

$$\left[\overline{X}-u_{\frac{\alpha}{2}}\sqrt{\frac{\sigma^2}{n}},\overline{X}+u_{\frac{\alpha}{2}}\sqrt{\frac{\sigma^2}{n}}\right].$$

(2) 总体方差 σ^2 未知，均值 μ 的 $1-\alpha$ 的置信区间.

设 $X\sim N(\mu,\sigma^2)$，如果 $(X_1,X_2,\cdots,X_n)$ 是 X 的样本，那么均值 μ 的置信度为 $1-\alpha$ 的置信区间为

$$\left[\overline{X}-t_{\frac{\alpha}{2}}(n-1)\sqrt{\frac{S^2}{n}},\overline{X}+t_{\frac{\alpha}{2}}(n-1)\sqrt{\frac{S^2}{n}}\right],$$

其中 $t_{\frac{\alpha}{2}}(n-1)$ 由自由度为 $n-1$ 的 t 分布表查得. 如 $\alpha=0.05$，$n=10$，查得 $t_{0.025}(9)=2.262$.

例 8-38　设某车间生产的某种零件长度 $X\sim N(\mu,\sigma^2)$，从一批这样的零件中随机地抽取 9 件，测得长度(单位：mm)为

49.7　50.6　51.8　52.4　48.8　51.1　51.2　51　51.5

求这批零件平均长度的95%的置信区间.

(1) $\sigma^2=1.5^2$；　　(2) σ^2 未知.

解 因为 $1-\alpha=95\%$，所以 $\alpha=0.05, \frac{\alpha}{2}=0.025, n=9$,

$$\bar{x}=50.9, S^2=1.09^2.$$

(1) $\sigma^2=1.5^2$ 已知，查出 $u_{0.025}=1.96$,

均值的置信度为95%的置信区间为

$$\left[50.9-1.96\cdot\frac{1.5}{3}, 50.9+1.96\cdot\frac{1.5}{3}\right],$$

即[49.92,51.88].

(2) σ^2 未知，查得 $t_{0.025}(8)=2.306$.

均值的置信度为95%的置信区间为

$$\left[50.9-2.306\cdot\frac{1.09}{3}, 50.9+2.306\cdot\frac{1.09}{3}\right],$$

即[50.06,51.74].

8.6.2 假设检验

1.假设检验的基本思想及步骤

假设检验是统计推断的另一个基本问题.在有些实际问题中，为说明总体的某些性质是否成立，首先做出某种假设，然后根据一定的规则和取得的样本数据去检验这种假设是否合理，经检验后若假设合理就接受这个假设，否则就拒绝这个假设.

假设检验问题的解决办法是：

① 明确所处理的问题，答案只能为“是”或“不是”；

② 取得样本，同时要知道样本的分布；

③ 把“是”转化到样本分布上得到一个命题，称为假设；

④ 根据样本值，按照一定的规则，做出接受或拒绝假设的决定.

这里所说的“规则”就是经常要用到的小概率原则：小概率事件在一次试验中几乎不发生.

小概率值记为 α，称为检验水平，或叫显著性水平.α 的大小根据实际问题确定，不同的问题对 α 有不同的要求，精度要求越高，α 的值就越小.一般 α 取0.05,0.01.

根据上述原则，假设检验的步骤为

(1) 根据问题的要求给出原假设 H_0 和对立假设 H_1；

(2) 在 H_0 成立的前提下，选择合适的检验统计量，这个统计量应包含要检验的参数，同时它的分布应该是已知的；

(3) 给出显著性水平 α，按照对立假设 H_1 和检验统计量的分布，写出小概率事件；

(4) 由样本值计算出需要的数值并查出必要的常数值；

(5) 根据小概率原则，判断小概率事件是否发生。若小概率事件在一次试验中发生，就认为原假设 H_0 不合理，就拒绝 H_0(接受 H_1)；若小概率事件未发生，就认为原假设 H_0 合理，拒绝 H_1.

2. 两类错误

依据样本做出假设检验的依据判断时，可能会发生错误，就是我们认为在一次试验中几乎不可能发生的小概率事件偏偏发生了.这时，假设检验做出的统计判断是拒绝原假设 H_0，即认为原假设 H_0 不成立，但实际上原假设 H_0 是成立的.发生这种错误的概率就是给定的显著水平 α.统计中把这种错误称为第一类错误，或者称为拒真错误.因而显著水平 α 也就是犯第一类错误的概率上界.

在做出假设检验的统计判断中没有拒绝原假设 H_0，而是接受了它，即认为原假设 H_0 成立，但实际上原假设是不成立的.统计中把这种错误称为第二类错误，或称为取伪错误，犯第二类错误的概率记为 β.

当然我们希望在检验统计假设时尽可能地减少犯这两类错误的概率.但是，数理统计的理论表明，在样本容量不变的情况下，当犯第一类错误的概率 α 减小，犯第二类错误的概率 β 就会增大，反之亦然.要同时减少犯这两类错误的概率，则必须增加样本容量，但是限于人力、物力、时间和其他因素，样本容量也只能有限增加.因此，在假设检验中总是先指定显著性水平 α，以控制犯第一类错误的概率，并在此前提下设法尽可能地降低犯第二类错误的概率.

3. 正态总体均值的假设检验

(1) 方差 σ^2 已知，检验 $H_0:\mu=\mu_0$.

① 给出原假设 $H_0:\mu=\mu_0$，对立假设 $H_1:\mu\neq\mu_0$；

② 选统计量

$$u=\frac{\overline{X}-\mu}{\sqrt{\frac{\sigma^2}{n}}}\sim N(0,1);$$

③ 在给定的显著性水平 α，由标准正态分布表确定分位点 $u_{\frac{\alpha}{2}}$；

④ 判断，若 $|u|\geqslant u_{\frac{\alpha}{2}}$，即小概率事件发生，就拒绝 H_0；若 $|u|<u_{\frac{\alpha}{2}}$，即小概率事件未发生，就接受 H_0.

(2) 方差 σ^2 未知，检验 $H_0:\mu=\mu_0$.

① 给出原假设 $H_0:\mu=\mu_0$；对立假设 $H_1:\mu\neq\mu_0$；

② 选统计量

$$t=\frac{\overline{X}-\mu}{\sqrt{\frac{S^2}{n}}}\sim t(n-1);$$

③ 在给定的显著性水平 α，由自由度为 $n-1$ 的 t 分布表确定 $t_{\frac{\alpha}{2}}(n-1)$；

④ 判断，若 $|t|\geqslant t_{\frac{\alpha}{2}}(n-1)$，即小概率事件发生，就拒绝 H_0；若 $|t|<t_{\frac{\alpha}{2}}(n-1)$，即小概率事件未发生，就接受 H_0.

例 8-39　某车间用包装机包装精盐，额定标准每袋净重 500 g，设包装机包装出的盐每袋重量 $X\sim N(\mu,\sigma^2)$，为检查包装机的工作情况，随机地抽取 9 袋，称得净重(单位：g)为

497 506 518 524 488 511 510 515 512

在(1) $\sigma^2=15^2$,(2) σ^2 未知下,问包装机工作是否正常.($\alpha=0.05$)

解 (1) 原假设 $H_0:\mu=\mu_0=500$,对立假设 $H_1:\mu\neq\mu_0=500$;

选统计量 $u=\dfrac{\overline{X}-\mu}{\sqrt{\dfrac{\sigma^2}{n}}}\sim N(0,1)$;

$\alpha=0.05$,由标准正态分布表查得 $u_{\frac{\alpha}{2}}=1.96$;

因为 $\overline{x}=509$, $|u|=\left|\dfrac{509-500}{\sqrt{\dfrac{15^2}{9}}}\right|=1.8<1.96$.

所以接受 H_0,即包装机工作正常.

(2) 原假设 $H_0:\mu=\mu_0=500$,对立假设 $H_1:\mu\neq\mu_0=500$;

选统计量 $t=\dfrac{\overline{X}-\mu}{\sqrt{\dfrac{S^2}{n}}}\sim t(n-1)$;

$\alpha=0.05$,查 t 分布表得 $t_{0.025}(8)=2.306$;

因为 $\overline{x}=509$, $S^2=118.75$, $|t|=2.478>2.306$.

所以拒绝 H_0,即包装机工作不正常.

本章主要概念和知识点

本章主要介绍了随机事件、样本空间、频率与概率、古典概型、几何概型、条件概率、事件的独立性、加法公式、减法公式、乘法公式、全概率公式和贝叶斯公式、随机变量、分布列、概率密度、两点分布、二项分布、泊松分布、几何分布、均匀分布、指数分布和正态分布、期望、方差、总体、简单随机样本、统计量、样本均值、样本方差、区间估计、假设检验.

随机试验的所有基本事件的集合称为样本空间,样本空间的子集称为随机事件.概率论研究的最基本的问题之一就是随机事件发生的可能性大小——概率.

概率的公理化定义给出了概率所满足的三条公理:非负性、正则性、可列可加性.通过这三条公理推导出了概率所满足的性质:

(1) $0\leqslant P(A)\leqslant 1$;

(2) $P(\varnothing)=0$;

(3) 有限可加性,若 $A_iA_j=\varnothing \quad (i\neq j)$,,则 $P(\bigcup\limits_{i=1}^{n}A_i)=\sum\limits_{i=1}^{n}P(A_i)$;

(4) $P(\overline{A})=1-P(A)$;

(5) 若 $A\subseteq B$,则 $P(B-A)=P(B)-P(AB)$;

(6) $P(A+B)=P(A)+P(B)-P(AB)$.

一类最直观的概率模型是等可能概型,其样本空间的每一个样本点出现的可能性都相等.在等可能概型中,样本空间包含有限个样本点时称之为古典概型.条件概率是指在事件

B 已发生的条件下事件 A 发生的概率，$P(A|B)=\dfrac{P(AB)}{P(B)}(P(B)>0)$. 乘法公式 $P(AB)=P(B)P(A|B)(P(B)>0)$. 结合乘法公式及样本空间的分割，可推导出全概率公式：设 $B_1,B_2,\cdots,B_n$ 是一个完备事件组，即 $B_1,B_2,\cdots,B_n$ 两两互不相容，且 $\bigcup\limits_{i=1}^{n}B_i=\Omega$，$P(B_i)>0$，$i=1,2,\cdots,n$，则对任意事件 A，有

$$P(A)=\sum_{i=1}^{n}P(B_i)P(A\mid B_i).$$

根据乘法公式和全概率公式可得贝叶斯公式

$$P(B_i\mid A)=\frac{P(B_i)P(A\mid B_i)}{\sum\limits_{j=1}^{n}P(B_j)P(A\mid B_j)},i=1,2,\cdots,n.$$

一般情况，$P(B|A)\neq P(B)$，但当 $P(B|A)=P(B)$ 时，称 A 与 B 独立，常用公式 $P(AB)=P(A)P(B)$ 判断事件的独立性；若 A 与 B 独立，则 A 与 $\overline{B}$ 独立，$\overline{A}$ 与 B 独立，$\overline{A}$ 与 $\overline{B}$ 独立.

在概率的计算问题中经常会遇到求解多个独立事件至少有一个发生的概率：$A_1,A_2,\cdots,A_n$ 为相互独立的事件，则 $P(A_1+A_2+\cdots+A_n)=1-P(\overline{A_1})P(\overline{A_2})\cdots P(\overline{A_n})$.

随机变量是随机试验结果的数量化指标，是一个定义在样本空间 Ω 上的实值函数，体现了样本空间中样本点与实数的一个对应关系，随机变量是研究随机现象的一个有力工具. 如果取值是有限个或者至多可列个的随机变量称为离散型随机变量，其分布是用概率分布律 $P(X=x_i)=p_i,i=1,2,\cdots$ 来刻画的，具有性质 $p_i\geqslant 0$ 和 $\sum\limits_{i=1}^{\infty}p_i=1$. 常用的离散型分布有两点分布、二项分布、泊松分布和几何分布. 如果随机变量取到某个有限或无限区间上的一切值，那么称为连续型随机变量，其分布用密度函数 $f(x)$ 来刻画，具有性质 $f(x)\geqslant 0$ 和 $\int_{-\infty}^{+\infty}f(x)\mathrm{d}x=1$. 常用的连续型分布有均匀分布、指数分布、正态分布.

随机变量的数字特征描述随机变量分布的某些特征，其中数学期望刻画分布的中心位置，方差刻画分布相对于数学期望值的分散程度，具有以下性质：

(1) $D(X)\geqslant 0$；

(2) $E(C)=C,D(C)=0$，C 为常数；

(3) $E(CX+b)=CE(X)$，C 为常数；

(4) $E(X+Y)=E(X)+E(Y)$；

(5) $D(aX+b)=a^2D(X)$，a,b 为常数.

数理统计研究的总体 X 分布一般来说是未知的，为推断总体分布及其各种特征，从总体中随机抽取样本 $(X_1,X_2,\cdots,X_n)$ 进行观测，得到样本值 $(x_1,x_2,\cdots,x_n)$. 为对总体进行合理的统计推断，使样本能很好地反映总体的情况，一般采用简单随机抽样，得到的样本具有：(1) 代表性　个体的分布能代表总体的分布；(2) 独立性　样本中个体间是相互独立的. 常用统计量有样本均值 $\overline{X}$、样本方差 S^2.

寻求统计量的分布是数理统计的基本问题之一，为此需要了解三大抽样分布，特别要掌

握以下结论：设总体 $X \sim N(\mu, \sigma^2)$，$X_1, X_2, \cdots, X_n$ 为 X 的一个样本，则

(1) $\overline{X} \sim N\left(\mu, \dfrac{\sigma^2}{n}\right)$，$u = \dfrac{\overline{X} - \mu}{\sigma / \sqrt{n}} \sim N(0, 1)$；

(2) $t = \dfrac{\overline{X} - \mu}{S / \sqrt{n}} \sim t(n-1)$.

参数估计有点估计和区间估计，点估计是用样本构造一个适当的统计量作为未知参数的估计，当已知样本的观测值时，代入估计量便可得到未知参数的估计值. 点估计方法有：矩估计法和最大似然估计法，矩估计法是以样本原点矩作为对应总体矩的估计量，从而得到总体未知参数的估计. 最大似然估计法的基本思想是，从总体 X 取得样本 $(X_1, X_2, \cdots, X_n)$，对离散型总体应使事件 $\{X_1 = x_1, X_2 = x_2, \cdots, X_n = x_n\}$ 发生概率最大；对连续型总体应使样本

$(X_1, X_2, \cdots, X_n)$ 在观测值 $(x_1, x_2, \cdots, x_n)$ 附近出现的可能性达到最大. 定义似然函数 $L(\theta) = \prod\limits_{i=1}^{n} P(X_i = x_i)$ 或 $L(\theta) = \prod\limits_{i=1}^{n} f(x_i; \theta)$，通过求解对数似然方程 $\dfrac{\mathrm{d} \ln L(\theta)}{\mathrm{d}\theta} = 0$，得到参数 θ 的最大似然估计.

一个未知参数的估计量不唯一，这就需要给出评价估计量优劣的标准. 主要有：无偏性、有效性和一致性.

点估计不能体现估计的精度，故引入区间估计，本章只介绍了总体 $X \sim N(\mu, \sigma^2)$ 正态分布，方差已知和未知两种情形，均值 μ 的置信区间.

假设检验：在总体分布未知或只知其类型而不知其参数的情况下，为推断总体的某些未知特性，根据样本所提供的信息，运用适当的统计量对所考虑的假设做出接受或拒绝的决策. 假设检验就是做出这一决策的过程.

一般地，人们总是对原假设 H_0 做出接受或拒绝的决策. 由于做出判断原假设 H_0 是否为真的依据是根据小概率原理和一个样本数据，又由于样本的随机性，因此所做的判断有可能出现两类错误(表 8-2).

表 8-6

观测数据情况	总体情况	
	H_0 为真	H_1 为真
$(x_1, x_2, \cdots, x_n) \in W$	犯第一类错误	正确
$(x_1, x_2, \cdots, x_n) \in \overline{W}$	正确	犯第二类错误

在实际问题中，只能根据实际情况来选取 H_0, H_1，但是拒绝域的形式是由 H_1 确定的.

习题 8

1. 写出下列随机试验的样本空间：

(1) 抛掷三枚均匀的硬币；

(2) 连续抛掷一枚均匀的硬币，直至出现正面为止；

(3) 在某十字路口，一小时内通过的机动车辆数；

(4) 某城市一天的用电量.

2. 设 A,B,C 为三事件，试表示下列事件：

(1) A,B,C 都发生或都不发生；

(2) A,B,C 中不多于一个发生；

(3) A,B,C 中不多于两个发生；

(4) A,B,C 中至少有两个发生.

3. 设 X 为随机变量，其样本空间为 $\Omega=\{0\leqslant X\leqslant 2\}$，记事件 $A=\{0.5<X\leqslant 1\}$，$B=\{0.25\leqslant X<1.5\}$，写出下列各事件：(1) $\overline{A}B$，(2) $\overline{A}\cup B$，(3) $\overline{AB}$，(4) $\overline{A\cup B}$.

4. 从 1，2，3，4，5，6 号小白鼠中任取两只做新药试验，求两只中取到 6 号小白鼠的概率.

5. 把 n 个不同的小球随机地放到 $N(N\geqslant n)$ 个编号为 1 到 N 的盒子中去，求

(1) 指定的 n 个盒子中各有一球的概率；

(2) 任意 n 个盒子中各有一球的概率.

6. 已知 $P(A)=0.6$，$P(B)=0.7$，$P(A+B)=0.9$，求 $P(A\overline{B})$.

7. 已知 $P(A)=0.7$，$P(A-B)=0.3$，求 $P(\overline{AB})$.

8. 有一种新药，据说能有效地治愈流行性感冒(简称流感)，在 500 名流感病人中，有 210 人服用此药，其中 170 人痊愈；290 人未服用此药，有 230 人痊愈，试判断这种新药对医治流感是否有效.

9. 某班级学生的考试成绩数学不及格的占 15%，语文不及格的占 5%，这两门都不及格的占 3%. 求

(1) 已知一学生数学不及格，他语文也不及格的概率是多少？

(2) 已知一学生语文不及格，他数学也不及格的概率是多少？

10. 钥匙掉了，掉在宿舍里，掉在教室里，掉在路上的概率分别是 0.4，0.35 和 0.25，而掉在上述三处地方被找到的概率分别是 0.8，0.3 和 0.1，试求找到钥匙的概率.

11. 学生在做一道有 4 个选项的单项选择题时，如果他不知道正确答案时，就进行随机猜测. 现从卷面上看题是答对了，试在以下情况下，求学生确实知道正确答案的概率.

(1) 学生知道正确答案和胡乱猜测的概率是 0.5.

(2) 学生知道正确答案的概率是 0.2.

12. 某地成年人中肥胖者占 10%，中等者占 82%，瘦小者占 8%. 又肥胖者、中等者、瘦小者患高血压的概率分别为 20%，10%，5%. 求：

(1) 该地成年人中患高血压病的概率；

(2) 若知某人患有高血压病，他最可能属于哪种体型？

13. 三人独立破译密码，他们能单独破译的概率分别为 $\dfrac{1}{5}$，$\dfrac{1}{3}$，$\dfrac{1}{4}$. 求此密码被破译的概率.

14. 一个人的血型为 A，B，AB，O 型的概率分别为 0.37，0.21，0.08，0.34. 现任意挑选四人，试求：

(1)此四人的血型全不相同的概率；

(2)此四人的血型全部相同的概率.

15. 甲、乙两选手进行乒乓球单打比赛，已知在每局中甲胜的概率为 0.6，乙胜的概率为 0.4. 比赛可采用三局二胜制或五局三胜制，问哪一种赛制对甲更有利.

16. 某寄生虫在人体内使人患病的概率为 0.001，现抽查 5 000 人，求至少有两人患病的概率.

17. 设 A，B，C 三事件相互独立，试证：$A-B$ 与 C 独立.

18. 设随机变量 X 的分布律为

$$P(X=k)=\frac{a}{N}\quad(k=1,2,\cdots,N),$$

试确定常数 a.

19. 一颗骰子抛两次，以 X 表示两次中出现的最小点数，试写出 X 的分布律.

20. 某药箱内装有药品 40 盒，其中有 3 盒是不合格品，现从中任取 3 盒，求取出的 3 盒药品中的不合格品数的分布律.

21. 随机变量 X 的密度函数为

$$f(x)=\begin{cases}e^{-x}, & x\geqslant 0,\\ 0, & x<0,\end{cases}$$

求(1) $P(X\leqslant 2)$；　(2) $P(X>3)$.

22. 随机变量 X 的密度函数为

$$f(x)=Ae^{-|x|},\quad -\infty<x<+\infty,$$

试求(1) A；　(2) $P(0<X<1)$.

23. 设随机变量 $X\sim N(3,2^2)$，求

(1) $P(2<X\leqslant 5)$；(2) $P(-2<X<7)$；

(3) 确定 C，使得 $P(X>C)=P(X\leqslant C)$.

24. 设离散型随机变量 X 的分布列为

X	-2	0	2
P	0.4	0.3	0.3

试求 $E(X)$和 $E(3X+5)$.

25. 某地区一个月内发生重大交通事故数 X 服从如下分布：

X	0	1	2	3	4	5	6
P	0.301	0.362	0.216	0.087	0.026	0.006	0.002

试求该地区发生重大交通事故的月平均数.

26. 某新产品在未来市场上的占有率 X 是在(0,1)内取值的随机变量，它的密度函数为

$$f(x)=\begin{cases}4(1-x)^3, & 0<x<1,\\ 0, & \text{其他},\end{cases}$$

试求市场的平均占有率.

27.设某批针剂共有100支,其中有10支是不合格品,现任取5支,求其中不合格品数的数学期望、方差和标准差.

28.假设一部机器在一天内发生故障的概率为0.2,机器发生故障时全天停止工作,若一周5个工作日里无故障,可获利润10万元;发生1次故障仍可获利润5万元;发生2次故障可获利润0万元;发生三次以上故障就要亏损2万元,求一周内期望利润.

29.设随机变量X的密度函数为

$$f(x)=\frac{1}{2}e^{-|x|},\quad -\infty<x<+\infty,$$

求$E(X)$和$D(X)$.

30.设总体$X\sim U[0,\theta]$,其中θ为未知参数,$X_1,X_2,\cdots,X_n$为简单随机样本,求参数θ的矩估计量.

31.已知总体X的密度函数为

$$f(x)=\begin{cases}\theta x^{\theta-1}, & 0<x<1,\\ 0, & \text{其他}\end{cases}\quad(\theta>0),$$

$X_1,X_2,\cdots,X_n$为简单的随机样本,求θ的矩估计和最大似然估计.

32.已知总体X的密度函数为

$$f(x)=\begin{cases}e^{-(x-\theta)}, & x>\theta,\\ 0, & x\leqslant\theta\end{cases}\quad(\theta\text{ 为未知参数}),$$

$X_1,X_2,\cdots,X_n$为简单的随机样本,求参数θ最大似然估计.

33.随机地抽取某校高一年级10名入学新生的数学成绩如下(单位:分)

61 72 94 86 79 97 68 85 88 93

试求全年级入学新生数学平均成绩的95%的置信区间(设学生成绩服从正态分布,且标准差为11.4).

34.从一批电子元件中随机地抽取9个,测得长度(单位:mm)为

21.1 21.3 21.4 21.5 21.3 21.7 21.4 21.3 21.6

根据长期的经验,元件长度X服从正态分布,试求元件长度X的数学期望对于置信度为95%的置信区间,如果

(1) 元件长度的标准差$\sigma=0.15$;

(2) 元件长度的标准差未知.

35.已知某种材料的抗压强度$X\sim N(\mu,\sigma^2)$,现随机地抽取10个试件进行抗压试验,测得数据如下:

482 493 457 471 510 446 435 418 394 469

(1) 求平均抗压强度μ的置信度为95%的置信区间;

(2) 若已知$\sigma=30$,求平均抗压强度μ的置信度为95%的置信区间.

36.有一批枪弹,出厂时其初速$X\sim N(950\ 100)$(单位:m/s).经过较长时间储存,取9发进行测试,得样本值如下:

914 920 910 934 953 945 912 924 940

据经验，枪弹经储存后其初速仍服从正态分布，且标准差保持不变，问是否可认为这批枪弹的初速有显著降低($\alpha=0.05$).

37. 一个小学校长在报纸上看到这样的报道“某城市的初中学生平均每周看 8 h 电视”，她认为她所在的学校的学生看电视的时间明显小于该数字. 为此她在该校随机调查了 100 名学生，得知平均每周看电视的时间 $\overline{x}=6.5$ h，样本标准差为 2 h，问是否可以认为这位校长的看法是对的($\alpha=0.05$).

扫码做同步练习

第 9 章　数学思想方法简介

方法就是人们处理各种事物的策略、思路、途径和步骤.数学方法可大可小,小至解决某个具体数学问题的具体方法(如配方法、待定系数法、放缩法等),大至建立某个数学分支的体系(如公理化方法).数学思想方法是指能反映某些重大数学成就的思想.张奠宙先生认为“同一个数学思想,当用它去解决别的问题时,就称之为方法,当评价它在数学体系中的自身价值和意义时,就称之为思想.”可见“数学思想”与“数学方法”是两个密切配合、难以分割的概念.

常见的数学思想方法主要体现在以下三个方面:(1) 数学各分科的具体解题方法和解题模式(如消元法、放缩法等);(2) 适用很广的一些通法(如待定系数法、判别法等);(3) 数学意识(如整体意识、抽象意识、化归意识等).由于数学思想方法体系庞大,因此,本章只介绍常用的一些数学思想方法.希望学习后能了解数学的基本研究方法,掌握解决数学问题的基本方法.至于其他的一些数学思想方法请参阅有关书籍.

9.1　化归思想方法

所谓“化归”,从字面上看,亦可以理解为转化和归结的意思,这里的化归应理解为,在解决数学问题时,如果对当前的问题感到困惑,可设法通过某种转化过程,将问题归结到一类已经解决或者比较容易解决的问题中去,最终使原问题得以解决的一种方法,其一般模式如图 9-1 所示.

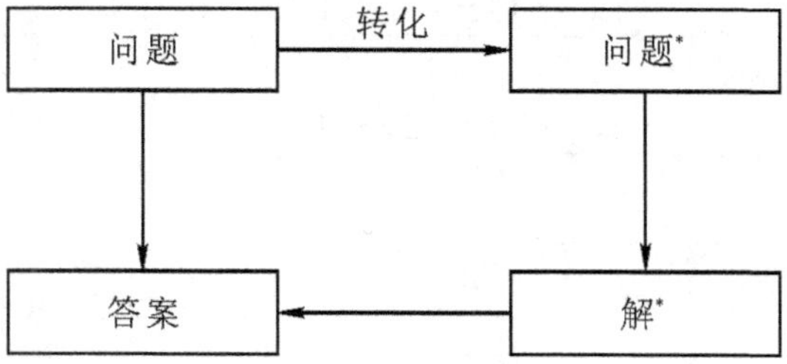

图 9-1

化归思想在数学活动中是一种较为普遍的思想,一般地,利用化归思想解决数学问题时,往往需经历以下步骤:

(1) 以前是否见过这种问题;

(2) 以前是否见过类似的问题;

(3) 是否能想到一个与当前的问题有关的新问题;

(4) 是否能设法通过新的途径把问题进行化归.

例 9-1　欧拉“七桥问题”.

这个问题源于 18 世纪东普鲁士哥尼斯堡,哥尼斯堡有一条布勒尔河,它有两个支流,在城市中汇合成大河，中间是岛区，河上有七座桥(图 9-2).

哥尼斯堡大学的学生们傍晚散步，总想从原地出发一次性走过这七座桥(每座桥只准走一遍)，然后回到原地，可是试来试去，总是办不到，于是就写信请教大数学家欧拉.

欧拉将图 9-2 中的市区图化归为图 9-3 中的几何图形.

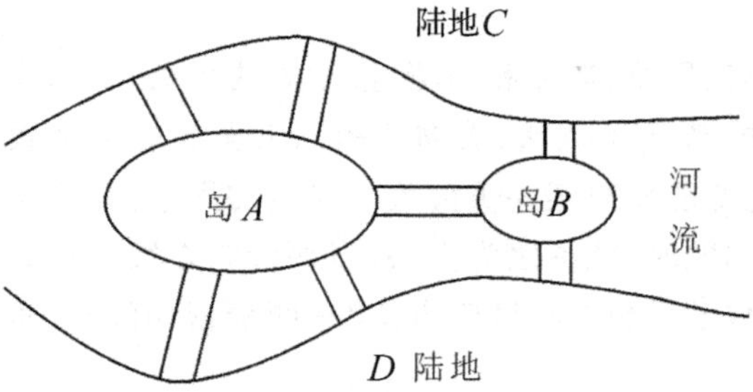

图 9-2

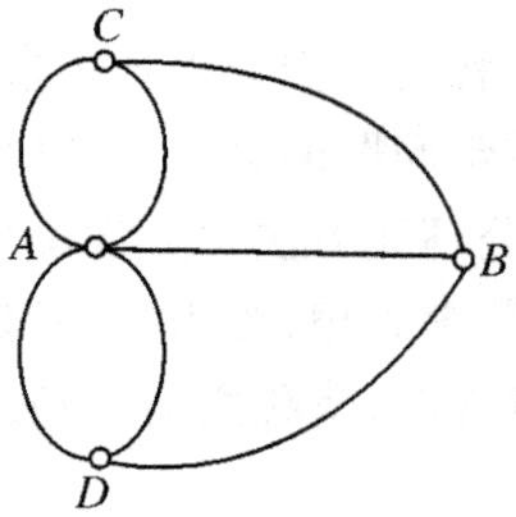

图 9-3

图 9-2 中的 A，B，C，D 对应于图 9-3 的陆地区域，七条弧线对应于七座桥. 要无重复地走完这七座桥，就是能一笔将这七座桥连接起来. 这显然是做不到的. 用“一笔画不可能”的问题解决了同学们提出的问题，这种解决问题的方法既巧妙又简捷，人们循着欧拉的思路研究下去就导致一门新的学科——“图论”的产生.

例 9-2 解方程：$x^3+2\sqrt{7}x^2+7x+\sqrt{7}-1=0$.

解 这是一个关于 x 的一元三次方程，配方与因式分解均难求解. 仔细观察题目的特点，各常数均与$\sqrt{7}$有关，这时视$\sqrt{7}$为变量，x 为常量，可将方程化归为

$$x(\sqrt{7})^2+(2x^2+1)\sqrt{7}+(x^3-1)=0$$

$$\sqrt{7}=\frac{-(2x^2+1)\pm\sqrt{(2x^2+1)^2-4x(x^3-1)}}{2x}$$

$$=\frac{-(2x^2+1)\pm\sqrt{4x^2+4x+1}}{2x}$$

$$=\frac{-(2x^2+1)\pm(2x+1)}{2x},$$

从而有$\sqrt{7}=-x+1$，$\sqrt{7}=\frac{-x^2-x-1}{x}$，

所以 $x_1=1-\sqrt{7}$，$x_{2,3}=\frac{-(\sqrt{7}+1)\pm\sqrt{2\sqrt{7}+4}}{2}$.

9.2 方程思想方法

方程是许多物理现象和其他现象的数学模型，自然界中许多重要问题的解决都归结为方程，在数学领域中方程思想是处理常量数学问题的重要方法之一. 历史上许多重要数学问题就是通过方程解决的，笛卡儿曾设想过解决问题的“万能方法”，即

第一，把任何问题转化为数学问题；

第二，把任何数学问题转化为代数问题；

第三，把任何代数问题归结为方程问题.

尽管笛卡儿的这个设想没有成功，但其方程思想却是我们解决问题中的一个重要思想.自然界中许多疑难问题的解决，数学发展的历史轨迹都闪烁着"方程"思想的光彩.

方程思想是通过列方程与解方程来确定数学关系或解决问题的思维方式.它是沟通已知元素与未知元素之间的辩证关系的一种基本方法，其思维程序是：

(1) 把问题归结为确定一个或几个未知数；

(2) 列出已知量与未知量之间按照条件必须成立的所有关系式(方程)；

(3) 解所得的方程式得出结果.

方程思想通常适用于解决有关方程、函数与不等式等方面的许多问题，这是因为这三种数学对象之间存在某种相似性，在一定条件下可以相互转换，相互为用.

例 9-3　化简$\sqrt[3]{20+14\sqrt{2}}+\sqrt[3]{20-14\sqrt{2}}$.

解　本题是两个三次根式的和，若直接计算困难较大.观察发现根号里的数具有$a+\sqrt{b}$，$a-\sqrt{b}$的形式，利用和的立方公式$(m+n)^3=m^3+n^3+3mn(m+n)$可能给问题的解决带来方便.

令
$$x=\sqrt[3]{20+14\sqrt{2}}+\sqrt[3]{20-14\sqrt{2}},$$
两边立方得
$$x^3=40+6\times(\sqrt[3]{20+14\sqrt{2}}+\sqrt[3]{20-14\sqrt{2}}),$$
即
$$x^3-6x-40=0,$$
所以
$$(x-4)(x^2+4x+10)=0.$$
因$x^2+4x+10=0$无实数根，故$x=4$.

所以
$$\sqrt[3]{20+14\sqrt{2}}+\sqrt[3]{20-14\sqrt{2}}=4.$$

例 9-4　求$\sin 18°$，$\cos 36°$的值.

解　由于$36°=2\times18°$，故可以利用三角函数的恒等式，建立$\sin 18°$应满足的一个方程.

由
$$\cos 36°=1-2\sin^2 18°,$$
$$\cos 36°=\sin 54°=\sin 3\times18°=3\sin 18°-4\sin^3 18°,$$
所以
$$1-2\sin^2 18°=3\sin 18°-4\sin^3 18°,$$
令$x=\sin 18°$得
$$4x^3-2x^2-3x+1=0,$$
即
$$(x-1)(4x^2+2x-1)=0.$$
显然
$$\sin 18°\neq1,$$
所以
$$\sin 18°=\frac{-2+\sqrt{20}}{8}=\frac{\sqrt{5}-1}{4},$$
$$\cos 36°=1-2\sin^2 18°=\frac{\sqrt{5}+1}{4}.$$

9.3　函数思想方法

函数一词，拉丁文为Function，我国清代数学家李善兰于1850年将其译为"函数"，沿用至今.

函数思维方法是近代数学发展和应用的一个基本思维方法. 从 200 多年来函数概念的发展历史看,它孕育了变量思维、集合对应、函数分析、等价变换等数学思想方法.

函数概念萌芽于 17 世纪方程式的个数少于未知数的个数的不定方程的求解. 如对于方程 $x+y=2\ 010$,可写成 $y=2\ 010-x$,此时 y 值的变化取决于 x 的赋值,这就产生了变量概念及依存关系. 莱布尼茨首先给出了"函数"这个概念,但仅用于 x, x^2, x^3 等表示的函数. 直至 1718 年,伯努利给出了函数的定义:"变量的函数是由这个量和常数组成的解析表达式."并由欧拉给出了沿用至今的函数记号 $f(x)$,当时欧拉认为任意画出的曲线表示所确定的 x, y 间的关系就是函数. 由于积分运算式子以及分段函数等不符合这个解析表达式的定义,后来函数概念就发展为柯西定义:"若对 x 的每个值都有确定的 y 值与之对应,则称 y 为 x 的函数."此后,经过狄里赫勒等许多数学家的努力,随着 19 世纪对各种函数类型(连续函数、可微函数、解析函数等)的进一步研究,出现了函数的现代化定义,然而随着变量函数在模糊数学等新兴学科中的应用,使得函数概念还在不断地向纵深发展.

变量函数思想不但在数学研究中广泛应用,而且在数学的解题活动中充当着不可缺少的角色.

例 9-5 若 $a_1, a_2, \cdots, a_n; b_1, b_2, \cdots, b_n$ 都是实数,求证:$(a_1b_1+a_2b_2+\cdots+a_nb_n)^2 \leqslant (a_1{}^2+a_2{}^2+\cdots+a_n{}^2)(b_1{}^2+b_2{}^2+\cdots+b_n{}^2)$.

解 要证明的形式与简化二次方程的形式相近,启发我们考虑多项式函数:

$f(x)=(a_1{}^2+a_2{}^2+\cdots+a_n{}^2)x^2-2(a_1b_1+a_2{}^2b_2{}^2+\cdots+a_n{}^2b_n{}^2)x+(b_1{}^2+b_2{}^2+\cdots+b_n{}^2)$,容易看出

$$f(x)=(a_1x-b_1)^2+(a_2x-b_2)^2+\cdots+(a_nx-b_n)^2 \geqslant 0,$$

故恒有判别式 $\Delta \leqslant 0$,

即 $4(a_1b_1+a_2b_2+\cdots+a_nb_n)^2-4(a_1{}^2+a_2{}^2+\cdots+a_n{}^2)(b_1{}^2+b_2{}^2+\cdots+b_n{}^2) \leqslant 0$,

从而原不等式成立.

例 9-6 设 $a, b, c \in \mathbf{R}$,求证

$$\frac{|a+b+c|}{1+|a+b+c|} \leqslant \frac{|a|}{1+|a|}+\frac{|b|}{1+|b|}+\frac{|c|}{1+|c|}.$$

解 这是一个含绝对值的分式不等式,按常规解法较难,仔细观察发现各分式都具有 $\frac{x}{1+x}$ 的特点,从而考虑函数 $f(x)=\frac{x}{1+x}, x \in (0, +\infty)$.

显然 $f(x)$ 在其定义域内是增函数.

又因为 $|a+b+c| \leqslant |a|+|b|+|c|$,

所以 $f(|a+b+c|) \leqslant f(|a|+|b|+|c|)$,

所以
$$\begin{aligned}\frac{|a+b+c|}{1+|a+b+c|} &\leqslant \frac{|a|+|b|+|c|}{1+|a|+|b|+|c|}\\ &\leqslant \frac{|a|}{1+|a|+|b|+|c|}+\frac{|b|}{1+|a|+|b|+|c|}+\frac{|c|}{1+|a|+|b|+|c|}\\ &\leqslant \frac{|a|}{1+|a|}+\frac{|b|}{1+|b|}+\frac{|c|}{1+|c|}.\end{aligned}$$

9.4　数学模型思想方法

模型，英语叫作 model，是规范、原型的意思. 清代段玉裁在《说文解字注》中指出："以木曰模，以金曰镕，以土曰型，以竹曰范，皆法也."这里是指对某种事物(实际对象)的一种抽象模仿. 日常生活中的木制飞机、玩具汽车，某地区的地形地貌，电路图等都是模型.

所谓数学模型(mathematical model)，就是用数学语言和方法对各种实际对象做出抽象或模仿而形成的一种数学结构. 将所考察的实际问题，化为数学问题，构造出相应的数学模型，通过对数学模型的研究和解答，使原来的实际问题得以解决的方法叫数学模型方法.

一般认为一切数学都是模型. 如数轴是时间的模型，导数是瞬时速度的模型，直线是光线的模型. 只不过有的数学模型仅解决某个特定的问题，有的数学模型可以解决较为广泛的问题，而有的数学模型在数学体系中起着承上启下的作用. 具体来说，数学模型方法在数学研究、数学学习、数学解题活动中都是一个不可缺少的工具. 其至少有以下两种功能：一种是统一功能，即对表面上迥然不同的各种现象在数学中进行统一；另一种是普适性功能，即对数学模型本身进行研究，使之适用于更广泛的领域.

例 9-7　斐波那契(Fibonacci)数列　兔子出生后两个月就能生小兔子，每月每次不多不少恰好生一对(一雌一雄)，假若最初养小兔子一对，试问一年以后共可以有多少对小兔子(假设小兔子全部成活).

解　模型 1. 几何模型(图 9-4).

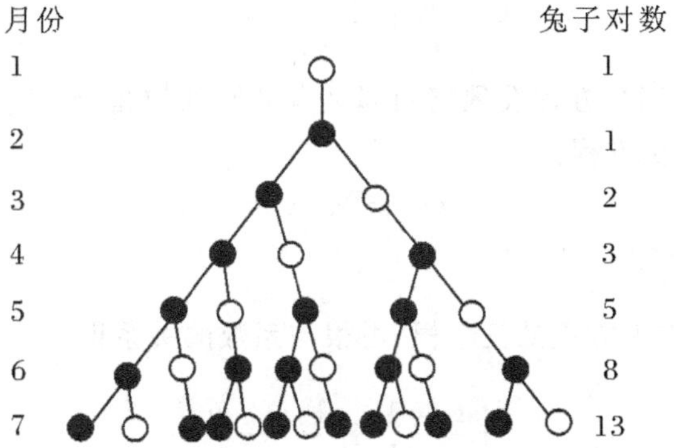

图 9-4

图中●表示成年兔子，○表示未成年兔子.

按图 9-4 画下去可得表 9-1.

表 9-1

月份	1	2	3	4	5	6	7	8	9	10	11	12	13
兔子对数	1	1	2	3	5	8	13	21	34	55	89	144	233

由表 9-1 可知一年以后(第 13 个月)共有小兔子 233 对.

倘若问题到此为止，斐波那契数列就没有今天的地位了. 后来数学家们惊奇地发现了一个重要关系式.

模型 2. 递推模型.

设斐波那契数列：$\{u_n\}=\{1,1,2,3,5,8,13,21,\cdots\}$，则有：$u_{n+1}=u_n+u_{n-1}(n\geqslant 2,n\in \mathbf{N})$.

利用这个递推模型，对 2 年、3 年以后的兔子对数进一步研究，又可得关系式

$$\begin{cases}u_{m+n}=u_{n-1}+u_nu_{m+1},\\ u_{m+n}u_{n-1}-u_n^2=(-1)^n\end{cases}\quad(n\geqslant 2 \text{ 且 } m,n\in \mathbf{N}),$$

这两个关系式很容易由数学归纳法证得.

模型 3. 比内公式.

上述关系式是对斐波那契数列中有关项的联系的描述. 18 世纪初数学家比内又推演出了以下具体的数学模型：

$$u_n=\frac{1}{\sqrt{5}}\left[\left(\frac{1+\sqrt{5}}{2}\right)^n-\left(\frac{1-\sqrt{5}}{2}\right)^n\right].$$

从以上三个模型的推演方法看，数学模型是数学研究的一个有力工具.

例 9-8 解方程组

$$\begin{cases}\dfrac{x}{a}+\dfrac{y}{a^2}+\dfrac{z}{a^3}=1,\\ \dfrac{x}{b}+\dfrac{y}{b^2}+\dfrac{z}{b^3}=1,\\ \dfrac{x}{c}+\dfrac{y}{c^2}+\dfrac{z}{c^3}=1.\end{cases}$$

解 考察方程组的三个方程发现它们都具有共同的模型：$xt+yt^2+zt^3=1$. 为此，构造以 t 为未知数的一元三次方程：

$$xt+yt^2+zt^3=1,$$

即 $zt^3+yt^2+xt-1=0$.

显然，$\dfrac{1}{a},\dfrac{1}{b},\dfrac{1}{c}$是以上方程的三个根，由根与系数的关系得

$$\begin{cases}\dfrac{1}{a}+\dfrac{1}{b}+\dfrac{1}{c}=-\dfrac{y}{z},\\ \dfrac{1}{ab}+\dfrac{1}{bc}+\dfrac{1}{ca}=-\dfrac{x}{z},\\ \dfrac{1}{abc}=\dfrac{1}{z}.\end{cases}$$

由此得原方程的解为

$$\begin{cases}x=a+b+c,\\ y=-(ab+bc+ca),\\ z=abc.\end{cases}$$

由例 9-8 可见模型方法不但对数学研究起着很大的作用，且在数学解题中对某些题来说，也是一种较好的方法.

9.5　整体化思想方法

事物与事物之间存在着相互依存、相互制约的普遍联系，这就要求人们在思考问题时不仅要看到事物的局部，还要看到事物的整体，以及整体与局部之间的关系，“既见树木，又见森林”. 在数学学习和数学研究中，这种思想方法常被人们采用.

例 9-9　已知 a,b,c 是实数，求证：$2a-b-c$，$2b-c-a$，$2c-a-b$ 中至少有一个不大于零，也至少有一个不小于零.

证明　撇开这三个式是孤立的个体，而考虑它们的和(整体)：

$$(2a-b-c)+(2b-c-a)+(2c-a-b)=0.$$

若三个数均大于零，则和必大于零与上式矛盾，若三个数均小于零，则和必小于零也与上式矛盾.

综上所述，原命题成立.

例 9-10　若 $a,b,c>0$，求证下面三个式子中至少有一个不大于 $\frac{1}{8}$.

$$A=\frac{a(b-1)^2}{(a^2+1)(b^2+1)},B=\frac{b(c-1)^2}{(b^2+1)(c^2+1)},C=\frac{b(a-1)^2}{(c^2+1)(a^2+1)}.$$

单纯考虑 A,B,C 中任何一个数均可能大于 $\frac{1}{8}$，无法下手，可通过 a,b,c 的联系，从整体上考虑 A,B,C 的变化.

证明
$$ABC=\frac{a(b-1)^2b(c-1)^2c(a-1)^2}{(a^2+1)^2(b^2+1)^2(c^2+1)^2}.$$

因为
$$2a(a-1)^2\leqslant\left[\frac{2a+(a-1)^2}{2}\right]^2=\frac{(a^2+1)^2}{4},$$

所以
$$\frac{a(a-1)^2}{(a^2+1)^2}\leqslant\frac{1}{8},$$

同理
$$\frac{b(b-1)^2}{(b^2+1)^2}\leqslant\frac{1}{8},\frac{c(c-1)^2}{(c^2+1)^2}\leqslant\frac{1}{8}.$$

所以
$$A\cdot B\cdot C\leqslant\frac{1}{8},$$

所以　　A,B,C 三个数中至少有一个不大于 $\frac{1}{8}$.

例 9-11　求证：$\frac{1}{10\sqrt{2}}<\frac{1}{2}\cdot\frac{3}{4}\cdot\frac{5}{6}\cdot\cdots\cdot\frac{99}{100}<\frac{1}{10}$.

证明　设 $A=\frac{1}{2}\cdot\frac{3}{4}\cdot\frac{5}{6}\cdot\cdots\cdot\frac{99}{100}$,

$$B=\frac{2}{3}\cdot\frac{4}{5}\cdot\frac{6}{7}\cdot\cdots\cdot\frac{98}{99}\cdot\frac{100}{100},$$

此时　　$AB=\frac{1}{100}$.

由于$\frac{2}{3}>\frac{1}{2},\frac{4}{5}>\frac{3}{4},\cdots,\frac{98}{99}>\frac{97}{98},\frac{100}{100}>\frac{99}{100}$,

因此 $B>A$,从而 $A^2<AB=\frac{1}{100}$.

故 $A<\frac{1}{10}$,又 $2A=\frac{3}{4}\cdot\frac{5}{6}\cdot\cdots\cdot\frac{97}{98}\cdot\frac{99}{100}$, $B=\frac{2}{3}\cdot\frac{4}{3}\cdot\cdots\cdot\frac{96}{97}\cdot\frac{98}{99}$,

而$\frac{3}{4}>\frac{2}{3},\frac{5}{6}>\frac{4}{5},\cdots,\frac{99}{100}>\frac{98}{99}$,从而 $2A>B$,

所以 $2A^2=2AA>BA=\frac{1}{100}$,

即 $A>\frac{1}{10\sqrt{2}}$.

这是由局部向整体,又由整体向局部的转化.

9.6 公理化思想方法

所谓数学的公理化方法,就是在某一确定的区域内,先提出几个不定义的基本概念和若干个不加证明的公理,并且这些基本概念的属性由这些公理来制约和保证,从这些基本概念和公理出发,通过形式逻辑的定义规则和推理规则,定义出新概念,推演出新命题,从而演绎出一个科学的体系.

公理化思想萌芽于亚里士多德的三段论演绎体系,当时称公理为基本命题,形成于欧几里得(Euclid)的《几何原本》的直观公理体系,再发展至罗巴切夫斯基(Lobachevski)几何的抽象公理体系,直至希尔伯特(D. Hilbert)《几何基础》的形式公理系统和元数学的纯形式化公理方法. 公理化思想方法的近代发展是结构方法,这是一群被称为布尔巴基(N. Bourbaki)学派的法国青年数学家的匠心杰作,他们在一本名为《数学原本》的著作中将几乎全部数学按照三种基本结构(代结构,序结构和拓扑结构)进行分类,极大地扩张了人们对数学科学自身的系统认识.

在长达两千余年的数学发展过程中,对公理化方法的研究吸引了大批数学家的潜心思考,取得了一系列的重要成果,推动了数学科学向前发展. 如今无论对数学教育还是数学研究,公理化思想仍是一种重要的数学思想方法.

例 9-12 皮亚诺(Peano. G)公理.

大家知道什么是自然数,很难用通俗的语言将其描述出来. 这个问题伤透了许多数学家们的脑筋. 1886 年著名数学家克隆尼克说不清这个问题,曾要赖说道:"自然数是上帝创造的,其余都是人创造的."19 世纪数学家们把这个问题用公理化的方法来考虑,1901 年皮亚诺用公理化方法巧妙地解决了这个问题,得出了著名的皮亚诺自然数公理:

Ⅰ 1 是数($1\in\mathbf{N}$);

Ⅱ 数的后继数是数(若 $a\in\mathbf{N}$,则 $a'\in\mathbf{N}$);

Ⅲ 任何两个数的后继数都不相同(若 $a,b\in\mathbf{N}$,且 $a\neq b$,则 $a'\neq b'$);

Ⅳ 1 不是任何数的后继数(若 $a\in\mathbf{N}$,则 $a'\neq 1$);

Ⅴ 若 $M\subseteq \mathbf{N}$，且“$1\in M$，若 $a\in M$，则 $a'\in M$”得到满足，则 $M=\mathbf{N}$.
满足皮亚诺公理的集合 $\mathbf{N}$，称为自然数集合，$\mathbf{N}$ 中的元素称为自然数.

例 9-13 从欧几里得演绎典范到实体的希尔伯特公理体系的演化过程.

众所周知，欧几里得的《几何原本》是演绎科学的典范，它将数学从一开始就推到了严谨精确的科学首位.然而从现代的观点看，它的演绎体系并不是完美的.《几何原本》的出发点是七个定义、五个公设、五个公理(限于篇幅这里不便一一罗列)，这几个条款作为演绎体系是有很大缺陷的.首先，最初的七个定义是描述性的，有的是循环的，含混不清无法理解的(如“一样地平放着”)，因此它们不能作为逻辑推理的依据；其次，仅十个公理和公设不足以推演出几何体系，论证的过程常依赖于直觉；再次，对于第五公设，人们在研究过程中一开始就不喜欢它的“样子”，因为其他几个公理都是自明的、直观的，唯有它是冗长的，不一目了然.它的形式更像一个定理，而不像一个公理，而且在《几何原本》中使用较晚，人们揣测欧几里得原本想证明它，因为找不到证明才不情愿地放做公理.

在以后的两千多年里，人们不断地指正、修改、完善《几何原本》的不足之处，力求找到一个更为坚实和完善的逻辑基础.其中取得的较大成果是对第五公设的研究.为便于问题的说明，现将第五公设抄录于下：

“同平面内一条直线和另外两条直线相交，若在某一侧的两个内角的和小于二直角，则这二直线经无限延长后在这一侧相交”其等价命题是“过直线外一点，只可以作一条直线与已知直线平行.”

围绕第五公设的研究，主要在以下三个方面：

(1) 试图通过给出平行线的新定义以避开第五公设；

(2) 试图用比第五公设缺点更少的公设来代替它；

(3) 试图用第五公设以外的公设来证明它.

人们从正反两个方面来努力均未解决这个问题，后来俄国数学家罗巴切夫斯基用命题“通过直线 AB 外一点 C，在平面 ABC 上至少可以引两条直线使和 AB 不相交”代替第五公设，构成一个新的公理体系，并展开了这个系统，得到了许多新奇的结果.如：

“三角形的内角和小于 $180°$”；

“不存在矩形”；

“不存在相似形”；等等.

1854 年德国数学家黎曼用命题“在平面上过已知直线外的一点，不可能引出一条直线与已知直线不相交”代替第五公设，又得到了一种新的几何——黎曼几何.并得到了一些新奇的结论：“三角形的内角和大于 $180°$”“三角形的任一外角小于不相邻的两内角和”等.

罗巴切夫斯基和黎曼建立的几何我们称为非欧几何.非欧几何的产生促进了对几何基础的研究.1899 年德国数学家希尔伯特发表了《几何基础》一书，书中建立了一个完善的公理体系.使得《几何原本》中的缺点得以改进.希尔伯特就是利用以上公理法推演出全部欧氏几何内容的.

9.7 无穷分析思维方法

无穷分析思维方法是指人们认识客观世界的数量关系与空间形式时形成的关于有限与无限、无穷小与无穷大、无穷远与无限多等的观点和方法.它是与变量思维以及空间思维等密切相关的辩证思维方式.这个思维方式包含极限思想、辩证转化思想、一一对应方法、无穷分割与无限逼近方法(即微积分方法)以及非标准分析方法等动态思维的思想与方法.

对于无穷大与无限多的认识,在自古以来最朴素的感性直觉中就已经存在.任何一个自然数后面总有比它大1的后继数,这个过程是无限的,因此有无限多个自然数.数论中有一个定理:素数有无限多个.又有一个高斯-勒让德猜想:比 x 小的素数个数 $\pi(x)$ 逼近于 $\frac{x}{\ln x}$,即 $\lim\limits_{x\to\infty}\frac{\pi(x)}{\frac{x}{\ln x}}=1$ 被证明是正确的.但素数远不及自然数多,这就表明无限多是有差异的,但可以用数学式子刻画.后来德国数学家康托创立了集合论,定义了基数和序数.使用一一对应的方法来比较集合的基数,引进超无穷数的概念,才认识了无穷大的各种具体的数量级别和关系,使人们对无限的认识得到了飞跃.

自然数和其中的奇数或偶数或平方数可建立起一一对应的关系,即个数一样多.从而在有限集中的公理"部分小于整体"不再适用于无限集.无穷集合与它的真子集构成一一对应的关系,正是无穷集合的本质特征.如用这种一一对应方法可以直观地证明:一个线段上的点与半圆弧上的点一样多(图9-5).

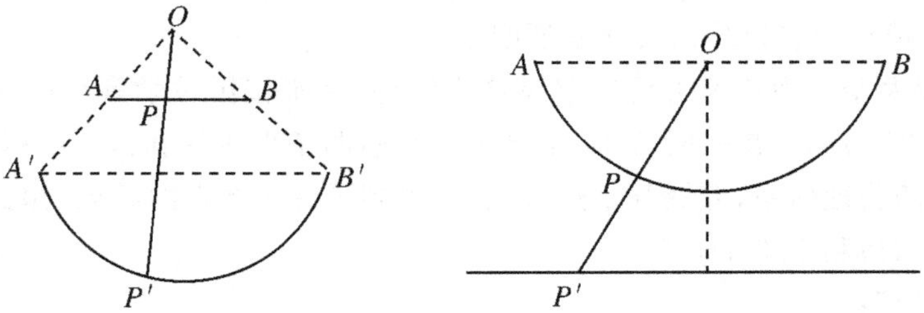

图 9-5

图9-5中点 P 沿射线 OP 对应 P',以点 O 为中心将射线 OP 旋转时,这种一一对应关系是很明显的.康托证明了自然数集与有理数集有相同的基数.还可以证明数轴上单位线段(0,1)上的点与平面上单位正方形内的点一样多.这使人们惊叹无限的奇异特性.

对于无穷小的认识同样丰富多彩.早在我国的春秋战国时期,公孙龙子有一句名言:"一尺之棰,日取其半,万世不竭."就已认识到对有限进行无穷分割可以得到无限变小而接近于零的结果.还有魏晋时期刘徽的割圆术,用圆内接正多边形(边数成倍增加时)的面积无限逼近来求圆面积.西方则是从正方形边长与对角线的度量关系中开始认识不可公度几何量中剩余量的无限变小过程.此后,莱布尼茨于1684年、牛顿于1867年分别发表微积分论著.由此开始创立了使用 $\mathrm{d}x$ 等符号把无穷小量引入数学运算,利用无限分割求和思想来求面积、体积,利用局部近似、以直代曲无限逼近来求曲线变化率的微积分方法.

数学家称过程式的无穷为潜无穷，无穷小量或无穷大量看作一个数的存在为实无穷. 因此把无穷小量看作一个数进行运算的早期微积分是一种实无穷观点. 但实际上无穷小量本身是一个动态的过程，经过法国数学家柯西的改进，就有了无穷小量的严格定义，即今天中学微积分中已经使用的“ε-δ”定义. 于是就在极限和实数理论基础上形成了当代的数学分析(标准分析). 到 20 世纪，随着用数理逻辑方法研究数学问题的高度发展，标准分析中的基础——实数理论又有了新的发展，即可用严格的数学方法证明无穷小量的存在. 这样的无穷小就已经是新的高度上潜无穷与实无穷思想的统一. 因此，将无穷小与无穷大作为新数嵌入标准实数系中成为非标准实数系，从而形成了非标准分析法.

对无穷的分析，使人们认识到有限与无限间的辩证转化关系. 如每一个有限数都是一个无限过程的结果，而无穷小和无穷大具有不同的层次，又可以看作一个新数参与数学运算. 极限与微积分都是利用无限逼近来认识有限的方法，从而有限与无限均可以使用数学的严格语言通过具体的符号与式子去刻画，来反映现实世界的数量关系. 正如数学家希尔伯特所言，无限！再没有其他问题如此深刻地打动过人类的心灵. 这就是数学思维的理性力量.

例 9-14 (利用有限情形的性质类比无限情形) 求和 $\sum\limits_{n=1}^{\infty}\dfrac{1}{n^2}$.

解 代数多项式分解因子后，令各因子为零即得方程各根. 反之，各根已知亦可得此多项式，于是考虑 $\sin x=x-\dfrac{x^3}{3!}+\dfrac{x^5}{5!}-\dfrac{x^7}{7!}+\cdots$ 能否表示成因子连乘积. 若把它看成一个无限多次多项式，当 $\sin x=0$ 时，有无穷多个根 $x=0,\pm\pi,\pm2\pi,\pm3\pi,\cdots$

若 $\sin x$ 能表示成无限多个因子的乘积，就有 $\sin x=x\left(1-\dfrac{x^2}{\pi^2}\right)\left(1-\dfrac{x^2}{4\pi^2}\right)\left(1-\dfrac{x^2}{9\pi^2}\right)\cdots$，此即著名的欧拉公式，它可以通过数学分析加以严格证明. 这样，把上式右端展开可得 $-x^3$ 的系数是 $\dfrac{1}{\pi^2}+\dfrac{1}{4\pi^2}+\dfrac{1}{9\pi^2}+\cdots=\dfrac{1}{3!}$ 于是 $\dfrac{1}{1^2}+\dfrac{1}{2^2}+\dfrac{1}{3^2}+\cdots+\dfrac{1}{n^2}+\cdots=\dfrac{\pi^2}{6}$.

对有限情形到无限情形的类比，必须注意性质上既有相通又有差异. 从前面的例子可以知道，“整体大于部分”在无限情形下不一定成立，无穷数列求和时不再满足有穷数列中各项间的结合律与交换律等. 例如，$1-1+1-1+\cdots(-1)^{n+1}+\cdots$ 是一个发散级数，若添加括号，写成 $(1-1)+(1-1)+\cdots+(1-1)+\cdots$ 则其和为零；又若写成 $1-(1-1)-(1-1)-\cdots-(1-1)-\cdots$ 则其和又为 1，这显然是矛盾的. 法国著名数学家柯西曾经“证明”：$S(x)=u_1(x)+u_2(x)+\cdots+u_n(x)+\cdots$ 中，当每个 $u_n(x)(n=1,2,\cdots)$ 在点 x 处都连续时，则 $S(x)$ 必在点 x 处也连续. 但是年轻的挪威数学家阿贝尔用一个反例否定了这个命题. 即

$$S(x)=\sin x+\frac{1}{2}\sin 2x+\cdots+\frac{1}{n}\sin nx+\cdots$$
$$=\begin{cases}-\dfrac{1}{2}(\pi+x), & x\in(-\pi,0),\\ 0, & x=0,\\ \dfrac{1}{2}(\pi-x), & x\in(0,\pi).\end{cases}$$

其中每个函数 $\dfrac{1}{n}\sin nx(n=1,2,\cdots)$ 都在 $x=0$ 处连续，但由 $\lim\limits_{x\to0^-}S(x)=-\dfrac{\pi}{2}$ 及 $\lim\limits_{x\to0^+}S(x)=$

$\frac{\pi}{2}$知 $S(x)$在 $x=0$ 处不连续.

例 9-15 求$\lim\limits_{n\to\infty}\sqrt[n]{2^n+3^n}$.

解 这是中学数学的一个习题,学生往往感到难做.

一个思路是变形后利用极限运算法则来解.

$$\begin{aligned}\lim_{n\to\infty}\sqrt[n]{2^n+3^n}&=\lim_{n\to\infty}\sqrt[n]{3^n\left[\left(\frac{2}{3}\right)^n+1\right]}\\&=3\lim_{n\to\infty}\sqrt[n]{\left(\frac{2}{3}\right)^n+1}\\&=3.\end{aligned}$$

另一个思路是逼近法,即利用两个无穷数列夹逼来求极限.

由 $3=\sqrt[n]{3^n}<\sqrt[n]{2^n+3^n}<\sqrt[n]{3^n+3^n}=3\sqrt[n]{2}$,

及 $\lim\limits_{n\to\infty}3\sqrt[n]{2}=3$,得 $3\leqslant\lim\limits_{n\to\infty}\sqrt[n]{2^n+3^n}\leqslant\lim\limits_{n\to\infty}3\sqrt[n]{2}=3$.

从而得原式的极限为 3.

9.8 概率统计思维方法

客观世界的事物与现象之间,有很多具有因果关系,数学上称它们为确定性现象.也有不少个别情况,没有明显的相关性,而从总体分析时又有必然性或规律性.如刮风与下雨等.数学上称它们为随机性现象.另有一些事物(特别是思想事物)与关系,其概念具有一定的相对性,不同概念之间的界限不很分明,如优等生、劣等生等,数学上称其为模糊性现象.还有一些事物则呈现爆发性、突然性,如病人休克、火山爆发、地震等,称为突变性现象.而概率统计就是研究随机性现象的数学.概率统计思维方式很早就为人们所熟悉,如投掷钱币试验、掷骰子的统计分析等.它在当代社会的生产、科技、经济、生活等领域均有极其广泛的应用.概率统计思维方式的优点在于可以利用数理统计的数学工具分析随机过程或现象的规律,判断某种情况出现的可靠性程度、可能性大小及偶然性现象的出现等.而 20 世纪中叶形成的模糊数学方法则与概率统计思想不无联系,它是从另一种角度来认识相对性事物的数学工具,在日常生活、天气预报、医学诊断、经济管理、人工智能等领域中已有很多应用开发成功.概率统计思维方式以及模糊数学方法等是精确数学定量思维方式的延伸和补充,因此是数学思维中不可缺少的基本方式.

从一般统计(包括最简单和常用的扇形图、直方图、折线图等统计图表)到数理统计(引入总体、样本概念,以及平均数、方差、分布曲线等概率方法对随机现象作相关分析等),从统计推断(由部分推断全体)到模糊推断(利用隶属函数对模糊性事物进行模式识别与近似推理),这是数学思维方式不断充实与深化的过程,随着科技进步和数学研究的发展,还将得到进一步的补充和完善.

概率统计思想是怎样由部分推断全体的呢?比如某地的一个大湖中养有很多鱼.在不考虑其他因素的影响时,为估计湖中鱼的数目,可先设法随机捕上一批鱼,假设有 80 条,然后用科学方法给每条鱼做上记号再放回湖中.经过一段时间后,再捕捉一批鱼,一数有1 200条,发现其中有15条是带记号的.根据直觉经验,如果这个事件是有代表性的,那么湖中鱼的数目大约为 $80\div\frac{15}{1\ 200}=6\ 400$(条).在数学上当然要经过严格的数学证明和计算来进行估计,或者是构造一个数学模型来进行测算,远非上面所说的这样简单.但从本质上来讲,是这种思想的扩大和精确化.

模糊数学是在1965年由美国控制论专家查德(L. A. Zadeh)首创模糊集合概念而形成的.模糊集合是对康托集合的一种推广.在康托集合中,一个元素只能属于或者不属于该集合,而没有中间状态,用的是{0,1}的真假二值逻辑.这不能说明定性的许多事物和现象,如老年与中年、好看与难看、生病与健康、多云与少云等.因此将值域改为连续区间[0,1],定义 A 的隶属函数 $\mu(x)$,若 $x\in A$,则 $\mu(x)=1$;若 $x\notin A$,则 $\mu(x)=0$;而一些中间状态可用0到1之间的数表示 x 属于 A 的程度,即若 $\mu(x)=0.8$,则可认为 x 在较大程度上属于 A.在这些基础上就可以定义"老年"的隶属函数为

$$\mu_{老}(x)=\begin{cases}0, & x\leqslant 50,\\ \frac{1}{20}(x-50), & 50<x\leqslant 70,\\ 1, & x>70.\end{cases}$$

如此深入研究下去,模糊数学能解释的客观对象的范围就大为扩展.模糊逻辑的推理是一种综合的合情推理.北京师范大学汪培庄教授等已成功研制模糊推理机.在家用电器方面已成功开发模糊空调器、模糊电冰箱等.医学方面则制成专家系统诊断某种疾病.另外,在经济管理、图像识别管理、人工智能等领域都有具体应用,前景十分广阔.

20世纪70年代以来,生态学家在研究昆虫种群增长规律时提出了一个虫子增长的方程模型:$x_{n+1}=x_n(a-bx_n)$,其中 a 表示增长率,括号中 $-bx_n$ 项是考虑食物有限等因素而引起的虫子饱和.为数学上处理方便,设 $a=b=\lambda$,则有 $x_{n+1}=\lambda x_n(1-x_n)$,其中 $0\leqslant\lambda\leqslant 4$.这实际上就是二次函数 $y=\lambda x(1-x)$ 的迭代式.经过赋以初值进行迭代计算发现:当 $0<\lambda<1$ 时,$x_n\to 0$;当 $0<\lambda<3$ 时,$x_n\to 1-\frac{1}{\lambda}$;当 $3<\lambda<1+\sqrt{6}$ 时,x_n 在0到 $1-\frac{1}{\lambda}$ 之间跳动.当 λ 继续增大时,x_n 对初始条件十分敏感,结果混乱而不可预测.这表明,确定性的非线性系统的解会出现内在的随机性,数学上称其为混沌.这个例子说明确定性现象与随机性现象间存在辩证转化关系,它是对数学思维的一个有益的启示.

9.9 系统优化思维方法

广义来说,系统优化思维方式存在于数学研究、数学应用以及数学问题解决的各个方面.数学科学知识本身是一个大系统,各分支学科又各自有其系统,用一定的思想或逻辑顺序将它们整理贯穿并加以发展就是一种系统优化思维.如用公理结构思想整理分析数学科学自身的系统或其某一分支的系统等.在数学应用方面,有时侧重于对象系统的整体研究,有时侧重于对象状态的优化考虑,有时则两者都要结合起来进行综合动态分析.于是,随着

社会经济发展和科技进步的推动，就产生了运筹学(包括规划论、优选法、排队论、对策论、决策论、库存论、搜索论等)、信息论、控制论、实变论等一些研究对象系统整体性质的重要数学分支，甚至许多边缘交叉学科及新兴学科，如包括整体微分几何等综合形成的大范围分析、动力系统(即混沌学)等，均与系统优化思想有关.

运筹学是第二次世界大战以后发展起来的一门综合性的应用数学. 它使用多种数学工具和逻辑判断方法，对组织管理系统中的人、财、物等有限资源进行周密思考，统筹安排，为决策者提供最优方案，其核心思想是追求系统的整体优化.

信息论是应用概率论和数理统计方法研究系统中信息的产生、获取、变换、传输、存储、处理、显示、识别及应用等规律的学科. 它已渗透到人类生产和生活的各个领域.

控制论是由美国著名数学家维纳(N. Wiener)创立的. 他使用数理统计和调和分析来研究系统中信息的转换、提取、加工和预测，研究技术装置、生物机体和人类组织等复杂系统的控制和通信. 现代控制论已深入人工智能、系统工程、航天技术、经济管理等高新技术领域，成为最优设计和系统控制的数学工具.

实变论则是以拓扑学、分析代数等为工具，以结构稳定性理论为基础，研究自然现象和社会现象中由渐变、量变发展为突变、质变过程的数学模型理论. 突变理论的创始人，法国数学家托姆(R. Thom)因此而荣获国际数学界的最高奖——菲尔兹奖. 突变论描述的是系统状态的飞跃，给出系统处于稳定态及不稳定态时的参数区域. 托姆认为，在三维空间和一维时间四因子控制下的突变有七种类型：折叠型、尖顶型、燕尾型、蝴蝶型、双曲脐型、椭圆脐型与抛物脐型，每一种突变都用一个势函数表达. 这一研究是哲学理论质量互变规律的精确数学化刻画. 它可用于人类学、医学、生态学、地质学、光学以及战争爆发、市场崩溃等灾变或突变现象的分析，其应用范围还在不断扩大中.

上述数学理论已经成为当代系统科学的数学工具. 从系统方法的观点来看，整体效应、反馈调节、层次有序、状态优化、动态发展等都是一些基本原理. 并且由系统优化思想产生出功能模拟法(如仿生学、人工智能等)，黑箱方法(如中医四诊：望、闻、问、切及选购西瓜：形、色、声等)，反馈方法(正反馈与负反馈以调控系统)和最优化方法(研究在一定的约束条件下，如何选取某些因素的值使某项指标达到最优)等. 如，数学中的优选法和统筹法，在华罗庚教授的倡导下，曾在我国工农业生产中推广应用，并取得了很大的经济效益.

例 9-16 提高系统可靠性的概率分析.

解 设两个元件可靠概率为 $P=0.999$，则失效概率为 $1-P=0.001$，但当元件个数 $n=100$ 时，可靠概率下降到 $P^{100}\approx 0.904\ 792\ 1$. 因此，仅仅提高每个元件的可靠性，收效并不大. 若再考虑元件的连接线路，当两个元件可靠概率分别为 $P_1=0.95$，$P_2=0.98$ 时，串联系统可靠概率为 $P=P_1\times P_2=0.931$，而并联系统可靠概率为 $P=1-(1-P_1)(1-P_2)=0.999$. 因此可选择并联法连接元件，有两种方法，如图 9-6 所示.

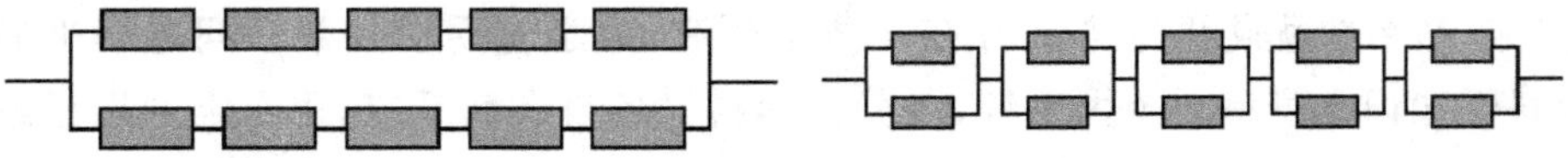

图 9-6

设每个元件可靠概率均为 $P_0=0.98$，则串联后并联线路可靠概率为 $P=1-(1-P_0{}^5)^2\approx$

0.990 768 8，而全并联线路可靠概率 $P=[1-(1-P_0)^2]^5\approx 0.998\,001\,6$. 由此可见系统优化方法的重要意义.

系统优化思维方式在中学数学中也有很多体现. 如容器节约用料的裁剪与设计、运输最短线路的确定、商店工厂最佳经济效益的发挥(成本、价格、利润及管理决策)等问题的求解就是优化思想的运用.

例 9-17　设计一个体积为定值 V 的圆柱形封闭式罐头筒，按下列两种不同最优标准考虑，应对罐高 h 与底面半径之比取何值为宜？

(1) 使所用铁皮有最小表面积 S；

(2) 使制造过程中焊缝总长度 L 为最短.

解　(1) 可由 $\begin{cases}V=\pi r^2 h,\\ S=2\pi r^2+2\pi rh\end{cases}\Rightarrow S=2\pi r^2+\dfrac{V}{r}+\dfrac{V}{r}\geqslant 3\sqrt[3]{2\pi V^2}$，由 $2\pi r^2=\dfrac{V}{r}\Rightarrow r=\sqrt[3]{\dfrac{V}{2\pi}}$，从而有 $\dfrac{h}{r}=2$.

(2) 可由 $\begin{cases}V=\pi r^2 h,\\ L=4\pi r+\dfrac{V}{\pi r^2}\end{cases}\Rightarrow L=2\pi r+2\pi r+\dfrac{V}{\pi r^2}\geqslant 3\sqrt[3]{4\pi V}$，

取等号时，有　$r=\sqrt[3]{\dfrac{V}{2\pi^2}}$，从而有 $\dfrac{h}{r}=2\pi$.

由上可见，优化标准的选择是很重要的. 事实上，在实际操作中还将考虑易于使用等其他因素的影响，以便做出综合的最优化.

例 9-18　求方程 $\dfrac{1}{x}+\dfrac{1}{y}+\dfrac{1}{z}=\dfrac{5}{6}$ 的所有正基数解.

解　这是一个三元分式不定方程，可先对变量大小进行排序优化，
即不妨设 $0<x\leqslant y\leqslant z$，
则 $\dfrac{1}{x}<\dfrac{1}{x}+\dfrac{1}{y}+\dfrac{1}{z}=\dfrac{5}{6}\leqslant\dfrac{3}{x}\Rightarrow\dfrac{6}{5}<x\leqslant\dfrac{18}{5}$，于是，只能 $x=2$ 或 $x=3$.

① 当 $x=2$ 时，有 $\dfrac{1}{y}+\dfrac{1}{z}=\dfrac{1}{3}\Rightarrow\dfrac{1}{y}<\dfrac{1}{3}\leqslant\dfrac{2}{y}\Rightarrow 3<y\leqslant 6$；

② 当 $x=3$ 时，有 $\dfrac{1}{y}+\dfrac{1}{z}=\dfrac{1}{2}\Rightarrow\dfrac{1}{y}<\dfrac{1}{2}\leqslant\dfrac{2}{y}\Rightarrow 2<y\leqslant 4$.

在上述求得的范围内，不难经过检验并依轮换对称性得到全部解共 15 组，如表 9-2 所示.

表 9-2

x	2	2	4	4	12	12	3	3	6	3	4	4	2	6	6
y	4	12	2	12	2	4	3	6	3	4	3	4	6	2	6
z	12	4	12	2	4	3	6	3	3	4	4	3	6	6	2

9.10 计算逼近思维方法

计算是我国古代数学家的特长，或者说是我国古算的传统. 魏晋时期数学家刘徽在 263 年创立割圆术，利用圆内接正多边形的面积去逼近圆面积，求得 π 的近似值为 3.14，称之为“徽率”. 他用的公式是 $a_{2n}=\sqrt{2R^2-R\sqrt{4R^2-a_n^2}}$，通常称为倍边公式. 南朝时，祖冲之(429—500)进一步用“缀术”(方法已失传)求得 $3.141\,592\,6<\pi<3.141\,592\,7$，这个近似值的精度领先于世界(如用蒲丰投针实验的求法等)1 000 多年. 其他关于代数方程的解法等在我国的《九章算术》等名著中均有记载.

15 世纪以后，欧洲资本主义工商业兴起，以解析几何和微积分为标志的数学进一步发展，于是在计算方法方面发展了一般插值方法、差分方法、最优逼近方法及各种迭代解法与数值解法. 到 20 世纪 40 年代，电子计算机的出现，使计算方法迅猛发展. 并应用于高新科技领域的复杂精确计算. 如航天技术和军事技术中火箭与卫星的设计、生产、发射和回收，高能物理实验等. 另外，无论现代工农业、商业、交通运输、医疗卫生与文化教育等，均有大量数据需要计算分析，因此计算机方法就成为当代科学技术不可缺少的重要组成部分.

逼近思想是计算方法的核心. 一些重要的精确计算方法，如微积分等，其本身是无限逼近思想的产物. 而一些复杂的数学问题的求解，如数理方法、概率统计、几何代数等需要的是数值逼近的近似方法，但要求达到必要的精确度. 另外，逼近思想并不仅仅限于计算，对于要解决的问题进行分割与转换，可以趋近于问题的解决. 如，对于困难的问题，可先解决它的减弱命题，再一次一次地推进以逐步达到解决问题的目的，数学上常称此法为逐次逼近法，即华罗庚所说的先退后进法. 许多数学猜想就是采用逼近思想获得证明或接近解决的.

由上可知，计算逼近思维方式包含数论方法、微积分方法、近似方法、计算机方法及无限逼近、逐次逼近、最优剖分等重要思想方法. 若再细分，则有各种各样的包括最基本的递归与迭代方法在内的具体的计算方法. 近年来，我国数学家就创造了诸如哈密尔顿系统的辛几何算法、多重积分近似计算中的华-王方法、有限元方法、自然边界元方法、无限元计算方法、最优剖分方法等，它们在科技应用中发挥了巨大的作用.

例 9-19 世界著名的数学难题哥德巴赫猜想——任何大于 4 的偶数都是两个素数之和，自 1742 年提出后，各国数学家采用逐次逼近法，使命题“偶数＝(1＋1)”的猜想越来越接近最后解决.

1924 年，德国数学家拉德马哈尔证明了：偶数＝(7＋7)；

1932 年，英国数学家爱斯特曼证明了：偶数＝(6＋6)；

1938 年，苏联数学家布赫斯塔勃证明了：偶数＝(5＋5)；

1940 年，苏联数学家布赫斯塔勃证明了：偶数＝(4＋4)；

1957 年，苏联数学家维诺格拉托夫证明了：偶数＝(3＋3)；

1957 年，我国数学家王元证明了：偶数＝(2＋3)；

1962 年，我国数学家王元和潘承桐证明了：偶数＝(1＋4)；

1965 年，苏联数学家布赫斯塔勃等证明了：偶数＝(1＋3)；

1973 年,我国数学家陈景润证明了:偶数$=(1+2)$.

电子计算机的发展使英国数学家图灵(A. M. Turing)和美籍匈牙利数学家冯·诺依曼(Von Neumann)名垂青史.程序设计成为计算机科学的重要思想方法.著名的地图着色的"四色猜想",于 1976 年由美国伊利诺伊大学的三位数学家合作,设计了程序,用三部计算机运行了 1 200 多小时而获得证明.这个人机结合证明难题的意义远远超出了问题本身,这表明计算机是人脑的延伸,计算机方法具有极大的创造性,使人类的认知和思维的发展迈入了一个高速发展的新时代.当代信息社会需要大量复杂精密计算的领域,如在天气预报、宇宙及粒子科学、人工智能模拟等复杂巨系统的开发应用方面取得越来越多的新成果.

计算逼近的思想方法在中学数学中也有很多应用.如近似计算、求递归数列通项时的不动点逼近与迭代方法、迭加方法、迭乘方法、筛法逼近、放缩逼近、逐步调整法逼近等.

例 9-20　已知数列$\{a_n\}$中,$a_7=\dfrac{16}{3}$,且当$n\geqslant 2$时,$a_n=\dfrac{3a_{n-1}+4}{7-a_{n-1}}$,求$a_n$.

解　我们利用不动点(或特征根)逼近,可令$x=\dfrac{3x+4}{7-x}\Rightarrow x=2$为不动点,将原式两边各减 2 得$\dfrac{1}{a_n-2}=\dfrac{1}{a_{n-1}-2}-\dfrac{1}{2}$,此时已转化为等差数列问题,不难求得$a_n=\dfrac{4n-44}{2n-17}$.

例 9-21　已知一个四位数,它的四个数字之和的 4 次方恰为原四位数,求此数.

解　可用筛法逼近,设四个数字之和为x,则$1\,000\leqslant x^4<10\,000\Rightarrow 6\leqslant x<10$(视为骰子).然后分别计算$x=6,7,8,9$时的$x^4=1\,296,2\,401,4\,096,6\,561$,知 2 401 为所求.这个看起来简单的问题却蕴含着解其他复杂问题的思想方法.

例 9-22　求三次方程$x^3-3x+1=0$的根.

解　记$f(x)=x^3-3x+1$,我们知道它有三个根,经计算知

$$f(-2)=-1<0,f(-1)=3>0,f(0)=1>0,f(1)=-1<0,f(2)=3>0,$$

因此有:$x_1\in(-2,-1),x_2\in(0,1),x_3\in(1,2)$.

然后可用逐次逼近法取每个区间内的值来缩小这个范围,求得各根近似值.

也可以换一种方法,将方程写为$x=\dfrac{1}{3-x^2}$,并看成$x_{n+1}=\dfrac{1}{3-x_n^2}$,取$x_1=0$代入求得$x_2=\dfrac{1}{3}$,再用$x_2=\dfrac{1}{3}$代入得$x_3=\dfrac{9}{26}$,如此继续迭代也可得出方程的根.由此可以看到递归数列求通项的特征根法或不动点法与函数、方程的迭代解法在计算逼近思维中的相通性.

当然本题还可用公式法等其他方法求解.但上述数值解法的计算逼近思想具有典型的方法论意义.

习题 9

1. 已知$0<a,b<1$,求证:

$$\sqrt{a^2+b^2}+\sqrt{(1-a)^2+b^2}+\sqrt{a^2+(1-b)^2}+\sqrt{(1-a)^2+(1-b)^2}\geqslant\sqrt{2}.$$

2. 已知$y=\dfrac{\sec^2 x-\tan x}{\sec^2 x+\tan x}$,求$y$的最大值与最小值.

3. 设 $x,y\in\mathbf{R}$,求证:$\frac{|x+y|}{1+|x+y|}\leqslant\frac{|x|}{1+|x|}+\frac{|y|}{1+|y|}$.

4. 设 $x,y,z\in\mathbf{R}$,求证:$\sqrt{x^2+y^2-xy}+\sqrt{y^2+z^2-yz}\geqslant\sqrt{z^2+x^2-zx}$.

5. 求证:$C_n^0+C_n^1+C_n^2+\cdots+C_n^n=2^n$.

6. 简述皮亚诺(Peano)自然数公理.

7. 什么是无穷分析思想方法?

8. 简述概率统计思想方法.

9. 简述系统优化的基本思想方法.

10. 试述刘徽 $\pi=3.14$ 的逼近方法.

习题参考答案

习题 1

1. $f(x)=\frac{1}{x}(1+\sqrt{1+x^2})(x>0)$；

$f(1)=(1+\sqrt{2})$；

$f(x^2+1)=\frac{1}{x^2+1}(1+\sqrt{1+(x^2+1)^2})$.

2. $f(-2)=-1$；$f(0)=0$；$f(2)=4$.

3. (1)相同；

(2)不同，值域不同；

(3)相同；

(4)不同，定义域不同；

(5)相同.

4. (1)$\{x|x\leqslant 1$ 或 $x\geqslant 3\}$； (2)$\{x|x<-1$ 或 $x\geqslant 1\}$；

(3)$\{x|x\neq k\pi+\frac{\pi}{2}+1\}$； (4)$\{x|x\neq 0\}$；

(5)$\{x|-\frac{3}{2}\leqslant x\leqslant\frac{5}{2}\}$； (6)$(-\infty,-2)\cup(-2,-1]\cup[1,+\infty)$；

(7)$(-\infty,2)$； (8)$\{x|x\in\mathbf{R}\}$；

(9)$\{x|x>1\}$.

5. (1) $[-1,0]$； (2) $[0,1]$； (3) $[1,+\infty)$； (4) $[-a,1-a]$.

6. (1) 偶函数； (2) 奇函数； (3)非奇非偶函数；

(4) 奇函数； (5) 非奇非偶函数； (6) 奇函数.

7. (1)周期函数，$T=2\pi$； (2)周期函数，$T=\frac{2}{3}\pi$；

(3)不是周期函数； (4)周期函数，$T=\pi$.

8. (1)$y=\sqrt{t}$，$t=3+x^2$； (2)$y=\cos t$，$t=3x$；

(3)$y=t^{20}$，$t=x-3$； (4) $y=\frac{1}{u}$，$u=\sin v$，$v=x+1$；

(5)$y=\ln u$，$u=\ln v$，$v=x-3$； (6)$y=u^2$，$u=\tan v$，$v=\frac{x-1}{x+1}$；

(7)$y=e^u$，$u=\sqrt{v}$，$v=2x-1$； (8)$y=2^u$，$u=\arctan v$，$v=\sqrt{x}$；

(9)$y=u^2$，$u=3v$，$v=\arcsin w$，$w=x^2$.

9. (1) 0； (2)4； (3)0； (4)$+\infty$.

10. (1) $\lim\limits_{x\to x_0^+}f(x)=\lim\limits_{x\to x_0^-}f(x)=-1$，存在；

(2) $\lim\limits_{x\to x_0^+}g(x)=1\neq\lim\limits_{x\to x_0^-}g(x)=-1$，不存在.

11. (1)11； (2)0； (3)∞； (4)$\frac{1}{2}$； (5)$\frac{4}{3}$； (6)$\frac{2}{3}$； (7)0；

(8)$-\frac{1}{5}$； (9)$\frac{3}{2}$； (10)1； (11)1； (12)-1； (13)0；

(14)$\frac{1}{2}$； (15)$\frac{1}{2}$； (16) 0； (17)0； (18)1.

12.(1)$\frac{5}{3}$； (2)$\frac{1}{3}$； (3)1； (4)2； (5)-1；

(6)0； (7)$\frac{1}{4}$； (8)1； (9)$\frac{1}{2}$； (10) 1； (11) $\begin{cases}1, m=n,\\0, m>n,\\\infty, m<n.\end{cases}$

13.(1)e^4； (2)$\frac{1}{e}$； (3)e^2； (4)e^{-2}； (5)e^{-k}； (6)e； (7) e^{-2}； (8) 1.

14.函数的间断点为 $x=1,2$. $\lim\limits_{x\to1}f(x)=-2$ ；$\lim\limits_{x\to-1}f(x)=0$；$\lim\limits_{x\to2}f(x)=\infty$.

15.(1)$a=2$ ； (2)$a=0$.

16.令 $f(x)=x^5-3x-1$，由于 $f(1)=-3$，$f(2)=25$.

$f(1)\cdot f(2)=-75<0$

$\therefore \exists x_0\in(1,2)\quad f(x_0)=0$

$\therefore x^5-3x=1$ 至少有一个根在区间(1,2)内.

习题 2

1.(1) $\cos x+\frac{1}{x}$； (2)$na_0x^{n-1}+a_1(n-1)x^{n-2}+\cdots+2a_{n-2}x+a_{n-1}$；

(3) $x(2\ln x+1)$； (4)$-\csc^2 x$；

(5) $\frac{-2}{1+\sin x}$； (6)$\log_2 x+\frac{1}{\ln 2}+\frac{1}{x}$；

(7) $-\frac{1+\cos^2 x}{\sin^3 x}$； (8)$x(2\ln x\cos x+\cos x-x\sin x\ln x)$；

(9) $\frac{1+\sin x+\cos x}{(1+\cos x)^2}$； (10)$\frac{2\csc x\,[(1+x^2)\cot x+2x]}{(1+x^2)^2}$；

(11)$\frac{x(9x-4)\ln x+x^4-3x^2+2x}{(3\ln x+x^2)^2}$； (12)$\frac{2}{(x+1)^2}$.

2.(1) 切线方程为 $6x-y-1=0$，法线方程为 $x+6y-68=0$；(2) $(-2,3)$.

3.(1) $12(3x+5)^3$； (2)$8\sin(4-8x)$； (3)$6xe^{-3x^2}$；

(4)$e^{-x}(-x^2+4x-5)$； (5)$\frac{2x}{e+x^2}$； (6)$\sin 2x$；

(7) $\frac{2\arcsin x}{\sqrt{1-x^2}}$； (8) $\frac{16}{64+x^2}\arctan\frac{x}{8}$； (9)$\frac{2x+1}{(x^2+x+1)\ln a}$；

(10) $\frac{2\ln x}{x\sqrt{1+\ln^2 x}}$； (11)$-\frac{1}{2\sqrt{x-x^2}}$； (12)$\frac{4}{(e^x+e^{-x})^2}$.

4.(1) $3^n e^{3x}$； (2) $a^x(\ln a)^n$；

(3) $\cos(x+\frac{n\pi}{2})$； (4) $(-1)^{n+1}\frac{(n-1)!}{(1+x)^n}$.

5.(1) $\frac{y}{y-x}$ ； (2) $\frac{ay-x^2}{y^2-ax}$ ； (3) $\frac{e^{x+y}-y}{x-e^{x+y}}$ ； (4) $-\frac{e^y}{1+xe^y}$.

(5) $\frac{8y-x}{8x+y}$ ； (6) $-\frac{2x\sin 2x+y+xye^{xy}}{x^2e^{xy}+x\ln x}$.

6. $\left.\dfrac{dy}{dx}\right|_{x=0}=\dfrac{1}{2}$.

7. (1) $\dfrac{dy}{dx}=-\dfrac{2}{3}e^{2t}$, $\dfrac{d^2y}{dx^2}=\dfrac{4}{9}e^{3t}$； (2) $\dfrac{dy}{dx}=-\dfrac{1}{t}$, $\dfrac{d^2y}{dx^2}=\dfrac{1}{t^3}$； (3) $\dfrac{dy}{dx}=-\tan\theta$, $\dfrac{d^2y}{dx^2}=\dfrac{\sec^4\theta}{3a\sin\theta}$.

8. (1) $\left(\dfrac{1}{x^2}+\dfrac{1}{\sqrt{x}}\right)dx$； (2) $8(\sin 2x+2x\cos 2x)dx$；

(3) $8(x^2+1)^{-\frac{3}{2}}dx$； (4) $\dfrac{\ln(1-x)}{x-1}dx$；

(5) $e^{-x}[\sin(8-x)-\cos(8-x)]dx$； (6) $x\tan(1+2x^2)\sec^2(1+2x^2)dx$.

9. (1) $2x+C$； (2) $2x^2+C$；

(3) $\sin x+C$； (4) $-\cos x+C$；

(5) $\arctan x+C$； (6) $\arccos x+C$；

(7) $\text{arccot}x+C$； (8) $2\sqrt{x}+C$.

10. (1) $0.5025\pi\text{cm}^2$； (2) 1.5708cm^2.

11. (1) 2.0025； (2) 0.5076.

习题 3

1. (1) 满足，$\xi=2$； (2)满足，$\xi=\dfrac{\pi}{2},\dfrac{3\pi}{2}$； (3)不满足.

2. (1)满足，$\xi=\dfrac{5-\sqrt{13}}{12}$； (2)满足，$\xi=\sqrt{\dfrac{4}{\pi}-1}$.

3. 略.

4. (1) 1； (2) $\cos a$； (3) -2； (4) 3； (5) 1； (6) e^a； (7) $-\dfrac{1}{2}$； (8) 1.

5. (1) 在$(-1,0]$内单调减小，在$[0,+\infty)$内单调增加；

(2) 在$[0,1]$上单调增加，在$[1,+\infty)$内单调减小；

(3) 在$x\in(-\infty,+\infty)$内单调减小；

(4) 在$(-\infty,-1)$，$[0,1)$内单调减小；在$(-1,0]$，$(1,+\infty)$内单调增加.

6. (1) 拐点$\left(\dfrac{5}{3},\dfrac{20}{27}\right)$，在$\left(-\infty,\dfrac{5}{3}\right]$是凸的，在$\left[\dfrac{5}{3},+\infty\right)$是凹的；

(2) 拐点$\left(2,\dfrac{2}{e^2}\right)$，在$(-\infty,2]$是凸的，在$[2,+\infty)$是凹的.

7. (1) 极小值$f(0)=0$，函数无极大值；

(2) 极大值$f(0)=1$，极小值$f(1)=0$；

(3) 极小值$f(3)=-44$，极大值$f(-1)=20$；

(4) 极小值$f(1)=11$，极小值$f(3)=11$，极大值$f(2)=12$；

(5) 极小值$f(3)=0$，极大值$f(2)=3$；

(6) 极小值$f(-1)=-3$，极大值$f(1)=3$.

8. (1) 最大值$f(4)=80$，最小值$f(-1)=-5$；

(2) 最大值$f(3)=11$，最小值$f(2)=-14$；

(3) 最大值$f\left(\dfrac{3}{4}\right)=1.25$，最小值$f(-5)=-5+\sqrt{6}$.

9. $\dfrac{a}{6}$.

10. 矩形宽为$\frac{l+a}{4}$时，围成的场地面积最大.

11. 药物的浓度 $x=\frac{x_0}{2}$时，反应速度 $v(x)$达到最大值 $v\left(\frac{x_0}{2}\right)=\frac{kx_0^2}{4}$.

12. 15 个单位.

习题 4

1. 略.

2. $f(x)=\frac{1}{2}x^2+\frac{3}{2}$.

3. (1) $\frac{3}{4}x^{\frac{4}{3}}+C$； (2) $\frac{1}{3}x^3-\frac{2}{3}x^{\frac{3}{2}}+\frac{2}{5}x^{\frac{5}{2}}-x+C$；

(3) $\frac{2^x}{\ln 2}+2\ln|x|+C$； (4) $e^x-2\sqrt{x}+C$.

(5) $2\arctan x-3\arcsin x+C$； (6) $\frac{2^x e^x}{1+\ln 2}+\sin x+C$；

(7) $\tan x-\sec x+C$； (8) $\sin x+\cos x+C$；

(9) $\tan x-x+C$； (10) $-\frac{1}{2}\cot x+C$；

(11) $\frac{1}{2}\sin x+\frac{1}{2}x+C$； (12) $\frac{1}{2}x^2-2x+\ln|x|+C$；

(13) $\ln|x|+\arctan x+C$； (14) $\frac{1}{3}x^3-x+\arctan x+C$.

4. (1) $-\frac{1}{6}(1-x)^6+C$； (2) $\frac{1}{2}\sin x^2+C$；

(3) $\frac{1}{2}\ln(1+x^2)+C$； (4) $-\frac{1}{2}e^{-x^2}+C$；

(5) $2\arctan\sqrt{x}+C$； (6) $\ln x+\frac{1}{2}\ln^2 x+C$；

(7) $\frac{1}{2}\sin^2 x+C$； (8) $\frac{1}{2}\tan^2 x+C$；

(9) $\cos\frac{1}{x}+C$； (10) $\frac{3}{2}(\sin x-\cos x)^{\frac{2}{3}}+C$；

(11) $\frac{1}{3}\arctan\frac{x}{3}+C$； (12) $\arcsin\frac{x}{4}+C$；

(13) $\frac{1}{4}\ln\left|\frac{x-2}{x+2}\right|+C$； (14) $\frac{1}{2}\arctan\frac{x-1}{2}+C$；

(15) $\frac{1}{2}f(2x)+C$； (16) $\arctan e^x+C$；

(17) $-\sqrt{1-x^2}+\arcsin x+C$； (18) $\frac{1}{2}\ln(1+x^2)+\frac{2}{3}(\arctan x)^{\frac{3}{2}}+C$.

5. (1) $-2\cos\sqrt{x}+C$； (2) $\sqrt{2x}-\ln(1+\sqrt{2x})+C$；

(3) $6(\sqrt[6]{x}-\arctan\sqrt[6]{x})+C$； (4) $\arccos\frac{1}{x}+C$；

(5) $\ln(x+\sqrt{x^2+a^2})+C$； (6) $\arcsin\frac{x}{a}+C$.

6. (1) $x\ln x - x + C$；　(2) $\frac{x^2}{2}\ln x - \frac{x^2}{4} + C$；

(3) $x\arctan x - \frac{1}{2}\ln(1+x^2) + C$；　(4) $\frac{1}{2}e^x(\sin x - \cos x) + C$；

(5) $x\sin x + \cos x + C$；　(6) $e^x(x^2 - 2x + 2) + C$；

(7) $\frac{1}{2}x(\sin(\ln x) - \cos(\ln x)) + C$；　(8) $e^x \ln x + C$.

*7. (1) $\ln|x-2| + \ln|x+5| + C$；　(2) $2\ln|x+2| - \frac{1}{2}\ln|x+1| - \frac{3}{2}\ln|x+3| + C$；

(3) $\ln|x-2| - \ln|x-1| + \frac{1}{x-1} + C$；　(4) $\ln|x| - \frac{1}{2}\ln(x^2+1) + C$；

(5) $\frac{1}{3}x^3 - \frac{3}{2}x^2 + 9x - 27\ln|x+3| + C$；　(6) $\frac{1}{4}\ln\left|\frac{2+x}{2-x}\right| + C$.

8. 略.

习题 5

1. (1) 1；(2) 1；(3) 2π.

2. (1) $\int_0^1 x\,dx$ 较大；(2) $\int_1^2 \ln x\,dx$ 较大；　(3) $\int_0^1 e^x\,dx$ 较大.

3. (1) $\sqrt{1+x^2}$；　(2) $\frac{1}{2\sqrt{x}}\cos x$；

(3) $-2xe^{x^2}$；　(4) $3x^2\sin x^6 - 2x\sin x^4$.

4. (1) $\ln 2$；(2) $\frac{271}{6}$；(3) $\frac{\pi}{2}$；(4) $\frac{\pi}{6}$；(5) 0；(6) $\frac{\sqrt{2}\pi}{8}$；

(7) 0；　(8) 2；　(9) $2(\sqrt{2}-1)$；　(10) $\cos 1 - \frac{1}{2}$.

5. (1) $\frac{1}{4}$；(2) $\frac{1}{6}$；(3) $\ln(1+e) - \ln 2$；

(4) $\frac{1}{3}(3^{\frac{3}{2}} - 2^{\frac{3}{2}})$；(5) $2 - \frac{\pi}{2}$；(6) 2；

(7) $\frac{9\pi}{2}$；(8) $\frac{\pi}{2}$.

6. (1) 1；　(2) $\frac{\pi}{2} - 1$；(3) $\frac{\pi}{2} - 1$；(4) 2；(5) $2 - \frac{2}{e}$.

7. (1) $\frac{1}{2}$；(2) 发散；(3) $\frac{\pi}{4}$；　(4) 1；(5) π.

8. 略.　9. 略.

10. $\frac{3}{2} - \ln 2$.　11. $\frac{9}{2}$.

12. $\frac{9}{2}$.　13. πa^2.　14. $\frac{4}{3}a^2\pi^3$.

15. $\frac{\pi}{5}$.　16. $\frac{4}{3}\pi ab^2$.　17. $0.18kJ$.

18. $L(x) = 0.2x^2 + 16x - 20$；$x = 40$.　19. 1.08.

习题 6

1. (1) $\sqrt{30}$；(2) $(x+3)^2 + y^2 + (z-5)^2 = 30$；(3) $5x - y - 2z + 10 = 0$.

2. $(-4,-6,-12)$.

3. $s=-1,t=4$.

4. $3x-y+2z-1=0$.

5. $\frac{x-2}{1}=\frac{y+1}{-3}=\frac{z-5}{-1}$.

6. $(x+y)^{xy}+3$.

7. $\frac{1}{4}x^2+\frac{3}{4}y^2$.

8. (1) $\{(x,y)\mid |x|\leqslant 1,|y|\leqslant 2\}$； (2) $xy>0$；

(3) $\{(x,y)\mid\{x>y,x>-y\}\}$； (4) $\left\{(x,y)\,\middle|\,\frac{x^2}{a^2}+\frac{y^2}{b^2}\leqslant 1\right\}$；

(5) $\{(x,y)\mid x^2\geqslant y\geqslant 0\}$； (6) $\{(x,y,z)\mid x^2+y^2-z^2\geqslant 0,x^2+y^2\neq 0\}$.

9. (1) $\frac{\sqrt{5}}{3}$； (2) $\sqrt{11}$； (3) 3； (4) -4.

10. 当 $p(x,y)$ 沿 $y=kx(k\neq -1)$ 趋于 $(0,0)$ 时，$\lim\limits_{(x,y)\to(0,0)}\frac{x-y}{x+y}=\lim\limits_{(x,y)\to(0,0)}\frac{x-kx}{x+kx}=\frac{1-k}{1+k}$，$k$ 取值不同，极限值不同，因此极限不存在.

11. $y=2x$.

12. (1) $\frac{\partial z}{\partial x}=3x^2y-y^4,\frac{\partial z}{\partial y}=x^3-4xy^3$；

(2) $\frac{\partial z}{\partial x}=6(2x-y)^2,\frac{\partial z}{\partial y}=-3(2x-y)^2$；

(3) $\frac{\partial z}{\partial x}=\frac{x^2-y^2}{x^2y},\frac{\partial z}{\partial y}=\frac{y^2-x^2}{y^2x}$；

(4) $\frac{\partial z}{\partial x}=2x\ln(y^2-2x)-\frac{2x^2}{y^2-2x},\frac{\partial z}{\partial y}=\frac{2x^2y}{y^2-2x}$；

(5) $\frac{\partial z}{\partial x}=-\frac{y}{x^2}\cos\frac{y}{x},\frac{\partial z}{\partial y}=\frac{1}{x}\cos\frac{y}{x}$；

(6) $\frac{\partial z}{\partial x}=\frac{2}{y\sin\frac{2x}{y}},\frac{\partial z}{\partial y}=\frac{-2x}{y^2\sin\frac{2x}{y}}$；

(7) $\frac{\partial z}{\partial x}=(1+xy)^x\ln(1+xy)+xy(1+xy)^{x-1},\frac{\partial z}{\partial y}=x^2(1+xy)^{x-1}$；

(8) $\frac{\partial u}{\partial x}=-\frac{z}{x^2}y^{\frac{z}{x}}\ln y,\frac{\partial u}{\partial y}=\frac{z}{x}y^{\frac{z}{x}-1},\frac{\partial u}{\partial z}=\frac{1}{x}y^{\frac{z}{x}}\ln y$；

(9) $\frac{\partial u}{\partial x}=\frac{1}{1+(x+y-z)^2},\frac{\partial u}{\partial y}=\frac{1}{1+(x+y-z)^2},\frac{\partial u}{\partial z}=\frac{-1}{1+(x+y-z)^2}$.

13. (1) $f_x(3,4)=\frac{2}{5},f_y(3,4)=\frac{1}{5}$；

(2) $f_x(0,0)=\frac{1}{2},f_y(0,0)=\frac{1}{2}$；

(3) $f_x(2,1)=\mathrm{e},f_y(2,1)=2\mathrm{e}$；

(4) $f_x(1,2,3)=54,f_y(1,2,3)=27,f_z(1,2,3)=27\ln 3$.

14. (1) $f_{xx}=6x,f_{xy}=1-15y^2,f_{yx}=1-15y^2,f_{yy}=-30xy$；

(2) $f_{xx}=\mathrm{e}^x\cos y,f_{xy}=f_{yx}=-\mathrm{e}^x\sin y,f_{yy}=-\mathrm{e}^x\cos y$；

(3) $f_{xx}=\frac{-1}{(x+y^2)^2}, f_{xy}=f_{yx}=\frac{-2y}{(x+y^2)^2}, f_{yy}=\frac{2x-2y^2}{(x+y^2)^2}$;

(4) $f_{xx}=\frac{2x(x^2-3y^2)}{(x^2+y^2)^3}, f_{xy}=f_{yx}=\frac{-2y(y^2-3x^2)}{(x^2+y^2)^3}$,

$f_{yy}=\frac{-2x^2+6xy^2}{(x^2+y^2)^3}$.

15. 略.　　16. 略.

17. (1) $dz=\frac{\sqrt{y}}{2x\sqrt{x}}dx+\frac{1}{2\sqrt{xy}}dy$;

(2) $dz=2xe^{x^2+2y}dx+2e^{x^2+2y}dy$;

(3) $dz=\frac{\cos y}{2\sqrt{x+y}}dx+(\frac{\cos y}{2\sqrt{x+y}}-\sqrt{x+y}\sin y)dy$;

(4) $dz=\frac{x^2-y^2}{x^2}dx+\frac{2y}{x}dy$.

18. $\frac{\partial z}{\partial x}=2u-3v^2=2(x+y)-3(x-y)^2$,

$\frac{\partial z}{\partial y}=2u+3v^2=2(x+y)+3(x-y)^2$.

19. $\frac{\partial z}{\partial x}=\frac{-2u\ln v}{x^2}+\frac{3u^2}{v}=\frac{-2y^2\ln(3x-2y)}{x^3}+\frac{3y^2}{x^2(3x-2y)}$,

$\frac{\partial z}{\partial y}=\frac{2u\ln v}{x}-\frac{2u^2}{v}=\frac{2y\ln(3x-2y)}{x^2}-\frac{2y^2}{x^2(3x-2y)}$.

20. $\frac{\partial z}{\partial x}=\frac{\cos y}{y\cos x}+\frac{x\cos y\sin x}{y\cos^2 x}$, $\frac{\partial z}{\partial y}=\frac{-x\sin y}{y\cos x}-\frac{x\cos y}{y^2\cos x}$.

21. $\frac{\partial z}{\partial x}=xe^{uv}(1+2\ln\sqrt{x^2+y^2}), \frac{\partial z}{\partial y}=ye^{uv}(1+2\ln\sqrt{x^2+y^2})$.

22. $\frac{dz}{dx}=\cos(3x^3-e^{-2x})\cdot(9x^2+2e^{-2x})$.

23. $\frac{dz}{d^t}=\frac{15e^t(1-t)}{(2e^t-3t)^2}$.

24. $\frac{dz}{dx}=e^{x-2y}-2e^{2x-2y}$.

25. $\frac{dz}{dy}=\frac{e^y}{e^x+e^y}+\frac{3y^2e^x}{e^x+e^y}$.

26. $\frac{dy}{dx}=\frac{\cos x-2xy}{x^2-e^y}$.

27. $\frac{\partial z}{\partial x}=\frac{yz}{e^z-xy}, \frac{\partial z}{\partial y}=\frac{xz}{e^z-xy}$.

28. $\frac{dy}{dx}=-\frac{x(6z+1)}{2y(3z+1)}, \frac{dz}{dx}=\frac{x}{3z+1}$.

29. (1) 切线方程为$\frac{x-1}{2}=\frac{y-2}{1}=\frac{z+1}{-3}$,法平面方程为 $2x+y-3z-7=0$;

(2) 切线方程为$\begin{cases}y=0,\\z=4,\end{cases}$法平面方程为 $x=\pi$.

30. 切平面方程为 $x+2y-4=0$，法线方程为 $\frac{x-2}{1}=\frac{y-1}{2}=\frac{z}{0}$.

31. $x+4y+6z+21=0$ 与 $x+4y+6z-21=0$.

32. $f(x,y)$ 有极小值为 $f(1,1)=-1$.

33. 当长、宽、高相等且为 2m 时，能使所用材料最省.

习题 7

1. (1) $\iint\limits_D f(x,y)\mathrm{d}x\mathrm{d}y=\int_0^3\mathrm{d}y\int_0^2 f(x,y)\mathrm{d}x=\int_0^2\mathrm{d}x\int_0^3 f(x,y)\mathrm{d}y$;

(2) $\iint\limits_D f(x,y)\mathrm{d}x\mathrm{d}y=\int_0^3\mathrm{d}y\int_0^{3-y} f(x,y)\mathrm{d}x=\int_0^3\mathrm{d}x\int_0^{3-x} f(x,y)\mathrm{d}y$;

(3) $\iint\limits_D f(x,y)\mathrm{d}x\mathrm{d}y=\int_0^4\mathrm{d}x\int_x^{\sqrt{4x}} f(x,y)\mathrm{d}y=\int_0^4\mathrm{d}y\int_{\frac{y^2}{4}}^{y} f(x,y)\mathrm{d}x$;

(4) $\iint\limits_D f(x,y)\mathrm{d}x\mathrm{d}y=\int_1^{\mathrm{e}}\mathrm{d}x\int_0^{\ln x} f(x,y)\mathrm{d}y=\int_0^1\mathrm{d}y\int_{\mathrm{e}^y}^{\mathrm{e}} f(x,y)\mathrm{d}x$;

(5) $\iint\limits_D f(x,y)\mathrm{d}x\mathrm{d}y=\int_0^1\mathrm{d}x\int_{-\sqrt{1-x^2}}^{\sqrt{1-x^2}} f(x,y)\mathrm{d}y=\int_{-1}^1\mathrm{d}y\int_0^{\sqrt{1-y^2}} f(x,y)\mathrm{d}x$;

(6) $\iint\limits_D f(x,y)\mathrm{d}x\mathrm{d}y=\int_1^2\mathrm{d}x\int_{\frac{1}{x}}^{x} f(x,y)\mathrm{d}y=\int_{\frac{1}{2}}^1\mathrm{d}y\int_{\frac{1}{y}}^{2} f(x,y)\mathrm{d}x+\int_1^2\mathrm{d}y\int_y^2 f(x,y)\mathrm{d}x$.

2. (1) $\int_2^4\mathrm{d}y\int_1^3 f(x,y)\mathrm{d}x$;　(2) $\int_0^2\mathrm{d}x\int_{\frac{x}{2}}^1 f(x,y)\mathrm{d}y$;　(3) $\int_0^1\mathrm{d}x\int_{x^2}^x f(x,y)\mathrm{d}y$;

(4) $\int_{-1}^1\mathrm{d}x\int_0^{\sqrt{1-x^2}} f(x,y)\mathrm{d}y$;　(5) $\int_0^2\mathrm{d}y\int_{\frac{y}{2}}^y f(x,y)\mathrm{d}x+\int_2^4\mathrm{d}y\int_{\frac{y}{2}}^2 f(x,y)\mathrm{d}x$;

(6) $\int_0^2\mathrm{d}x\int_{\frac{x}{2}}^{3-x} f(x,y)\mathrm{d}y$.

3. (1) 10;　(2) $\frac{1}{2}$;　(3) $\frac{32}{3}$;　(4) $\frac{9}{2}$.

4. (1) $(\mathrm{e}-1)^2$;　(2) $\frac{20}{3}$;　(3) $\frac{33}{140}$;　(4) $\frac{7}{12}$.

5. (1) $\int_0^a\mathrm{d}\rho\int_0^{2\pi} f(\rho\cos\theta,\rho\sin\theta)\rho\mathrm{d}\theta$ 或 $\int_0^{2\pi}\mathrm{d}\theta\int_0^a f(\rho\cos\theta,\rho\sin\theta)\rho\mathrm{d}\rho$;

(2) $\int_{-\frac{\pi}{2}}^{\frac{\pi}{2}}\mathrm{d}\theta\int_0^{2\cos\theta} f(\rho\cos\theta,\rho\sin\theta)\rho\mathrm{d}\rho$;

(3) $\int_0^{2\pi}\mathrm{d}\theta\int_a^b f(\rho\cos\theta,\rho\sin\theta)\rho\mathrm{d}\rho$ 或 $\int_a^b\mathrm{d}\rho\int_0^{2\pi} f(\rho\cos\theta,\rho\sin\theta)\rho d\theta$.

6. (1) $\frac{2\pi}{3}(2\sqrt{2}-1)$;　(2) $\frac{\pi}{4}(\mathrm{e}^9-1)$;　(3) $\pi(\sin 5-\sin 1)$.

7. $\frac{1}{2}\ln 2$.　8. $\frac{1}{48}$.　9. $\frac{1}{4\mathrm{e}}$.　10. $\frac{1}{364}$.

11. $\frac{17}{6}$.　12. 6π.　13. $\frac{9}{4}$.

习题 8

1. (1) $\Omega=\{(0,0,0),(0,0,1),(0,1,0),(1,0,0),(1,1,0),(1,0,1),(0,1,1),(1,1,1)\}$，其中 0 表示反面，1 表示正面；

(2) $\Omega=\{(1),(0,1),(0,0,1),(0,0,0,1),\cdots\}$;

(3) $\Omega=\{0,1,2,3,\cdots\}$；(4) $\Omega=\{t;t\geqslant 0\}$.

2. (1) ABC 或 $\overline{A}\overline{B}\overline{C}$；（2）$A\overline{B}\overline{C} \cup \overline{A}B\overline{C} \cup \overline{A}\overline{B}C \cup \overline{A}\overline{B}\overline{C}$；

（3）$\overline{ABC}$；（4）$AB \cup AC \cup BC$.

3. (1) $\overline{A}B = \{X \mid 0.25 \leqslant X \leqslant 0.5\} \cup \{X \mid 1 < X < 1.5\}$；

(2) $\overline{A} \cup B = \{X \mid 0 \leqslant X \leqslant 2\}$；

(3) $\overline{AB} = \overline{A} = \{X \mid 0 \leqslant X < 0.5\} \cup \{X \mid 1 < X \leqslant 2\}$；

(4) $\overline{A \cup B} = \overline{B} = \{X \mid 0 \leqslant X < 0.25\} \cup \{X \mid 1.5 \leqslant X \leqslant 2\}$.

4. $\frac{1}{3}$.

5. (1) $P(A) = \frac{n!}{N^n}$；（2）$P(B) = \frac{C_N^n n!}{N^n}$.

6. 0.2.

7. 0.6.

8. 设 A 表示服用这种新药，B 表示痊愈，因为 $P(B|A) \approx P(B)$，表明此药无疗效.

9. (1) 0.2；（2）0.6.

10. 0.45.

11. (1) 0.8；（2）0.5.

12. (1) 0.106；（2）中等体型.

13. $\frac{3}{5}$.

14. (1) 0.050 7；（2）0.034 1.

15. 五局三胜制对甲更有利.

16. 0.96.　　17. 略.

18. 1.

19. $\begin{pmatrix} 1 & 2 & 3 & 4 & 5 & 6 \\ \frac{11}{36} & \frac{9}{36} & \frac{7}{36} & \frac{5}{36} & \frac{3}{36} & \frac{1}{36} \end{pmatrix}$.

20. $\begin{pmatrix} 0 & 1 & 2 & 3 \\ 0.786\ 5 & 0.202\ 2 & 0.011\ 2 & 0.000\ 1 \end{pmatrix}$.

21. (1) $1-e^{-2}$；（2）e^{-3}.

22. (1) $\frac{1}{2}$；（2）$\frac{1}{2}(1-e^{-1})$.

23. (1) 0.532 8；（2）0.971；（3）3.

24. -0.2；4.4 .

25. 1.201.

26. $\frac{1}{5}$.

27. 0.5；0.432；0.657.

28. 5.21 万元.

29. 0；2.

30. $2\overline{X}$.

31. 矩估计为 $\frac{\overline{X}}{1-\overline{X}}$；最大似然估计为 $-\frac{n}{\sum_{i=1}^{n} \ln X_i}$.

32. $\hat{\theta}=\min(X_1,X_2,\cdots,X_n)$.

33.(75.2,89.4).

34.(1) (21.302,21.498)；　(2) (21.261,21.538).

35.(1) [432.306,482.694]；(2)[438.906,476.094].

36.拒绝，这批枪弹的初速度有显著降低.

37.校长的看法是对的.

习题 9

1.提示：设 $a=\sin^2\alpha,b=\cos^2\beta$，将问题化归为三角函数问题进行求解.

2.提示：令 $t=\tan x$，可得 $\sec^2 x=t^2+1$，然后利用方程的判别式求解.

3.提示：构造棱长分别为 x,y,z，面角为 $60°$的三棱锥可求解.

4.略.

5.提示：考虑$(a+b)^n$ 的展开式，令 $a=b=1$ 即可获证.

6～10.略.

参考文献

[1] 教育部高等学校大学数学课程教学指导委员会. 大学数学课程教学基本要求 [M]. 北京：高等教育出版社，2015.

[2] 同济大学数学科学学院. 高等数学：上册 [M]. 第 8 版. 北京：高等教育出版社，2023.

[3] 同济大学数学科学学院. 高等数学：下册 [M]. 第 8 版. 北京：高等教育出版社，2023.

[4] 乐经良，祝国强. 医用高等数学 [M]. 第 2 版. 北京：高等教育出版社，2008.

[5] 伍勇，高鑫，李任波. 高等数学 [M]. 第 3 版. 北京：中国农业出版社，2017.

[6] 干晓蓉. 高等数学：上册 [M]. 北京：高等教育出版社，2012.

[7] 干晓蓉. 高等数学：下册 [M]. 北京：高等教育出版社，2012.

[8] 王雪标，王拉娣，聂高辉. 微积分：上册 [M]. 北京：高等教育出版社，2006.

[9] 王雪标，王拉娣，聂高辉. 微积分：下册 [M]. 北京：高等教育出版社，2006.

[10] 张国楚，王向华，武女则，等. 大学文科数学 [M]. 第 3 版. 北京：高等教育出版社，2015.

[11] 亢红道，罗开秀. 中学数学解题对策 [M]. 昆明：云南大学出版社. 2003.

[12] 王宪昌. 数学思维方法 [M]. 北京：人民教育出版社，2010.

[13] 姚孟臣，张清允. 大学文科高等数学（第 2 版）学习指导与习题解答 [M]. 北京：高等教育出版社，2010.

[14] 何书元. 数理统计 [M]. 北京：高等教育出版社，2012.

[15] 茆诗松，程依明，濮晓龙. 概率论与数理统计教程 [M]. 第 3 版. 北京：高等教育出版社，2019.

[16] 盛骤，谢式千，潘承毅. 概率论与数理统计 [M]. 第 5 版. 北京：高等教育出版社，2019.

附 表

附表 1 标准正态分布表

$$\Phi(x)=P(X\leqslant x)=\int_{-\infty}^{x}\frac{1}{\sqrt{2\pi}}\mathrm{e}^{-\frac{t^2}{2}}\mathrm{d}t$$

x	0	1	2	3	4	5	6	7	8	9
0.0	0.500 0	0.504 0	0.508 0	0.512 0	0.516 0	0.519 9	0.523 9	0.527 9	0.531 9	0.535 9
0.1	0.539 8	0.543 8	0.547 8	0.551 7	0.555 7	0.559 6	0.563 6	0.567 5	0.571 4	0.575 3
0.2	0.579 3	0.583 2	0.587 1	0.591 0	0.594 8	0.598 7	0.602 6	0.606 4	0.610 3	0.614 1
0.3	0.617 9	0.621 7	0.625 5	0.629 3	0.633 1	0.636 8	0.640 4	0.644 3	0.648 0	0.651 7
0.4	0.655 4	0.659 1	0.662 8	0.666 4	0.670 0	0.673 6	0.677 2	0.680 8	0.684 4	0.687 9
0.5	0.691 5	0.695 0	0.698 5	0.701 9	0.705 4	0.708 8	0.712 3	0.715 7	0.719 0	0.722 4
0.6	0.725 7	0.729 1	0.732 4	0.735 7	0.738 9	0.742 2	0.745 4	0.748 6	0.751 7	0.754 9
0.7	0.758 0	0.761 1	0.764 2	0.767 3	0.770 3	0.773 4	0.776 4	0.779 4	0.782 3	0.785 2
0.8	0.788 1	0.791 0	0.793 9	0.796 7	0.799 5	0.802 3	0.805 1	0.807 8	0.810 6	0.813 3
0.9	0.815 9	0.818 6	0.821 2	0.823 8	0.826 4	0.828 9	0.835 5	0.834 0	0.836 5	0.838 9
1.0	0.841 3	0.843 8	0.846 1	0.848 5	0.850 8	0.853 1	0.855 4	0.857 7	0.859 9	0.862 1
1.1	0.864 3	0.866 5	0.868 6	0.870 8	0.872 9	0.874 9	0.877 0	0.879 0	0.881 0	0.883 0
1.2	0.884 9	0.886 9	0.888 8	0.890 7	0.892 5	0.894 4	0.896 2	0.898 0	0.899 7	0.901 5
1.3	0.903 2	0.904 9	0.906 6	0.908 2	0.909 9	0.911 5	0.913 1	0.914 7	0.916 2	0.917 7
1.4	0.919 2	0.920 7	0.922 2	0.923 6	0.925 1	0.926 5	0.927 9	0.929 2	0.930 6	0.931 9
1.5	0.933 2	0.934 5	0.935 7	0.937 0	0.938 2	0.939 4	0.940 6	0.941 8	0.943 0	0.944 1
1.6	0.945 2	0.946 3	0.947 4	0.948 4	0.949 5	0.950 5	0.951 5	0.952 5	0.953 5	0.953 5
1.7	0.955 4	0.956 4	0.957 3	0.958 2	0.959 1	0.959 9	0.960 8	0.961 6	0.962 5	0.963 3
1.8	0.964 1	0.964 8	0.965 6	0.966 4	0.967 2	0.967 8	0.968 6	0.969 3	0.970 0	0.970 6
1.9	0.971 3	0.971 9	0.972 6	0.973 2	0.973 8	0.974 4	0.975 0	0.975 6	0.976 2	0.976 7
2.0	0.977 2	0.977 8	0.978 3	0.978 8	0.979 3	0.979 8	0.980 3	0.980 8	0.981 2	0.981 7
2.1	0.982 1	0.982 6	0.983 0	0.983 4	0.983 8	0.984 2	0.984 6	0.985 0	0.985 4	0.985 7
2.2	0.986 1	0.986 4	0.986 8	0.987 1	0.987 4	0.987 8	0.988 1	0.988 4	0.988 7	0.989 0
2.3	0.989 3	0.989 6	0.989 8	0.990 1	0.990 4	0.990 6	0.990 9	0.991 1	0.991 3	0.991 6
2.4	0.991 8	0.992 0	0.992 2	0.992 5	0.992 7	0.992 9	0.993 1	0.993 2	0.993 4	0.993 6
2.5	0.993 8	0.994 0	0.994 1	0.994 3	0.994 5	0.994 6	0.994 8	0.994 9	0.995 1	0.995 2
2.6	0.995 3	0.995 5	0.995 6	0.995 7	0.995 9	0.996 0	0.996 1	0.996 2	0.996 3	0.996 4
2.7	0.996 5	0.996 6	0.996 7	0.996 8	0.996 9	0.997 0	0.997 1	0.997 2	0.997 3	0.997 4
2.8	0.997 4	0.997 5	0.997 6	0.997 7	0.997 7	0.997 8	0.997 9	0.997 9	0.998 0	0.998 1
2.9	0.998 1	0.998 2	0.998 2	0.998 3	0.998 4	0.998 4	0.998 5	0.998 5	0.998 6	0.998 6
3.0	0.998 7	0.999 0	0.999 3	0.999 5	0.999 7	0.999 8	0.999 8	0.999 9	0.999 9	1.000 0

附表 2　泊松分布表

$$P(X \leqslant k)=\sum_{i=0}^{k} \frac{\lambda^{i}}{i!} e^{-\lambda}$$

k	λ= 0.1	0.2	0.3	0.4	0.5	0.6	0.7
0	0.904 84	0.818 73	0.740 82	0.670 32	0.606 53	0.548 81	0.496 59
1	0.995 32	0.982 48	0.963 06	0.938 45	0.909 80	0.878 10	0.844 20
2	0.999 85	0.998 85	0.996 40	0.992 07	0.985 61	0.977 89	0.965 86
3	1.000 00	0.999 94	0.999 72	0.999 22	0.998 25	0.997 64	0.994 25
4		1.000 00	0.999 97	0.999 94	0.999 83	0.999 61	0.999 21
5			1.000 00	1.000 00	0.999 99	0.999 96	0.999 91
6					1.000 00	1.000 00	0.999 99
7							1.000 00
k	λ=0.8	0.9	1.0	1.2	1.4	1.6	1.8
0	0.449 33	0.406 57	0.367 88	0.301 11	0.246 60	0.201 90	0.165 30
1	0.808 79	0.772 48	0.735 76	0.662 63	0.591 83	0.524 93	0.462 84
2	0.952 58	0.937 24	0.919 70	0.879 49	0.833 50	0.783 36	0.730 62
3	0.990 92	0.988 54	0.981 01	0.966 23	0.946 27	0.921 19	0.891 29
4	0.998 59	0.997 66	0.996 34	0.992 25	0.985 75	0.971 32	0.963 59
5	0.999 82	0.999 66	0.999 41	0.998 50	0.996 80	0.993 96	0.989 62
6	0.999 98	0.999 96	0.999 92	0.999 75	0.999 38	0.998 66	0.997 43
7	1.000 00	1.000 00	0.999 99	0.999 96	0.999 89	0.999 74	0.999 44
8			1.000 00	0.999 99	0.999 98	0.999 95	0.999 89
9				1.000 00	1.000 00	0.999 99	0.999 98
10						1.000 00	1.000 00
k	λ=2.0	2.5	3.0	3.5	4.0	4.5	5.0
0	0.135 34	0.082 08	0.049 79	0.030 20	0.018 32	0.011 11	0.006 74
1	0.406 01	0.287 30	0.199 15	0.135 89	0.091 58	0.061 10	0.040 43
2	0.676 68	0.543 81	0.423 19	0.320 85	0.238 10	0.173 58	0.124 65
3	0.857 12	0.757 58	0.647 23	0.536 63	0.433 47	0.352 30	0.265 03
4	0.947 35	0.891 18	0.815 26	0.725 44	0.628 84	0.542 10	0.440 49
5	0.983 44	0.957 98	0.916 08	0.857 61	0.785 13	0.702 93	0.615 96
6	0.995 47	0.985 81	0.966 49	0.934 71	0.889 33	0.831 05	0.762 18
7	0.999 76	0.995 75	0.988 10	0.973 26	0.948 87	0.913 41	0.866 63
8	0.998 90	0.998 86	0.996 20	0.990 13	0.978 64	0.959 74	0.911 91
9	0.999 95	0.999 72	0.998 90	0.996 68	0.991 87	0.982 91	0.968 17
10	0.999 99	0.999 94	0.999 71	0.998 98	0.997 16	0.993 33	0.986 30
11	1.000 00	0.999 99	0.999 93	0.999 71	0.999 08	0.997 60	0.994 55
12		1.000 00	0.999 98	0.999 92	0.999 73	0.999 19	0.997 98
13			1.000 00	0.999 98	0.999 92	0.999 75	0.999 30
14				1.000 00	0.999 98	0.999 93	0.999 77
15					1.000 00	0.999 98	0.999 93
16						0.999 99	0.999 98
17						1.000 00	0.999 99
18							1.000 00

附表 3　t 分布表

$$P(t(n) > t_{\alpha}(n)) = \alpha$$

n	α=0.25	0.10	0.05	0.025	0.01	0.005
1	1.000 0	3.077 7	6.313 8	12.706 2	31.820 7	63.657 4
2	0.816 5	1.885 6	2.920 0	4.302 7	6.964 6	9.924 8
3	0.764 9	1.637 7	2.353 4	3.182 4	2.540 7	5.840 9
4	0.740 7	1.533 2	2.131 8	2.776 4	3.746 9	4.604 1
5	0.726 7	1.475 9	2.015 0	2.570 6	3.364 9	4.032 2
6	0.717 6	1.439 8	1.943 2	2.446 9	3.142 7	3.707 4
7	0.711 1	1.414 9	1.894 6	2.364 6	2.998 0	3.499 5
8	0.706 4	1.396 8	1.859 5	2.306 0	2.896 5	3.355 4
9	0.702 7	1.383 0	1.833 1	2.262 2	2.821 4	3.249 8
10	0.699 8	1.372 2	1.812 5	2.228 1	2.763 8	3.169 3
11	0.697 4	1.363 4	1.795 9	2.201 0	2.718 1	3.105 8
12	0.695 5	1.356 2	1.782 3	2.178 8	2.681 0	3.054 5
13	0.693 8	1.350 2	1.770 9	2.160 4	2.650 3	3.012 3
14	0.692 4	1.345 0	1.761 3	2.144 8	2.624 5	2.976 8
15	0.691 2	1.340 6	1.753 1	2.131 5	2.602 5	2.946 7
16	0.690 1	1.336 8	1.745 9	2.119 9	2.583 5	2.920 8
17	0.689 2	1.333 4	1.739 6	2.109 8	2.566 9	2.898 2
18	0.688 4	1.330 4	1.734 1	2.100 9	2.552 4	2.878 4
19	0.687 6	1.327 7	1.729 1	2.093 0	2.539 5	2.860 9
20	0.687 0	1.325 3	1.724 7	2.086 0	2.528 0	2.845 3
21	0.686 4	1.323 2	1.720 7	2.079 6	2.517 7	2.831 4
22	0.685 8	1.321 2	1.717 1	2.073 9	2.508 3	2.818 8
23	0.685 3	1.319 5	1.713 9	2.068 7	2.499 9	2.807 3
24	0.684 8	1.317 8	1.710 9	2.063 9	2.492 2	2.796 9
25	0.684 4	1.316 3	1.708 1	2.059 5	2.485 1	2.787 4
26	0.684 0	1.315 0	1.705 6	2.055 5	2.478 6	2.778 7
27	0.683 7	1.313 7	1.703 3	2.051 8	2.472 7	2.770 7
28	0.683 4	1.312 5	1.701 1	2.048 4	2.467 1	2.763 3
29	0.683 0	1.311 4	1.699 1	2.045 2	2.462 0	2.756 4
30	0.682 8	1.310 4	1.697 3	2.042 3	2.457 3	2.750 0
31	0.682 5	1.309 5	1.695 5	2.039 5	2.452 8	2.744 0
32	0.682 2	1.308 6	1.693 9	2.036 9	2.448 7	2.738 5
33	0.682 0	1.307 7	1.692 4	2.034 5	2.444 8	2.733 3
34	0.681 8	1.307 0	1.690 9	2.032 2	2.441 1	2.728 4
35	0.681 6	1.306 2	1.689 6	2.030 1	2.437 7	2.723 8
36	0.681 4	1.305 5	1.688 3	2.028 1	2.434 5	2.719 5
37	0.681 2	1.304 9	1.687 1	2.026 2	2.431 4	2.715 4
38	0.681 0	1.304 2	1.686 0	2.024 4	2.428 6	2.711 6
39	0.680 8	1.303 6	1.684 9	2.022 7	2.425 8	2.707 9
40	0.680 7	1.303 1	1.683 9	2.021 1	2.423 3	2.704 5